Für Leonore

Die drei Dimensionen der Zeit

oder
Das Geheimnis des Gehirns

Originalausgabe

Roman von Arthur Dent

Dies sind vier sehr schöne, rein fiktive Geschichten. Alle Ähnlichkeiten mit real existierenden Personen oder mit realen Begebenheiten sind deshalb natürlich immer auch rein zufällig und nicht beabsichtigt.

Dieses Werk einschließlich aller seiner Teile ist urheberrechtlich geschützt. Jede Vervielfältigung, Übersetzung, zusätzliche elektronische Speicherung oder Mikroverfilmung des gesamten Werkes oder von Teilen davon bedarf deshalb – auch für Unterrichtszwecke – immer der schriftlichen Genehmigung des Thalamus Verlags Leipzig.

Thalamus Verlag Leipzig
DIE DREI DIMENSIONEN DER ZEIT
ODER DAS GEHEIMNIS DES GEHIRNS
Roman von Arthur Dent
Coverbild von K.H.
© Thalamus Verlag Leipzig e.k.
Februar 2017
ISBN 978-3-9815615-8-6

Die drei Dimensionen der Zeit
oder
Das Geheimnis des Gehirns

Dieses Buch hat nicht nur eine unterhaltsame vierteilige Handlung, sondern bietet dem geneigten Leser auch eine ganze Reihe von neuen Lösungsansätzen in der Physik, der Informatik und den Geistes- bzw. Gesellschaftswissenschaften. Es stellt uns alle aber auch vor die ganz neuen Aufgaben dieses 21. Jahrhunderts:

- die Entwicklung einer neuen Physik von Raum und Zeit mit den richtigen beiden Ansätzen für eine endlich einheitliche Feldtheorie,

- die Korrektur der Grundlagen für all das, was man bisher als Künstliche Intelligenz bezeichnet hat, was sich seinen richtigen Namen aber eigentlich erst noch verdienen muss sowie seine Einordnung in unsere Kultur und Gesellschaft,

- das langsame Zusammenwachsen aller Religionen unter dem einen Grundgedanken, dass es sowieso nur diesen einen einzigen Gott in diesem Universum gibt. Wir alle sind immer gleichermaßen seine Kinder. Alle Menschen sind gleich! Die verschiedenen Propheten der unterschiedlichen Religionen haben ihn und seine Stimme in der Vergangenheit nur sehr verschieden interpretiert.

Ich wünsche Ihnen viel Freude und Nachdenken mit diesem Buch!

Mit besinnlichen Grüßen

Ihr *Arthur Dent*

INHALT

TEIL 1: DAS GEHEIMNIS DES GEHIRNS

Nächtliche Entscheidungen	Seite	9
Der ganz normale Wahnsinn	Seite	39
Das zweigeteilte Eine und Ganze	Seite	69
Das scheinbar Geringste	Seite	95
Das Universum lebt	Seite	119
Das physische Selbst	Seite	155
Im Dschungel der Hypothesen	Seite	183
Das galaktozentrische Weltbild	Seite	205
Probleme über Probleme	Seite	235
Das fünfte Element	Seite	259

TEIL 2: DER FÜNFTE PLANET

Die Zeit vor der Zeit	Seite	286
Das Schlaraffenland	Seite	295
Der Maschinenplanet	Seite	297

Teil 3: Die drei Dimensionen der Zeit

Der Staatsfeind Nummer 1	Seite 308
Die Physiker	Seite 331
God is a DJ	Seite 359

Teil 4: Das wahre Ende des Mesozoikums

Danke für die Beachtung aller Sicherheitsmaßnahmen	Seite 384
Die letzte Runde geht aufs Haus	Seite 399
Das Ende der Welt ist längst vorbei	Seite 407
Der große galaktische Rat	Seite 413

Anhang

Die wichtigsten 12 Thesen zum erweiterten Zeitbegriff	Seite 417

TEIL 1

DAS GEHEIMNIS DES GEHIRNS

> *„In früheren Zeiten hatten die Menschen Angst vor der Zukunft. Heute muss die Zukunft Angst vor uns haben. (Unknown Dark Dude) In den heiligen Schriften dieser Welt war die Apokalypse immer nur das Ende aller Dinge. Dieses Buch erzählt von dem Leben danach."*

Nächtliche Entscheidungen

Episode 1

Albträume sind eigentlich überhaupt nicht sein Ding! Leon schläft seit knapp vier Stunden tief und nahezu bewusstlos. Dann beginnt er sich langsam auf seiner Hälfte des großen Doppelbetts hin und her zu wälzen, von wirren Träumen geplagt. Es blitzt mal dieser und mal jener unruhige Gedanke durch seinen Kopf. Doch mit einem Schlag kehrt plötzlich eine wunderbare, geradezu kristallene Klarheit in seine Traumwelt ein. Es kommt ihm vor, als gleite er ganz langsam und immer ruhiger werdend durch große graue und diffuse Wolkenfetzen dahin, ähnlich wie er es im Flieger schon so oft erlebt hat. Nach wenigen Minuten fühlt er sich regelrecht wohl in dem riesigen Konglomerat abwechselnder grauer und weißer Schwaden mit ihren absonderlichen Formen und Strukturen. Leon streckt sich wohlig in seinem Bett und fühlt keine Angst. Doch halt, da bemerkt er plötzlich, dass diese Gebilde um ihn herum nicht die sanften Erdenwolken sind, wie er sie in Ruhe aus dem Flieger bewundert hat. Nein, jetzt ist er ganz allein hier in gigantischen Wolken aus Gas und Sternenstaub in der absoluten Kälte des Alls! Leon fröstelt ein wenig bei diesem Gedanken an die Kälte der unendlichen Weiten dieses Weltalls. Er zieht die wärmende Decke etwas mehr zu sich heran. Doch er ist nicht allein! Ab und zu kann er durch die Gas- und Staubfetzen hindurch seinen ständigen Begleiter sehen. Jetzt hat er wieder freien Blick auf ihn. Sein seltsamer Begleiter ist trotz der Entfernung riesengroß und ähnelt von weitem einer überdimensionalen Walnuss, an die man etwas unglücklich Flügel, eine Spitze und ein dickeres Ende montiert hat.

Was will der bloß von mir, denkt Leon verunsichert und auch die anfängliche Ruhe um ihn herum erweist sich als ziemlich trügerisch! Da, ganz plötzlich muss er mit ansehen, wie eine der ausgedehnten Wolkenformationen vor ihm eine Eigendynamik entwickelt und immer schneller werdend in sich selbst und auf das innerste Zentrum ihrer Masse zusammenstürzt.

Es knallt ganz heftig in seinem Kopf, wenn auch ohne jeden äußeren Kontakt. Aber dieser Knall trifft ihn trotzdem tief in seinem Innersten. Trotz der fehlenden Verbindung kann er ihn deutlich spüren, tief in Kopf und Magen. Inmitten der in sich zusammenfallenden Nebelformation zündet unter gigantischem Druck ein ganz neuer Stern, dessen Masse und Leuchtkraft durch die neu ankommenden Staubmassen ständig weiter zunimmt. Bereits jetzt übersteigt er dabei in Dimension und Helligkeit unsere eigene Sonne bei weitem. Leon ist völlig verblüfft und liegt wie zur Salzsäule erstarrt in seinem Bett. Er ist jetzt aufgewacht, trotzdem erlebt er weiter neugierig und mit geschlossenen Augen diesen seltsam glasklaren Traum! Seine ganze Aufmerksamkeit ist gefesselt von diesem wunderbar plastischen und dreidimensional anmutenden Geschehen. Früher sind ihm seine Traumbilder niemals so real, so farbig und trotzdem so natürlich vorgekommen. Nun wundert er sich doch ein wenig über das Ganze rings um ihn herum. Was passiert nur mit mir?

Nach den Gesetzen der Entropie hätten sich die Staubmassen doch eigentlich gleichförmig im ganzen Raum verteilen müssen, bis sie dann für immer ihre Wärme an die unendlichen Weiten des eiskalten Weltalls verloren haben, also bis zum scheinbar unvermeidlichen Wärmetod? Aber es ist die Gravitation, die Krümmung des Raumes hin zu einem Massezentrum, die eine Gleichverteilung der riesigen Sternennebel auf Dauer verhindert. Sobald all die Staubwolken lange genug nahe beieinanderliegen, krümmt diese Zusammenballung der Masse auch Raum und Zeit im Zentrum der Wolke und zieht somit immer mehr Staub aus der nächsten Umgebung an sich.

Es ist so, als hätte man viele kleine Metallkügelchen auf einer großen Gummimatte ausgeschüttet, die nur locker im Raum aufgehängt ist. Sobald die Teilchen nahe genug beieinander liegen, erwartet man auch hier keine Gleichverteilung mehr, sondern eine Zusammenballung der ganzen Masse an einer einzigen Stelle aufgrund der Flexibilität des Trägermaterials, in diesem Fall also von Raum und Zeit. Das gilt natürlich nur auf ganz bestimmte Entfernungen. Raum und Zeit mit ihrer Krümmung durch Masse und Energie sind also so etwas wie die größten Gegenspieler der Entropie im Universum. Durch ihre inneren Eigenschaften lassen sie immer wieder neue Sonnen entstehen. Genau dort, wo sich doch eigentlich alles hätte gleichmäßig weit und breit im Raum verteilen müssen.

Der zweite Hauptsatz der Thermodynamik, der auch die Entropie beinhaltet, braucht also keineswegs neu formuliert zu werden, wie das manche Chaostheoretiker schon lange gefordert haben, um den tatsächlichen Beobachtungen im Universum gerecht zu werden. Man muss sich nur voll bewusst sein, dass es da noch andere und vielleicht sogar viel stärkere Kräfte gibt, die immer der Entropie entgegenwirken. Wahrscheinlich hätten uns sonst alle schon der Wärmetod und das absolute Chaos eingeholt und längst wieder im Raum verteilt erkalten lassen oder wir wären gar nicht erst entstanden. Raum und Zeit sind also auf unserer Seite im Kampf gegen das absolute Chaos und gegen den ansonsten unvermeidlichen Wärmetod. Wie beruhigend, findet Leon! Er entspannt sich nun wieder etwas in seinem Traum. Doch die Entwicklung ist hier noch lange nicht an ihrem Ende angekommen und fesselt ihn ungemein!

Im Mittelpunkt der Staubwolken, dort wo durch die Zusammenballung der Masse auf kleinstem Raum eine neue riesige Sonne wie im Zeitraffer entsteht, krümmen sich die gedachten, vorher noch präzise rechtwinklig ausgerichteten Gitternetzlinien des Raumes bereits wieder ganz gewaltig. Leon sieht sie in seinem geistigen Auge aber immer nur als dünne Matrix im Hintergrund ganz sanft in Lindgrün inmitten des ansonsten hellweiß gleißenden Geschehens.

Die Masse des neuen Sterns erreicht zum Glück nicht die Größenordnung, um hier ein neues schwarzes Loch herauszubilden. Noch bevor der innere Druck der Kernfusion des Sterns der ankommenden Masse nicht mehr standhalten kann, sprengt die Maxi-Sonne der ersten Generation ihre äußere Hülle einfach wieder ab. Diese Hülle enthält inzwischen viele schwere Elemente des Periodensystems, die als Nebenprodukte der Kernfusion dieser Supersonne entstanden sind und dann an ihre Oberfläche gespült wurden. Es entsteht durch die rasende Rotation eine riesige Scheibe heißen Gases rund um den kleiner gewordenen Massemittelpunkt. Diese Scheibe reicht weit in den Raum hinaus und kennt keine Gleichverteilung.

Langsam bilden sich hier verschieden große Ringe heraus, immer genau in den Bergen und Tälern der stehenden Wellen der Raumkrümmung rings um diesen Massemittelpunkt. Der Sonnenwind aus Myriaden geladener Teilchen pustet das leichtere Gas und leichteren Staub immer weiter nach außen. Der Stern, der jetzt übrig bleibt, geht durch seine geringere Größe auch nicht mehr ganz so verschwenderisch mit seinem Kernbrennstoff um, wie die Supersonne der ersten Generation es vorher getan hat. Deshalb entstehen auch keine schwereren Elemente des Periodensystems mehr und er wird wohl noch Milliarden Jahre hier so weiter brennen.

Die aus der Menge des Sternenstaubs anfangs willkürlich entstandene Größe des Sterns regelt sich durch diese Absprengungen ganz von selbst mit der Zeit auf ein normales Maß. All die neuen Ringe aus Gas und Staub aber beginnen sich jetzt langsam in den von der aktuellen Sonnenmasse verursachten Tälern und Bergen der stehenden Wellen der Gravitation um die Sonne herum zu verdichten und langsam kleine und größere Himmelskörper als neue Planeten herauszubilden. Was aber in Leons Gedanken ganz allein übrig bleibt, ist ein wunderbar weißes, hell gleißendes Licht, in das er nun ganz sanft eintaucht. Zwischen den riesigen Ringen der Wolkenformationen aus Gas und Staub sieht er mit geschlossenen Augen immer wieder die Sonne als große gleißende Lichtkugel auf sich zukommen, die ihn heftig blendet und auch ohne den schützenden Filter der Erdatmosphäre unserer Sonne schon sehr ähnlich sieht. Jedoch rings um diese gigantische Fackel breitet sich noch die flache, geheimnisvoll glitzernde Scheibe des heißen Gases, kreisförmig unterbrochen in verschieden breite Staubringe genau auf der Rotationsebene. Doch sie ordnet sich nicht wie ein gleichförmiger Trichter um diese Sonne herum an, sondern immer in rotierenden Ringen, als wäre die Sonne ein Wassertropfen, der beim Eintauchen in den Raum gemeinsam mit den von ihm erzeugten Wellen einfach stehen geblieben ist. Leon sieht die ganze Zeit auf das gesamte, hell erleuchtete Schauspiel aus ziemlich großer Entfernung wie von ganz oben schräg hinab. Die unterbrochenen Ringe der riesigen Staub- und Gasscheibe rotieren gemeinsam mit der großen Lichtkugel in ihrer Mitte, wenn auch wesentlich langsamer. Innerhalb der Täler der stehenden Wellen der Gravitation, die wie hohe Berge und tiefe Schluchten um den glühenden Massemittelpunkt dieser Sonne in den Raum-Zeit-Linien geformt sind, bilden sich neue Planeten als Staubsammler des heißen Gases und als verschieden große Kondensationspunkte heraus. Die kochenden Nebelschwaden verlieren sich ganz langsam und werden immer lichter.

Leon betrachtet träge im Halbschlaf das einzigartige, zauberhafte und wunderbare Schauspiel der Entstehung eines ganzen Planetensystems, welches sich dort wie im Zeitraffer vor seinen jetzt nur noch halb geschlossenen Augen abspielt. Es scheint ihm unvorstellbar gewaltig und breitet sich auch in seinem ohnehin recht großen, halbdunklen Schlafzimmer oval und geheimnisvoll vom Fußboden bis zur Decke aus, einfach riesig! Doch halt, da fällt ihm plötzlich etwas ganz Entscheidendes auf. Neben den bekannten vier Planeten Merkur, Venus, Erde und Mars bildet sich hier wie ganz selbstverständlich auch noch ein fünfter Planet heraus, genau dort, wo wir heute nur den toten, kleinteiligen Asteroidengürtel kennen, bevor dann die äußeren Bahnen der Riesenplaneten Jupiter und Saturn beginnen. Er ist nicht viel größer als Merkur, Venus, Erde oder Mars und doch ist es ein vollständiger runder Himmelskörper.

Leon ist erst einmal total verblüfft. Ein fünfter Planet, wie schön, was für ein Wunder, kann er nur kurz staunend bemerken. Doch dann ist da plötzlich ein gewaltiger Lichtblitz in seinem Kopf, so heftig, dass Leon im Schlaf laut aufschreit, sich hin- und herwirft und in seinem Bett hochschnellt. Bestürzt im Sitzen umklammert er ganz verzweifelt die Bettdecke um seine Knie. Heftig keuchend versucht er in Panik diesen sagenhaft plastischen Albtraum, der da lange wie in 3D vor ihm ablief, abzuschütteln. Was bitte, war denn das? Zweifellos ging dieser Lichtblitz von dem seltsamen fünften Planeten aus. Sein Kopf schießt hin und her, der Atem kann sich kaum beruhigen, aber er ist wohlbehalten und im eigenen Bett wieder aufgewacht. Leise hört er eine sanfte weibliche Stimme neben sich: „Lass mich, ich will noch nicht aufstehen!" Lisa dreht sich murmelnd um zur Fensterseite. Er muss wohl wirklich laut geschrien haben vor Angst. Ihr wohlgeformtes Hinterteil bleibt unbedeckt. Der wundervolle Anblick im Halbdunkel beruhigt seine immer noch wirren Gedanken ungemein. Keuchend wirft Leon die Decke von sich und sucht verzweifelt mit den Füßen nach seinen Sandalen neben dem Bett, die er natürlich nicht gleich findet. Der Wecker zeigt 02:17 Uhr, so ein Elend! Doch jetzt gleich weiterschlafen ist ihm einfach unmöglich! Erst vor dem Spiegel im Bad kommt er wieder richtig zu sich. Ein Tasten, ein Knips und die Star-Garderobenbeleuchtung, die er in erster Linie für seine 16-jährige Tochter Leonore rund um den Badspiegel installiert hat, reißt ihn vollends in die Wirklichkeit zurück. Wow, war das ein Traum! So intensiv und in Farbe hatte er bisher noch keinen erlebt. Wie ein großer Kinofilm in 3D auf riesiger Leinwand. Don´t panic!

Mit vollen Händen schüttet er sich eiskaltes Wasser ins Gesicht. Zweifellos hat er schon viel zu viele Science-Fiction-Romane gelesen und der umfangreiche Teil seiner Bibliothek zu physikalischen und astronomischen Problemen hat wohl auch seinen Teil dazu beigetragen, aber damit hat er nun wirklich nicht gerechnet!

Das Handtuch fühlt sich weich an und wirkt irgendwie beruhigend. Lisa nimmt immer einen Weichspüler, der die Wäsche wunderbar duften lässt. Trotzdem kommt er von diesem Traum noch nicht los. Was bitte, war denn das und wer war dieser seltsame große, aber doch nur schemenhafte Begleiter? Er weiß es nicht. Sagenhaft plastische Bilder aus der Frühzeit unseres eigenen Planetensystems? Warum nur muss gerade er so etwas träumen? Die Gedanken jagen immer noch, aber er ist jetzt nicht in der Stimmung für Rätsel. Sein Kopf fühlt sich an, als hätte irgendjemand in der ersten Nachthälfte damit Fußball gespielt. So ein Mist, verdammt nochmal! Er ist 38, groß, sportlich und kann trotz der nachtschlafenen Zeit zufrieden sein mit seinem Spiegelbild. Ein paar kleine Falten stören ihn nicht und geben ihm einen markanten und entschlossenen Gesichtsausdruck, aber doch ohne jede unnötige Härte. Trotzdem kommt er sich ausgebrannt vor und leer, als er aus dem Bad tritt. Die Zigarette im Arbeitszimmer ist kein Genuss sondern eher der Cold Cut, um die Geister zu verscheuchen. Sein Hund Mike wird mit einem Gähnen ebenfalls wach, erhebt sich von seinem Kissen und kommt wedelnd auf ihn zu. „Nein, Mike, wir gehen jetzt nicht raus. Gleich legen wir uns alle wieder hin. Platz da, mein Guter!" Langsam und etwas ruhiger geworden läuft Leon im Arbeitszimmer auf und ab. So kann er schon immer am besten nachdenken.

Mike, der das schon lange gewohnt ist, versucht erst gar nicht, ihm zu folgen. Die Zigarette drückt Leon halb geraucht wieder aus und wandert etwas ruhiger geworden weiter in das große Wohnzimmer. Seine Arbeit in der IT-Organisation einer großen Bank geht ihm durch den Kopf. Er beginnt an ein paar Termine zu denken, die er heute noch durchstehen muss. Leon ist Diplom-Ingenieur und Betriebswirt und ziemlich gut in seinem Job, trotzdem spürt er jetzt schon wieder den Stress und die Hektik in der Giro-Zahlungsverkehrsbetreuung.

Aber es sind viel eher die mehr oder weniger persönlichen Auseinandersetzungen zwischen den einzelnen Abteilungen, die ihn dort wirklich ernsthaft belasten. Wie jeden Morgen wird er wieder seine ehemals glänzende Rüstung überziehen, inzwischen schon mit etlichen Beulen und Löchern übersät, das Visier fest verschließbar, auf dem Rücken die gekreuzten Schwerter bereit zum Einsatz. So hat er auch schon die allerschlimmsten Momente überstanden. Zum Glück sind seine nächsten Kollegen ganz okay, wirkliche Leidensgefährten gewissermaßen. Jeder versucht hier auf seine eigene Weise, mit den Problemen fertig zu werden. Der Zusammenhalt im Team gehört einfach dazu. Dagegen zu verstoßen wäre töricht, das weiß er.

Ich werde jetzt auch nicht wieder damit anfangen, meine privaten Börsendeals der nächsten Woche durchzugehen, denkt er sich. Das habe ich doch schon gestern Abend erledigt. Ein Glück, dass Lisa dafür Verständnis aufbringt, selbst dann, wenn er mal wieder schiefliegt. Ein Zocker ist er schon lange nicht mehr. Wie gern und um wie vieles lieber würde er sich zu Hause mit Büchern beschäftigen, einen kleinen Verlag gründen oder seine Dissertation schreiben. Leider viel zu wenig Zeit und nicht genug Geld dafür da. Heutzutage muss man ja schon froh sein, überhaupt noch einen vernünftigen Job zu haben. Er empfindet schmerzlich die Unsicherheit seiner Beschäftigung und fühlt sich ihr doch hilflos ausgeliefert. Schöne große Freiheit, vergiss es!

Er weiß noch nicht wie, aber eines Tages muss er das ändern. Zu lange hat er sich diese Träume allein nur nachts gegönnt. Jetzt fühlt er sich wie ein Sklave in dem Job bei seiner Bank. Was soll´s! Trotzdem hat er versucht, dieses Gefühl für später einmal sehr deutlich in einem Gedicht festzuhalten, was er natürlich bis heute noch nicht einmal seiner Familie erzählt hat:

Die Nacht gehört uns

*Nur nachts kann ich die Ruhe finden,
nur nachts sind die Gedanken frei.
Ein schwarzer Perlenteppich über Linden
lässt machtvoll Horizont verschwinden,
dazwischen Wolken schwer wie Blei.*

*Am Morgen werde ich voll Grauen
zum Teil der Hydra, die uns lähmt.
Will gern an dieser Welt mit bauen,
doch niemals kann ich ihr vertrauen,
der Lüge, die sich Freiheit nennt.*

*Die Nacht lässt Hierarchien erblinden,
die Nacht beendet Sklaverei.
Der Geist des Geldes will mich binden,
er lässt mich keinen Ausweg finden
als knechtend öden Überstundenbrei.*

*Nur nachts kann ich die Welt umarmen,
nur nachts bin ich den Menschen nah.
Den Reichen so gut wie den Armen,
ein dunkler Engel wollte sich erbarmen
und ließ die Nacht für alle da.*

Wehmütig steht er am hohen Wohnzimmerfenster und blickt über die auch jetzt noch hellerleuchtete Südvorstadt von Leipzig. Die Nacht ist einfach nur grau und kühl. Die Unterseite der Wolkendecke schimmert unregelmäßig orangefarben. Sie reflektiert die Straßenbeleuchtung der großen Stadt. Kein Stern ist zu sehen. Er kann links bis zum immer noch erleuchteten Volkshaus blicken, der größten Szenekneipe in Leipzig. Rechts steht ebenfalls hell erleuchtet Justitia auf der riesigen Kuppel des Bundesverwaltungsgerichts. Direkt vor ihm erstreckt sich das Musikviertel und dahinter ahnt man dunkel vereinzelte hohe Baumwipfel des weiträumigen Clara-Zetkin-Parks mit der Pferderennbahn im Scheibenholz. Alles in allem eine wunderbare und sehr lebendige Gegend in der großen Stadt. Auch um diese Zeit noch dringen etliche Stimmen angetrunkener Heimkehrer bis zu ihm nach oben in den vierten Stock.

Seine Zeit vor neun Jahren ohne Job nach der Pleite seiner kleinen Computerfirma fällt ihm wieder ein. Er hat sich danach viel in der großen Deutschen Bibliothek herumgetrieben, die hier in Leipzig 1912 gegründet wurde und alles gelesen, was ihn schon immer interessierte. Philosophiegeschichte, Physik und Informationstheorie waren seine Lieblingsthemen. Erst viel später konnte er sich die für ihn interessanten Werke selber kaufen. Bald begann er sich auf ein bestimmtes Problem zu konzentrieren, das ihn am meisten interessierte. Er hat hart daran gearbeitet, doch der ersehnte Erfolg blieb leider aus. Dieses brisante Thema war damals einfach nirgendwo unterzubringen. Macht nichts, er hat viel dabei gelernt, nicht nur in den vielfältigen Details, sondern eher methodisch und als Grundlage für viele andere Problemstellungen, über Geschichte und Entwicklung der Naturwissenschaften und der Philosophie, über Physik, Erkenntnistheorie, Kommunikation und Informatik. Was man halt so braucht als Geist und für alle Fälle immer anwendbar dabei haben sollte, so wie andere ihr Taschenmesser, im Prinzip jedenfalls.

Das wird ihm zweifellos auch bei ganz anderen Fachgebieten nützlich sein, das spürte er schon damals sehr deutlich. Jetzt helfen ihm diese Kenntnisse tatsächlich dabei, auch in seinem schwierigen Job den Überblick zu behalten und sich nicht ständig nur in kleingeistigen Details zu verzetteln, obwohl ein solcher Job bei dieser Bank niemals sein eigentliches Ziel gewesen ist. Es war aber auch eine Zeit fast ohne Geld gewesen, nur möglich, weil seine Miete damals noch lächerlich gering war und er auch sonst fast auf alles verzichtete, außer natürlich seiner Tochter eine Freude zu machen und ab und zu diese Frau zu sehen.

Immer noch mit Schmerzen denkt er an sie zurück, die er damals über alles liebte. Jahrelang war er nachts schweißgebadet mit dem Gedanken an sie hoch geschreckt und hätte sich beinahe umgebracht in diesem Winter 92/93. Eigentlich nur seine Tochter Leonore hielt ihn damals noch am Leben. Manche Wunden kann eben auch die Zeit nicht völlig heilen. Die Bücher aber haben ihn wieder aufgerichtet. Es war, als flüsterten sie ihm zu: Gib nicht auf, es lohnt sich, die Zeiten werden sich ändern. Im Krankenhaus, in das er nach der Überanstrengung wegen einer heftigen schizophrenen Psychose eingeliefert wurde, hörte er aber auch von denen, die es nicht geschafft hatten. Halbwegs gesund war er wieder herausgekommen. Aus der ersten Arbeit, mit der er sich bei einigen Uni´s und Instituten beworben hatte, war ein ganzes Buch geworden, leider ein sehr dogmatisches Buch. Erst sehr viel später erfuhr er, was die in diesem Buch geäußerten Gedanken für Schaden anrichten konnten, wenn man sie mit den falschen Leuten diskutierte. Wirklich ein gefährliches Buch, das selbst er nur in seinem kleinen Safe im Arbeitszimmer sicher aufbewahrt solange ertragen hatte.

Keiner war im Besitz der absoluten Wahrheit, auch er nicht. Aber ihm war sehr wohl bewusst geworden, dass sie wirklich da draußen existierte und man ihr zumindest immer ein kleines Stückchen näher kommen konnte, wenn dies auch manchmal noch so unbequem sein mochte. Zu große Schritte können dabei nicht nur unbekömmlich, sondern manchmal regelrecht gefährlich sein.

Nicht auszudenken, wenn ein Buch mit diesem Inhalt in die falschen Hände gerät! Die direkte Beeinflussung von Raum und Zeit, wie durch seine Erfindung könnte eben genau mit solch einem gigantischen Lichtblitz enden, sobald ein ganzer Planet plötzlich die engen räumlichen Grenzen unseres ständigen Jetzt verlässt. Leon darf es einfach nicht darauf ankommen lassen. Heutzutage würde das jedenfalls nicht nur allein das Ende der Dinosaurier bedeuten. Dieser Traum war wirklich die letzte, mehr als deutliche Warnung, an ihn ganz persönlich gerichtet. Ein Glück, dass noch niemand außer ihm den Wert oder Unwert dieses Buches kennt oder bisher auch nur annähernd einschätzen kann. Seine Psychologin hatte ihm zwar schon damals bescheinigt, dass er sich immer zu Unrecht für alles verantwortlich fühlt. Doch das ist ihm jetzt egal! Sie mochte sehr wohl Recht damit haben, aber das hilft ihm jetzt auch nicht weiter. Von den falschen Freunden trennte er sich damals vollständig. Jetzt aber hat er es auch endgültig satt, dass dieses Machwerk von Buch noch wie eine glühende Kohle in seinem Safe liegt. Bisher weiß niemand außer ihm von der Existenz dieses Buches. Das soll auch so bleiben!

Er fühlt plötzlich, dass er endlich etwas tun muss. Ich werde meine erste Arbeit behalten, denkt er sich, zur Erinnerung und falls ich später dort nochmal ansetzen will. Außerdem hilft sie mir gewissermaßen als Werkzeugkasten bei den neuen Themen, die mich derzeit so interessieren. Aber dieses furchtbare Buch von damals muss einfach weg, jetzt sofort! Einen kurzen Moment lang tut ihm wieder die viele Zeit und die Arbeit leid, die er dahinein investiert hat, aber sein Entschluss steht fest! Ganz leise, um niemanden zu wecken, geht Leon in die offene amerikanische Küche direkt am Wohnzimmer. Er holt das Feuerzeugbenzin und den Kohleanzünder aus dem Schrank neben der Spülmaschine. Sein Vermieter hat, um bei dem Wohnungsleerstand in Leipzig neue Mieter anzulocken, in die größeren Wohnungen des Hauses kleine, moderne Kamine einbauen lassen. Ein hübsches Detail, das seine Frau wohl von Anfang an für diese Wohnung besonders eingenommen hat.

Jetzt wird ihm dieser Kamin endlich sehr nützlich sein. Er öffnet die feuerfeste Glastür, zündet den Kohleanzünder vorsichtig mit seinem Feuerzeug an, das er als Raucher immer auch in der Tasche des Morgenmantels trägt, und schichtet drei größere Holzscheite auf den brennenden Kohleanzünder. Anschließend geht er ebenso leise wieder ins Arbeitszimmer zurück, um aus dem hintersten Winkel der riesigen Bücherregale, wo sein kleiner Safe mit großen Schrauben in der Betonwand verankert ist, den Stein des Anstoßes zu holen, den er einmal für den Stein der Weisen gehalten hat. Die Kombination vom Safe hat er im Kopf. Fast dreihundert eng beschriebene A4-Blätter liegen da vor ihm unter einer unscheinbaren hölzernen Zigarrenkiste, viele neue und alte Geheimnisse dieser Welt, einfach, aber leider sehr dogmatisch erklärt. Ich wollte sowieso nie ein Dogmatiker sein, denkt er sich fröstelnd. Deshalb tut es mir jetzt auch nicht leid um dieses Buch!

Es wird ein bisschen dauern, bis der Job erledigt ist. So bringt er sich denn aus dieser kleinen, unscheinbaren Holzkiste im Safe eine der kubanischen Panatellas mit, die ihm Xavier, ein Geschäftsfreund von einer kleinen, mittelständischen Software-Schmiede aus Luxemburg, mal vor Monaten geschenkt hat. Er muss sie vor Lisa und Leonore versteckt halten und darf das gründliche Lüften danach auf keinen Fall vergessen, sonst hängt der Haussegen wieder tagelang schief. Ebenso vergisst er nicht die langen Streichhölzer dafür. Im Wohnzimmer öffnet er das Fenster weit und atmet die kühle Sommernachtsluft tief ein. Sie kommt ihm nicht kalt, sondern erfrischend vor, ist aber trotzdem weich wie Samt und Seide. Auf seinen Lippen schmeckt sie ganz leicht nach dem brackigen Flusswasser von Elster und Pleiße, die irgendwo unweit von hier durch die Leipziger Auewaldlandschaften fließen. Jetzt noch ein halbes Wasserglas Scotch auf den Beistelltisch neben dem großen Sessel gestellt und schon kann es losgehen. Den Whisky hält er ganz oben auf den Wohnzimmerregalen hinter drei goldglänzenden Bänden Dostojewski aus den gleichen, familienbedingten Gründen versteckt.

Im Glas spiegeln sich glitzernd gelbrot die winzigen Flammen aus dem Ofen. Bedächtig setzt er sich in den großen Sessel, schneidet langsam die Spitze der dünnen Zigarre ab und entzündet in Ruhe eines der langen Streichhölzer. Genüsslich brennt er sich dann den dunkelbraunen Glimmstengel an. Sein Hund Mike kommt ins Wohnzimmer, reckt und streckt sich, gähnt aufmerksamkeitsheischend und legt dann den Kopf auf eine von Leons Sandalen direkt neben dem Sessel, um hier sein Schläfchen fortzusetzen. Als die ersten Rauchringe der langen, schmalen Zigarre langsam zur Decke aufsteigen, brennt das Holz im Kamin schon knisternd mit heller Flamme und taucht Leons nun wild entschlossenes Gesicht im Halbdunkel davor in ein geheimnisvoll flackerndes Leuchten.

Einen der schweren Sessel ganz nah am Kamin, hat er den Stapel Papier umgedreht auf sein linkes Knie gelegt. So muss ich nicht noch einmal auf die Seiten blicken und werde mich sicher nicht plötzlich wieder anders entscheiden, denkt er. Ruckartig schüttet Leon gegen alle Regeln des Brandschutzes einen Schwapp Feuerzeugbenzin in die winzigen Flammen der Holzscheite. Die Stichflamme im Kamin hält sich in Grenzen, bringt das Holz aber richtig zum Lodern. Der Scotch schmeckt weich auf der Zunge, brennt nur ein ganz klein wenig in der Kehle. Immer zwei bis drei Seiten Papier lässt er ins Feuer gleiten, verteilt sie über die ganze Fläche des Kamins um zu vermeiden, dass zu viele übereinanderliegen und etwa nicht richtig durchbrennen können. Das Feuer wärmt Leon von außen, der Whisky von innen und die Beschäftigung verscheucht seine trübseligen Gedanken.

Ihm fällt wieder ein, wie er als Kind im Haus seines Großvaters oft Holz oder Papier im Zentralheizungsofen im Keller verbrannt hat. Ich liebe schon immer das wärmende Feuer! Das hübsche Haus im Leipziger Norden, die Großeltern, schöne Kinderzeit, leider viel zu kurz. Die Flammenspiele erfreuten schon damals sein Auge. Ab und zu macht er eine kleine Pause, rüttelt am Kaminrost, zieht vollmundig an seiner Zigarre und trinkt einen kleinen Schluck Whisky dazu.

Wie weit bin ich inzwischen gekommen, wundert er sich ein wenig, nur was will ich hier in Wirklichkeit? Eigentlich hatte ich doch immer etwas ganz anderes vor! Wie das Leben so spielt! Der Bezug seines Buches zu einer möglichen Dissertation beschäftigt ihn wieder etwas, aber dazu braucht er dieses Buch jetzt nicht mehr. Das darin entwickelte erkenntnistheoretische Werkzeug habe ich auch so im Kopf. Nach einer knappen halben Stunde hat er sich mühsam bis zum Inhaltsverzeichnis vorgearbeitet und dann brennt endlich auch das Titelblatt als letztes Zeugnis seiner jahrelangen verzweifelten Bemühungen hell leuchtend in seinem Kamin. In großen Lettern lodert dort gerade der monströse Titel auf, der ihn nun schon so viele Jahre beschäftigt hat. Leon liest ihn jetzt hoffentlich zum allerletzten Mal: 'Das Geheimnis des Gehirns'. Die Flammen fressen sich Stück für Stück ganz langsam vor und lassen dann auch diesen etwas übertrieben großartigen Titel vollkommen verschwinden. Trotz der vielen Arbeit und der einzigartigen Gedanken, die da gerade in Flammen aufgehen, spürt Leon noch immer keinen Verlust. Er sieht ins Feuer und fühlt sich einfach, als wäre gerade eine schwere Last von ihm genommen. Eine Last, die er nie allein tragen wollte und die er nun wohl auch nie wieder allein tragen müsste. Leon seufzt lang und tief von ganzem Herzen und ist jetzt spürbar erleichtert.

Nachdem die Kamintür verschlossen und die letzte Asche durchgerüttelt ist, wäscht er beruhigt das Wasserglas vom Whisky-Geruch ab, geht mit dem Zigarrenrest im Mundwinkel ins Arbeitszimmer und schaltet seinen alten Computer an. Zur Sicherheit öffnet er auch hier wieder ein Fenster ganz weit. Beim Blick nach draußen sieht Leon langsam die Wolken aufreißen und nun auch den ersten Stern dieser Nacht am heller werdenden Horizont. Während der Computer hochfährt, holt er sich nach einigem Suchen aus einem Stapel Literaturstudien in einem der Bücherregale seine Vorarbeit heraus mit dem wesentlich sachlicheren Titel: 'Paradigmatische Betrachtungen zur KI-Diskussion'.

KI-Künstliche Intelligenz, wie grandios und doch wie verfehlt diese nun schon sehr alte Wortbildung! Leon weiß inzwischen auch ganz genau warum. Er legt die Arbeit jetzt etwas ruhiger geworden neben den Monitor und sucht in seinen Verzeichnissen nach der Zip-Datei des gerade verbrannten Papierstapels. Für solche Zwecke hat er sich extra passwortgeschützte, durchnummerierte Archive angelegt. Nach zwei Fehlversuchen findet er endlich das richtige, gibt sich alle Rechte an der Datei zurück und löscht sie komplett und für immer, ganz und gar ohne Pathos. Bei Gelegenheit werde ich auch noch die Festplatte formatieren, das ist zwar immer noch nicht ausreichend, aber dafür sehr beruhigend, denkt er sich. Das Betriebssystem muss sowieso mal wieder neu aufgesetzt werden. Auf mein neues iBook habe ich die Datei gar nicht erst kopiert.

Zum Schluss schaltet er den Computer ab, packt dafür in Ruhe seine Vorarbeit in den kleinen Safe an die vom Staub verschonte Stelle des alten Buches und geht nun doch sehr müde, aber ebenso beruhigt wieder ins Bett. Lisa hat zum Glück von all dem rein gar nichts bemerkt. 04:15 Uhr, aber ich habe endlich mal wieder Klarschiff gemacht. Wie beruhigend! Warum hat das nur so viele Jahre gedauert? Ein angenehmes, warmes Gefühl durchrieselt ihn bei diesem guten Gedanken, bevor er dann endlich langsam wieder einschläft. Die Vergangenheit kann wohl niemand mehr ändern, aber künftig will ich mein Leben nie wieder von solch schlimmen Erfahrungen wie denen von damals bestimmen lassen!

Episode 2

Zur gleichen Zeit fallen ein paar Kilometer weiter im Süden von Leipzig klirrend Flaschen auf einem riesigen Schreibtisch um. Ein lautes Stöhnen quittiert den Fehlgriff. Die gestern vergessene Schreibtischlampe beleuchtet die Szene nur dürftig und etwas gespenstisch. In einem schlecht gelüfteten Raum hängen hohe Gardinen vor einer breiten Glasfront zum Garten. Ein Mann Mitte 50 in Jeans und T-Shirt erhebt sich gequält aus dem Bett direkt neben diesem Schreibtisch. Er hat einige Mühe, aus dem niedrigen Futonbett hochzukommen. Das einstmals schöne und stolze Gesicht ist von Falten übersät, die Augen verquollen. Ohne den Alkohol der letzten Nacht könnte man dieses Gesicht wohl noch als Charakterkopf durchgehen lassen, von halblangen, fast weißen Haaren alternativ umrahmt. Verdammt 04:15 Uhr, stöhnt Paul nach kurzem Blick auf den großen, alten Regulator in einer Ecke des Raumes und ganz sicher nichts mehr da zu trinken. Er fröstelt etwas, es ist doch noch sehr kühl im Zimmer um diese Zeit. Paul steht mühevoll auf, wirft sich die metallbesetzte Motorradjacke über die Schultern und schlurft in die Küche seines 70-Quadratmeter-Bungalows.

Die Hand zittert etwas, als er unsicher aus dem Regal den kleinen silbernen Mocca-Kocher greift. Schnell sind trotz des Zitterns Wasser und Kaffee eingefüllt und der Herd angeschaltet. Die Küche ist unaufgeräumt. Er stellt den Kocher auf den Herd, taumelt etwas und stößt dabei an den Küchentisch. Geschirr, Flaschen und Gläser machen hier ein ähnliches Geräusch wie vorhin am Bett. Bis das Wasser kocht, geht er langsam zurück zum großen Schreibtisch im Wohnzimmer, auf dem nicht nur alte Flaschen stehen, sondern auch ganze Berge von Papier um einen betriebsbereiten Laptop herum aufgetürmt sind. Die Küchentür lässt er offen. Auf der äußersten linken Seite dieses Schreibtischs ist etwas mehr Platz. Dort liegen einzeln und sauber getrennt drei große Stapel Hefter und Blattsammlungen sowie darüber ein unscheinbarer Brief von zwei Seiten.

Deprimiert nimmt er diesen Brief nun wohl zum hundertsten Male in die Hand. In fetten Lettern steht dort vor ihm in der Betreffzeile: Aufhebungsvertrag zum 30.09.2001. Er hätte schon länger damit rechnen müssen, trotzdem war es für ihn einfach unfassbar und traf ihn wie ein kurzer harter Schlag aus dem Nichts direkt unter das Kinn. Warum gerade ich? Nach über 27 Jahren am Institut für Neurologie und Hirnforschung in Leipzig zuerst als Doktorand und zuletzt als ordentlicher Professor hat Paul ob der Kündigung seinen gesamten Resturlaub genommen. Plötzlich sind all seine Projekte und ebenso auch seine langjährige Stelle gestrichen. Nur wegen Budgetkürzungen und dass es natürlich allen sehr leid tut, versicherte man ihm bedauernd. Das Bedauern und die ordentliche Abfindung helfen ihm in seinem Alter jetzt auch nicht mehr weiter. Für die restliche Zeit wurde er einfach freigestellt. Die ersten vierzehn Tage hat er durchgesoffen, immer bis zu dem Kick, der alles vergessen lässt. Zuerst Bier und Wein, dann härtere Sachen. Die dritte Woche verbrachte er damit, all die Papiere, die er sich aus dem Institut mitgebracht hat, nach ihrer Wichtigkeit und Relevanz zu sortieren und wieder etwas weniger zu trinken. Letzteres klappte genauso wenig, wie Ersteres.

Paul ist fertig mit der Welt! Wie viele Ideen und Projektansätze haben er und seine Assistenten in den letzten Jahrzehnten gewälzt. Wie viel davon war umsonst. Nur ein kleiner Teil schaffte den Sprung zum Projekt, das auch wirklich finanziert wurde oder dann gar vom Forschungsprojekt zur medizinischen oder psychologischen Praxis. Auftragsforschung gab es viel zu wenig und die Gelder flossen immer spärlicher. Aber er hat viel publiziert und gelehrt in dieser langen Zeit, Promotionen begleitet, Assistenten ausgebildet, Tagungen besucht oder auch selber veranstaltet. Er muss jetzt einfach ein Thema finden, das ihm an anderer Stelle den Wiedereinstieg erlaubt. Wahrscheinlich wird er dann umziehen müssen, vielleicht sogar ins Ausland, aber das ist ihm jetzt egal! In den letzten Tagen konnte er sich dann doch ab und zu auf das Wichtigste konzentrieren. Verzweifelt hat er seine Kontakte abgecheckt. Unter anderem ist er wieder auf Professor Wilbourgh gestoßen, mit dem ihn vor Jahren eine enge Brieffreundschaft verband.

Der hat viel Einfluss und auch die richtigen internationalen Kontakte. Sie lernten sich bei einem Jahr Auslandsaufenthalt von Paul am Massachusetts Institut of Technology kennen. Beide hatten sich damals in der heißen Phase des Konnektionismus der Künstlichen Intelligenz mit der Simulation neuronaler Netze beschäftigt und waren so gemeinsam ein gutes Stück bei der Modellierung von komplexen konnektiven Prozessen der KI vorangekommen. Die ersten beiden Jahre danach pflegten sie auch intensiven Schriftverkehr, der aber dann ganz plötzlich und ziemlich abrupt abbrach, als Wilbourgh in irgend so eine obskure Regierungseinrichtung ging. Er bat ihn damals um Verständnis, dass er sich aus welchen Gründen auch immer jetzt nur noch im Urlaub bei ihm melden könnte, was er leider aber nie verwirklicht hat. Na gut! Wie war doch gleich der Name dieser Einrichtung? Ausgerechnet der letzte Brief ist leider absolut nicht mehr zu finden. Egal, er hat ja noch die neue Privatadresse, falls die jetzt nach all der Zeit immer noch stimmt. Wilbourgh berichtete im vorletzten Brief zum Glück ausführlich von seinem Umzug.

Der Kaffee in der Küche ist fertig. Paul kommt langsam in Schwung. Was ihm bisher fehlt, ist das Thema, mit dem er Wilbourgh ködern könnte. Der Brief, mit dem er umfangreich sein Schaffen der letzten Jahre beschreibt, ist fast fertig. Als alter Hase weiß Paul aber auch, dass noch das i-Tüpfelchen fehlt, irgendein Aufhänger, etwas Grundsätzliches, mit dem er Wilbourgh neugierig machen könnte. Die drei Stapel liegen jetzt direkt vor ihm, eigene angedachte Projekte, die seiner Mitarbeiter und die Vorschläge von Studenten und Doktoranden. Irgendwie kommt ihm aber bisher alles zu seicht vor, zu fade und zu unerheblich. Nichts setzt sich wirklich vom Allgemeinkonsens der vergangenen Jahre ab! Im letzten Stapel hat er wohl noch nicht ausgiebig genug gelesen. Er greift also wahllos ganz tief in den Papierberg hinein und zieht dabei eine ziemlich unscheinbare Mappe heraus. Sie sieht alt aus und hat anscheinend auch schon sehr lange in diesem Stapel gelegen.

Er dreht sie als Erstes richtig herum, schlägt sie langsam auf und liest dann bedächtig das Thema auf dem Titelblatt: 'Paradigmatische Betrachtungen zur KI-Diskussion'. Klingt erst einmal unverdächtig, aber wenigstens grundsätzlich. Er blättert in den ca. 60 Seiten. Ja, jetzt erinnert er sich. Dieses Werk hat ihm vor knapp zehn Jahren mal irgend so ein Spinner mit einer Bewerbung für eine externe Dissertation zugeschickt. Wie schön konnten sie damals doch lachen über diesen Größenwahn. Deshalb hat er sie wohl auch behalten, aber schon sehr bald wieder vergessen. Neue Ideen sind das wohl, auch jetzt noch nach zehn Jahren, doch sie passten weder damals noch heute ernsthaft in die gesamte KI-Entwicklungsrichtung. Schon will er die Mappe wieder zurücklegen, doch dann wird er nachdenklich. Gerade jetzt, wo die Diskussion zu den Grundsatzthemen der Künstlichen Intelligenz doch weitestgehend zum Erliegen gekommen ist und sich fast totgelaufen hat, sieht das doch aber ganz anders aus, oder?

Er blättert zaghaft und sehr zweifelnd darin herum. Sein Blick bleibt plötzlich an einer kleinen Modellzeichnung hängen. Etwas Neues, Aufrüttelndes, selbst dann, wenn sich später nur ein kleiner Teil davon als wahr herausstellen sollte, genau das fehlt ihm leider bisher. Ganz plötzlich fällt ihm an dieser Modellzeichnung etwas auf. Über der Skizze eines Gehirns befinden sich zwei kleine Koordinatensysteme. Die Zeit ist als dreidimensionales Vektorfeld gleichberechtigt neben den Raum gestellt. Die eine Seite wohlvertraut mit der Operationsbasis des Raums um uns herum, den wir ja alle sehr gut kennen, die andere aber völlig unbegreiflich ganz allein nur mit der Zeit als Operationsbasis, noch dazu in drei Dimensionen dieser Zeit. Die Zeit nicht als Zeitstrahl mit eindeutig gerichtetem Zeitpfeil? „Was wollte uns der Amateur wohl damit sagen?", murmelt Paul ganz leise vor sich hin. Im Halbdunkel neben der alten Schreibtischlampe erscheint ihm diese Zeichnung auch irgendwie mystisch und erst einmal so ganz fremdartig. Paul schaut auf das Gehirn und dann auf die beiden kleinen Koordinatensysteme.

Hat sich der Schreiberling neben funktionalen Überlegungen zum Gehirn etwa auch an physikalische Grundbegriffe herangewagt? Keine vierte Dimension für die Zeit gewissermaßen als kleines Anhängsel des dreidimensionalen Raumes wie bei Minkowski, sondern ein eigenes dreidimensionales Diagramm ganz allein nur für die Zeit und zwar völlig gleichberechtigt neben dem Raum, das ist wirklich neu, verdammt! Dieses Detail war ihm damals so gar nicht aufgefallen, aber er hat sich ja auch nie die Mühe gemacht, das alles zu lesen oder etwa die Gedankengänge dieses Anfängers vollständig nachzuvollziehen. Es gibt also doch noch einen neuen und trotzdem recht einfachen paradigmatischen Ansatz in diesem Machwerk und das nun schon vor über zehn Jahren! So unklar ihm das Ganze auf Anhieb auch immer noch erscheint. Auf jeden Fall ziemlich komplex und fachübergreifend, wenn man es nur etwas näher betrachtet!

Paul schlürft langsam den heißen Kaffee, lässt sich dann endgültig interessiert aufs Bett fallen, dreht die Schreibtischlampe etwas näher heran und liest jetzt aufmerksam die Erläuterungen unter der Modellzeichnung mit einer ständig wachsenden Neugier. Schon nach wenigen Minuten spürt er, dass etwas in ihm ernsthaft zu arbeiten begonnen hat. Die Zeit ist fein säuberlich getrennt in den bekannten eindimensionalen Zeitstrahl der Vergangenheit, den nulldimensionalen Jetztzeitpunkt und diesen merkwürdigen neuen dreidimensionalen Möglichkeitsraum der Zukunft unterteilt und außerdem natürlich nur in der theoretischen Betrachtung völlig unabhängig vom Raum. Dies muss noch nicht unbedingt die Relativitätstheorie Einsteins tangieren, aber zweifellos tangiert es auf jeden Fall solche Schlussfolgerungen wie den vierdimensionalen Aufbau der Realität wie z.B. die von Minkowski. Kein großer Akt eigentlich dieser neue, stark erweiterte Zeitbegriff und sehr realitätsbezogen, aber trotzdem so völlig neu! Und das alles in ausführlichem Bezug zu den beiden Hälften des Gehirns. Wie aber will ich denn nur allein mit der Zeit operieren?

Natürlich gibt es die Zeit als Vergangenheit, als Jetztzeitpunkt und auch als unsere Zukunft. Bisher aber war doch eigentlich der Raum um uns herum immer das Maß aller Dinge. Ansonsten gab es nur den alten eindimensionalen Zeitstrahl als vierte Dimension in unserer Realität, doch dieser gilt hier ganz neu immer nur für die Vergangenheit. Das soll es nun sein? Nein, das ist es!

In der rein theoretischen Informationsverarbeitung unseres Gehirns werden Raum und Zeit sehr sorgfältig getrennt, während sie in der physikalischen Realität um uns herum eine untrennbar verwobene Einheit bilden. Sehr gut möglich und eigentlich gar nicht mal so neu! Damit kann er Wilbourgh sicher erst einmal neugierig machen. Der Autor wischt etwas dilettantisch, aber doch mit absoluter Selbstverständlichkeit all diese Detailverliebtheit der nun schon lange festgefahrenen und nur noch auf die rationalistische Tradition der herkömmlichen Computermetapher der Von-Neumann-Maschine reduzierten KI-Diskussion der letzten Jahre beiseite und konzentriert sich ausschließlich auf einen grundlegenden Neuansatz. Denn es ist wohl ein Irrglaube, dass man einfach nur quantitativ genügend Rechenleistung beisammen haben müsste, damit dann daraus auch die völlig neue Qualität des menschlichen Denkens entsteht, das wird Paul nicht erst jetzt wieder klar. Dem Autor geht es also wirklich und direkt nur um den puren Unterschied des menschlichen Denkens zur bisher bekannten maschinellen Intelligenz. Früher war Paul auch mal so ein Bilderstürmer, aber das ist schon lange her. Wie schnell doch die Zeit vergeht! Paul seufzt. Bewusstsein ist ein unbewusster Akt. Wer hat das doch gleich als Erster gesagt? Man kann es nicht bemerken, weil man es ständig vor Augen hat. Diese Aufteilung in Raum- und in Zeitabhängigkeit der beiden Gehirnhälften ist einfach verblüffend! Ob das nun wirklich so richtig ist oder nicht, die Methode beeindruckt Paul doch sehr.

Dagegen gleichen bisher all die eigenen Themen wie Peanuts einer Wassermelone. Er muss das nur völlig anders anpacken! Aber dafür bleiben ihm nach Absenden des Briefes an Wilborough bestimmt noch gut zehn Tage Zeit. In zehn Tagen wird er all das nachholen, was er wohl schon vor zehn Jahren hätte tun sollen. Paul hat seinen Entschluss nun endgültig gefasst! Er bewegt sich vom Bett zum fest verkabelten Laptop, den er gestern Abend auszuschalten vergaß und holt ihn aus dem Schlafzustand. Der fast fertige Brief erscheint nach der Anmeldung wieder auf dem Display. Jetzt noch die richtigen Worte in den letzten beiden Abschnitten finden und schon kann dieser Brief auf die Reise gehen!

Sein Kopf kommt ihm plötzlich nüchtern vor und klar. Und das ganz sicher nicht nur von dem starken Kaffee. Er ist zu allem bereit, soviel steht für Ihn fest! Der lange abhanden gekommene Sinn ist endlich wieder da für ihn. Eine wahre Erleuchtung, Dank dem edlen Spender, den er natürlich mit keiner Silbe erwähnt. Der arme Tropf weiß sicher gar nicht mehr, bei wem er sich damals alles beworben hat. Die wenigen noch fehlenden Sätze in gutem Englisch fließen Paul wie von selbst in die Tastatur. Noch einmal Korrektur gelesen – Zack und fertig! Der alte Drucker springt an und Paul überkommt das gute und sichere Gefühl, endlich wieder die richtige Entscheidung für sich selbst und seine Zukunft getroffen zu haben. Wie schön!

Während der Drucker noch läuft, reißt Paul die Gardinen vor der Glasfront zum Garten auf und dann auch die Terrassentür. Frische Luft strömt herein. Hinter den Bäumen und Büschen erscheint der rötliche Morgenschimmer dieses neuen Tages. Nach einem kurzen Badbesuch geht er hinaus, um seine Maschine aus dem Schuppen zu holen. Das Gras ist noch feucht. Die Schuppentür knarrt im Halbdunkel. Sie müsste mal wieder geölt werden, aber sicher nicht heute. Schon vor Jahren hat Paul sich eine 1400er Suzuki Intruder gekauft. Er liebt diese Maschine wirklich sehr.

Sie gibt ihm immer das wunderbare Gefühl von Freiheit und Ungebundenheit, trotz der vergangenen Widrigkeiten seiner abhängigen Beschäftigung. Das waren noch bessere Zeiten hier draußen in Markkleeberg und auch am Institut in Leipzig. Trotz der Tatsache, dass jedes Jahr Kollegen von ihm gekündigt oder zumindest ihre Mittel zusammengestrichen wurden, hätte er nie im Ernst geglaubt, dass es auch ihn einmal treffen könnte. Er hat geschwiegen, als die großen und sehr ungerechten Säuberungsaktionen der Wendezeit 1990 und 1991 am Institut und an der Uni abliefen und etliche seiner Kollegen oft aus zwielichtigen Gründen gehen mussten. Nicht nur deshalb war er bis heute dort behalten worden. Was bin ich doch für ein Heuchler! Ganz dunkel ahnte er jetzt, wie es damals seinen Kollegen ergangen sein musste. Ach, egal was damals war, jetzt darf er nur noch nach vorne denken. Es muss einfach irgendwie weitergehen! Diese neue Chance wird er sich ganz allein erobern. Selbst dann, wenn er dabei nach jedem Strohhalm in seiner Nähe greifen muss! Die Idee gehört jetzt mir und damit Schluss, murmelt Paul so vor sich hin, während sein Blick über die verchromte Maschine gleitet und die Hand ganz sacht den großen glänzenden Tankdeckel streichelt.

Nachdem er die Intruder im Gartenweg aufgebockt, die Satteltaschen sorgfältig befestigt und den Tank kontrolliert hat, geht er zurück in den Bungalow. Er wohnt jetzt schon fast sechs Jahre ganz alleine hier. Christa, vor reichlich zwanzig Jahren noch beeindruckt von seinen Erfolgen und späteren Titeln, hat es nicht mehr ausgehalten mit einem Mann, der in erster Linie mit seinem Institut verheiratet war. Die Scheidung ist nach der Trennungszeit sehr ruhig verlaufen vor nun fast fünf Jahren. Sein Sohn bei der Bundeswehr und auch sonst gab es kaum Streitpunkte. Sie hat die Wohnung und das Auto und er eben den Garten mit dem großen Bungalow bekommen, den er sich über die letzten Jahre hinweg wirklich gut ausgebaut hat. Seine Freundin ist neunzehn Jahre jünger als er. Britt ist eine richtige Motoradbraut und seine ehemalige Assistentin.

Seit drei Wochen haben sie sich jetzt nicht mehr gesehen. Sie arbeitet jetzt für eine Medizintechnikfirma, teilte sie ihm vorige Woche am Telefon kurz und bündig mit. Ihn traf die Kündigung wesentlich härter und er hat gebrüllt: „Dann geh doch!"

Trotzdem werde ich sie wieder anrufen, denkt er sich, wenn ich dieses Thema richtig angepackt und Antwort von Wilborough habe. Die Seiten des fertig gedruckten Briefes sind schnell unterschrieben, gefaltet und in einen A5-Umschlag verpackt. Mit zittriger Hand schreibt er die Adresse darauf, aber insgesamt fühlt er sich trotzdem schon tausendmal besser als in all den letzten Wochen. Verzweifelt sucht er in der Ablage des großen, chaotischen Schreibtischs nach den abgezählten Briefmarken für die Staaten, die er schon vorige Woche besorgt hat. Erst Minuten später hat er unter dem Telefon Glück. Der richtige Betrag kommt zusammen. Nur nochmal kurz ins Bad, etwas Wasser, dann ein frisches T-Shirt. Statt Zähne zu putzen, gurgelt er mit einem winzigen Rest des echten französischen Cognac, den er seltsamerweise in seinem Bad findet. Keine Ahnung, wie der hierher geraten ist. Jacke, Stiefel und Handschuhe sind schnell übergezogen. Den Brief nicht vergessen und schon kann es losgehen. Sorgsam verschließt er den Bungalow. 05:40 Uhr, die Maschine startet mit einem kurzen Knall, aber sonst ist alles sehr ruhig hier draußen in Markkleeberg. Paul liebt die morgendliche Stille mit den wenigen Autos auf den Straßen Leipzigs sehr.

Von Markkleeberg kommend fährt er auf der B2 in den Süden der Stadt hinein. Die Hochstraße erlaubt schon von weitem einen Blick auf die Hochhäuser und den alten Stadtkern von Leipzig. Es wird langsam hell. Erst folgt er einem LKW mit Backwaren, doch dann fährt er schneller als üblich und zieht vorbei. Um diese Zeit kein Problem, trotzdem kann er den Ausblick in Ruhe genießen. Der Fahrtwind kühlt seinen von unruhiger Nacht erhitzten Kopf sehr angenehm auch unter dem Halbschalenhelm.

Hinter dem Floßplatz kurz vor dem Innenstadtring biegt er rechts ab und kommt so zur Karl-Liebknecht-Straße, der beliebten Laden- und Kneipenmeile, die vom Zentrum aus weit in die Südvorstadt bis hinein nach Connewitz reicht. Er biegt wiederum rechts in die Karli ab, um den Brief einzuwerfen. An der Straßenbahnhaltestelle Hohe Straße stehen die beiden einzigen ihm noch von früher bekannten Briefkästen, die sehr oft geleert werden.

Erst auf dem Fußweg hält er an und stellt den Seitenständer aus. Die Leerungen sind 10:00 Uhr, 16:00 Uhr und 22:30 Uhr. Alles okay, nichts vergessen, denkt Paul, als der Brief in den Schlitz gleitet. Er schwingt sich wieder auf seine Maschine, schnauft kurz und schaut noch einmal zum Briefkasten zurück. Viel Glück kann ich mir dann wohl nur noch wünschen und gute Reise, hoffentlich schon sehr bald! Jetzt gleich wieder nach Hause? Nein, bloß das nicht! Dort fällt mir nach mehr als drei Wochen schon langsam die Decke auf den Kopf. Ich denke, dieser neue Start sollte wirklich ein klein wenig gefeiert werden! Er erinnert sich plötzlich an die schönen Abende mit Britt, seiner Assistentin. Manchmal sind sie nachts auf den Fockeberg gefahren, um die Lichter der großen Stadt unterm Sternenhimmel zu bewundern. Motorisiertes Befahren ist dort schon immer verboten. Für Autos ist es durch den schmalen, vorgesetzten Eingang auch unmöglich gemacht. Mit dem Motorrad aber kein Problem! Sie haben sich dort oben das erste Mal geküsst vor knapp fünf Jahren in einer sehr romantischen Vollmondnacht. Ja, nur dort will er jetzt noch einmal ganz tief durchatmen und kurz über sein neues Leben nachdenken, wie immer das künftig auch aussehen mag.

Die Kulturmeile füllt sich langsam, aber Paul lässt sich jetzt von niemandem mehr stören. In Hochstimmung fährt er den Rückweg ganz gemächlich an alten Gründerzeithäusern mit den vielen alternativen Läden entlang, wieder tiefer in den Süden von Leipzig. Was wird hier nicht alles verkauft!

Von indischem und arabischem Tinneff über alternative Lebensmittel und Bio-Erzeugnisse, Fahrradteile, massive Echtholzmöbel bis hin zu verrückten Klamotten der unterschiedlichsten geographischen Herkunft und historischen Zeitalter. Dazwischen reihen sich unzählige Kneipen, kleine und große Pubs, vegetarische Restaurants und Cocktail-Bars. An der übernächsten Ampelkreuzung hält er wieder kurz auf dem Gehweg, um sich vom Kiosk auf der anderen Straßenseite eine Schachtel Davidoff und zwei kleine Taschenflaschen Goldbrand zu holen. Er ist nicht der Einzige, der hier nach der ersten Ration des Tages ansteht. Es ist wahrscheinlich auch immer dieselbe Truppe, die man morgens hier trifft. Zum Glück gehört er nicht dazu und wird in Ruhe gelassen. Seine Biker-Jacke tut ihr übriges. Zügig sitzt er wieder auf seiner verchromten Intruder. Bis zur Hardenbergstraße ist es jetzt nur noch ein kleines Stück. Paul biegt rechts ab und holpert auf dem Kopfsteinpflaster bis hin zur Auffahrt des Fockebergs. Der schmale Eingang ist schnell genommen, kein Mensch in der Nähe, der ihn bemerken könnte. Dann beginnen die asphaltierten Serpentinen nach oben, gesäumt von absonderlichen Skulpturen, die dem Weg eine künstlerische Note verleihen sollen, aber von hässlicher Graffiti nicht verschont blieben.

Er fährt am Lagerfeuerplatz vorbei, wo auch er mit seinen Studenten schon gefeiert und manche Nacht zum Tag gemacht hat. Auf der großen Wiese am Gipfel stellt er die Maschine ab und setzt sich auf das angedeutete Bein einer der Skulpturen, die hier locker über die gesamte Fläche verteilt sind. Sie sehen skurril aus und bilden eine seltsam abstrakte Versammlung, als deren Leiter er gerade in ihrer Mitte Platz genommen hat. Trotzdem verbinden sie die Natur hier auf dem Fockeberg mit einem grandiosen Ausblick über die morgendliche Stadt, über die Rennbahn im Scheibenholz und den Auewald, aus dem gerade ganz langsam der Dunst der vergangenen Nacht entweicht. Altes und Neues sind in Leipzig immer schon mehr oder weniger organisch mit der Natur verbunden.

Der Denkmalsschutz der alten Gründerzeithäuser und der postindustriellen Ruinen verhindert zum Glück nicht die Lückenschließung mit Neubauten oder parkähnlichen Anlagen, die hier sehr dicht an den urwüchsigen Auewald angrenzen. So schaut Paul also auf dieses Gemisch aus Natur und Häusern, aus Vergangenheit und Zukunft mit dem neu erwachten Glauben, dass auch seinem Leben bald eine neue und hoffentlich erfolgreiche Wendung bevorsteht. Nur wie lange soll das noch dauern? Es sind nur vereinzelte Wolken am Himmel um 06:25 Uhr.

Er schaut nach Norden und trotz des frühen Morgens strahlt ihm die Sonne bereits mit voller Kraft von rechts vorn ins Gesicht. So lässt er also den Blick schweifen über die City von Leipzig und öffnet eine der kleinen Flaschen Goldbrand. Das neue Thema beschäftigt ihn wirklich schon sehr und seine Stimmung könnte nicht besser sein. An der Skulptur, die der Auffahrt am Nächsten steht, aber regt sich plötzlich etwas. Hinter einem großen liegenden Schachkönig erhebt sich das verschlafene Gesicht eines unrasierten Penners von undefinierbaren, jedoch bereits fortgeschrittenen Alter. Paul schreit ihm euphorisch ein lautes „Guten Morgen, mein Alter!" entgegen. „Hast du schon mal was von Konnektionismus und Kognitivismus gehört, von neuronalen Netzen oder von W-Linientheorie?" Nur ein krächzendes Husten antwortet ihm. Paul aber fährt unbeirrt fort: „Brauchst du auch nicht. Das ist jetzt nämlich alles für den Arsch! Na gut, vielleicht nicht ganz. Wichtige Details und einzelne Funktionen werden sicher auch künftig noch mit diesen Theorien erklärt werden. Aber das große Ganze, das haben die bisher alle nie begriffen. Ich war auch mal so einer! Eine Einheit wie das Gehirn, die sich mit der Analyse von Erscheinungen und Ereignissen in Raum und Zeit beschäftigt, muss notwendigerweise Information auch als weitestgehende Trennung ihrer räumlichen und zeitlichen Aspekte verarbeiten. Unser Kopf wird mit der Realität fertig, indem er etwas tut, was es in der Natur nicht gibt und was bloß theoretisch in einem informationsverarbeitenden, uns ansonsten aber völlig unbewussten Prozess möglich ist.

Er zerlegt ganz einfach die uns umgebende Realität nach räumlichen und nach zeitlichen Bezügen in ihren Erscheinungs- und in ihren Ereignisaspekt! Und nur den räumlichen Erscheinungsaspekt können wir dabei voll bewusst wahrnehmen. Für die Zeit haben wir zwar ein Gefühl, aber leider keine rechte Vorstellung! Er sagt uns: Man kann es nicht bemerken, weil man es immer vor Augen hat. Jetzt muss ich nur noch herausfinden, wie diese rein informationstechnische Trennung nach räumlichen und zeitlichen Aspekten auch praktisch durchführbar ist. Und dann kann ich endlich zu diesem Neuansatz der KI auch den offiziellen Grundstein legen, auf dem dann hoffentlich für alle Ewigkeit ganz allein mein Name eingemeißelt steht, Amen."

Der Penner erhebt sich, stößt dabei an die stilisierte Krone des überdimensionalen liegenden Schachkönigs, stöhnt heftig auf und wankt ganz langsam auf Paul zu. „Wer bitte ist denn ‚Er' und wer bist denn du Klugscheißer dort?", kommt es mit einem heiseren Lachen aus seinem Mund. „Hier wohnen nachts nur Gott und ich! Manchmal kommt noch ein Liebespaar vorbei oder morgens ein Jogger mit seinem Hund, aber sonst niemand um diese Zeit. Also wenn du hier Krach machen willst mit deiner Scheißmaschine oder mit deinen Scheißtheorien, dann komm doch wieder, wenn wir beide unterwegs sind. Du hast jedenfalls kein Recht dazu, hier Amen zu sagen!" Er hustet wieder kurz und trocken. „Raum und Zeit sagst du? Raum und Zeit sind etwas Erhabenes, das Werk Gottes und sein Werkzeug. Sie führen ihr ständiges Eigenleben um uns und in uns, erkennbar nur für den, der sich von allem anderen freigemacht hat oder freigemacht wurde, so wie ich zum Beispiel. Ja Einstein, das war ein Erleuchteter unter den Professoren. Einer, der wohl etwas verstanden hatte von Gottes Schöpfung, im Gegensatz zu solchen Schreihälsen wie dir!" Langsam kommt er Paul nun auch gefährlich nahe. Der riecht schon von weitem den brackigen Atem. „Allerdings glaube ich sehr wohl, dass alles oder jedenfalls das Meiste auf dieser Welt hier wirklich einen tieferen Sinn hat.", setzt der Penner unbeirrt fort.

„Was sehe ich denn da in deinen Händen? Hat man dich etwa geschickt, um mir mein Frühstück direkt ans Bett zu bringen, an diesem wunderbaren Morgen? Ja, das macht wirklich mal einen Sinn! Du sollst wohl nicht zu viel trinken, sonst baust du noch einen Unfall mit deiner glänzenden Maschine und dann ist der Lack ab, so wie bei mir." Paul zögert, aber der Alte lässt sich nicht mehr so leicht bremsen. „Los, jetzt wird gerecht geteilt oder ich brülle einfach solange, bis jemand deine Karre hier stehen sieht und dann geht's dir an den Kragen, mein Lieber. Weißt du, wie du mir vorkommst mit deiner verchromten Maschine und mit dem vielen Metall an deiner Jacke? Wie ein kleiner, verkleideter Doktor Gernegroß, der in diesem Jahr den Fasching verpasst hat!" Paul mit seinen gut Einsneunzig und über hundert Kilo ist geschockt ob der Beleidigung und auch von der kleinen Erpressung, glaubt aber ganz fest daran, dass der Alte sehr wohl ernst machen könnte mit seiner Drohung. Mit einem „Fang, du Penner!", wirft er ihm die zweite kleine Flasche Goldbrand aus seiner Jackentasche zu. Pauls Hochstimmung ist plötzlich wie weggeblasen.

Der alte Mann aber denkt nicht einmal im Traum daran, sich zu bedanken. Er lässt sich zu Füßen des hölzernen, liegenden Schachkönigs nieder, murmelt leise ein kurzes Gebet während er langsam die Flasche aufschraubt, in die Morgensonne blinzelt und gierig trinkt. Beide blicken sie schweigend über die inzwischen sonnenglühenden Dächer der großen Stadt, die ganz langsam zum Leben erwacht. Sie ist alt und zerfurcht, aber auch immer wieder jung, neu und wunderschön! Genau wie ich, denkt Paul. Das lasse ich mir von diesem alten Arsch auch nicht ausreden. Hoffentlich ist es ein gutes Omen, dass mich der Alte hier so unvermittelt daran erinnert, wie klein wir doch alle in Wirklichkeit sind. Ja, das sollte ich mir sehr genau merken! Auf jeden Fall muss ich künftig etwas vorsichtiger sein bei der Wahl meiner Diskussionspartner und im Zweifel lieber mal die Klappe halten. Das Thema allein hat es aber auch wirklich in sich!

> *„Du hast bisher in einer Traumwelt gelebt, Neo. Einer Traumwelt, die man dir vorgaukelt, um dich von der Wahrheit abzulenken." „Welcher Wahrheit?" „Dass du ein Sklave bist, Neo. Du bist wie alle in die Sklaverei geboren und du lebst in einem Gefängnis, das du weder anfassen noch riechen kannst, ... einem Gefängnis für deinen Verstand!"*
> *Morpheus zu Neo in 'Die Matrix'*

Der ganz normale Wahnsinn

Sein Wecker klingelt 06:35 Uhr. Leon hat nach der nächtlichen Unterbrechung noch über zwei Stunden tief geschlafen. Neben ihm ist alles ruhig. Er dreht sich im Bett nach ihr um. Lisa ist bereits aufgestanden und im Bad aktiv. Sie ist Lehrerin an einer Förderschule, kümmert sich dort sehr aufopferungsvoll um lernbehinderte Kinder und ist ein Schatz der ganz besonderen Art. Auch nach über drei Jahren hat sie es immer noch drauf, ihn mit etwas Neuem zu überraschen. Am Liebsten mag er sie nackt oder in ihrem Bauchtanzkostüm. In wenigen Sekunden schafft sie es, ihn in ein Märchen aus 1001er Nacht zu versetzen. Das sie selbst keine Kinder bekommen kann, war auch der Grund dafür, dass Lisa damals mit 29 noch nie verheiratet war. Sie wollte sich mit ihrem Problem niemandem aufdrängen, dabei ist sie doch ein wirkliches Geschenk für jeden Mann, der das auch zu schätzen weiß. Ich muss ihr dies öfter sagen, denkt sich Leon, während er den Morgenmantel überwirft und in die Küche schlurft. Hier gießt er sich eine Tasse Kaffee ein, rabenschwarz wie immer. Die große Kaffeemaschine, eigentlich gedacht für den harten Büroeinsatz, ist unschlagbar. Er wollte morgens eigentlich schon lange auf Tee umsteigen, hat das bisher aber nie geschafft. Zu Weihnachten werden wir uns endlich einen dieser neuen Espresso-Automaten leisten, beschließt Leon euphorisch, das soll durch das Brühen unter Druck viel gesünder sein und dazu auch noch besser schmecken, hat Lisa gesagt und die weiß immer Bescheid in solchen Dingen.

Aus dem Zimmer seiner Tochter hämmert schon zu dieser frühen Stunde eine Metal-Band. Leonore scheint gut drauf zu sein, der Musik nach zu urteilen. Durch die halboffene Tür brüllt Leon auf Verdacht ein „Guten Morgen!" hinein. Sie hebt den Kopf, lächelt ihn an und brüllt zurück: „Morgen Papa! Ich hab nur noch zehn Minuten, stör mich jetzt bitte nicht!" Sie schreibt weiter an den ersten Hausaufgaben ihrer zehnten Klasse in diesem Jahr 2001. Das Abitur macht sie mit 'Sehr gut', so wie es im Moment aussieht. Leo ist schon ziemlich genial und wirklich sehr selbständig. Für beide ist es ein ganz normaler Morgen Ende August. Die Sonne wärmt die hinteren Zimmer bereits ganz gewaltig. Lisa kommt aus dem Bad. „So ungewaschen will ich Dich in meiner Küche aber nicht sehen!", ruft sie und küsst ihn nur ganz flüchtig. „Du bist noch schmutzig!", ist ihre Entschuldigung.

„Was bitte war denn das wieder für eine Aktion heute Nacht? Meinst du ich merke es nicht, wenn du heimlich Zigarren in unserem Wohnzimmer rauchst? Pah, mich kannst du nicht veralbern. Du weißt genau, dass ich das nicht leiden kann!" „Ich hatte da nur so eine Idee." murmelt Leon etwas verlegen. „Du und deine Ideen!" Lisa steckt sich ihr Haar locker zusammen. „So, du kannst dich jetzt duschen!" Leon verkneift sich jede spitze Bemerkung, um gar nicht erst weitere Diskussionen aufkommen zu lassen, stellt seine Tasse ab und begibt sich ins Bad. Während er die Zähne putzt, drängt seine Tochter ins Bad, um ebenfalls noch ein paar letzte Handgriffe an ihr Haar zu legen. Leon, der das nicht anders gewöhnt ist, überlässt ihr den Spiegel und putzt seelenruhig über der Wanne weiter. Er ist nicht wählerisch. Zur Not könnte er auch auf die kleine Gästetoilette ausweichen, aber dies ist zum Glück nicht notwendig. Seine beiden Damen sind kurz vorm Abflug. „Denk daran, dass ich heute Abend wie immer montags bei meiner Bauchtanzgruppe bin!", ruft Lisa vom Flurspiegel aus und wirft ihm eine kleine Kusshand zu. Leo hat sich ebenfalls aus dem Bad verabschiedet und schnallt ihren Rucksack aufs Rennrad, das neben dem Flurspiegel steht.

„Papa, hast du noch ein paar Mark für mich, der Tag in der Schule kann verdammt lang sein." Leon holt mit Zahncreme im Mund sein Geld aus der Hose im Schlafzimmer, zahlt wortlos und Leo bugsiert ihr Rennrad durch die Wohnungstür, die Lisa schon von draußen aufhält. „Tschüss, Leon!" Die Tür knallt zu, er hört noch ganz entfernt den großen Fahrstuhl anhalten, der zum Glück auch sehr gut für Fahrräder geeignet ist. Der Vermieter hatte auf Arztpraxen in den unteren beiden Stockwerken gehofft und den Lift deshalb gleich groß genug für fahrbare Krankenbetten gestaltet. Die Fahrstuhltüren öffnen und schließen sich geräuschvoll. Leise kann man noch hören, wie der Fahrstuhl losfährt, doch dann legt sich wie erwartet eine wunderbar angenehme Stille auf die hübsche Vier-Zimmer-Wohnung im Leipziger Süden.

Mike kommt wedelnd auf Leon zu. „Ja Mike, wir gehen gleich raus, nur noch schnell duschen." Eigentlich liebt er diese morgendliche Ruhe vor dem großen Sturm in seiner Bank. Die Dusche genießt er wie jeden Morgen. Sein Duschbad duftet angenehm und ist mit kleinen Peelingpartikeln durchsetzt. Lisa findet es optimal. Was hat er sich früher noch mit No-Name-Produkten für ein paar Pfennige herumgeärgert. Mit Lisa ist auch ein klein wenig Luxus in sein Leben eingezogen. Sie teilt das Haushaltsgeld trotzdem besser ein als er, deshalb bleibt unterm Strich sogar noch etwas mehr übrig als früher. Klasseweib, denkt er sich und summt ein Halleluja! Das Wasser prasselt hart auf seinen Körper. Die Ruhe vor dem Sturm, ein gutes Wort! Alles was passieren kann, wird auch passieren, das hat er inzwischen gelernt. Diese Bank kann ein Tollhaus sein!

Seine eigenen Börsenaktivitäten wird die etwas chaotische Arbeitswelt um ihn glücklicherweise nicht weiter beeinflussen. Er hat sich aber inzwischen aus dem Optionsscheingeschäft zurückgezogen und setzt nun in erster Linie auf seine langfristigen Anlagen.

Bei niedrigen Kursen kauft er die für ihn aussichtsreichsten Aktien vermehrt hinzu. Davon lässt sich er sich auch durch niemanden abbringen. Lieber mal eine kleine Chance verpasst, als einen großen Verlust eingefahren. Jeden einzelnen Deal in seinem privaten Handelsbuch hat er für die Woche gestern langwierig ausgewählt, durchgerechnet und ebenso sorgfältig im Internet eingegeben. Er lässt sich nicht von kurzfristiger Euphorie beeinflussen. Höchstens große, unerwartete Ereignisse stören seine Überlegungen nachträglich. Inzwischen steht er eben auf die langfristigen Anlagen und … er wird immer besser!

Diese Deals arbeiten tagsüber für ihn, auch wenn er nur wenig Zeit zur Kontrolle hat. Abends und am Wochenende schaut er sich dann alles genau an und entscheidet für die nächste Woche. Langsam stellt sich auch der ersehnte Erfolg dieses Hobbys ein. Trotz ihrer immer noch sehr überschaubaren Vermögensverhältnisse hat er all seine Anlagen ganz streng unterteilt in Handelsbuch, Anlagebuch und Liquiditätsreserve, fast so wie eine Großbank nach dem guten alten Handelsbuchgesetz. Und natürlich hat er auch viele Regelungen seiner Bank für diese verschiedenen Bücher mit übernommen. Das Wichtigste daran sind aber nicht die großartigen Deals im Handelsbuch, die ihm manchmal so einfallen, das hat er inzwischen gelernt. Jeder Einzelne davon kann auch schiefgehen und wenn die Prognosen vorher noch so rosig sind! Das Wichtigste ist es, immer sein Geldkonto im Auge zu behalten, denn nur dort schlagen sich Erfolg oder Misserfolg sehr deutlich sichtbar nieder und nur von dort kann man dann auch langsam Beträge in die langfristigeren Anlagen des Anlagebuchs transferieren. Er muss liquide bleiben, auch wenn das schnelle Geld ihn noch so reizt, deshalb hat er seine Liquiditätsreserve trotz der niedrigen Zinsen auf einem ständig verfügbaren Tagesgeldkonto.

Sobald die Kurse drehen und das geht gerade auch bei diesen Geschäften manchmal sehr schnell, kann sonst aus einem für kurze Zeit geplanten Deal im Handelsbuch eine verlustreiche Langzeitanlage werden. Diese bindet dann das Geld unnütz und muss von Anfang an unbedingt vermieden werden. Für blutige Anfänger ohne innere Struktur und Ahnung ist das Alles jedenfalls nicht zu empfehlen! Leon ist wirklich sehr vorsichtig geworden.

Das heiße Wasser wärmt seinen Körper durch und durch. Er genießt einfach jede Sekunde. Im Gegensatz zur rein theoretischen Betrachtung unserer Welt von Innen nach Außen ist doch diese fortwährende, sequentielle Einwirkung des heißen Wassers auf seinen Körper von Außen nach Innen etwas viel Realeres und tut auch noch verdammt gut dazu! Unser Bewusstsein ist eben ganz klar zweigeteilt. Zum Schluss folgt noch eine kleine Schocktherapie mit eiskaltem Strahl wie immer, zack und fertig! Leon steigt aus der Dusche und frottiert seine Gliedmaßen gleichmäßig, bis die Haut eine leicht rosa Farbe annimmt. Ich könnte ein bisschen mehr Sonne vertragen, denkt er sich, als er in den Spiegel schaut. Sein Spiegelbild lässt ihn sonst relativ kalt, obwohl er nichts zu beanstanden hat. Er ist nicht eitel und meist schon ganz froh darüber, seine Haare irgendwie glatt zu bekommen und einen normalen Eindruck herzustellen. Der Tag kann beginnen! Sicher könnte er mit sich zufrieden sein, doch diese Zufriedenheit würde seine Wachsamkeit einschläfern, eine Wachsamkeit, die ihn die letzten Jahre deutlich gelehrt haben. Alles was passieren kann, wird auch passieren! Nur weil ich nicht paranoid bin, heißt das noch lange nicht, dass sie nicht hinter mir her sind. Leon lacht über diesen Spruch! Er hat es gelernt, sich selbst nie zu sicher zu sein. Dann knallt es ganz leicht an einer anderen Stelle, an der Du es nie erwartet hättest, denkt er sich, wie jeden Morgen. Wer den Zweifel nicht kennt, der ist Dir doch schon mal suspekt!

Über den ganzen Ego-Kult seiner Umgebung kann er nur den Kopf schütteln. Vorsicht ist die Mutter der Porzellankiste, das ist sein Kredo, privat wie geschäftlich!

Was er vielmehr entwickelt hat, ist ein gutes Fingerspitzengefühl. Wenn du große Geschäfte oder große Prozesse am Laufen hast, dann nützt dir kein Vorschlaghammer, dann brauchst du viel eher einen großen Fächer, um die Dinge im richtigen Fluss zu halten. Ein ordentlicher Hauch hier, ein kurzer Fingerzeig da, die richtige Korrektur an der richtigen Stelle zum richtigen Zeitpunkt und im Zweifel lieber mal laufen lassen oder auch komplett aussteigen, abhauen, sich aus dem Staub machen und sich falls nötig plötzlich ganz zurückziehen, wenn Gefahr droht. Das ist jedenfalls sehr viel besser, als unvorsichtig oder größenwahnsinnig etwas kaputt zu machen. Und vor allem in Ruhe vorher darüber nachdenken, dann läuft auch alles so, wie er sich das vorstellt, immer öfter jedenfalls. Außerdem musst du jederzeit aktuell und Up-to-date sein! Deshalb liest er trotz der heftigen Arbeitsbelastung auch noch fünf Zeitungen im Internet und das jeden Tag.

Am Wichtigsten aber sind Geduld und viel Durchhaltevermögen. Ein dickes Ego würde ihm dabei nur im Weg stehen, das ist ihm schon lange klargeworden. Die schnelle Gier ist strategisch ein schlechter Ratgeber, auch wenn dies leider hier oft gepredigt wird. Gordon Gecko in Deutschland? Bisher eher unwahrscheinlich, aber eben auch nicht auszuschließen. Viele sind so schon ganz gewaltig auf die Nase gefallen. Die nackte Gier lässt sehr leicht die immer zwingend gebotene Vorsicht verblassen. Und dann kommt ganz plötzlich das böse Erwachen, oft schon kurz nach dem Höhenflug. Den Erfolg kann man höchstens mal kurzfristig an sich reißen, langfristig aber muss man ihn immer sehr mühevoll aufbauen, da kommt eben auch keiner drum herum. Nur wie erkläre ich das meinem Kinde in dieser Möchtegern-Ellenbogen-Gesellschaft? Am besten nur ganz vorsichtig, um niemanden zu beleidigen. Ist das wirklich so gut? Er weiß es nicht! Leon seufzt heftig an diesem Morgen um 07:25 Uhr.

So ganz in seine Gedanken vertieft, zieht er sich Jeans und T-Shirt über, um endlich die längst fällige Runde mit Mike zu drehen. Der Hund steht schon an der Tür mit der Leine im Maul.

Er ist ein sehr schönes, intelligentes Tier, ein Schäferhund-Mischling mit hellem, kurzem Fell, sehr lieb und eigentlich auch ziemlich pflegeleicht. Sie haben ihn aus dem Tierheim geholt vor reichlich vier Jahren, als Leon mit seiner Tochter noch allein lebte. Neben dem Aussehen, das ihnen beiden sofort gefiel, hatte Leon aber noch einen anderen Eindruck. Mike war der einzige Hund, der im Chor des hasserfüllten Gebells aus all den Zwingern im Tierheim nur deshalb mitmachte, weil alle anderen Hunde es auch taten. Das sah man sofort! Nur Busse und Bahnen kann er partout nicht vertragen, mussten sie leider feststellen. Er betrachtet sie wohl als menschenverschlingende Ungeheuer, die er unbedingt anbellen und bekämpfen muss. Wer weiß, was er in seinem früheren Hundeleben damit so für Erfahrungen gesammelt hat. Sie haben ihn trotzdem nicht zurück gebracht. Zum Glück ist keine Bahn in der Nähe, als sie die Karl-Liebknecht-Straße überqueren und sich in Richtung Floßplatz wenden. Diese ist voll, wie jeden Morgen um diese Zeit und es dauert ein wenig, bis sie darüber kommen. Hoffentlich hält Mike mit seinem morgendlichen Geschäft noch bis zur Wiese durch. Ich habe leider keine Tüte dabei, denkt sich Leon, bevor sein Kopf wieder heftig von den kommenden Problemen des neuen Tages gefangen genommen wird.

Am Floßplatz angekommen lässt er Mike von der Leine und setzt sich auf eine Bank im Schatten. Der Hund trollt sich hinter die am nächsten gelegenen Büsche. Der lange, schmale Floßplatz ist zum größten Teil mit Gras bewachsen, von Büschen umsäumt und wird von der Hohe Straße in zwei gleiche Hälften geteilt. An seiner Westseite vorbei tost bereits gewaltig der Verkehr auf der B2 in beide Richtungen, aber morgens hauptsächlich stadteinwärts. Viele kleine und auch etliche größere Autos in ununterbrochener Reihenfolge wälzen sich wie die Lemminge aus dem alten Computerspiel in Richtung City und stürzen sich so mutig ins morgendliche Berufsleben. Er denkt an die vielen kleinen, meist unbezahlten Häuschen da draußen vor der Stadt. Der Kredit auf zwanzig Jahre und mehr, der Job innerhalb von sechs Wochen kündbar.

Dazu vielleicht noch das Auto und die große Einbauküche auf Pump! Wenn man jederzeit wieder anständige Arbeit bekommen könnte, wäre das wohl noch vertretbar, aber die Realität sieht hier in Leipzig im Moment leider etwas anders aus. Leon findet die derzeitige Lage schon ziemlich bedenklich. Die Unsicherheit sitzt auch ihm tief in den Knochen. Er kann sie nicht einfach so wegdrücken. Heute hält er diese Leute ganz einfach für viel schlimmere Zocker, als sich selbst mit seinen Börsengeschäften. Denn er spielt immer nur mit einem kleinen, begrenzten Teil seines Vermögens und nicht gleich mit seinem gesamten Privatleben, wie so viele das heute leider tun. Was hat er nicht schon für Finanzierungen von anderen Banken zu Gesicht bekommen! Geradezu haarsträubende Kombinationen aus Darlehen, Bausparvertrag und Kapitallebensversicherung, ohne jedes Eigenkapital immer öfter. Wenn dann auch nur das Geringste schief geht! „Das müssen wir nur irgendwie geschickt finanzieren!" Dieser Spruch von windigen Finanzberatern ist für ihn immer das letzte und ganz deutliche Signal, dass man sich eine Anschaffung eben eigentlich nicht leisten kann! Was sollen ihm die Badfliesen aus rotem Carrara-Marmor, wenn er dafür dann nicht mehr richtig schlafen kann?

Na, wenigstens sind die Zinsen derzeit niedrig! Vorsicht ist die Mutter der Porzellankiste. Seit der Pleite seiner kleinen Computerfirma hat er nie wieder einen Kredit angerührt. Das ist sicher auch nicht richtig, aber immer noch besser, als sich und seine Familie finanziell einer ungewissen Zukunft auszuliefern und dann womöglich jeden Job annehmen zu müssen, wenn man denn überhaupt wieder einen bekommt. Und es ist sehr wohl ein gewaltiger Unterschied, ob man einen Kredit aufnimmt, um beruflich zu investieren oder um nur privat zu konsumieren! Vom leichtsinnigen Jungunternehmer ist er heute zum ernsthaften Bedenkenträger mutiert, nicht ganz zu Unrecht, wie er inzwischen findet. Wenn genügend Eigenkapital beisammen ist, wird er auch gern wieder ein größeres Risiko auf sich nehmen, als es seine Geschäfte im Moment ohnehin schon bedeuten, aber vorher doch ganz sicher nicht!

Vor allem sollte man nicht mit seinem ganzen Privatleben auf einen langjährigen Kredit für was immer auch für unnötigen Unsinn zocken. Erst dadurch entsteht ja diese uneingeschränkte Macht der Banken über unsere ach so fragwürdige Gesellschaft von abhängig Beschäftigten und total abhängigen Kreditnehmern.

Leon hat viel gelernt bei seiner Bank in den letzten Jahren. Im alten Kreditwesengesetz gibt es den Grundsatz Eins, kurz gesagt, immer genügend Solvabilität oder Eigenkapitalunterlegung für jedes einzelne Geschäft und dann den Grundsatz zwei, immer genügend Liquidität für geplante und für die vielen ungeplanten Ereignisse. Die wichtigsten Cashflows, also die größten bereits vertraglich vereinbarten Zahlungsströme der nächsten Jahre stehen für jeden eben jetzt schon fest. Ein kleiner Teil unserer Zukunft existiert also jetzt schon sehr real. Da kommt dann so einfach auch keiner mehr drum herum. Leicht gesagt, wenn es bei Vielen sowieso nur zum Nötigsten reicht! Ansonsten muss man eben tunlichst auch mal auf ein Geschäft verzichten können, ganz besonders natürlich auf Geschäfte mit Kredit. Aber der Verzicht ist eben leider kein Teil dieser Ego-Kultur um ihn herum. Niemals würde er etwa an der Börse auf Kredit handeln! Die Hebelwirkung seiner Anlagen ist auch so schon groß genug. Am Besten sollte man endlich die Grundlagen der Finanzwirtschaft zum Pflichtfach in der Schule machen. Wie vielen unglücklichen Schuldnern mit ihren oft überdimensionierten Krediten würde so Schlimmstes erspart bleiben. Die Zahl der privaten Insolvenzen erreicht jedes Jahr wieder neue Höchststände. Nun gut, wir sind jetzt erwachsen!

Sicher muss jeder selbst einschätzen, wie viel Risiko er insgesamt tragen kann. Trotzdem fühlt sich Leon durch Werbung und gängige Praxis der Banken und Bausparkassen einem Klima ausgesetzt, das all diese ganz erheblichen Kreditrisiken stark verniedlicht und verharmlost. Gerade Frauen sind in dem Streben, das allgemeine Traumbild mit Haus, Auto und hochwertigen Einbaumöbeln um sich herum zu erfüllen, leider allzu oft der treibende Keil. Zum Glück ist Lisa da ganz anders. Er liebt sie eben nicht nur wegen ihres tollen Aussehens. Halleluja!

Beide haben sie sich ernsthaft vorgenommen, im Laufe der Zeit genügend anzusparen und anzulegen, nicht etwa für ein Traumhaus, sondern um irgendwann einmal dieser schwer unerträglichen Tretmühle da draußen entkommen und vielleicht ihre Hobbies zum Beruf machen zu können. Ein hehres Ziel, nur wie lange noch? Immerhin verfügen sie dadurch bereits jetzt über etwas, das viele andere schon lange nicht mehr haben: Die Liquidität für den Notfall! Jedenfalls findet Leon das allemal sehr viel besser, als ohne jede Ausstiegsmöglichkeit ein langjähriger Sklave seiner Kredite zu sein. Es ist die Zukunft, die eigene künftige Lebenszeit, die ein Kredit fest an sich bindet und dann lange, sehr lange nicht mehr loslässt. Außerdem fehlt einem so die nötige Flexibilität, sich beruflich auch mal anders zu entscheiden, wenn dies möglich oder sogar dringend geboten ist.

Deshalb unterstützt Lisa Leons Börsenaktivitäten, auch wenn der nur sehr langsam seine bescheidenen Erfolge in längerfristige Anlagen transferieren kann. Aber bereits jetzt ist es immerhin schon ein Vielfaches von dem, was er anfangs eingesetzt hat. Nur die Übung macht eben den Meister! Nie wieder würde er seine und ihre gemeinsame Zukunft leichtfertig an einen Kredit verkaufen. Mike kommt zurück und tobt über die Wiese. Er genießt die morgendliche Freiheit genau wie Leon. Mike ist hier wohl der Einzige, der sich keine Gedanken über Liquidität zu machen braucht. Bis Leonore zum Mittag aus der Schule kommt muss der Hund jetzt aber durchhalten. Auf dem Rückweg nimmt Leon die viele Werbung aus dem Briefkasten und stopft sie unbesehen in die bereitstehende Papiertonne. Der Fahrstuhl ist dann schon etwas kühler als die Straße da draußen. Oben angekommen geht er ins Schlafzimmer, wirft Jeans und T-Shirt über den Hocker und sucht sorgsam ein frisches Hemd mit passender Krawatte aus. Jeden Tag ein anderes. Die Wahl des Anzugs ist dann das kleinere Problem. Als Banker hat er eh nur dunkelgrau, anthrazit oder tiefschwarz im Schrank hängen.

Sein Markenbewusstsein hält sich in Grenzen, aber Qualität muss es dann doch schon sein. Diese drückt sich für ihn unter anderem im Anteil der Schurwolle beim Anzug aus. Die Krawatte bindet er sich mit Bedacht vor dem Spiegel. Trotz der Wärme bereits an diesem Morgen zieht er sich die Anzugweste mit dem Rücken aus Seide über Hemd und Krawatte. Der unterste Knopf bleibt offen wie immer. Als er die Jacke übergeworfen hat, spreizt er die Arme und stellt sich vor dem Spiegel wieder genüsslich vor, wie über seinen Körper im Notfall seine glänzende Rüstung ausfährt und ihn sicher vor allen Angriffen schützt. Er kann das kalte und harte Metall richtig spüren auf seiner Haut unter dem Anzug und fühlt sich gleich wesentlich besser, nur für den Notfall natürlich.

It´s Showtime! Eine Bank ist kein Kurschiff, dies war ihm von Anfang an klar gewesen, aber dass es manchmal so hart werden würde, hätte er früher sicher nicht gedacht. Selbst Lisa erzählt er oft nur die Hälfte von all dem. Es mag sicher eine Menge Leute geben, die Ihn um seinen gut bezahlten Job beneiden, nur kennen die eben leider die gravierenden Nebenwirkungen nicht! Viele wollen rein, dorthin wo er jetzt ist. Leon aber will nur noch raus, auch wenn das heute leider noch nicht möglich ist. Er ist sich völlig klar darüber, dass dies hier in Leipzig nur ganz Wenige verstehen können. Seine gesammelten Kartenwerke bestehen aus Zutrittskarte, Ausweis, Monatskarte für den Nahverkehr sowie den beiden Kreditkarten und kommen in die linke Hemdtasche, Schlüssel und Taschentuch in die linke Hosentasche. Rechts oben die Zigaretten und unten in der rechten Hosentasche das Feuerzeug. Die Außentaschen des Anzugs bleiben zugenäht. Alles vollständig, eine Aktentasche braucht er nicht. Es kann endlich losgehen! Er ruft Mike, der schon wieder schläfrig dreinschaut und es natürlich auch viel besser hat als der Rest der Familie, ein „Machs gut!" zu, atmet ein letztes Mal tief durch, tritt aus der Wohnungstür auf den Flur der 4. Etage und ruft den Fahrstuhl.

Die Hitze schlägt ihm schon unten an der Haustür entgegen. Leon bleibt möglichst lange im Schatten und bewegt sich nur ganz gemächlich. Nichts ist schlimmer, als bereits am Morgen in voller Montur durchgeschwitzt auf Arbeit zu erscheinen. Die Straßenbahnen fahren im Fünf-Minuten-Takt. Das Auto hat Lisa, ganz standesgemäß natürlich. Er fährt schon immer lieber mit der Bahn in die Innenstadt. Leon muss nicht lange warten. Drinnen ist es auch nicht kälter, aber er erwischt wenigstens noch einen Sitzplatz auf der Schattenseite. Klimatisierung gibt es bei der Straßenbahn im Jahre 2001 leider noch nicht. Die Bahn fährt langsam einen Halbkreis um den alten Stadtkern von Leipzig. Er schaut zum Fenster hinaus auf die Südseite der Leipziger Innenstadt, die Rückseite der Moritzbastei, das Gewandhaus, das Hauptgebäude der Universität am Augustusplatz mit dem MDR-Hochhaus, das früher auch einmal zur Uni gehörte, die Oper, vorbei am Schwanenteich davor bis hin zum Hauptbahnhof. Hier steigt er aus und stellt sich zwischen die vielen Menschen an diesem Morgen am Fußgängerüberweg zum Hauptbahnhof.

Plötzlich hört er jemanden nach ihm rufen ganz in seiner Nähe. Leon schaut sich verdutzt um. Direkt an der Ampel hält ein Cabrio und eine junge Dame winkt ihm zu. Es ist ein sehr hübsches Cabrio, ein 3er BMW in Silber, funkelnagelneu wie es scheint, mit aufgeklapptem schwarzen Verdeck. Es ist eine ebenso hübsche junge Dame, die ihn da ziemlich heftig zu sich heranwinkt. Auch die anderen Autos halten jetzt alle, nicht wegen des Cabrio, sondern weil gerade Rot an der Ampel wird. Das Rot ihrer halblangen Haare ist nur geringfügig dunkler. Leon erkennt sie erst jetzt an ihren lebhaften Bewegungen und läuft zu ihr hinüber. „Hi, Sylvi!" ruft er mit einem breiten Grinsen. Sie ist eine seiner besten Kolleginnen, wenn nicht sogar die beste weit und breit! Beide verstanden sich sofort und vom ersten Augenblick an sehr gut.

„Guten Morgen, Sylvi!" Er öffnet die Tür und steigt vorsichtig ein. „Na, welchen Scheich hast Du denn wieder glücklich gemacht? Ich wusste gar nicht, dass du so ein hübsches Auto fährst." Sylvi schaut ihn ziemlich grimmig an. „Sponsored by Papa!" Antwortet sie gefasst und mit fester Stimme. „Ist nagelneu. Kann man denn nicht auch mal Glück mit seinen Eltern haben?" „Ich freue mich für dich wie immer!", antwortet Leon und schaut ihr in die strahlend hellbraunen Augen. Die Ampel wird jetzt grün. „Kannst du damit auch losfahren?", neckt er sie lässig. Sie schaut nach vorn, aber ihr Blick verliert noch nicht das Geringste von der anfänglichen Grimmigkeit.

Beide fahren den letzten Rest der Strecke zur Bank auf dem Leipziger Innenstadtring, um dann in die Löhrstraße einzubiegen. „Hast du dich wieder das ganze Wochenende über nur mit Quantenphysik beschäftigt?", fragt sie ihn nach einer kurzen Minute des Überlegens trocken und ziemlich sarkastisch. „Nein, ich habe mich nicht mit den glittigen Tobs, sondern ausschließlich mit Lisa und Leonore beschäftigt und ..... auch mal wieder richtig aufgeräumt." fügt er mit kurzem Gedanken an die letzte Nacht noch hinzu. „Was bitte sind denn glittige Tobs?" fragt sie sofort zurück. „Ach weißt du, um mit den klassischen Vorstellungen des Atommodells endgültig zu brechen, mussten die Physiker endlich zugeben, dass eben bis heute keiner so genau weiß, was zum Beispiel die Elektronen auf ihren Energieniveaus in der Atomhülle in Wirklichkeit so treiben. Die Ähnlichkeit mit dem Bild von Planetenbahnen ließ sich jedenfalls nicht aufrecht erhalten. Sir Arthur Eddington, der wohl nach Newton bekannteste englische Physiker, hat das in seinem Buch 'Das Weltbild der Physik' schon 1929 ungefähr so beschrieben: 'Irgendetwas Unbekanntes tut dort etwas, doch wir wissen nicht was.'"

„Das klingt ja nicht gerade sehr erhellend?" „Dies hat er fast wörtlich eben auch festgestellt und dann sehr treffend bemerkt, dass er etwas Ähnliches an anderer Stelle schon einmal gelesen hat: 'Die glittigen Tobs drehn und wibbeln in der Walle.'

Womit er den derzeitigen Kenntnisstand der Physik zur Quantenrealität wohl ziemlich genau beschrieben hat." „Aber gibt es denn nicht all die absolut gültigen Gleichungen von Heisenberg, Schrödinger, Dirac, Feynmann und wie die alle heißen, die das alles präzise beschreiben und auch experimentell immer wieder bestätigt wurden?" „Hey, du bist ja richtig gut!" Leon weiß natürlich schon lange, dass Sylvi eine der intelligentesten und belesensten Frauen ist, die er jemals kennen gelernt hat und das trotz dieses auffälligen Cabriolets. „Natürlich gibt es die. Aber sie lassen sich eben nur quantitativ unter Verwendung von Wahrscheinlichkeiten für die Beschreibung dieser seltsamen Vorgänge nutzen. Leider hat man bis heute noch kein grundlegendes, passendes Bild in unserer Makrowelt gefunden, mit dem man sich diese Vorgänge auch nur annähernd verdeutlichen könnte. Wahrscheinlich liegt das besonders am Welle-Teilchen-Dualismus in Raum und Zeit, der in unserer Makrowelt zum Glück meist vernachlässigt werden kann, aber bei den winzigen Quantenobjekten erst so richtig zum Tragen kommt!

Und es gibt eben bisher leider nur die Kopenhagener Deutung der Quantenphysik, die sich absichtlich nichts Konkretes darunter vorstellen will." Bis zur Tiefgarageneinfahrt der Bank sind es nur noch ein paar Meter. Als sie die Einfahrt in den tiefen Keller des großen Gebäudekomplexes nehmen wollen, bleibt eine ältere Fußgängerin neugierig stehen, lässt sie vorbei und schaut beide wissend und freundlich lächelnd an. Sie glaubt wohl mit ziemlicher Sicherheit, dass sich hier ein glückliches Pärchen des Morgens auf dem Weg in eine wunderschöne Arbeitswelt befindet. Die Oberfläche rein optischer und lokaler Eindrücke kann wohl nicht nur in der Quantenphysik oft sehr trügerisch sein. Man sollte sich viel mehr immer dafür interessieren, was da noch so darunter liegt!

Neben dem Aufzug im Keller bleibt Sylvi dicht vor Leon stehen und sieht ihm tief in die Augen: „Ach weißt du, mein Wochenende war leider nicht so schön und unterhaltsam wie deins. Es war eher traurig und sehr, sehr einsam. Seit ich mich von Thomas getrennt habe, ist eben nicht mehr viel los mit mir. Aber länger hätte ich es bei dieser treulosen Tomate auch nicht ausgehalten." Leon wird bei diesem Blick ganz anders. Warme Wellen laufen ihm langsam den Rücken herunter. „Tut mir leid wegen Thomas," entgegnet er etwas verlegen, „aber du wirst ganz sicher schon jemand anderes finden, so wie du aussiehst." „Oh, danke schön, aber so leicht, wie du dir das vorstellst, ist es leider nicht!" „An große, schöne Frauen trauen sich wohl nicht so viele ran?" „Wenn es nur das wäre, aber man lernt einfach nicht mehr ganz so leicht Leute kennen, wie früher. Jeder glaubt, dass er irgendetwas darstellen oder etwas beweisen müsste und davon habe ich einfach die Nase voll!" Der Fahrstuhl kommt und beide steigen ein. Im dritten Stock steigen sie wieder aus und trennen sich nicht ohne eine kleine Verabredung zum Mittagessen. Ihr „Mach´s gut!" klingt immer noch leicht deprimiert. Sylvi arbeitet seit Anfang des Jahres nicht mehr in seiner Abteilung, sondern bei einer Tochtergesellschaft der Landesbank und bleibt deshalb im Nebengebäude zurück. Ihm wird wieder einmal klar, wie glücklich er und Leonore mit Lisa jetzt doch dran sind.

Leon geht nachdenklich allein über die doppelstöckige gläserne Brücke, die sich zum Hauptgebäude im zweiten und im dritten Stock über die kleine lauschige Fußgängerzone der Humboldt-Straße spannt und so das Nebengebäude mit dem Hauptkomplex verbindet. Die Wände bestehen aus farbigen Glasscheiben und färben den Blick nach draußen in die eher graue Wirklichkeit des Leipziger Alltags hübsch bunt. Vor ihm erstreckt sich jetzt das Hauptgebäude mit dem Hochhaus der Landesbank. Architektonisch hat es entfernte Ähnlichkeit mit einem riesigen Hochseedampfer, stellt Leon nun schon zum wiederholten Male fest. Aber nur dem Kenner des Komplexes erschließen sich diese Formen vollständig.

Das Hochhaus an der rechten Ecke als gigantischer, überdimensionaler Schornstein, in der Mitte ganz vorn auf dem Hauptgebäude an der Uferstraße die erhöhte Spitze direkt über den Handelsräumen, in denen die Handelssysteme der Bank mit den wichtigsten Börsen dieser Welt verbunden sind, als Kommandobrücke und mittendrin im Löhr´s Carré der runde Speisesaal mit der darüber liegenden Cafeteria und den Konferenzräumen als rundes Maschinendeck, zur Fütterung des ganzen Mechanismus gewissermaßen. Alles in allem ein gewaltiger Ozeanriese, mit dem man sehr wohl den rauen Winden an internationalen Finanzmärkten trotzen kann, bei entsprechender Vorsicht natürlich! Der Architekt hatte wohl seine Freude schon am Modell dieses Entwurfs, auch wenn eine Bank sehr viel eher virtuell und alles andere als klassisch mechanistisch funktioniert. Leon steigt vom dritten hinauf in den vierten Stock, in dem die IT-Organisation der Landesbank untergebracht ist.

Die Tür summt leise wie jeden Morgen mit seiner Zutrittskarte. Sie klemmt etwas, aber der Flur vor ihm ist sowieso noch ganz leer. Leon betritt sein Arbeitszimmer. Arthur sitzt bereits am Platz, das Telefon ist zwischen Schulter und Ohr geklemmt, beide Hände fliegen über die Tastatur. Er fängt immer eine Stunde früher an, dafür kann er aber auch eher gehen. Beide haben dieses Zimmer ganz für sich allein. Sein „Guten Morgen!" wirkt angespannt und lässt nichts Gutes ahnen. Sie sitzen sich beide gegenüber seit knapp zwei Jahren, als Leon von der organisatorischen Betreuung des Meldewesens zum Giro-Zahlungsverkehr wechselte und verstehen sich inzwischen auch ganz ohne Worte. Es herrscht mal wieder dicke Luft! Beide sind es aber auch nicht anders gewohnt. Leon lässt trotzdem in Ruhe erst einmal seinen Rechner hochfahren und versucht solange schon mal, aus dem Telefonat von Arthur schlau zu werden. Ein Teil der Kontoauszüge konnte in der Nacht nicht gedruckt werden, weil der Druckserver dafür einfach abgestürzt war.

Dies ist wirklich kein Spaß und darf einfach so nicht passieren, zumal sie wie in allen sensiblen Bereichen eine Hochverfügbarkeitslösung mit zwei Servern und zusätzlicher Online-Sicherung im Einsatz haben. Arthur hat gerade die betroffenen Kontonummern herausgefunden und zur Behebung des Fehlers lange mit der Hotline des Herstellers getextet. Er kümmert sich intensiv mit dem Operating der Sachsen DV um den Nachdruck der Auszüge, die den Kunden zugeschickt werden müssen. Er hat bei Leons Eintreffen gerade auch einfühlsam die Fachabteilung Giro-Kontoführung beruhigt, bei der die gewerblichen Kunden ohne Kontoauszug immer als erstes anrufen. Kleine Ursache leider mit großer Außenwirkung, die nun wieder mühevoll ausgebügelt werden muss, die Verärgerung der Kunden und der Kollegen natürlich eingeschlossen.

„Guten Morgen!" Arthur schaut nach beendetem Telefonat zum zweiten Mal zu Leon hinüber „Na, hast du dich wieder mal das ganze Wochenende nur mit Quantenphysik beschäftigt?" fragt er trotz des Ärgers am frühen Morgen doch recht aufgeräumt. „Nein, meine Familie geht vor. Aber du bist heute schon der Zweite, der mich das fragt." entgegnet Leon. „Ich weiß eigentlich gar nicht, was Ihr daran so Besonderes findet, das ist doch wirklich ein sehr schönes Hobby. Ich frage ja auch nicht ständig nach den Kriminalromanen, die du heimlich schreibst." „Stimmt, aber Krimis haben doch wenigstens noch etwas sehr Unterhaltsames, was ich mir beim Thema Quantenphysik nun beim besten Willen nicht vorstellen kann." Arthur ist gebürtiger Ire aus Dublin, der aufstrebenden Finanz- und Wirtschaftsmetropole Irlands und hat sich wie in Vorahnung der folgenden Krise rechtzeitig nach Deutschland abgesetzt. Er hat hier Germanistik in Frankfurt a.M. studiert und spricht wirklich ein sehr klares, absolut akzentfreies Deutsch. Im dunklen Anzug wirkt er mit seinen 41 Jahren sehr solide, trotz der kurzen rotblonden Haare und der mangelnden Rasur, die auf einen hastigen Aufbruch heute Morgen schließen lässt. Leon entdeckt jetzt auch noch ein paar saftige Augenringe, die auch noch auf spätes Zubettgehen hindeuten.

„Sieh mal Arthur, ich fühle mich manchmal auch wie einer deiner Privatdetektive in der geheimnisvollen Welt der Quarks und Quanten. Nur mit dem Unterschied, dass ich vor Jahren einen kleinen Schlüssel entdeckt oder besser gesagt, mir selber sehr mühevoll gebastelt habe, welcher richtig eingesetzt, dir völlig neue Erklärungsmuster zu den altbekannten Erscheinungen und Ereignissen in der Mikro- und Makrowelt eröffnet." „Einen Schlüssel? Ja was ist denn das nun wieder für ein geheimnisvoller Schlüssel? Das würde mich jetzt aber doch schon wirklich mal interessieren!" „Siehst du, nun kommt dir die Sache auch nicht mehr so langweilig und trocken vor. Aber dieses Thema kann man eben nicht so einfach zwischen Tür und Angel abhandeln. Wir müssten mal wieder in Ruhe ein Bier trinken gehen, ohne immer nur über den Job zu reden. Wie wäre es denn bei dir mit heute Abend? Lisa ist dann mit ihrer Bauchtanzgruppe beschäftigt und morgen muss ich nach Luxemburg. Zum Glück nicht ganz so zeitig. Aber Du bringst mir dafür dann auch das Manuskript Deines letzten Krimis mit, okay?" „Eigentlich gebe ich die niemandem in die Hand, aber ich glaube, bei dir kann ich vielleicht mal eine Ausnahme machen." entgegnet Arthur. „Solange ich keinen Verlag gefunden habe, bin ich nämlich genauso ein großer Geheimniskrämer wie du!"

10:00 Uhr beginnt das wöchentliche Jour fixe mit dem Bankmeldewesen. Die Kontosalden und Kontokorrentlinien aller Girokonten der Landesbank Sachsen Girozentrale, die Leon und Arthur technisch und organisatorisch betreuen, fließen zusätzlich noch in die Meldungen an die Bundesbank und das Bundesaufsichtsamt für Finanzwirtschaft kurz BuBa und BaFin ein. Deshalb muss Leon auch in seiner jetzigen Funktion daran teilnehmen. Theoretisch funktioniert das ja alles automatisch, aber in der Praxis gibt es immerzu genügend Probleme, neue Regelungen, die umgesetzt und technische Fehler, die ausgebügelt werden müssen. Außerdem werden auch noch sämtliche Gebühren-, Zins- und Tilgungszahlungen aus den Kreditbereichen über diese Girokonten abgewickelt.

Das Meldewesen ist durch die tägliche Überwachung der Groß- und Millionenkredite sowie auch die monatlichen und quartalsweisen Meldepflichten an das BaFin und die BuBa für alle Geschäfte der Bank eine sehr sensible Schnittstelle der verschiedensten Fachbereiche, von den Handels- und Kreditbereichen über Backoffice, Giro und Treasury, wo auch immer wieder nach Schuldigen gesucht wird, wenn etwas schiefläuft. Leon hat früher, als er noch in der technischen und organisatorischen Betreuung der Kollegen im Meldewesen arbeitete, alles Wesentliche darüber gelernt. Und er konnte sämtliche Bankgeschäftsarten gewissermaßen einmal kurz von innen betrachten, was ihm auch bei seinen privaten Bankgeschäften jetzt wirklich sehr nützlich ist.

Er fährt mit einem der vier Fahrstühle im Hochhaus in den 7. Stock und kommt pünktlich, ist aber trotzdem nicht mehr der Erste. Schnell nimmt er sich den letzten freien Platz im Besprechungsraum mit Blick auf die Fensterfront. Hier sitzt man zwar im Gegenlicht, aber das ist für den herrlichen Ausblick von hier oben sehr wohl zu verschmerzen. Die Sonne befindet sich um diese Zeit zum Glück noch auf der anderen Seite des Gebäudes. Bei wichtigen Verhandlungen setzt er sich lieber immer mit dem Rücken zum Fenster, so hat er die übrigen Teilnehmer besser im Blick. Die Sitzung beginnt wieder in gereizter Stimmung. Er wird schon zu Anfang ganz persönlich angezählt, weil die letzte Änderung der Datenübernahme für die Girosalden in den Datenpool des Meldewesens noch nicht in die Dokumentation des dafür vorgesehenen Datenmodells eingepflegt wurde. Ihm bleibt nur übrig zu versprechen, dies heute noch zu erledigen und dann Vollzug zu melden. Widerspruch oder Entschuldigung sind zwecklos, das weiß er schon lange! Während Probleme der Datenanlieferung aus anderen Bereichen diskutiert werden, schaltet Leon dann auf Durchgang. Er kann zu den anderen Themen ohnehin nicht viel beitragen und hat sich bei solchen Besprechungen gedanklich schon mit allem Möglichen beschäftigt.

Der giftige Ton der Ermahnung von vorhin bringt ihn heute jedenfalls nicht mehr aus der Ruhe, dafür hat er hier schon viel zu viel erlebt und natürlich für alle Fälle noch seine alte Raubritterrüstung an, rein theoretisch zumindest.

So denkt er natürlich zuerst an die kommende Mittagspause mit Sylvi. Man, hatte die einen Röntgenblick drauf heute Morgen! Leon wird jetzt noch ganz anders. Hier ist sicher Vorsicht geboten, aber vielleicht kann ich sie trotzdem ein wenig aufmuntern? Vorgeblich geschäftig blättert er in seinem großen A4-Notizbuch. Die meisten Sachen der letzten Tage sind bei ihm jetzt schon abgehakt. Aber auch das Problem von heute Morgen darf sich so nicht wiederholen! Die Diskussion um ihn herum ist eingefahren und hört so leicht nicht wieder auf. Derzeit wird gerade ein Entwickler rundgemacht, weil ein Importstrang des Datenpools mit Kundendaten für das Meldewesen nach der letzten Änderung immer noch etliche Fehler aufweist. „Armer Kerl!" denkt Leon, die Vorgaben sind oft auch nicht gerade genau genug. Es hängt eben alles miteinander zusammen auf dieser Welt, um dies mal streng holistisch zu betrachten, was Leon einfach auch für zwingend notwendig hält. Die Suche nach dem einzig Schuldigen ist deshalb etwas, was er eigentlich überhaupt nicht leiden kann. Genau dies ist aber leider immer wieder an der Tagesordnung, besonders beim Meldewesen. „Ich muss hier weg, ganz dringend! Und zwar so schnell wie möglich!" Seufzt er unhörbar und schaut mit Wehmut aus dem Fenster. Auch im 7. Stock hat man schon einen wunderbaren Ausblick über das Leipziger Waldstraßenviertel bis hin zum Rosental. Die aggressive Stimmung kann ihn zum Glück nicht mehr erreichen. Auch der Zoo ist zu sehen! Er genießt in aller Ruhe diesen wunderbaren Ausblick, während um ihn herum die Fetzen fliegen.

Sein Part hat nicht mal fünf Minuten gedauert, dafür darf er jetzt noch stundenlang hier sitzen, Aufmerksamkeit und Geschäftigkeit heucheln und ..... sich eigentlich nur langweilen. Aber Leon langweilt sich wirklich nie. Dafür geht ihm einfach viel zu viel im Kopf herum.

Er könnte zufrieden sein in diesem Jahr 2001, wenn er sein Bruttogehalt herunter rechnet, kommt er hier auf einen ordentlichen zweistelligen D-Markbetrag pro Stunde, von den vielen unbezahlten Überstunden und Havarieeinsätzen mal ganz abgesehen. Sicher kein Spitzengehalt heutzutage, aber er kennt viele Leute, die sich dafür trotz der schlechten Stimmung sehr gern hier reinsetzen würden. Leon tut diese Zeit tagtäglich aber ganz einfach nur leid. Warum muss er wegen des verhassten Geldes soviel seiner kostbaren Zeit hier drin zubringen? Natürlich ist das eine unvorstellbar ketzerische Frage heutzutage, die der allgemein gültigen Auffassung insbesondere des deutschen Arbeitsalltags wohl gründlich widerspricht. Da war es wiedermal das Thema, dass ihn nun schon seit so vielen Jahren am Meisten interessierte: Die Zeit, die liebe, liebe Zeit! Etwas eigentlich Selbstverständliches, das uns trotzdem unfassbar erscheint. Wir verstehen sie nicht wirklich, wenn wir ganz ehrlich sind. Und das, obwohl wir ihren Lauf präzise messen können, obwohl wir täglich die Sonne auf- und untergehen sehen und die Zeit unerbittlich an uns vorbeigeht, egal, was wir tun.

Nein, egal ist es nicht, was wir tun! Und wenn er nun schon einmal hier rumsitzen muss, dann kann er doch auch wenigstens etwas Vernünftiges tun und sei es auch nur, das einzigartige Wunder der Zeit ganz ehrfürchtig zu bestaunen. Aber dabei belässt er es nie. Gerade diese Selbstverständlichkeit, mit der die Meisten um ihn herum das Thema Zeit immer wieder abtun, kann Leon absolut nicht leiden. Für ihn ist sie ein Wunder, ein seit ewigen Zeiten ungelöstes Rätsel. Sie besteht nicht nur aus der eindimensionalen Vergangenheit sondern immer auch aus dem ständig fortschreitenden dimensionslosen Jetztzeitpunkt und zusätzlich noch aus dem Möglichkeitsraum der Zukunft und das bereits in jedem Augenblick. Ein Gedicht fällt ihm gerade jetzt wieder ein, das er bezeichnenderweise einmal in einem Geschäftsbericht eines ehemaligen Tochterunternehmens der Deutsche Börse AG entdeckt hat:

Zeit und Raum,
nicht zu fassen und doch alles beherrschend.

Abzulesen an den Ringen eines Baumes,
jedes Jahr ein Ring, jeder Ring ein Beweis für Entwicklung,
Zeuge und Abbild der Geschichte.

Holz, Rohstoff für Papier.
Geschichte wird darauf geschrieben,
die Geschichte eines Jahres oder die eines Lebens.

Ja, Banken und Börsen wissen schon immer sehr sicher und nicht nur rein instinktiv, dass die Zeit auf Seiten des Gläubigers oder des Eigentümers arbeitet und ihn dauerhaft Zinsen oder Dividenden kassieren lässt. Der Schuldner hat eben nicht nur einen Kredit erhalten, er hat vor allem anderen damit auch einen wichtigen Teil seiner eigenen Zukunft verkauft! Die größten Cashflows für die nächsten Jahre stehen jetzt bereits fest und werden nur noch in ihrer Höhe an das aktuelle Zinsniveau oder an die aktuelle Ertragslage angepasst, auch wenn der Zeitpunkt der Zahlung durch den Schuldner noch lange nicht aktuell ist. Sicher trägt die Bank bei Krediten dafür auch das Ausfallrisiko sowie die übrigen Risiken wie zum Beispiel für die Zins- und Währungsentwicklung, denn das Geld für die Kredite liegt ja nicht einfach so bei den Banken herum. Jeder Kundenkredit wird sorgfältig wieder durch Kapitalaufnahme der Bank am Markt refinanziert. Die dabei entstehenden Risiken können oft nicht allein durch die vom Kunden übertragenen Sicherheiten gedeckt werden. Dafür muss einfach auch noch eine ausreichende Risikovorsorge gebildet werden. Aber selbst in Krisenzeiten mit hohen Insolvenzraten, sowohl privat wie auch geschäftlich, wird der bei weitem größte Teil der Kredite und Anleihen pünktlich und vollständig zurückgezahlt, halten die meisten börsennotierten Firmen sich immer noch mehr als gut über Wasser.

Trotzdem werden die Risikomess- und -steuerungsmethoden bei den Banken immer stärker forciert und verfeinert und jetzt gerade uneingeschränkt ein Rating oder Scoring für alle Kunden eingeführt, das die Kunden mit hoher Bonität noch weiter begünstigt, als das ohnehin schon der Fall ist. Der Verlauf der Vergangenheit wird hier einfach so ganz kritiklos in die Zukunft hinein extrapoliert. Die Unternehmen mit der schlechteren Bonität dürfen dann auch noch die höheren Zinsen bezahlen. Die Zeiten der Quersubventionierung von schwachen durch starke Kunden sind jedenfalls endgültig vorbei. Ist das gerecht? Wohl kaum. Auf jeden Fall ist dies zutiefst unsozial, natürlich nicht für die Banken! Leon schüttelt heftig den Kopf und schaut sich gleich darauf erschreckt um, ob das etwa gerade irgendjemand im Raum bemerkt hat. Doch er hat wieder einmal Glück. Seinen Gemütszustand hat hier jedenfalls niemand registriert. Die risikoadäquate Bepreisung nach dem jeweiligen tatsächlichen Risiko einer Finanzierung ist sicher ein Anliegen des Marktes, aber die Chancengleichheit aller Kunden sollte ein wichtiges Anliegen unserer Gesellschaft sein! Na gut, vielleicht wird dadurch wenigstens von Anfang an verhindert, dass sich Übermütige einfach so finanziell total übernehmen.

Die Zeit ist auch für ihn etwas, das man noch weniger anfassen kann als den Raum. Der Raum liegt vor uns ausgebreitet wie eine Landschaft. Doch wo liegt die Zeit? Leon hat sich vorgenommen, diesen Begriff nur für sich selbst völlig neu zu strukturieren. Den Raum kann man sich dabei immer noch ganz gut vorstellen, als etwas, das mit massebehafteten Dingen oder Objekten bestimmter Eigenschaften angefüllt ist oder oft genug auch als den Abstand zwischen diesen Dingen oder auch als die Bühne, auf der die Objekte oder Subjekte ihr Wollen oder Sollen wie ein Theaterstück aufführen. Bei der Zeit ist es da schon etwas ganz anders. Ist sie die Reihenfolge im Spielplan dieses Theaters? Der zeitliche Abstand zwischen den Ereignissen oder ihre Dauer? Ist diese Reihenfolge von Anfang an festgelegt? Oder vielleicht noch interessanter: Existiert überhaupt ein solcher Spielplan?

Oder ist wirklich alles nur zufällig auf dieser Welt? Alles kann kein Zufall sein, dafür gibt es zwingend eine Reihe von festgelegten Abläufen in der Natur sowie das mehr oder weniger planvolle Handeln der Menschen und ihr Zusammenwirken. Beides nimmt bereits künftige Ereignisse vorweg, entweder im Denken und Planen oder aber in der notwendigen Abfolge aufgrund der Naturgesetze. Es ist wohl so, dass viele einzelne, durchaus geplante oder determinierte Abläufe einen willkürlichen Gesamtspielplan bilden. Willkürlich deshalb, weil wohl keiner die Gesamtregie innehaben kann. Wirklich keiner? Gibt es etwa doch einen allwissenden Gott?

Das Ergebnis ist eben oft anders als von Menschen geplant, manchmal besser, sehr oft schlechter. In erster Linie wohl deshalb, weil der Mensch niemals die gigantische Menge aller Einflussfaktoren vollständig vorhersehen kann. Auch dann nicht, wenn man sich wie die Banken zum Beispiel sehr intensiv um ausreichende Zukunftsprognosen bemüht. Die Vielfalt und die Menge paralleler Ereignisse sind einfach viel zu groß. Trotzdem bleibt die Erkenntnis, dass es in der Zeit notwendigerweise bereits Vorgänge gibt, die mit großer Wahrscheinlichkeit so oder so ähnlich ablaufen oder weiterlaufen werden, obwohl ein wichtiger Teil davon noch weit in der Zukunft liegt. Dies sind die feststehenden und verpflichtenden Cashflows eines langjährigen Kredits genauso, wie die schöne, rhythmische Abfolge einer durchgängigen, kontinuierlichen Wellenfunktion. Ein Teil der Zukunft ist also schon verplant und existiert jetzt bereits, durch Prozesse und Vorgänge, die Mensch oder Natur angestoßen haben und die jetzt ablaufen, zusammenwirken, dabei auf Hindernisse stoßen, sich gegenseitig verstärken oder auch auslöschen können und das noch lange bevor sie jemals im Jetzt für einen Beobachter zur Realität werden. Seine alten Optionsscheine, mit denen er früher gehandelt hatte, waren eigentlich auch nur die künftigen Rechte auf Käufe und Verkäufe zugrundeliegender Finanzinstrumente, die vielleicht niemals wirklich getätigt werden.

Trotzdem haben sie bereits im Jetzt einen Wert, der schon lange vor ihrem tatsächlichen Wirken in der Realität verhandelt, gekauft oder verkauft wird. So ist es also mit Krediten auch wie mit den Jahreszeiten. Jeder weiß eigentlich, was, wann und wie lange sie etwas Wichtiges bewirken und trotzdem wird über die Kälte gejammert, über die Hitze oder über das Geld! Leon nimmt das alles sehr ernst und kann dies auch nicht so einfach vergessen, das hat er in der Vergangenheit leider sehr schmerzhaft gelernt. In den letzten 10 Jahren hat er wirklich alles Greifbare gelesen zu diesem Thema. Richtig zufrieden mit den Antworten, die er dort fand, ist er nie gewesen. Die absolute Zeit Newtons ist eigentlich immer nur ein Spezialfall der relativen Zeit Einsteins dort, wo es nicht um die unendlich großen Weiten des Universums und auch nicht um die unendlich kleinen Dimensionen der Quantenphysik geht.

Die relative Zeit Einsteins hingegen impliziert unter anderem, dass sich alle Wirkungen in den Weiten des Universums maximal mit der Geschwindigkeit des Lichts ausbreiten können. Wenn es denn nun so ist, dass sich all diese Wirkungen im Raum maximal mit der Lichtgeschwindigkeit fortpflanzen können und sich erst darüber auch ihre Gleichzeitigkeit oder ihre Reihenfolge für jeden einzelnen entfernten Raumpunkt herstellt, dann müssten doch eigentlich in jeder Sekunde auf jeden Punkt im Universum ständig die jeweiligen Wirkungen von Ereignissen seiner näheren oder entfernteren Umgebung unaufhaltsam entweder über den direkten Kontakt, über Felder wie die Gravitation oder den Magnetismus oder auch über elektromagnetische Wellen wie das Licht einstürzen. Diese werden für das Individuum oder für den Punkt im Universum erst im Jetzt, also in dem Moment zur Realität, wenn sie es oder ihn auch tatsächlich erreicht haben. Deshalb hat wohl auch jeder Punkt im Weltall seine eigene, ganz individuelle Vergangenheit. Natürlich schwächen sich diese Wirkungen meist sogar mit dem Quadrat ihrer Entfernung von der Quelle ab. Leon glaubt inzwischen auch ganz fest daran, dass die Zeit selbst es ist, die in jedem Moment auf jeden einzelnen Punkt im Universum zustürzt.

Was das Licht betrifft, entspricht dieses Ankommen aus allen Richtungen des Raumes sehr wohl auch unseren ureigenen Erfahrungen. Dem gezielten, erkennenden Blick eines bewussten Beobachters in den Raum hinaus muss jedenfalls unbedingt auch noch die ständig zeitlich aufeinanderfolgende, also sequentielle und ebenso ureigene individuelle Erfahrung der vielfältigen Wirkungen aus unserer näheren oder weiteren Umgebung gleichberechtigt an die Seite gestellt werden. Der räumlichen Inside-out-Betrachtung steht immer gleichberechtigt die direkte zeitlich-sequentielle Outside-in-Erfahrung unserer Umwelt gegenüber. Das ist eigentlich doch ganz einfach und trotzdem immer noch so völlig neu in unserem beginnendem 21. Jahrhundert. Aber es ist wirklich von immenser Wichtigkeit für ein Gesamtverständnis unserer selbst, von Raum und Zeit, von unserer näheren und ferneren Umwelt sowie des gesamten Universums.

Und diese sehr, sehr reale zeitlich-sequentielle Einwirkung der Umwelt auf jeden Punkt im Raum ist eben auch nicht abhängig von der Vernunft eines möglichen Beobachters. Da ein unendliches Universum egal welcher Form keinen Mittelpunkt hat, gilt dies für jeden Punkt in ihm gleichermaßen und auch völlig unabhängig davon, ob es sich um einen bewussten Beobachter, einen Planeten, ein totes Meteoritenstück oder einfach einen leeren Raumabschnitt handelt. Alle sind sie gleichermaßen betroffen. Auch ein Meteorit erfährt einen Zusammenstoß mit einem anderen Himmelskörper oder eine Bahnänderung in einem Gravitationsfeld wirklich und wahrhaftig und verändert so zum Beispiel sein Antlitz oder seine Bahn. Wenn wir Millionen Jahre später die Auswirkungen an Gesteinsformationen oder an Flugbahnen ablesen können, sind diese Ereignisse bereits lange vorbei. Trotzdem waren sie sehr real und haben ihre unwiderruflichen Spuren für immer in unserer Realität hinterlassen. Die Registrierung dessen erfolgt also nicht erst durch den Beobachter manchmal Millionen Jahre später, sondern schon zum damaligen Zeitpunkt durch die sehr realen und manchmal ziemlich gigantischen physischen Wechselwirkungen an dem jeweiligen Objekt.

Und das auch, obwohl es damals noch gar keine Beobachter gab, zumindest keine menschlichen. Die Kopenhagener Deutung der Quantenphysik ist deshalb etwas, das Leon genauso wenig akzeptieren kann, wie bereits Einstein es damals nicht konnte und wollte. Wir Menschen können uns immer nur als möglichst intelligente Spurensucher in dieser zum Teil schon längst vergangenen physikalischen Realität betätigen. In den Mikrowelten der Quantenphysik gelten zwar viele andere Regeln als in unserer Makrowelt, aber diese für Leon neue Zweiteilung in Erfahrung durch äußere Einwirkung auf eine Entität von Außen nach Innen, sei es nun durch Feld, Welle, Teilchen oder ein Makroobjekt und in die bewusste Erkenntnis durch gezielte Beobachtung von Innen nach Außen lässt sich auch hier wunderbar anwenden. Egal ob es sich nun um eine klassisch mechanische Einwirkung auf Körper oder Teilchen oder die Störung einer bisher ungestörten Wellenfunktion handelt.

Selbst bei einer streng holistischen Betrachtung, in der also wirklich alles mit allem zusammenhängt, bleibt immer noch die jetzt stärkere Störung einer bisher weniger gestörten Wellenfunktion im Bereich des Möglichen. Die Beobachtung durch einen Beobachter spielt dabei immer nur dann eine eigene aktive und realitätsbeeinflussende Rolle, wenn sie zusätzlich mit Hilfsmitteln zum Beobachten, also mit Messen und Erkennen in das natürliche Geschehen eingreift. Bis zum beobachtbaren Resultat einer Messung existiert aber immer eine ganze Kette physischer Wechselwirkungen, die so erst das Quantenobjekt zwingen, in der Realität den einen oder anderen Erscheinungsaspekt für den Beobachter anzunehmen. Die Quantenwelt lässt sich eben immer nur durch Messungen und niemals von uns Menschen direkt beobachten. Viel aussagekräftiger als die gezielte Beobachtung durch uns von Innen nach Außen ist aber doch immer die sequentielle, individuelle und sehr reale Erfahrung unserer Umwelt von Außen nach Innen. Sie belegt die Realität da draußen sehr viel stärker als die bloße Beobachtung.

Eine weitere wichtige Frage der modernen Quantenphysik, die Leon schon immer heftig bewegt hat ist es auch, ob nicht vielleicht doch irgendwelche Wirkungen existieren, die sich mit Überlichtgeschwindigkeit vermitteln können. Nicht-Lokalität wäre die Voraussetzung dafür. Aber er will keinesfalls gleich mit den schwierigsten Fragen anfangen.

So hofft er denn einfach, im Laufe der Zeit eine wichtige Annahme der Kopenhagener Deutung der Quantenphysik widerlegen zu können, die dem Beobachter der Makro- und Mikrowelt eine realitätserzeugende Rolle allein durch den Vorgang der Beobachtung zuweist. Was liegt dabei näher, als sich erst einmal über unser ureigenes Bewusstsein klar zu werden? Einstein, schon immer ein Gegner dieser Deutung der Ergebnisse der Quantenphysik und ein strenger Verfechter der unabhängig vom Bewusstsein existierenden physikalischen Realität, hätte sicher schon jetzt seine wahre Freude daran. Aber das ist wirklich erst der Anfang!

Leon unterscheidet bei diesen Einwirkungen von Außen nach Innen ganz streng nach dem Zusammenwirken von Körpern oder Teilchen, bei dem nach dem Satz der Erhaltung der Energie diese abgegeben oder aufgenommen wird und außerdem noch nach der Überlagerung von Wellenfunktionen in den Weiten von Raum und Zeit, bei denen sich Wellen durch Resonanz verstärken oder durch Dissonanz auch gegenseitig auslöschen können. Wobei man immer zwischen den rein räumlichen, mechanischen Wellen in einem stofflichen Medium, den stehenden, ebenfalls räumlichen Wellen der Gravitation oder Raumkrümmung, den eher auf der Basis der Zeit orientierten elektromagnetischen Feldern oder Wellen und den Stellvertreterwellen von Teilchen im Möglichkeitsraum der Zukunft der Zeit eines solchen Quantenobjekts unterscheiden muss. Die letzteren sind wirklich neu und reine Möglichkeitswellen ohne jede Energieübertragung, alle anderen transportieren aber sehr wohl Energie.

Streng genommen gilt bei Interferenzen von Wellen der Satz von der Erhaltung der Energie nicht mehr. Energie kann hier bei Dissonanzen einfach so verschwinden. Doch die einzelnen Wellen können dann anschließend seltsamerweise aus all den Interferenzen untereinander wieder völlig unbeschadet hervortreten und weiterlaufen, wenn sie nicht zwischendurch zum Beispiel von einem Bildschirm zur Beobachtung aufgehalten und umgeformt werden.

Leon ist sich der Tragweite seiner Überlegungen voll bewusst, nur dies reizt ihn ja gerade so an der ganzen Sache! Die von Einstein angeführte Revolution des Zeitbegriffs hat schon zu Anfang des 20. Jahrhunderts die gesamte Physik relativiert und umgekrempelt. So ist es eben, wenn man an Grundbegriffe wie Raum und Zeit ganz bewusst Hand anlegt. Trotzdem blieb sie bis heute unvollendet und brachte eigentlich vor allem in kosmologischen Dimensionen mehr Klarheit. Eine spürbare Krümmung der Raum-Zeit tritt eben nur bei hoher Gravitation, bei hohen Geschwindigkeiten und bei großen Energien für uns so richtig makroskopisch in Erscheinung. Das erste Mal war Leon auf das Problem der Zeit im Alltag aufmerksam geworden, als er sich schon vor vielen Jahren mit alten und neuen Fragen der Künstlichen Intelligenz, wie es früher einmal hieß und mit dem eigentlich grundlegenden Unterschied unseres menschlichen Denkens zur herkömmlichen Computermethaper der maschinellen Intelligenz und algorithmischen Datenverarbeitung eines Großrechners beschäftigte. Dieses Thema hat ihn seitdem nicht wieder losgelassen. Und man kann eben auch nur dann wieder neue Ergebnisse in der Quantenphysik erzielen, wenn man sich vorher erst einmal über unser ureigenes Bewusstsein und seine Beziehung zu Raum und Zeit klargeworden ist.

Nach knapp anderthalb Stunden ist dann ganz abrupt Schluss. Leon wird von diesem plötzlichen Ende des Meetings diesmal direkt überrascht. Zum Glück hat ihn keiner mehr angesprochen oder gestört und er konnte ganz in Ruhe seine Gedanken weit im Möglichkeitsraum der Zukunft schweifen lassen. In seinem Zimmer angekommen, nutzt er die Zeit bis zum Mittag, um wie gefordert das Datenmodell des Meldewesens zu aktualisieren, seinen Teil des Euro-Projekts auf den neusten Stand zu bringen, die Giro-Fehlerdatenbank zu kontrollieren und mit Arthur dann den mühevollen manuellen Nachdruck der Kontoauszüge durch das Operating zu unterstützen. Unsere Operatoren sind schon ganz tolle Leute, die jedes Problem in der Verarbeitungskette immer als Erste zu spüren bekommen und es dann gemeinsam mit den Organisatoren und Anwendungsbetreuern der jeweiligen Fachbereiche ausbügeln müssen. Zwischendurch sprechen Leon und Arthur alle Anforderungen für Luxemburg durch und Leon kann auch mal kurz so ganz nebenbei im Internet in die wichtigsten Zeitungen des Tages schauen. Er hat immer mehrere Fenster offen am Monitor und wechselt so, wie die Zeit es ihm gerade erlaubt. Und diese vergeht hier wie im Flug! Um Eins ist Mittagszeit für ihn, da ist der große runde Speisesaal nicht mehr ganz so voll wie um Zwölf. Arthur kommt mit zum Essen. Beide treffen sich mit Sylvi und ihrer Freundin Irene am Fahrstuhl.

> *"Wie bekannt, liegt einem Teil der alten östlichen Lehren und Religionen der uralte Gedanke der Einheit zugrunde. Die Vielgestaltigkeit der Welt, das reiche, bunte Spiel des Lebens mit seinen tausend Formen wird zurückgeführt auf das göttliche Eine, das dem Spiel zugrunde liegt."* Hermann Hesse aus
> *'Die Einheit hinter den Gegensätzen'*

Das zweigeteilte Eine und Ganze

Der Speisesaal und die darüber liegende Cafeteria werden von einer Cateringfirma bewirtschaftet, die aber alles andere als nur Fertiggerichte anbietet. Hier wird nicht nur vorbildlich und mit viel Frische für das leibliche Wohl der Angestellten der Sparkasse und der Landesbank gesorgt, auch die Atmosphäre ist sehr angenehm und dient der allseitigen Erholung der Mitarbeiter in ihrer Mittagspause. Leon und seine Kollegen verbringen das 2. Frühstück immer am Bildschirm an ihren Arbeitsplätzen und haben deshalb für die Mittagspause volle 40 Minuten zur Verfügung. Es sind italienische Wochen in der Mensa, mal schaun, was hier so an mediterranen Köstlichkeiten geboten wird! Kurz fühlt sich Leon an seinen Urlaub mit Lisa und Leonore erinnert, den er im vergangenen Jahr in Rom verbracht hat. Beim Thema Speisen fällt ihm da noch die sagenhaft gute Pizza 'Monte Bianco' in einem kleinen Ristorante in einer Seitenstraße nahe am Forum Romanum ein. Deren Mitte war mit saurer Sahne bestrichen und sie erhob sich nach dem Backen wie ein kleiner weißer Berg über dem Teller. Aber dann holt ihn die Wirklichkeit dieser Bank sehr schnell wieder ein. Die Schlacht am kalt-warmen Buffet schlägt auch hier in Leipzig noch immer jeder allein, deshalb trennen sich die Wege von Leon und seinen Kollegen bis zum Platznehmen am Tisch in dem großen runden Speisesaal im Innenhof der Landesbank.

Wenn man den Saal vom Eingangsbereich her betritt, hat man zuerst die Regale mit Tabletts und Besteck zu passieren. Diese müssen in kurzen Abständen immer wieder aufgefüllt werden, denn hier essen über 600 Leute und das jeden Mittag. Leon nimmt sich ein Tablett, platziert eine kleine Serviette auf der rechten Seite und legt dann sorgfältig Messer, Gabel und den Löffel für die Vorsuppe darauf. Mit dem Tablett in der Hand begibt er sich auf den Rundgang, in dem die einzelnen Gerichte in großen Vitrinen aus Edelstahl und Glas sehr geschmackvoll präsentiert werden. An der Decke befindet sich ein großes rundes Dachfenster, das in seinen Abschnitten einer gigantischen Zitronenscheibe nicht unähnlich ist. Darunter in der Mitte der Speiseausgabe findet man auf zwei breiten, rechteckigen Blöcken ein umfangreiches Buffet mit frischen Salaten der Saison und allem, was man für einen guten Salat so braucht. Leon geht an der verlockenden Vitrine mit den Desserts vorbei, die er wie immer meidet, um so wenigstens etwas für seine schlanke Linie zu tun. Diesmal gibt es dort auch Tiramisu mit frischer Mascarpone. Doch er bleibt hart. Als nächstes kommt das Buffet, an dem sich jeder einen großen oder kleinen Teller beliebig selbst zusammenstellen kann. Heute ist hier ein köstliches Pasta-Buffet angerichtet mit vielen verschiedenen Pasta-Sorten, mit Sauce Bolognese, Tomatensauce mit Basilikum, Sauce Carbonara und natürlich auch scharfer Sauce Arrabiata.

Leon füllt sich aber nur eine Tasse heißer, klarer Minestrone mit viel italienischem Gemüse ein und geht ansonsten an auch an diesen Verlockungen vorbei. Als Tagesangebot gibt es Lasagne. Er ist kein Freund davon, auch wenn sie heute wieder besonders lecker aussieht. Als Ofengericht steht eine kleine Pizza Calzone mit Salat angerichtet an der nächsten Station. An der Wok- und Grill-Theke liegen heute Scaloppine, das sind kleine Schnitzel, die mit Parmesankäse überbacken und mit Schinken-Sahne-Sauce, Kroketten oder Pasta und Brokkoli durch das fleißige Küchenpersonal serviert werden. Leon schwankt zwischen der Pizza Calzone mit der leckeren Füllung und den Scaloppine, beides ist sicher nicht gerade kalorienbewusst.

Er entscheidet sich für die Pizza, unter anderem auch deshalb, weil er sich durch die Salatbeilage den kleinen Salatteller sparen kann, den er sonst immer noch gern mitnimmt. Sylvi hat sich gerade bei den Scaloppine angestellt, die aber heute auch das teuerste Gericht hier sind. Obwohl ihm seine Börsengeschäfte bereits ein ganz respektables, wenn auch keineswegs sicheres Zweiteinkommen bescheren und er sich durch seine längerfristigen Anlagen als durchaus wohlhabend betrachten könnte, lebt er lieber sparsam. Vorsicht ist die Mutter der Porzellankiste! Die laufenden Kosten summieren sich jeden Monat besonders schnell. Mit völliger Unbedachtheit kann man hier ganz leicht jeden Tag das Doppelte des Notwendigen ausgeben. Manche scheint das absolut nicht zu stören, Leon aber sehr wohl. Die Schlangen an den drei Kassen halten sich jetzt zum Glück in Grenzen. Insbesondere die vielen Sparkassenangestellten gehen viel lieber so um zwölf Uhr oder noch früher zu Tisch. Deshalb ist es eine Stunde später für Leon und seine Landesbank-Kollegen schon recht erträglich.

Als er endlich mit seiner Multifunktions-Zutrittskarte bezahlen kann, haben Irene und Arthur schon einen der großen ovalen Esstische im Glasrondell besetzt. Mit dem Tablett in der Hand geht Leon die halbe Runde durch den großen kreisförmigen Speisesaal mit den hohen Fenstern hin zum Erdgeschoss des Innenhofs unter den Blicken aller übrigen Anwesenden bis hin zu diesem Tisch. Terrarium hat er diesen rundum verglasten Speisesaal schon öfter scherzhaft genannt. Auch weil manche hier ständig bemüht sind, ihre beste Garderobe zur Schau stellen. Aber es macht wirklich Freude, hier gemeinsam zu essen. Am Fenster ist noch ein Platz frei und er wünscht allen wie selbstverständlich einen guten Appetit. Nur Sylvi braucht leider noch etwas länger als er. „Das Mittagessen hier entschädigt einen wenigstens etwas für die sonstigen Unbilden." Beginnt sie das Tischgespräch. „Ja, ich würde mich auch wirklich liebend gern irgendwo anderweitig betätigen, aber es fehlt mir leider dazu jedes Startkapital." setzt sie fort.

„Du kannst doch wenigstens noch deinen tollen neuen BMW verkaufen, was aber sollen denn bitte all die anderen hier am Tisch zu diesem Thema sagen?" entgegnet Leon nicht ganz ernstgemeint. „Wir können hier nicht so einfach weg. Was würdest du denn lieber tun als das hier?" „Nun ja, ich würde vielleicht eine kleine Versicherungsagentur betreiben oder einen dieser neuen Bio-Läden aufmachen, die hier in Leipzig in vielen Gegenden leider noch fehlen." „Ist dir auch schon mal aufgefallen, dass unsere Zukunft für jeden individuell ist? Aber sie ist nur dann völlig offen, wenn wir das auch wirklich wollen. Nur dann ist sie kein feststehender Zeitstrahl mehr wie die bisherige Vergangenheit, wo jedes Ereignis bereits seinen feststehenden Platz hat. Auf jeden Fall ist es falsch, die Vergangenheit einfach so in die Zukunft hinein zu extrapolieren, als wären wir vollkommen willenlose Objekte. Lassen wir uns also von deinen Intentionen und den darauf folgenden Taten für die Zukunft einfach mal überraschen."

Leon sieht Sylvi scharf an, sie antwortet ihm etwas betreten: „Leider sind das bisher alles nur Träume und den BMW von meinem Papa kann ich auch nicht so einfach verkaufen." "Diese italienischen Wochen sind wieder köstlich, ich fühle mich gleich wie im Urlaub in der Toskana" versucht Irene nun mühsam das Thema zu wechseln. "Bei allem Respekt, meine liebe Irene, aber eine Bank ist kein Kurschiff und in ca. 30 Minuten wirst du diesen kurzen mediterranen Ausflug sehr schnell wieder vergessen haben." Leon ist kein Spielverderber, aber er sieht das hier alles eben einfach sehr realistisch. Ein kleiner Teil unserer Zukunft existiert leider jetzt schon für jeden. Außerdem hat man an ihrem Tisch inzwischen fast aufgegessen und dann kommt nun mal das, was fast noch angenehmer ist bei der Landesbank Sachsen, als das Mittagessen: Der Kaffee und die Zigarette danach in der Cafeteria im ersten Stock. Aber Leon und seine Kollegen bringen zuerst einmal ihre Tabletts zurück, die von dem unersättlichen Fließband am Eingang im Erdgeschoss geschluckt werden. Nur die Servietten wandern gleich in den Papierabfall.

Danach begibt man sich gemeinsam auf die runde Treppe zur Cafeteria, welche sich in der Mitte des großen Speisesaals ganz sacht hinauf in den ersten Stock schraubt. Oben angekommen, wird jeder schon wieder von vielen verlockenden, kalorienhaltigen Angeboten bedrängt. Joghurt, kleine Gebäckstücke und Eis konkurrieren hier um die Aufmerksamkeit und den Appetit der Besucher. Leon geht unbeirrt bis nach vorne durch zu den großen Kaffeeautomaten. Sylvi und Irene sind schon dabei, sich weiter hinten einen kleinen Café Latte zu bereiten. Er nimmt ganz schlicht eine große Tasse Café Crema ganz schwarz, wie immer. Nach der Kasse suchen alle sich gemeinsam einen hübschen runden Tisch im Raucherabteil. Während sie an den Tischen der vielen Nichtraucher vorbeigehen, mokiert sich Sylvi über ein bordeauxrotes Jackett bei einem entfernt bekannten Mitarbeiter aus dem Controlling der Landesbank. Leon fühlt sich bemüßigt, ihr zuzustimmen, wirft aber doch noch kurz und trocken ein: "Bordeaux ist wirklich schon ziemlich daneben, aber es gibt da immer noch eine Steigerungsform!" "Ja, welche denn bitte?" fragt sie ihn neugierig. "Mint als Jackett Farbe, das ist wohl so ziemlich das Schlimmste, was ich in einer relativ seriösen Bank je gesehen habe!" Sylvi muss laut lachen. "Da hast du allerdings Recht, das geht nun wirklich gar nicht!" Sie freut sich immer diebisch über jeden Fauxpas von anderen Leuten.

Beide nehmen an dem kleinen runden Tisch Platz, an dem schon Irene und Arthur sitzen. Die Cafeteria ist gut gefüllt. Andeutungsweise ist sie im amerikanischen Fünfziger-Jahre-Stil eingerichtet, aber nur über die Farben und Formen der Tische und Sitzmöbel lässt sich ganz entfernt stilisiert diese Beziehung herstellen. "Na lieber Leon, was macht denn das Quantenuniversum?" fragt Arthur ihn etwas provozierend und wohl weislich um nicht schon wieder mit dem Thema vom Speisesaal unten anzufangen. "Es steht noch, das Eine und Ganze." "Wieso denn das Eine und Ganze? Gibt es nicht inzwischen eine ungeheure Vielfalt von Anschauungen zum Thema Quantenphysik?

Allein Nick Herbert zählt in seinem Buch doch acht Quantenrealitäten auf, die derzeit zur Lehrmeinung gehören und die sich trotzdem zum Teil sogar völlig widersprechen." "Aha, du hast also doch etwas Wichtiges gelesen zum Thema. Gerade das macht die Sache ja so interessant! Diese Vielfalt lässt sich aber eigentlich immer ganz einfach in die einzigen vier Grundelemente dieser Welt und ihre inneren Eigenschaften auflösen." "Erde, Wasser, Feuer und Luft?" Arthur muss laut lachen. "Nein, die alten Griechen waren nur bei der Anzahl der vier Elemente völlig im Recht. Und ich finde es natürlich auch immer wieder sehr spannend, in der alten Geschichte auf mögliche und unmögliche Entsprechungen aus der Gegenwart zu stoßen. Aber in dieser Welt gibt es tatsächlich nur diese vier Grundelemente. Sie sind sehr verschieden aufgebaut und trotzdem in der Realität untrennbar miteinander verwoben." "Und welche sind das dann bitte?" schaltet sich Sylvi wie immer sehr neugierig in die Diskussion ein.

"Ganz einfach, das sind zum einen Raum und Zeit und zum anderen Masse und Energie. Alle noch so bunten, vielfältigen und noch so komplizierten Erscheinungen und Ereignisse lassen sich eigentlich immer auf diese vier Elemente, ihre inneren Eigenschaften und ihr Zusammenwirken miteinander zurückführen und um es noch einmal ganz deutlich zu sagen: Etwas anderes als diese vier Elemente gibt es nicht, definitiv!" "Na dann ist ja alles ganz einfach ....." Arthur will wohl heute ganz absichtlich provozieren. "Leider nein. Das heutige Verständnisproblem beginnt schon in den einfachsten Kategorien." fährt Leon fort. "Und welche sollen das bitte sein?" Irene verdreht die Augen, aber offensichtlich ist ihr dieses Thema doch um Einiges lieber, als das vorhin von unten. Leon bleibt von diesen wechselnden Stimmungslagen völlig unbeeindruckt.

"Nun, wir veranschaulichen uns heute zum Beispiel eine mechanische oder eine elektrische Welle ganz einfach in einem Weg-Zeit-Diagramm.

Ein Diagramm mit zwei rechtwinkligen Schenkeln, auf dem die Zeit t in der waagerechten Achse und der Weg s oder die Auslenkung der Amplitude eines gemessenen Parameters in der senkrechten Achse dargestellt wird. Wir sehen dort ganz genau die Wellenlinie des mit der Zeit schwankenden eindimensionalen Parameters s und denken, aha, das hast du doch als Kind schon mal gesehen, das ist eine Welle und meinen damit eigentlich das, was wir an der Wasseroberfläche als Kind alle schon mal als Welle gesehen haben. In der Natur um uns herum gibt es aber real definitiv keine Weg-Zeit-Diagramme! Diese sind nur ein rein menschliches Hilfsmittel, um ein Ereignis, das sich über mehr als einen Zeitpunkt erstreckt, richtig zu verstehen. Das, was wir als Welle an der Wasseroberfläche alle schon mal als Kind gesehen haben, sind rein räumliche, mechanische Wellen auf einer zweidimensionalen Oberfläche eines stofflichen Mediums ähnlich dem Schall in der Luft. Sie sind zuerst einmal eine Momentaufnahme von rein räumlichen Bergen und Tälern. Erst durch ihre Bewegung kommt dann der zeitliche Parameter hinzu. Sobald dies der Fall ist, können wir das Gesamtgebilde aber schon nicht mehr so einfach darstellen, weil wir zusätzlich zu den vorhandenen drei Raumdimensionen auch noch die zeitliche Dimension irgendwo unterbringen müssen.

Ich persönlich glaube auch noch, dass diese Wasserwellen zum Beispiel bei einem Steinwurf immer nur ein reiner Schnitt an der zweidimensionalen Wasseroberfläche durch eine ansonsten dreidimensionale räumliche Kugelwelle sind, die von einem ins Wasser geworfenen Stein nicht nur oberhalb, sondern auch unterhalb der Wasseroberfläche ausgelöst wird. Wenn wir uns aber nun diese räumliche, dreidimensionale Kugelwelle vorstellen wollen, dann bleibt für die Darstellung der Zeit einfach kein Platz mehr, weil ein Bild in unserem Raum eben immer nur drei Dimensionen zur Verfügung hat.

Wir müssen uns schon mehrere Bilder dieser Kugelwelle hintereinander vorstellen, damit auch ihre Bewegung im Verlaufe der Zeit zum Tragen kommt. Das, was wir uns dagegen in einem Weg-Zeit-Diagramm als künstliche Welle veranschaulichen, ist leider immer nur die eindimensionale Änderung eines Parameters an einem einzigen räumlichen Punkt im Verlaufe der Zeit. Ein gutes Beispiel ist die Schwingung der Amplitude der elektrischen Spannung am nahezu punktförmigen Ausgang eines Mikrofonkabels, die wir uns in einem Oszillographen bildlich anschauen können. Sie hat mit den räumlichen Wellen in der Natur, die wir bereits aus unserer Kinderzeit kennen, ziemlich wenig zu tun. Wir messen dort immer nur einen Parameter in einem einzigen lokalen Raumpunkt im Verlaufe der Zeit. Das ist ganz einfach gesagt, der wichtigste Unterschied!

Das Weg-Zeit-Diagramm einer Wasserwelle entsteht eben nur dann, wenn wir allein die Änderung der Amplitude der Wasseroberfläche an einem einzigen Punkt dieser räumlichen Welle im Laufe der Zeit beobachten. Alle anderen räumlichen und zeitlichen Aspekte fallen dadurch dann einfach weg, fehlen also in der kompletten Beschreibung der Welle und wir beschränken uns dabei nur auf einen einzigen eindimensionalen Parameter oder auf ein einziges Attribut dieses Wellenobjekts in einem Punkt im Verlaufe der Zeit, das nur noch von Wellenform und Wellenlänge abhängt. Bisher wird uns eine Wasserwelle zum Beispiel besonders dann als Welle verdeutlicht, wenn wir sie an der Glasscheibe an einer Seite eines Wasserbeckens beobachten können. Die Wasserwelle wird uns aber auch hier immer noch nur in zwei Raumdimensionen vorgeführt. Dazu können wir außerdem nur ihre Oberseite richtig beobachten. Ihre laufende Veränderung ist nur in vielen Einzelbildern sichtbar und beansprucht dazu weiterhin noch eine Zeitdimension. Also auch hier ist in unserer Beobachtung wieder eine krasse Reduzierung der eigentlichen Anzahl der drei Dimensionen von Raum und Zeit in unserer Realität angesagt. Ein weiteres Beispiel ist der bereits angesprochene Oszillograph.

Hier ist je nachdem, wie groß oder wie klein wir den Zeit-Maßstab wählen, zum Beispiel die entstehende künstliche Welle im Weg-Zeit-Diagramm immer stärker oder schwächer gestreckt, als die eigentlich räumliche Welle vor unserem Auge in der Natur. Auch hier wird zur Veranschaulichung für den Menschen wieder nur eine einzige Raumdimension des Diagramms für den Weg und eine weitere Raumdimension zur Darstellung der Zeit genutzt.

Noch dazu wird durch jede direkte Messung der mehrdimensionalen Welle in der Natur auch noch ein Teil ihrer Energie entzogen oder aber neu zugeführt, so dass sie hinterher nur noch in einer ganz anderen Form oder auch gar nicht mehr existiert. Der physische Einfluss durch die Messeinrichtung kann die Welle bereits grundlegend verändern. So leicht kann man sich täuschen und an den wahren Zusammenhängen vorbei reden. Eine Welle in der Realität hat dagegen zum einen ständig eine dreidimensionale räumliche Ausdehnung und zum anderen aber nicht nur eine eindimensionale zeitliche Ausdehnung im Verlaufe der Zeit, sondern sie reicht bereits jetzt in jedem einzelnen Augenblick schon weit hinein in ihre eigene Zukunft. Und diese ist durch den Einfluss von anderen Ereignissen aus der Umgebung der Welle noch lange nicht endgültig eindimensional festgelegt.

Es gibt also viele Möglichkeiten für ihre weitere Entwicklung. Dadurch hat die Zukunft der Welle auch immer wesentlich mehr als eine Dimension und lässt sich auf keinen Fall in einem eindimensionalen Zeitstrahl darstellen. Man könnte also auch sagen, die Zukunft der Zeit besteht für jedes Objekt und jedes Ereignis immer aus einem mehrdimensionalen Möglichkeitsraum. Diese letzte Betrachtung mag vielen vielleicht neu und anfangs auch unerheblich vorkommen, aber im Gegensatz dazu bekommen wir in der Natur nun mal die Zeit nur im sequentiellen Ablauf der Dinge im Jetzt, wie in den Einzelbildern eines großen Kinofilms zu Gesicht. Nur die Notwendigkeit einer bildlichen Darstellung der Welle in diesem Jetzt lässt sie uns bisher auf die beiden Achsen im Raum eines zweidimensionalen Weg-Zeit-Diagramms projizieren.

In Wirklichkeit ist jede Welle aber bereits in jedem Augenblick ein sehr viel komplexeres Gebilde, mitunter weit ausgedehnt im Raum und auch in der Zeit. Und das bereits in jedem Augenblick. Da kann man machen, was man will!"

Leon betont die Pause besonders, weil das ihm das alles auch ganz besonders wichtig ist. Er will aber keineswegs sinnlos provozieren, sondern damit nur Arthurs geschätztes Interesse gewinnen. "Trotzdem ist das Weg-Zeit-Diagramm bereits der erste Schritt hin zur Darstellung der Zeit, übertragen wenn auch nur auf eine einzige unserer drei Raum-Dimensionen," argumentiert er deshalb begütigend weiter. "also bereits ein Fortschritt bei der Veranschaulichung der Zeit in unserer bisher ansonsten leider allein räumlich vorstellbaren Welt. Der nächste Schritt wäre jetzt das Herauskommen aus dieser unsäglichen und wirklich sehr hinderlichen Eindimensionalität der Zeit, in der wir momentan hier leider alle noch festsitzen. In der Natur kommen dem Raum und der Zeit eben nun mal die Rollen von sehr komplexen und selbst aktiven Basisgrößen zu, auf denen dann die anderen beiden Elemente, also Masse und Energie ihr buntes Schauspiel aufführen können."

Leon nickt gewichtig. "Wieso betonst Du das denn so?" fragt Arthur ihn angeregt. "Nun," Leon spürt, dass er jetzt Arthurs Neugier wirklich geweckt hat. "Eine der größten Fragen des 20. Jahrhunderts und da sie bis heute noch nicht wirklich gelöst werden konnte, wohl auch des 21. Jahrhunderts, ist die inzwischen schon ziemlich verzweifelte Suche nach einer einheitlichen Feldtheorie. Unzweifelhaft festgestellt werden konnte, dass zum Beispiel die Felder der Gravitation immer stehende Wellen des gekrümmten Raumes rings um gigantische Massekonzentrationen herum sind. Wenn diese sich nun aber partout nicht so einfach mit elektrischen und magnetischen Feldern und dem, was es da sonst noch gibt, zu einer einheitlichen Theorie zusammenfassen lassen, dann liegt das weniger am Können der Physiker, die sich hier schon so lange verzweifelt bemüht haben, sondern einfach daran, dass der Elektromagnetismus eben kein Feld auf der Basisgröße Raum, sondern ein Feld ganz allein auf der Basisgröße Zeit ist.

Masse krümmt den Raum, Energie krümmt die Zeit." Arthur schaut nun doch ziemlich verdutzt drein. Nur Irene und Sylvi langweilen sich offensichtlich inzwischen etwas und können wohl nicht mehr so ganz folgen. Arthur und Leon lassen sich davon aber nicht mehr stören. Beider Köpfe laufen langsam heiß und sie vergessen somit ihre gesamte Umgebung zusehends.

"Das die Zeit bei gigantischen Raumkrümmungen zum Beispiel am Rande von Schwarzen Löchern auch bis hin zum Stillstand gekrümmt werden kann, habe ich ja schon mal gelesen, aber das jetzt schon jedes kleine Magnetfeld bereits eine Krümmung der Zeit sein soll, das ist mir wirklich völlig neu." meint Arthur dazu. "Es muss ja nicht gleich die komplette axiale Krümmung der Zeit bis hin zum Stillstand sein. Eine ganz leichte transversale Schwingung um den Jetzt-Zeitpunkt herum würde anfangs auch schon völlig ausreichen." entgegnet Leon vorsichtig. "Um den Jetzt-Zeitpunkt herum? Das bedeutet aber, dass du das Konzept des eindeutig gerichteten Zeitstrahls aufgeben musst!" reagiert Arthur passend und ziemlich genüsslich. Leon aber bleibt ganz ruhig. Darauf hat er nur gewartet. "Nun, transversal bedeutet eben keineswegs vor und zurück, sondern ganz klar geringfügig schneller oder langsamer immer quer oder waagerecht dabei zur Ausbreitungsrichtung." "Ausbreitungsrichtung? Meinst Du denn, dass die Zeit sich irgendwie ausbreitet?" Arthur trifft wie immer den Nagel auf den Kopf.

Leon antwortet ganz langsam, aber entschieden und betont: "Der Raum rast durch die Zeit und die Zeit rast deshalb auch durch den Raum und zwar mit Lichtgeschwindigkeit in alle Richtungen gleichzeitig, weil es eigentlich der Raum ist, der sich durch die Zeit bewegt. Nur dadurch bekommt ein Magnetfeld dann auch seine räumliche Ausdehnung mit. Das ist sicher sehr schwer vorstellbar, ich weiß. Die Gleichzeitigkeit oder Reihenfolge von entfernten Ereignissen stellt sich eben immer nur allein über ihre direkte Verbindung durch die Lichtgeschwindigkeit her.

Und die Lichtgeschwindigkeit der Zeit im Vakuum ist nun mal die einzige Konstante in unserer ansonsten restlos relativen Welt. Wie man das schon immer zum Beispiel bei allen elektromagnetischen Schwingungen die auf der Zeit basieren bis hin zum sichtbaren Licht beobachten kann. Auch das sind einfach transversale Schwingungen der Zeit, die sich überall mit Lichtgeschwindigkeit ausbreiten, gemeinsam mit der Zeit selbst. Ohne diese Ausbreitung der Zeit würde es auch so ein winzig kleines Photon im Weltall niemals über mitunter Milliarden von Lichtjahren bis hin zu uns schaffen. Aber Du hast insofern recht, dass eben künftig keine Gerade oder kein einfacher Strahl für die Darstellung der Zeit als Anhängsel oder als vierte Dimension in unserer ansonsten dreidimensionalen räumlichen Welt mehr ausreichen wird, so leid mir das für den armseligen vierdimensionalen Minkowski-Raum auch tut. Was wir brauchen, ist keine Gerade, ist kein Zeitstrahl, was wir brauchen, ist zumindest eine Fläche oder besser noch einen Raum ganz allein für die notwendige anschauliche Darstellung der Zeit! Nur so lässt sich eine transversale Schwingung der Zeit beim sichtbaren Licht auch wirklich anschaulich erklären. Masse krümmt den Raum, Energie krümmt die Zeit. So neu das anfangs auch klingt!"

„Wenn wir das alles irgendwie in einem einzigen Koordinatensystem darstellen wollen, hätten wir aber wieder genauso schwer zu kämpfen wie mit den n Dimensionen des Hilbert-Raumes." „Nicht unbedingt, es gibt da eine wesentlich elegantere und vor allem sehr viel anschaulichere Lösung." „Ja, welche könnte das denn sein?" Auch Sylvi scheint der Diskussion inzwischen wieder neu angeregt zu folgen, vor allem aber wohl deshalb, weil hier ja sonst nichts weiter passiert. "Wir müssen dringend die Zeit aus ihrem alten Schattendasein als kleines Anhängsel, als vierte Dimension des Raumes herausholen. Sie ist in Wirklichkeit und sehr wahrscheinlich noch um vieles komplexer aufgebaut als der Raum.

Auch wenn Raum und Zeit in dieser Realität untrennbar miteinander verwoben sind, ist ihre Verschiedenartigkeit doch so groß, dass ich die Zeit natürlich vorerst nur rein theoretisch für ihre anschauliche Darstellung am liebsten als eigenes dreidimensionales Vektorfeld gleichberechtigt neben das bereits bekannte Vektorfeld des Raums stellen würde. Zwei dreidimensionale Felder oder Diagramme, nur so lässt sich der tatsächlichen Komplexität von beidem für uns anschaulich Rechnung tragen und nur so können wir zum Beispiel nicht nur die räumlichen sondern auch die zeitlichen Aspekte einer Wellenfunktion erstmals vollständig beschreiben und bildlich darstellen.

Es gibt da aber doch noch ein paar entscheidende Besonderheiten bei der Darstellung der Zeit gegenüber dem Raum." "Welche wären das also?" Arthur ist inzwischen nicht nur interessiert, sondern auch regelrecht neugierig. Nur Irene hat der abstrakten Diskussion bisher leider nicht viel abgewinnen können, sie blickt betreten auf ihre kleine Armbanduhr und meint: "Es tut mir leid, aber unsere Mittagspause ist nun schon wieder vorbei. Mein Chefchen wird sicher bereits nach mir Ausschau halten." Sie hat wohl leider Recht damit. Im Aufstehen noch spricht Leon weiter: "Wenn wir nun schon einmal dabei sind, über die wirklich einzigen vier Grundelemente dieser Welt nachzudenken, dann können wir das doch auch gleich richtig tun und nicht wieder an den bisherigen Grenzen stehen bleiben." "Das heißt dann wohl, eine vollständige Feldtheorie wäre zweigeteilt und nicht das Eine und Ganze?" Auch Arthur kann jetzt nicht so einfach abschalten. Leon versucht noch einen abschließenden Satz: "Wenn dieses Eine und Ganze nun mal eine ganz klare Zweiteilung in Raum- und in Zeitabhängigkeit enthält, dann müssen doch auch sämtliche Erscheinungen und Ereignisse auf unserer Welt dieser Zweiteilung folgen, natürlich ohne dabei ihre gegenseitige Verwobenheit miteinander in unserer tatsächlich zweifach dreidimensionalen Wirklichkeit zu vernachlässigen.

Zumindest in der theoretischen Betrachtung muss man sie unbedingt getrennt halten, sonst bekommt man niemals eine wirklich komplette Vorstellung von dem Einen und Ganzen. Und dies betrifft eben ganz besonders alle Vorgänge in der Quantenphysik mit ihrem ausgeprägten Welle-Teilchen-Dualismus. Das ist nun mal die Realität!" Leon vergewissert sich mit einem Blick zu den Fenstern, dass der alte Bankkomplex dahinter immer noch da ist, zu seinem Leidwesen hat er damit leider Recht. Und dieser stand wohl auch die ganze Zeit über einfach nur so da, ohne dass er beobachtet wurde, als ihre Diskussion bereits weit, weit ins Theoretische abgeglitten war. Das ist die unabänderliche Realität für Sylvi, Irene, Arthur und Leon an diesem Mittag. Alle vier bringen brav wie immer ihre Tassen zu den bereit stehenden Regalen in der Nähe der Treppe. Für mehr ist leider jetzt um 13:40 Uhr mitten in der Leipziger Innenstadt einfach keine Zeit.

In dem Moment, als Leon und seine Kollegen zu ihren Arbeitsplätzen zurückeilen, wacht Paul in seinem Bungalow in Markkleeberg vom frühzeitigen Mittagschlaf auf, den er sich nach seinem morgendlichen Ausflug gegönnt hat. Diesmal ist er völlig nüchtern, ein bisschen schlapp, aber nach den letzten Wochen endlich auch erstmals wieder ein wenig erholt. "Jetzt klaren Kopf behalten!" denkt er sich. Endlich hat er wieder etwas Vernünftiges vor, etwas, das er wohl schon vor 10 Jahren hätte tun sollen. Als erstes reißt er alle Fenster und Türen des Bungalows auf, um gründlich durchzulüften. Dann sammelt er die leeren Flaschen aus Küche und Wohnzimmer auf und bringt sie vorläufig im Schuppen neben dem Bungalow unter. Die angebrochene Flasche Cognac aus dem Badezimmer stellt er sich als künftige Belohnung auf den riesigen, jetzt halbleeren Schreibtisch und dies auch nur für den Fall, dass er wirklich etwas Vernünftiges zustande bringt natürlich! Seine Maschine steht noch aufgebockt neben der Terrasse. Er wird sie erst am Abend wieder in den Schuppen stellen. Vielleicht braucht er sie heute auch nochmal.

Dann begibt er sich ins Badezimmer und reißt sich die Klamotten vom Leib. Das Gartentor ist abgeschlossen, Paul muss also trotz der offenen Fenster und Türen nicht mit unliebsamen Besuchern rechnen. Das Wasser unter der Dusche belebt ihn endgültig. Etwas Musik kann jetzt nicht schaden, denkt er sich so beim Abtrocknen. Er schaltet an seiner Anlage mit den beiden großvolumigen Sonus-Faber-Boxen, die beide locker verteilt an der Wand in der Nähe der Bücherregale stehen, einen Rocksender ein. Dieser beschallt ihn lautstark und hochtransparent mit Rock-Oldies der 70er und 80er Jahre und bringt so auch den ganzen Bungalow ein klein wenig zum Beben. Die guten Boxen sind dafür eigentlich nicht geschaffen, aber sie sind das von Paul auch nichts anders gewohnt. Dann kleidet er sich entspannt von oben bis unten frisch ein, hängt sich als letztes einen dünnen Cashmere-Pullover über das T-Shirt. Er fühlt sich gleich wie neu und setzt sich mit einer Tasse kaltem Kaffee von heute Morgen und der Arbeit seines unwissenden, aber sehr edlen Gedanken-Spenders in den Schatten des riesigen Coca-Cola-Werbesonnenschirms über seiner Terrasse. Man könnte ihn jetzt eher für einen älteren Berkeley-Professor aus der Nähe von San Francisco halten, als für den alternden Heavy-Metal-Biker von heute Morgen. Paul bedauert es ganz kurz, dass er das Anschreiben nicht mehr hat, mit dem diese nicht mehr ganz neue, aber trotzdem brandaktuelle Arbeit verschickt worden war.

'Paradigmatische Betrachtungen zur KI-Diskussion' von einem Leon sowieso, liest er genüsslich nochmals den Titel, der ihm jetzt bereits bestens vertraut vorkommt, und blättert dann gleich weiter hinter das Titelblatt. Wieder und wieder liest er die kurze, sehr interessante Einleitung. Auch ohne das Anschreiben enthält diese bereits genug Sprengstoff für oder besser gegen die eingefahrenen, überholten alten Anschauungen zum Thema KI oder Künstliche Intelligenz und das alles nun schon seit über zehn Jahren! Der Text spricht nach der kurzen Einführung ganz allein für sich.

Was muss dieser Jemand im Laufe der Zeit für wirklich neue und ganz eigene Gedankengänge fern all jeder Schulwissenschaft gewälzt und angestrengt haben, aber aus dem alten Modus der inzwischen ziemlich abgeflachten und von heftigen inneren Widersprüchen durchsetzten KI-Diskussion ausbrechen kann man eigentlich wohl nur auf diese Weise. Er liest also interessiert immer weiter:

"Von Beginn an hat mich die weitgehende Zweiteilung des Gehirns besonders interessiert, die nicht nur beim Menschen, sondern auch bei allen höheren Tieren vorhanden ist. In der Literatur wurde vielfach bereits in der Vergangenheit angenommen, dass sich die eine Hälfte eher mit zeitlichen, an Ereignissen orientierten Abläufen und die andere Hälfte sich eher mit räumlich begrifflichen Dingen oder Erscheinungen beschäftigen. Natürlich kann diese Trennung nicht vollständig sein, allein für das Zusammenwirken beider Teile ist bereits eine ganze Reihe von Überschneidungen notwendig. Aus diesem Ansatz heraus habe ich ein grobes theoretisches Modell entwickelt. Vom philosophischen Standpunkt aus könnte man sagen, um mit der Realität fertig zu werden, tut das Gehirn etwas, das es in der Realität nicht gibt und was immer nur theoretisch in einem informationsverarbeitenden, völlig unbewussten Prozess möglich ist: Es zerlegt die Realität nach räumlichen und nach zeitlichen Bezügen in ihren Erscheinungs- und ihren Ereignisaspekt. Die eine Hälfte beschäftigt sich also mit dem lokalem Objektwissen und die andere Hälfte mit dem prozeduralem Ereigniswissen.

Besonderes Augenmerk habe ich hierbei darauf gelegt, dass die sequentielle Zeit mit den in ihr stattfindenden Ereignissen sowie der im Verlauf dieser Ereignisse abgegeben oder aufgenommenen Energie gleichberechtigt neben den lokalen Raum mit den in ihm befindlichen massebehafteten und anderweitig räumlich charakterisierbaren Körpern oder Erscheinungen tritt. Wie ist das möglich und vor allem, wie kann man sich das vorstellen?

Bei räumlichen Bezügen haben wir diese Vorstellungsprobleme nicht, was natürlich ein deutlicher Hinweis darauf ist, dass wir voll bewusst und rein rational in erster Linie mit unserer räumlich orientierten Gehirnhälfte denken, in der auch immer der größte Teil unseres Begriffssystems abgelegt ist. Wenn wir uns also Körper im Raum, deren Ausmaße oder ihre Abstände untereinander vorstellen, dann tun wir dies theoretisch mit einem dreidimensionalen Koordinatensystem, dessen Raum zwischen den drei Achsen man immer auch als dreidimensionales räumliches Vektorfeld betrachten kann. Wir sehen einen Gegenstand in diesem Raum, ordnen ihm einen Begriff zu, erkennen seine Detailstruktur und seine vielfältigen Beziehungen zu anderen Objekten. Genauso gründlich prüfen wir natürlich auch unsere Erkenntnisse und Hypothesen aus früheren Beobachtungen. Dadurch erkennen wir lokale Objekte und aktuelle Objektsituationen.

Bevor wir uns nun aber staunend unserer eigenen Fähigkeit der räumlichen Betrachtung und des gezielten Erkennens von Objekten im Raum von Innen nach Außen klar werden und uns dadurch ein Teil des einzigartigen Wunders unserer Vernunft und unserer Intelligenz bewusst wird, müssen wir vorher immer erst einmal begreifen, dass wir vor allem anderen auch ein untrennbarer Teil dieser Welt da draußen, dieses Einen und Ganzen, und somit auch ganz sicher allen von Außen nach Innen neu ankommenden Einwirkungen dieser Realität ausgesetzt sind, die ja weitestgehend von dem gerade willkürlich durch unser Bewusstsein gezielt betrachteten Objekts oder Gegenstands unabhängig sind. Erst wenn wir dies ganz klar gespürt, gefühlt und erfahren haben, kommt die bekannte gezielte und intelligente Betrachtung oder Beobachtung der Außenwelt und ihr Erkennen aus unserem innersten Selbst heraus. Die reale, anfangs eher unbewusste Erfahrung der sequentiellen, also immer zeitlich geordnet aufeinanderfolgenden Einwirkungen der Außenwelt dagegen ist eben auch eine viel bessere Bestätigung unserer Hypothesen über all das da draußen, als es die gezielte Erkenntnis durch die reine intelligente und vollbewusste Beobachtung von Innen nach Außen es jemals sein kann.

Und erst, wenn wir uns vollständig der Gleichberechtigung dieser beiden verschiedenartigen Zusammenhänge sowie parallel und völlig unabhängig nebeneinander existierenden Herangehensweisen ganz und gar bewusst geworden sind, können wir das Wunder unseres eigenen Bewusstseins, unserer Vernunft und der menschlichen Intelligenz auch ganz in seinem vollen Umfang begreifen. Es besteht aus zwei Teilen, zum einen aus der gezielten Betrachtung und der Erkenntnis der Realität von Innen nach Außen auf der Basis des Raums und zum Anderen aus der eher unbewussten aufeinanderfolgenden, also sequentiellen Erfahrung der Umwelt und ihren Einwirkungen von Außen nach Innen auf der Basis der Zeit, die in den beiden Gehirnhälften auch weitestgehend getrennt voneinander realisiert sind. Für ein sinnvolles Zusammenwirken beider Teile ist diese Trennung natürlich niemals vollständig.

Die Zeit wurde dabei in der Vergangenheit leider immer etwas stiefmütterlich behandelt und das nicht nur kurz vor diesen ganz neuen erkenntnistheoretischen Zusammenhängen. So wird sie zum Beispiel durch Minkowski einfach als Anhängsel, als vierte Dimension dem dreidimensionalen Raum-Vektorfeld hinzugefügt. Sicher soll damit der gegenseitigen Verwobenheit von Raum und Zeit als Kontinuum in der Realität Rechnung getragen werden. Mal abgesehen von der fehlenden Anschaulichkeit der alten Weltlinien in diesem vierdimensionalen Minkowski-Raum für jedermann außerhalb eines eingeschworenen Wissenschaftlerkreises ist das sicher auch richtig, solange wir nur die Vergangenheit betrachten wollen. In der Vergangenheit sind alle abgeschlossenen Vorgänge festgelegt und nicht mehr änderbar. Wenn wir über genügend Kenntnisse verfügen, so kann jedem Objekt oder Subjekt mit der Ausnahme von quantenphysikalischen Vorgängen zu jedem Zeitpunkt in der Vergangenheit ein klarer Ort und ein klarer Energiezustand zugewiesen werden. In dieser Vergangenheit gibt es tatsächlich für jeden individuellen Punkt nur den abgeschlossenen, eindimensionalen und immer sehr individuellen Zeitstrahl.

Anders wird das allerdings, sobald wir wie unser Gehirn vor die Aufgabe gestellt werden, uns die Zukunft vorzustellen, zu planen oder gar theoretisch mehrere künftige Alternativen oder Möglichkeiten durchzuspielen. Dann liegt vor uns kein klar determinierter Zeitstrahl mit feststehenden Ereignissen in feststehender Reihenfolge oder in einer feststehenden Parallelität, sondern immer ein breites und höchstwahrscheinlich mehrdimensionales Feld der Möglichkeiten in der Zukunft der Zeit. Dieses Möglichkeitsfeld befindet sich noch dazu ständig und ziemlich heftig in Bewegung, immer in der keineswegs nur theoretisch vorstellbaren Abhängigkeit davon, welche der nächstliegenden Möglichkeiten sich im Jetzt gerade wirklich realisieren und damit andere Entwicklungswege wahrscheinlicher oder auch unwahrscheinlicher machen.

Um nun eine vernünftige bildliche Vorstellung zu erreichen, schlage ich deshalb vor, die Zeit bei Betrachtungen der Zukunft ebenfalls als dreidimensionales Vektorfeld gleichberechtigt neben den Raum zu stellen. Hierin sind dann statt Orten Zeitpunkte mit bestimmten Energiezuständen und statt Abständen Zeitdauern mit einer charakteristischen Energieabgabe oder -aufnahme enthalten. Das Konzept des erweiterten Zeitbegriffs ist dabei keineswegs statisch, sondern unbedingt immer dynamisch zu verstehen und bedeutet auch: Für jedes Objekt wird im Jetzt ständig das Feld der Möglichkeiten in der Zukunft der Zeit wie ein Reißverschluss zum feststehenden Zeitstrahl der Vergangenheit zusammengezogen. Das Ergebnis im Jetzt sind dann sich realisierende Zustände oder Objektsituationen in den vorbeieilenden winzigen Zähnen oder Dents der Zeit, da die kleinste Einheit der Zeit immer die nicht weiter teilbare Planck-Zeit ist. Die Zeit ist also im Gegensatz zum analogen Raum diskret aufgebaut und digital. Es realisiert sich in einem der aktuellen winzigen Dent unseres Jetzt immer genau eine von den sich ausschließenden Möglichkeiten für ein Objekt oder aber auch gar keine.

Im Jetzt-Zeitpunkt befindet sich also immer ein ganz winziger Zahn der Zeit, ein individuelles Dent von ganz verschiedener aber sehr, sehr geringer Größe, direkt abhängig von der Wellenlänge des betreffenden darin befindlichen Quantenobjekts, für das sich eine ganz bestimmte Zukunft aus dem Feld seiner Möglichkeiten realisiert. Dieses holpert also von Augenblick zu Augenblick und muss dabei jedes mal in ein neues, winziges Dent fallen. Damit ist auch klar, dass es sich hierbei immer um den Blickwinkel eines sehr, sehr individuellen Objekts in seine eigene Zukunft, also deshalb auch um eine ganz individuelle Zeit für jedes Objekt oder Subjekt handelt. Es ist dabei ganz egal, ob es sich um ein menschliches Wesen, ein totes Meteoritenstück, ein Quantenobjekt oder um einen leeren Raumabschnitt handelt. Alle sind davon gleichermaßen betroffen, nur dass Makroobjekte eben aus unvorstellbar vielen Trilliarden von Quantenobjekten bestehen.

Ich bin damit also zwar ein Anhänger der Viele-Welten-Deutung in der Quantenphysik, aber nicht so, wie sie von Everett entwickelt wurde. Eine Aufspaltung des Universums im Jetzt in mehrere Parallelwelten kann es meiner Meinung nach einfach nicht geben. Unser Universum ist auch so schon kompliziert genug. Im Gegenteil, die vielen möglichen Welten liegen ausschließlich in dem Möglichkeitsraum in der Zukunft der Zeit und eliminieren sich dann gegenseitig im Jetzt bis auf die eine einzige, tatsächlich Wirklichkeit werdende. Allein das Wort Möglichkeiten impliziert ja auch immer etwas Zukünftiges und nur möglicherweise Kommendes. In jedem winzigen Dent unseres Jetzt eliminieren sich also dann die verschiedenen, sich gegenseitig ausschließenden Möglichkeiten bis auf eine einzige, wenn sie durch äußeren Einfluss oder durch innere Abläufe dazu gezwungen werden. Ist dieser Zwang aber gerade mal nicht vorhanden, dann bleiben die verschiedenen Möglichkeiten im Möglichkeitsraum der Zukunft eben auch einfach mal nur sehr langfristig offen und bringen so den Beobachter fälschlicherweise zur Deutung der vielen Parallelwelten, die es in unserem Jetzt aber einfach so nicht geben kann.

Diese insgesamt recht neue, aber eigentlich doch ganz einfache Betrachtungsweise mit einer klaren Trennung der räumlichen und der zeitlichen Aspekte wähle ich in vollem Bewusstsein, dass in der Realität natürlich Raum und Zeit immer eine untrennbar miteinander verwobene Einheit bilden.

Für den Inhalt der Dissertation stelle ich mir vor, diesen Ansatz vollständig auszuarbeiten und um eine Reihe neuer paradigmatischer Betrachtungen und Begriffsdefinitionen zu ergänzen. Ziel wäre ein grobes und natürlich noch sehr rudimentäres funktionales Modell des Gehirns sowie die Diskussion der wichtigsten philosophischen und naturwissenschaftlichen Fragen. Unterstützung benötige ich zum Beispiel bei der Entwicklung einer oder mehrerer Formeln, die eine allgemeine mathematische Beschreibung dieses informationsverarbeitenden, völlig unbewussten Vorgangs der Trennung von Raum- und von Zeitabhängigkeit im Gehirn erlauben, der vorher und sehr weit unterhalb aller logischer oder kognitiver Verarbeitungsprozesse getrennt in den beiden Gehirnhälften stattfindet und uns leider deshalb niemals direkt und unmittelbar bewusst wird." Paul hält inne und denkt sich zwangsläufig: "Diese Arbeit gibt ein gutes Beispiel dafür ab, was mit den meisten Anträgen auf externe Dissertationen oder Promotionen so passiert, nämlich rein gar nichts im Allgemeinen."

Nun, Paul selbst braucht schon lange keine Dissertation mehr, Paul braucht dringend ein neues eigenes Forschungsthema, für das sich auch Sponsoren finden lassen und er ist bereit, dafür wirklich alles zu tun. Er kann an diesen einleitenden Worten keinen ernsthaften Fehler finden, auch wenn die Betrachtungsweise so völlig neu und ganz anders ist, als alles, was er bisher gelesen und auch selber geschrieben hat. Trotzdem wird er sie so, beziehungsweise natürlich lieber so ähnlich in sein Anschreiben übernehmen. Aus der Erfahrung heraus weiß er aber auch, dass dies erst einmal mit Leuten von einiger Profession diskutiert werden muss. Aber diese völlig neue Theorie der Zeit ist einfach ganz einzigartig und auch für die KI-Diskussion Total Great!

Doch selbst eine wirklich originelle neue Meinung sollte lieber immer im Modus bleiben und sehr behutsam unters Volk gebracht werden. Mit wem kann er also am besten jetzt gleich dieses neue Problem durchsprechen? Seine Kollegen haben vor rund drei Wochen nach der Kündigung sofort Abstand von ihm genommen, was ihn natürlich sehr enttäuschte. Ihm fällt vorerst nur Britt ein, die bisher immer das richtige Feeling für ganz neue Themen bewiesen hat, mit der er aber gerade mächtig quer liegt. "So ein Mist!" entfährt es ihm ungewollt.

"Immer wenn man sie wirklich mal braucht, dann sind die Weiber weg!" Wie kann er das jetzt so schnell wieder gerade biegen? Aber er will sie ja sowieso wieder anrufen, das ist sein innerster Wunsch, schon die ganze Zeit über. Nur gleich heute? Das Thema duldet keinen Verzug, das spürt er jetzt sehr deutlich ganz tief in sich drin. Er hat schon viel zu viel Zeit mit Nichtigkeiten vergeudet. Es ist kurz nach 15:00 Uhr. Über ihr Handy müsste sie eigentlich erreichbar sein. Paul steht auf und holt bedächtig den drahtlosen Handapparat seines Telefons mit auf die Terrasse. Jetzt erst einmal tief durchatmen. Auf geht´s! Die Nummer hat er im Kopf. Beide waren immerhin mehr als drei Jahre zusammen. Eine schöne Zeit, denkt er etwas schmerzlich, meistens jedenfalls. So nimmt Paul noch einen großen Schluck Kaffee vorher. Dann wählt er langsam und etwas ruckartig mit dem Daumen.

Das Telefon klingelt mehrfach nutzlos, aber hartnäckig bleibt er dran. Und dann hebt doch noch jemand ab. "Hallo Britt, ich wollte nur mal hören, wie dir´s so geht?" "Paul, bist du das?" "Ja, hallo meine Liebe, du ahnst nicht, was ich heute Morgen gefunden habe!" "Also Paul, ich bin hier schwer beschäftigt, jetzt endlich meldest du dich mal wieder und dann soll ich gleich Rätsel raten? Das ist doch wohl ein bisschen viel verlangt!" "Ich weiß, ich hätte damals anders reagieren müssen. Aber ich hatte wirklich ganz heftige Depressionen. Kannst du das verstehen?" Es folgt kurzes Schweigen, dann reagiert sie wirklich sehr ruhig und überlegt.

"Ich habe heute noch zwei ganz wichtige Kundentermine unserer Medizintechnikfirma da draußen, da kann ich keine Depressionen von dir gebrauchen. Trotzdem will ich dir noch einmal glauben, was immer es auch sein mag und deshalb komme ich danach heute Abend auch sehr gern bei dir vorbei. So gegen 20:00 Uhr, ist das o.k.?" "So gegen 20:00 Uhr? Okay, ich danke dir! Und ja, du hast Recht, ich war wirklich sehr unsensibel, trotzdem freue ich mich schon sehr auf heute Abend. Viel Erfolg! Bis dann. Ich danke dir wirklich!"

Puh, das war geschafft. Es ist immer besser, solche schwierigen Gespräche gleich zu erledigen. Das hätte er wirklich schon viel früher tun müssen. Aber jetzt hat er wenigstens einen sachlichen Anhaltspunkt, mit dem sich vielleicht auch ihre persönlichen Differenzen wieder einrenken lassen. Mit der Arbeit hat er heute ohnehin noch so einiges zu tun. Der Abend für ihren Treff ist prima, Britt hat wirklich immer die besten Einfälle. Bis dahin muss er seine Gedanken zum Thema noch wesentlich besser ordnen als dies jetzt der Fall ist. Er will nur noch dahinter kommen, wie das mit den zwei verschiedenen Herangehensweisen des Gehirns im Detail so gemeint ist. Wird dies im Text ausreichend erwähnt? Aber das sollte er schon irgendwie schaffen. Die Idee ist jedenfalls mehr als originell. Sie ist einfach bestechend und dazu noch sehr einleuchtend. Noch nie hat er einen Text gelesen, der auf so einfache Weise diese sehr komplexen erkenntnistheoretischen Zusammenhänge auch wirklich anschaulich beschreibt! Es muss sich daraus einfach etwas Vernünftiges machen lassen, dessen ist Paul sich sicher. Doch dazu bedarf es eben wohl noch einer ganzen Menge Arbeit. Es ist 15:30 Uhr. Die Sonne brennt ihm am Sonnenschirm vorbei kräftig auf den Bauch. Paul geht es jetzt wirklich wieder besser als in den letzten drei Wochen. Er freut sich schon auf Britt, fast so sehr, wie bei ihrem ersten Date.

Leon hat leider keinen so angenehmen Nachmittag in der Sonne wie Paul. Er hat heute um 15:30 Uhr eine Sitzung im 12. Stock zu moderieren, auf der er ziemlich allein gelassen dem Fachbereich das Umsetzungskonzept für die große Euro-Umstellung im Girobereich präsentieren muss. Die nur für das vorhergehende Fachkonzept eingesetzten Consultants einer großen Bankberatung können ihm dabei leider auch nicht mehr helfen. Sie haben nach der Zusammenfassung der fachlichen Vorgaben und dem ausführlichen Fachkonzept mit dem jetzt notwendigen IT-Design leider nichts zu tun. Zuerst einmal wurde wie immer ein kurzer Scope erstellt, der alle notwendigen fachlichen Anforderungen oder Requirements enthält. Aus diesem hat dann eine Bankberatung das Fachkonzept geschrieben. Damit sind also alle theoretischen Formalien erfüllt, die nun auch für die nun folgende, korrekte technische Konzeption Voraussetzung sind. Zuerst steht immer ein rein bankfachliches Konzept, das dann auch noch von allen Beteiligten in einem Review-Prozess abgenommen werden muss. Erst danach kann man sich ausführlich mit der materiellen IT-gestützten Realisierung und deren Test beschäftigen.

Für die bankfachlichen Projektaufgaben wird immer gern auf externe Unterstützung zurückgegriffen, da diese oft bereits reiche Erfahrungen aus anderen Banken zu diesen ganz neuen Themen mitbringen. Doch jetzt geht es gemeinsam mit dem Fachbereich um die Probleme, die sich aus dem technischen Umsetzungskonzept ergeben könnten. Hierzu muss Leon sowohl das Fachkonzept sehr gut verstanden haben, wie auch die Voraussetzungen für die technische Realisierung kennen. Zum Glück hilft ihm der Hersteller des Girosystems dabei und hat den Entwurf des IT-Konzepts geschrieben. Der Fachbereich kennt leider immer nur seine umfangreichen fachlichen Anforderungen, ist aber als Auftraggeber natürlich unbedingt auch von den folgenden Schritten zu überzeugen. Es ist also allein an Leon, gemeinsam mit allen Beteiligten in den Konzepten des Herstellers und in seinem Gesamtkonzept die technischen Probleme aufzuzeigen.

Er ist ziemlich fix und fertig, als die Sitzung nach sehr vielen intensiven Nachfragen und Änderungswünschen endlich um ca. 17:00 Uhr zu Ende geht. Wenn ich doch nur noch etwas mehr Rückhalt und Unterstützung bei diesem Teil des Projekts hätte, das Ende des Jahres abgeschlossen sein muss, denkt er sich so.

Weniger durch die Hitze, als durch die Anspannung und Anstrengung dieser 90 Minuten nun doch völlig durchgeschwitzt, fährt er sehr nachdenklich wieder zurück zu seinem Arbeitsplatz hinunter in den vierten Stock. Er knallt sich dort vor seinen Bildschirm. "War das wieder schlimm!" entfährt es ihm ungewollt. Arthur blickt ihn mitleidig an. "Du hättest Dir eben vorher bei den Fachbereichen einzeln Verbündete suchen müssen." "Ich war noch nie sonderlich geeignet für diese internen Querelen und Auseinandersetzungen." "Ja, da hast du wohl recht, da kann ich dir nur beipflichten." "Ach Arthur, wenn ich mir heute irgendetwas wünschen könnte, dann würde ich mich schleunigst hier raus wünschen." "Sag das bloß nicht so laut, das geht manchmal schneller in Erfüllung, als du denkst." Leon kann daran leider noch nicht so recht glauben. „Dann schon mal bis 19:00 Uhr im Volkshaus!" Arthur begibt sich auf den Heimweg. Leon hat jetzt mächtig damit zu kämpfen, die umfangreichen Änderungswünsche der Fachbereiche bis 18:00 Uhr in das IT-Konzept einzufügen. Doch heute will er den Feierabend unbedingt pünktlich einhalten. Leonore muss er noch kurz sehen und 19:00 Uhr will er schon ins Volkshaus zu Arthur.

18:10 Uhr hat er den größten Teil geschafft, immer wieder unterbrochen von letzten Problemen des Tagesgeschäfts natürlich. Leon sputet sich und erreicht nun doch wieder durchgeschwitzt ihre hübsche Wohnung um 18:30 Uhr. Leonore ist noch oder schon wieder mit dem Hund unterwegs. Sie hat keine Nachricht für Leon hinterlassen, aber sie ist ja kein kleines Kind mehr und Leon macht sich im Moment also auch keine Sorgen um sie. Lisa ist heute doch schon weg und wie immer montagabends bei ihrer Bauchtanzgruppe.

Leon legt Anzug und Hemd im Schlafzimmer ab und begibt sich ins Bad. Nach intensivem Waschen und Frottieren zieht er sich ein frisches Hemd an. Vor dem Spiegel muss er wieder an heute Nacht denken und der heftige Traum fällt ihm wieder ein. Konnte es denn einen ernsthaften Zusammenhang geben zwischen ihm selbst, seinem unheimlichen Begleiter und dem wundersamen Geschehen rings um sie herum? Dieser fünfte Planet hat ihn dann doch schon sehr beeindruckt. Hat er vielleicht wirklich einmal existiert in diesem Sonnensystem vor vielen Millionen Jahren? Leon weiß es nicht und erinnert sich wieder an die Heftigkeit dieses Lichtblitzes am Ende seines Traums. Das war dann doch der blanke Horror! Aber der Teil davor hat ihm wirklich sehr gefallen, der hätte noch eine Weile so weitergehen können. Schade eigentlich!

Trotzdem war es heute das allererste Mal, dass er so etwas Seltsames geträumt hat. Und das in Farbe! Soll er heute Arthur etwas davon erzählen? Der hält ihn dann bestimmt für völlig durchgeknallt, aber er ist doch sein bester Freund und Kollege? Leon überlegt nicht mehr länger und ist jetzt fertig zum Gehen um 19:00 Uhr. Noch schnell das Geld eingesteckt, den Schlüssel nicht vergessen und los geht's! Zum Glück muss er zum Volkshaus nur einmal kurz schräg über die Straße.

„Solange man keine Ahnung vom Ganzen hat, kann man sich auch aus den hochkomplizierten Einzelheiten keinen Reim machen. In der Wissenschaft lernt man am Meisten, wenn man das scheinbar Geringste studiert." Marvin Minsky

Das scheinbar Geringste

Als Leon kurz nach 19:00 Uhr zum Volkshaus auf die andere Seite der Karli sprintet, sitzt Arthur bereits an einem Tisch auf dem vorderen Freisitz zur Straße hin. Leon sieht ihn schon von weitem winken. Der Verkehr hält sich am Abend zum Glück in Grenzen, weshalb dieser Tisch auch Leon ganz passabel erscheint. So kann man außerdem auf der Karli ganz in Ruhe die Abendbummler beobachten und manchmal kommt ja auch noch ein alter Bekannter vorbei. „Man das war knapp, heute wäre ich beinahe nicht rechtzeitig fertig geworden." entschuldigt sich Leon als Erstes. „Na Du bist doch trotzdem fast pünktlich, aber setz Dich erst einmal und beruhige Dich lieber etwas, denn dann habe ich nämlich ein paar wirklich umwerfende Neuigkeiten für Dich aus dem unschlagbar brandaktuellen Buschfunk unserer Bank." Antwortet Arthur mit gesenkter Stimme und leicht verschwörerischer Miene.

Nach einigen Augenblicken der Stille, die wohl auch die Wichtigkeit seiner Worte unterstreichen sollen, beginnt er dann die Unterhaltung sehr eindringlich. „Es gibt da ein Gerücht, das ich heute lieber nicht in der Bank zur Sprache bringen wollte. Hast du schon gehört, was man über die neuesten Fusionsgerüchte munkelt?" fragt er Leon gleich zu Anfang. „Nein, davon ist mir bisher wirklich noch nichts zu Ohren gekommen." antwortet Leon neugierig. „In der Bank wollte ich lieber nicht mit dir darüber sprechen, aber man munkelt jetzt etwas von einer Bayosa oder so ähnlich. Das heißt, es soll bald eine Fusion mit einer wesentlich größeren Landesbank geben."

„Aber das würde doch sämtliche Bemühungen um einen gemeinsamen Sächsischen Sparkassenverbund mit unserer Landesbank in der Mitte dieses Verbandes und um eine möglichst eigenständige Finanzpolitik im Freistaat Sachsen für immer zunichte machen?" „Ja, das ist genau das Gegenteil von dem, was unser alter Finanzminister eigentlich immer wollte. Jetzt weißt du auch, warum er in Wirklichkeit gehen musste. Zumal ja auch eine Fusion ganz ohne die Zahlung eines Kaufpreises abgeht. Eine neue finanzielle Beteiligung, was weiß ich, zum Beispiel zu 75 Prozent von auswärts wäre dagegen noch ein fairer Handel gewesen. Dann würde hier wenigstens etwas Geld fließen. Mit Sicherheit wird das geplante Vorgehen einen herben Verlust für den Freistaat bedeuten, denn wer bei einer solchen Fusion einer kleineren mit einer viel größeren Landesbank hinterher endgültig das Sagen hat, kannst du dir sicher vorstellen, auch wenn dann ein Minderheitsanteil noch beim Freistaat verbleibt.

Die sächsische Mitbestimmung mit dieser sehr geringen Minderheitsbeteiligung wäre dann auf jeden Fall nur noch die reine Farce." „Wir wollen hier aber keine Fremdbestimmung und ganz sicher würde ein solch neues Konglomerat sich nicht selber an zwei Standorten Konkurrenz machen, das heißt dann zum Beispiel das Auslandsgeschäft wird konzentriert, wo kann man sich ja denken. Die Handelsbereiche mit Wertpapier-, Zins- und Derivatehandel werden sicher auch hier in Leipzig eingedampft, dem folgen dann natürlich noch solche angegliederten Abteilungen wie die Abwicklung, das Risikocontrolling, Treasury und sicher ganz viele andere. Nicht nur da sieht es für Leipzig gar nicht so gut aus. Wer weiß, was für uns dann hinterher überhaupt noch übrigbleibt und so weiter und so fort." „Was für uns übrig bleibt, das kann ich dir jetzt schon sagen: Eine verlängerte Werkbank für die Anderen mit Niedriglöhnen für die Sachbearbeiter zum Beispiel im Giro-Zahlungsverkehr oder für ähnlich arbeitsintensive Dienstleistungen."

„Dann sind wir beide als Referenten in der Giro-Betreuung doch fein raus!" „Schon möglich, aber denk bitte auch mal an die vielen Kollegen aus den anderen Bereichen, die dann mit Sicherheit nach Hause gehen müssen. Diese Landesbank hat bisher sehr viele gut ausgebildete und entsprechend gut bezahlte Leute hervorgebracht. Ich möchte jetzt nicht in der Haut der Verantwortlichen stecken, die diesen Abbau von so vielen qualifizierten Arbeitsplätzen dann hier real durchführen müssen." „Nun, für diese Verantwortlichen wird sich sicher hinterher immer wieder irgendwo noch ein warmes Plätzchen finden lassen, da kannst du aber sicher sein!" Arthur wird leicht zynisch und Leon ist erst einmal weiterhin total entsetzt. Eine kurze Unterbrechung der Unterhaltung wird nötig, weil gerade die Kellnerin naht.

Sie bestellen sich zur Ablenkung erst einmal zwei große Urkrostitzer Pils. An die Speisekarte ist jetzt noch nicht zu denken! Arthur, der schon länger Zeit hatte, über diese Vorgänge nachzudenken, bleibt erst einmal ganz ruhig, aber Leon ist im ersten Moment doch schon so ziemlich betroffen. „Mann, o Mann, das sind ja niederschmetternde Neuigkeiten. Und man kann wirklich gar nichts mehr dagegen tun?" „Nein, der ehemalige Finanzminister, der das sicher gern verhindert hätte, weil er diese Bank von Anfang an mit aufgebaut hat, ist abgesetzt und morgen soll auf einer Belegschaftsversammlung dann die neue Strategie verkündet werden. Wobei ich gar nicht glaube, dass der erste Schritt hier schon Fusion heißen wird. Darüber wird mit Sicherheit noch so lange wie möglich Stillschweigen bewahrt. Der Buschfunk funktioniert glücklicherweise aber immer noch ganz gut. Zuerst einmal wird hier alles ausgegliedert, was nicht unbedingt in der Kernbank gebraucht wird und dann soll der Torso mit dem gesamten Geschäftsvolumen der letzten neun Jahre für einen Apfel und ein Ei in diese sagenhaft ungleiche Fusion verschenkt werden.

Die Öffentlichkeit ist durch den unsinnigen, für einige Leute aber wohl doch nicht ganz so zwecklosen Volksentscheid sowieso gegen den selbständigen Verbund von Landesbank und Sparkassen in Sachsen voreingestellt und wird uns deshalb auch keine Hilfe sein.

Jetzt wissen wir wenigstens, warum dieser unklare und kontroverse Volksentscheid gegen den Sparkassenverbund in Wirklichkeit überhaupt initiiert wurde! Man wollte damit von Anfang an und ganz vorsätzlich einen Keil zwischen Landesbank und Sparkassen in Sachsen treiben, um so diese ungleiche Fusion nach anderswo zu forcieren." Arthur schnaubt jetzt doch etwas vor Wut.

„Deshalb also auch die Zahlung von 50.000 DM aus der sächsischen Staatskanzlei an den Initiator des Volksentscheids, diesen windigen Anwalt aus Riesa und darum auch diese absurde, völlig undurchsichtige Kommunikation auf beiden Seiten! Jetzt werden mir diese seltsamen Vorgänge endlich erst so richtig klar. Und die gesamte sächsische Opposition hat sich von diesen üblen Intriganten komplett auf den Leim führen lassen! Die haben einfach völlig blind und ohne es zu wissen in Wirklichkeit mit diesem Volksentscheid nur dafür gearbeitet, unsere Landesbank einfach so leichtfertig zu verschenken." „Dir wird gleich Einiges noch viel klarer werden, wenn du hörst, an wen die bevorstehenden Ausgliederungen zum Beispiel in Wirklichkeit gehen werden." „Na an wen denn?" „Nun, die Leasinggesellschaft MDL wird dann zum Beispiel mit einer Beteiligung zu 49 Prozent von der Firma eines entfernten Verwandten des Ministerpräsidenten betrieben." „Während man den Torso der Landesbank mit seinen fast 100 Milliarden Mark Bilanzsumme in 2001 einfach so verschenkt, werden einige der Perlen von Privat dann doch noch hier behalten und natürlich auch keine Sekunde lang aus dem Auge gelassen?" „Ja, du siehst, das ist zumindest aus der heutigen Sicht wohl das denkbar schlechteste Geschäft für alle Bürger des Freistaats Sachsen seit der Wiedervereinigung und dafür aber das beste Geschäft aller Zeiten für die engste Familie des Ministerpräsidenten!"

„Mann, oh Mann, kann man denn wirklich nichts dagegen tun? Das klingt ja wie ein schlechter Krimi aus einem zentralafrikanischen Entwicklungsland!" Leon ist geschockt und auch Arthur ist jetzt schon so ziemlich niedergeschlagen.

„Fällt dir denn dazu etwas ein? Mir leider nicht und ich hatte schon das ganze Wochenende lang Zeit, darüber nachzudenken!" „Dagegen zu streiken wäre nicht schlecht, nur ist bei uns leider keiner in der Gewerkschaft, das heißt, es gibt also auch keinerlei Ausfallgeld." „Nun, unsere Kollegen sind zwar alles sehr gute und wirklich intelligente Leute, aber durch die Angst um den Arbeitsplatz und ihre eigene Zukunft würde wohl kaum einer mitmachen. Da hängen ja auch noch die Familien dran. Jeder glaubt, dass er schon irgendwie durchkommen wird, bis er dann eines Besseren belehrt wird und es eben doch nicht mehr weitergeht."

„Soviel zum Thema Freiheit, Gleichheit, Brüderlichkeit! Angefangen von diesem böswillig gekauften Volksentscheid bis hin zu den kleinsten Details dieser Fusion ist das doch nur ein einziger von langer Hand geplanter Betrug an der gesamten Öffentlichkeit in Sachsen! Dies ist leider nicht nur ein ganz schlechter Wirtschaftskrimi, das ist eine komplette Aushebelung unserer Demokratie mit Lug und Trug! Ein ganzer Volksentscheid, der eigentliche Ausdruck von wirklicher direkter Demokratie, einfach so gekauft und von Anfang an total manipuliert." Leon kann sich nicht so leicht wieder beruhigen. Trotzdem arbeitet es in ihm weiter sehr intensiv. „Diese Fusion ist eine politische Entscheidung, dagegen kann man außer bei den nächsten Wahlen leider nur wenig unternehmen. Ein ganz neuer Volksentscheid dagegen wäre jetzt auch sicher einfach nicht mehr möglich."

„Über 100 Milliarden Mark Bilanzsumme von einer zumindest bis heute noch halbwegs gesunden Landesbank, einfach so verschenkt! Wir sind doch hier nicht die Bankgesellschaft Berlin mit ihren unwägbaren Immobilienrisiken und selbst die wird wenigstens noch meistbietend verkauft! Da kriege ich doch sofort sooo einen Hals! Aber ich weiß im Moment wirklich nicht, was man dagegen tun könnte. Dabei wollte ich mich mit dir heute Abend eigentlich mal in Ruhe über etwas wirklich Wichtiges unterhalten."

„Das können wir ja dann immer noch tun." Leon ist jetzt wieder sehr nachdenklich: „Die einzige Möglichkeit, die uns noch bleibt ist, das Geschehen wenigstens so lange hinauszuzögern, bis sich unser alter Finanzminister in seiner Partei politisch wieder etwas aufgerappelt hat. Man hat ihn ja schon zum Landesvorsitzenden gewählt. Er ist jetzt einfach unsere letzte Hoffnung!"

„Ach Leon, dein Glaube in allen Ehren, aber im Moment sieht das hier alles eher ziemlich mies aus! Außerdem musst du sehr genau aufpassen, dass du dabei nicht auch so endest wie Anakin Skywalker im Krieg der Sterne, nämlich als der grausame Schüler Darth Vader eines dunklen Imperators." „Nun, unser alter Finanzminister ist zwar ganz sicher ein lupenreiner neoliberaler Technokrat der Finanzwirtschaft, der uns aber wenigstens von der Nachwendezeit bis heute die niedrigsten Schulden pro Kopf im Freistaat Sachsen im Vergleich mit allen anderen neuen Bundesländern erwirtschaftet hat, doch er ist ganz sicher kein dunkler Imperator. Glaube ich zumindest bis heute, auch wenn man das vorher sicher nie genau ahnen kann. Ich weiß wirklich nicht, warum ich immer der Einzige weit und breit bin, der ihn wirklich so richtig mag. Lass mich erst einmal in Ruhe nachdenken. Es gibt da immer einen Weg! Tja, eigentlich wollte ich mit dir unsere kleine Diskussion über das zweigeteilte Eine und Ganze fortsetzen, aber jetzt ist mir erst einmal wirklich total die Stimmung verhagelt."

„Dass es aber auch immer wieder Leute geben muss, die da glauben, sich mit ihren schmutzigen Tricks hier alles erlauben zu können. Denken die denn, sie sind ganz allein auf der Welt?" „Nein, das sind sie nicht! Auch sie sind ein Teil dieses Einen und Ganzen. Ich weiß noch nicht genau wie, aber ich glaube, dass wir ihnen das eben erst einmal in Ruhe beibringen müssen." „Das wird sicher nicht ganz ungefährlich, Leon! Ich als Ausländer, wenn auch europäischer Ausländer, muss sehr gut aufpassen, dass man mich dann nicht vielleicht sogar ausweist."

„Ich weiß Arthur, aber was auch passiert, ich bitte dich wenigstens darum, mir privat und logistisch den Rücken zu stärken. Dann fällt mir bestimmt auch noch etwas Vernünftiges ein. Es kann doch einfach nicht sein, dass wir hier bei einer solchen Riesen-Schweinerei einfach nur zusehen müssen und nichts dagegen unternehmen können!"

Beide schweigen einen Moment lang betreten. In Leons Magen meldet sich nun doch ganz langsam der Hunger, nachdem er schon seit heute Mittag nichts mehr gegessen hat. „Ach Arthur, zuerst einmal werden wir etwas Vernünftiges essen, mit vollem Magen überlegt es sich doch gleich viel leichter!" Leon nimmt sich jetzt etwas ruhiger geworden die Speisekarte vor. Nach all der ganzen Völlerei vom Wochenende entscheidet er sich nur für ein kleines Tässchen Spinatsuppe mit Lachs und einen Salat mit Putenbruststreifen. Die Kellnerin bringt gerade das Bier. Arthur bestellt sich doch lieber eine große Portion TexMex-Rips mit Steakfrites. Auch Leon liebt es sonst eher kräftiger, muss aber wenigstens ab und zu auf seine schlanke Linie achten. Arthur hat allerdings heute Mittag nur einen Salatteller gegessen, entschuldigt er sich unnötigerweise. Leon hört ihm nur noch halb zu, seine Gedanken kreisen heftig um dieses Thema und kramen gerade weiter in allen Fächern seines Gehirns. Langsam kommt nun wieder etwas Klarheit in seine Überlegungen. „Ich glaube inzwischen ganz fest daran, dass man die Welt immer als Ganzes betrachten muss. Dass also alles auf dieser Welt holistisch miteinander zusammenhängt und das auch ein kleiner Schmetterlingsflügelschlag auf Hawaii einen riesigen Wirbelsturm ganz wo anders auf der Welt auslösen kann. Das sagen zumindest die Chaostheoretiker, wenn auch aus einer ganz anderen Richtung." beginnt er sein ernsthaftes Nachdenken. „Wollen wir doch mal sehen, ob das stimmt oder ob hier wirklich jeder gierige Lügner und Betrüger ungestört von der Öffentlichkeit seine Familie bereichern kann. Ich weiß zwar noch nicht, wie wir das in der Realität hinbekommen sollen, aber solange werde ich das eben gern als kleines neues Experiment mit diesem Einen und Ganzen um uns herum betrachten.

Es geht doch nichts über solche kleinen Experimente, die uns in ihrem Ergebnis eine nicht mehr wegzudiskutierende empirische Erfahrung über den tatsächlichen Zustand der Realität um uns herum liefern. Trotz alledem glaube ich noch ganz fest an diese Demokratie, so schwer Einem dies manchmal von solchen Leuten auch gemacht wird. Von Beidem lasse ich mich nicht so einfach abbringen. Mal sehen, wer von uns hier am Ende Recht behält. Die oder wir ...... !" „Sei bitte sehr, sehr vorsichtig Leon, das ist wirklich kein Spaß!" „Ich weiß, aber fällt dir denn dazu noch etwas Besseres ein?" „Nein, ich habe leider keine Ahnung, was man im Moment noch Sinnvolles dagegen tun könnte. So gern ich das auch möchte."

Leon versucht, sich mit seinen Betrachtungen aus der Quantenphysik langsam wieder zu beruhigen. „Der Holismus als solcher, an den ich ganz fest glaube, also die Anschauung, dass alles, aber auch wirklich alles auf dieser und auf allen künftig möglichen Welten ganzheitlich miteinander in Verbindung steht, ist eine der grundlegendsten und ältesten Anschauungen über die Natur. Er hat eine wirklich lange Vergangenheit schon von den alten Griechen bis in die heutige Zeit und ist nicht erst jetzt entdeckt worden, wenn er auch erst viel später so benannt wurde. Und zu diesem Einen und Ganzen aus Raum und Zeit sowie Masse und Energie gehört ebenso unser eigener Körper, unser eigenes physisches Selbst. Man kann diese Anschauung allerdings heute mit modernsten Methoden auch eindeutig beweisen. Nach De Broglie hat eben auch jedes größere Teilchen eine Stellvertreterwelle und diese ist somit ein wichtiger Teil jedes Quantenobjekts für einen klaren Welle-Teilchen-Dualismus. All diese Wellen sind in ihren Trägermedien Raum und Zeit über verschiedene Feldarten holistisch miteinander und auch mit ihrer gesamten weiteren Umgebung in einem durchgängigen Gesamthologramm aus Raum und Zeit verknüpft.

Um uns dessen vollständig bewusst zu werden, müssen wir aber zuerst einmal näher wissen, wie Raum und Zeit um uns herum wirklich aufgebaut sind und uns nicht gleich zu Anfang von den mannigfaltigen Details der darin enthaltenen, sehr vielgestaltigen Materie ablenken lassen, die sich hier als Masse und Energie bunt in diesem Raum-Zeit-Kontinuum tummelt. Jedes Quantenobjekt projiziert immer seine eigene Stellvertreterwelle in den Möglichkeitsraum der Zukunft der Zeit hinein. Sie reicht damit bereits in jedem Augenblick schon weit in ihre eigene Zukunft hinein, steht damit also auch mit jeder anderen Stellvertreterwelle in ihrer gesamten Umgebung in Wechselwirkung, auch wenn sie noch so klein ist."

Arthur hört ihm interessiert zu. „Mit diesen Erkenntnissen aus der Quantenphysik willst du also einfach mal so die gesamte sächsische Staatsregierung umkrempeln, denn anders wirst du diese misslichen Ereignisse leider nicht mehr aufhalten können." Arthur ist weiterhin sehr skeptisch, aber Leon lächelt jetzt wieder zuversichtlich. „Allein ist das natürlich nicht zu schaffen, aber sagen wir mal, gerade in der direkten Auseinandersetzung mit solchen Leuten kann es einfach nicht schaden, immer etwas mehr aus anderen Fachgebieten zu wissen, als die Anderen es tun. Es ist eine wirklich ganz neuartige Technologie, die dem da eigentlich zugrunde liegt." „Die werden aber völlig unbeeindruckt von deinen neuen Erkenntnissen und ganz realistisch und ohne jede Quantenphysik eimerweise Dreck über dir auskippen, wenn sie es denn nur bei dieser freundlichen Variante belassen und keine direkte Gewalt anwenden." „Ja, da kannst du wohl Recht haben. Nur fällt dir noch etwas Besseres ein?" „Nein, leider nicht."

„Außerdem kann ich mir sehr gut vorstellen, dass da auch schon einige andere Leute in den Startlöchern stehen, denen das, was da geplant wird, genau so wenig gefällt wie uns. Angefangen von unserem alten Finanzminister über einige der Verantwortlichen in der Bank, deren Kompetenzen und Machtbereiche dann sicher stark eingeschränkt werden würden, bis hin zu unserer Bundesregierung, die ja zum Glück im Moment aus ganz anderen Parteien besteht.

Es fehlt uns also eigentlich nur noch eine richtige Gelegenheit zum Schlag gegen diese Intriganten und für diese möglichst günstige Gelegenheit müssen wir eben soviel Zeit wie möglich gewinnen." „Dein Glaube in allen Ehren!" Arthur staunt inzwischen schon etwas, aber er muss immer noch zweifeln. Nur Leon entspannt sich jetzt ganz langsam. „Das war eigentlich heute wieder ein wunderschöner Spätsommertag, wenn man in dieser Bank auch nur wenig davon mitbekommt. Wir brauchen jetzt sicher keinen sinnlosen Aktionismus. Ich werde mir also ganz in Ruhe die Zeit zum Überlegen nehmen und auf jeden Fall sehr vorsichtig sein. Zumindest im Moment." „Das solltest du auch unbedingt!"

Während Leon noch im Volkshaus weiter angeregt mit Arthur plaudert und sehr angenehm zu Abend isst, war Paul schon einkaufen und will zum Abend etwas Kleines selber kochen. Nichts Großartiges natürlich, aber angenehm soll er schon werden, dieser erste Abend mit Britt seit knapp vier Wochen. Er hat ein Stück falsches Filet vom Rind gekauft, schneidet es in schmale Streifen und wird für sie beide heute ein Rindergeschnetzeltes mit frischen Champignons und Reis zaubern. Schlicht, aber ergreifend und vor allem selbstgemacht. Das kam in der Vergangenheit immer gut an bei ihr. Dazu hat er noch ein paar Kräuter, etwas Sahne und zwei Flaschen leichteren Rotwein aus der Nähe von Bordeaux besorgt, alles soll möglichst gut bekömmlich sein. Britt kann kommen!

Er muss sich eingestehen, dass er heute Abend ein wenig nervös ist. Aber das legt sich schnell, schließlich ist er nicht mehr zwanzig, leider oder manchmal auch zum Glück! Bevor er mit dem Essen anfängt, nimmt er sich nochmal das große Wohnzimmer vor, in dem auch sein Bett und der Schreibtisch stehen. Die gegenüberliegende Wand wird von seinen riesigen Bücherregalen eingenommen und in der Mitte des Raumes steht die große Sitzecke mit der Front zur Fensterwand. Der Wohnraum hat über 36 Quadratmeter und ist damit auch für die großflächige, wenn auch schlichte Einrichtung sehr reichlich ausgelegt.

Paul räumt noch die letzten Klamotten von seinem Sofa weg und bringt sie in den Wäschekorb im Ankleideraum neben dem Wohnzimmer. Dann will er sein Bett neubeziehen, räumt aber vorher in der Küche den Geschirrspüler ein und schaltet ihn an. Die Sonne scheint immer noch kräftig an diesem Abend Ende August. Aber sie trifft jetzt nur auf die Rückseite des Bungalows und lässt die Vorderfront mit der Terrasse in angenehmem Schatten. Die Idylle ist perfekt, während in der Küche leise der Geschirrspüler läuft.

Nachdem er alle Aufräumarbeiten erledigt hat, lässt sich Paul in dem wunderbaren Schatten auf der Terrasse nieder und genießt zum ersten Male seit langer Zeit wieder in Ruhe die schwülwarme abendliche Stimmung mit dem Vogelgezwitscher und den weit entfernten Geräuschen der großen Stadt. Er nimmt sich in Ruhe die Arbeit vor, die ihn jetzt nun schon so sehr bewegt hat. Warum musste er erst so tief fallen, um ihren wahren Wert zu erkennen? Es war wohl die jahrzehntelange, ziemlich bornierte Voreingenommenheit, die von ihm jetzt plötzlich abgefallen ist und deshalb manches in neuem Licht erscheinen lässt. Bewusste Betrachtung und Erkenntnis der Welt von Innen nach Außen versus die unbewusste sequentielle Erfahrung der Welt von Außen nach Innen, das sollten also die beiden Gegenpole des gesamten Bewusstseins sein, vereint in den beiden Gehirnhälften nicht nur beim Menschen, sondern auch bei allen höheren Tieren?

Eine mehr oder weniger intelligente Verarbeitungseinheit, egal ob beim Tier oder beim Mensch, die in der Lage ist, Erkenntnisse durch gezielte Beobachtung ihrer Umwelt auf der Basis des Raums zu gewinnen, gekoppelt mit einem adaptiven Signalprozessor, der auf der Basisgröße Zeit sequentielle Erfahrungen aus den Einwirkungen seiner Umwelt sammelt. Jede Seite ist sich dabei nicht nur der Umwelt, sondern immer auch der anderen Seite bewusst. Beide Seiten besitzen mit dem ebenfalls zweigeteilten Großhirn jeweils einen großen assoziativen Speicher, der sich genau wie die physische Realität ebenfalls zumindest theoretisch zuerst in Raum- und in Zeitabhängigkeit unterteilt.

Das einzigartige Wunder unseres Bewusstseins entsteht ganz einfach durch das Zusammenwirken dieser beiden Teile eines Ganzen. 'Das Grundprinzip der zwei Computer' wird es im Text hier auch erstmals genannt. Soviel zur eher passiven Aufnahme von Information, aber wie steht es jetzt mit der aktiven Rolle des Gehirns beim Finden von Handlungsentscheidungen?

Auch hier hat der Autor wieder zwei unterschiedliche Wege parat, die sich aber gegenseitig ganz wunderbar ergänzen. Da wäre zum einen beim Menschen die Entscheidungsfindung durch logische Überlegung, gewissermaßen durch den Einsatz intelligenter Prinzipien zur Ermittlung oder Berechnung der richtigen oder der optimalen Lösung und das schon lange bevor man dann wirklich in der Realität tätig wird. Aber ist es denn nun tatsächlich und wirklich so, dass wir sämtliche Handlungsentscheidungen immer präzise, optimal und logisch richtig ermitteln können? Jeder weiß eigentlich selbst, wie wenig das in der Praxis zutrifft. Hier kommt auch besonders wieder der Faktor Zeit mit ins Spiel. Sehr oft ist es uns einfach nicht möglich, alle Folgen unseres Handelns bis ins letzte intelligent zu kalkulieren und vorauszusehen, einfach weil die Menge der Einflussfaktoren viel zu groß und die Zeitspanne, bis eine Handlung oder eine Reaktion notwendig wird, oft viel zu klein ist. Welche denkbaren Alternativen zum Finden einer sinnvollen Handlungsentscheidung gibt es für unser Gehirn also noch?

Es kann aus der Vergangenheit bekannte Erfahrungen, also bereits früher als sinnvoll und erfolgreich bewertete Handlungsentscheidungen gewissermaßen als Hypothese für ein Experiment mit der Realität in einer ganz neuen Situation einsetzen. Die Auswahl geht hier recht schnell, ist natürlich rein intuitiv, aber wenn genügend bewertete Erfahrungen aus der Vergangenheit vorliegen, ist der Erfolg oder Teilerfolg dieser Methode zumindest sehr wahrscheinlich. Diese Erfahrungen sind bereits gespeicherte sequentielle oder parallele Handlungsfolgen in Form von Algorithmen, die schon aus der Vergangenheit mit der Bewertung ihres Erfolgs oder Misserfolgs durch das Individuum im Gehirn vorliegen.

Da dies aber nur Erfahrungswerte sind, ist also die Entscheidung für sie immer ein Experiment, das genauso durchaus auch mal schiefgehen kann. Das Ergebnis der neuen experimentellen Handlung bestätigt, ergänzt oder falsifiziert immer die anfängliche Hypothese und liefert so wiederum ganz neue Bewertungen dieser.

Das Gehirn gewinnt somit also wieder neue Erfahrungen, um beim nächsten Mal noch besser auf ähnliche Situationen vorbereitet zu sein. Auch hier ist das alles zweigeteilt in intelligente Entscheidungsfindung aufgrund der logischen Verarbeitung von Erkenntnissen versus die experimentelle Entscheidungsfindung aufgrund einer Menge an bewerteter Erfahrung aus der Vergangenheit. In Wirklichkeit stehen beide Methoden aber immer in einer Art von Gleichgewicht innerhalb der Entscheidungsfindung des Gehirns. Sie sind abhängig von der Menge an bewerteten Erfahrungen aus ähnlichen Situationen, von der Art der vorhandenen logischen und intelligenten Prinzipien, die eingesetzt werden können und ganz besonders immer von dem Faktor Zeit, bis eine Entscheidung zwingend notwendig ist. Und während Tiere über keine oder sehr wenig logische und intelligente Prinzipien verfügen, ist der Mensch mit seinen umfangreichen Erkenntnissen über die Welt für den intelligenten Weg besonders gut vorbereitet und prädestiniert. Nur er kann längere zusammengesetzte und hochkomplizierte Handlungsabläufe wirklich intelligent im Voraus planen, mit anderen Individuen einer Gesellschaft arbeitsteilig aufeinander abstimmen und sie so auch mehr oder weniger erfolgreich in die Tat umsetzen. Trotzdem bleibt auch das noch immer ein neues Experiment mit der Realität da draußen, da wir durch die unendliche Vielfalt und Komplexität dieser Realität niemals wirklich alle Einflussfaktoren in einer neuen Situation komplett voraussehen können. Experiment versus logische Ermittlung einer Handlungsentscheidung also.

Sehr interessant, aber trotzdem nur eine Handvoll Hypothesen, durch nichts weiter gestützt als durch die altbekannte, ganz offensichtliche Zweiteilung des Gehirns.

Der Autor nennt dieses Zusammenwirken beider Hälften auch nicht mehr einfach so künstliche Intelligenz, eben weil in Wirklichkeit die intelligente Verarbeitung immer nur die eine Seite der Medaille ist. Er ist so frei und nennt das ganze Zusammenwirken beider Teile schlicht und einfach: 'Künstliche Vernunft' als das vernünftige Verhältnis von Intelligenz und Experiment beim Lösen einer Aufgabe. Und der Begriff Vernunft impliziert natürlich immer als erstes auch die Frage: Vernünftig handeln in Bezug worauf? Auch diese Frage wird zum Glück im Skript umfassend beantwortet. Vernünftig in Bezug auf das Individuum, auf seinen Körper, seine Persönlichkeit oder auf eine Gruppe, Familie, Team oder Gesellschaft, dem das Individuum angehört. Was gut für unsere Arbeitswelt ist, muss aber nicht unbedingt immer gut für unseren Körper sein. Zwischen diesen und allen anderen Anforderungen muss also immer abgewogen werden. Vernunft sollte deshalb eine Optimierungsfunktion sein, die immer alle Anforderungen für ein Individuum so vernünftig wie möglich in Einklang bringt. Seiner Meinung nach sind deshalb auch höhere Tiere mit einem Gehirn sehr wohl vernunftbegabt, wenn auch nicht sehr intelligent. Der Unterschied zum Menschen entsteht besonders, weil Tiere auf ihrer Entwicklungsstufe des Gehirns über kein eigenes Begriffssystem und nur ganz wenig intelligente Prinzipien verfügen.

Das Begriffssystem ermöglicht es dem Menschen aber erst, mit den gewonnenen Bezeichnungen, Beschreibungen und mit Anzahl sowie Form von Objekten aus der Realität dann erst in die theoretische Welt der Überlegungen zur intelligenten Lösung einer Aufgabe einzusteigen. Außerdem wird es so auch erstmals möglich, Erkenntnisse und Erfahrungen umfangreich allen Anderen mitzuteilen sowie sie in geeigneter Form zu speichern und damit für weitere Generationen nutzbar zu machen. Wir müssen schon lange nicht mehr alle Erkenntnisse und Erfahrungen selber gewinnen. Vieles lernen wir innerhalb unserer Familien, Schulen und natürlich aus dem Studium von umfangreichen Quellen der Menschheitsgeschichte.

Aber ohne eine vorherige Bezeichnung der Dinge bleibt uns immer das Tor zu einer theoretischen Problemlösung vor einer Handlungsentscheidung verschlossen, weil alle Überlegungen ja erst einmal immer nur in der einen rein ideellen Theorie existieren. Erst mit einem umfangreichen Begriffssystem wird es möglich, vielfältige intelligente Verarbeitungsprinzipien zu ganzen Ketten von Algorithmen zusammenzufügen, die für intelligente Problemlösungen zwingend notwendig sind. Und erst danach kann eine mitunter hochkomplexe Handlung in der Realität in Angriff genommen werden. Sehr gut für ein grundlegend neues Paradigma zum Gesamtsystem Gehirn!

Auch wenn bereits eine ganze Reihe Hirnfunktionen in den beiden Gehirnhälften lokalisiert werden konnten, hatte Paul immer noch geglaubt, dass die Zweiteilung des Gehirns eine Art von Ersatzfunktion der einen für die andere Hälfte darstellt. Aber wie oft ist denn ein höherer Organismus schon mit dem Verlust einer ganzen Gehirnhälfte konfrontiert? Selbst bei den heftigsten Verletzungen des Schädels oder nach einem Schlaganfall ist ein Komplettausfall einer Hälfte doch extrem selten und dann eher Tod durch die Schwere der Verletzung zu erwarten. Eine weitere Bedeutung hat auch die räumliche Orientierung, ob nun optisch oder akustisch nach links oder nach rechts.

Aber das sind wohl alles Funktionen des Gehirns, die von ihm noch so ganz nebenbei mit erledigt werden. Die Erklärung aus dem Skript erscheint dagegen ganz schlicht, sinnvoll und sehr, sehr logisch. Vom Skeptiker über den Agnostiker dieser Theorie wird Paul immer mehr und mehr zum gefesselten Anhänger dieser völlig neuen Betrachtungsweise seines edlen Gedankenspenders. Um mit der Realität fertig zu werden, tut das Gehirn etwas, das es in der Natur nicht gibt und was nur in einem unbewussten, informationsverarbeitenden Prozess möglich ist: Es zerlegt die Realität nach räumlichen und nach zeitlichen Bezügen in ihren Erscheinungs- und in ihren Ereignisaspekt. Klasse formuliert, das müsste von mir sein, denkt sich Paul. Und immer nur den räumlichen Erscheinungsaspekt können wir dabei leider wirklich vollbewusst wahrnehmen.

Für die Zeit haben wir zwar ein Gefühl, aber keine rechte Vorstellung, weil unsere eigentliche Vorstellungswelt in der einen bewussten Gehirnhälfte eben rein räumlich orientiert ist. Die unbewusste, rein zeitlich orientierte Gehirnhälfte aber bildet unser eigentliches Ich, das wohl in erster Linie durch seine rein sequentielle Arbeitsweise uns allen oft so unergründlich erscheint. Wir denken, wir würden es in jeder Situation vollkommen bewusst mit unserem räumlich, begrifflichen Denken beherrschen, in Wirklichkeit aber beherrscht es uns, ganz und gar unmerklich. Und es beherbergt auch die wichtige Steuerung unseres physischen Selbst, was wir nur ganz selten bewusst feststellen können. Man kann es nicht bemerken, weil man es ständig vor Augen hat! Das ist doch endlich mal eine sehr einleuchtende und vernünftige Erklärung für dieses ganze Wunder und einzigartige Rätsel unseres ureigenen Bewusstseins und Unterbewusstseins im Gegensatz zur maschinellen Intelligenz um uns herum, wie Paul jetzt findet! Es klingelt so kurz nach 20:00 Uhr. Paul sieht Britt mit ihrem Motorrad am Eingang. Er erhebt sich, eilt zurück zur Haustür und drückt den Öffner fürs Gartentor. Dann geht er ihr mit leicht geöffneten Armen entgegen.

Britt schiebt schon ihre Maschine langsam durch das Gartentor. Die Abendsonne scheint ihr ins Gesicht und lässt sie in ihrem engen, dunklen Motorradkombi wie eine glänzende bronzene Statue neben dem Motorrad in einem wunderschönen, geheimnisvoll orange-roten Licht erscheinen. Paul ist sichtlich beeindruckt, schon lange bevor er sie erreicht und kann den Blick nicht mehr von ihr nicht lassen. Ein angedeuteter Kuss, eine kleine, eher zurückhaltende Umarmung und ein nur ganz leise gemurmeltes „Guten Abend." ist ihre Begrüßung, die Worte fehlen beiden im ersten Moment ein wenig. Paul nimmt ihr aufmerksam die schwere Maschine ab und parkt sie direkt neben seiner Intruder an der Seite der breiten Terrasse. Britt setzt sich auf einen der Teakholz-Stühle an der frischen Luft. „Was möchtest du trinken? Ich habe da einen Rotwein aus der Nähe von Bordeaux besorgt." „Ja, ein Glas Bordeaux wäre jetzt ganz gut und dazu noch ein großes Wasser bitte!" „Hast Du so was schon mal gelesen?"

Paul will nicht gleich zu Anfang über ihre alten Probleme sprechen. „Erst jetzt wird mir klar, was die letzten zehn Jahre da für ein seltener Schatz in meinen Regalen gelegen hat." Er legt ihr die Arbeit des unbekannten Autors auf den Tisch. „Allein die ersten fünf Seiten nach dem Inhaltsverzeichnis haben mich seit heute Morgen schon mächtig beeindruckt." Dann dreht er im Wohnzimmer die Musik etwas leiser und verschwindet in der Küche, um die Getränke zu holen. Britt blättert allein etwas ungläubig aber doch neugierig in der Arbeit und beginnt dann langsam zu lesen. 'Paradigmatische Betrachtungen zur KI-Diskussion', das klingt eigentlich ganz unverdächtig! Sie blättert weiter vor bis zur Einleitung. Leon kommt mit dem Tablett zurück, auf das er vorhin schon den geöffneten Rotwein mit zwei großbäuchigen Weingläsern sowie eine Wasserflasche mit den Wassergläsern gestellt hat. „Wann hast du denn zum letzten Mal etwas gegessen?" fragt er sie, während er die Gläser sparsam eingießt. „Heute Mittag und es war wirklich nicht besonders viel Zeit dafür. Ich habe von Montag bis Donnerstag täglich fünf bis sechs Kundentermine.

Die Meisten kaufen aber leider nichts trotz der Mühe, die ich mir immer dabei gebe und freitags ist dann mein Bürotag, zur Abrechnung des ganzen Nichts so zu sagen. Leider habe ich aber auch kein richtiges Home-Office, sondern muss jede Woche direkt in unserer Leipziger Niederlassung hochnotpeinlich Bericht erstatten." „Da hatten wir es bisher aber für lange Zeit wesentlich besser, stimmt´s? Auch wenn gewiss nicht alles Gold war, was wir gemacht haben." „Ich bin genauso wenig freiwillig vom Institut weggegangen wie Du, aber ich will nicht einfach so in ein tiefes Loch fallen und habe mich deshalb eben ganz neu orientiert." „Vielleicht bin ich ja schon zu alt und deshalb auch zu unflexibel für solch eine Kompletterneuerung, aber meine wirkliche Neuorientierung liegt hier vor dir auf dem Tisch. Und wenn ich damit Erfolg habe, dann kann ich mir sicher auch wieder meine Assistentin aussuchen." „Du träumst Paul, in Deutschland liegt nicht gerade das Forschungs-El-Dorado dieser Welt. Hier wartet keiner nur auf dich."

„Bitte ließ das einfach und Deutschland ist auch nicht mein Ziel. Im Moment bin ich immer noch ziemlich enttäuscht vom Institut. Solange Du das hier liest, werde ich für uns etwas Kleines zum Essen zaubern, ist dir das recht?" „Ja, das ist wirklich eine gute Idee, nach all dem Fast-Food der letzten Wochen." Während das Wasser für den Reis kocht und das Fleisch mit ein paar Gewürzen und einer gequetschten Knoblauchzehe auf großer Hitze anbrät, schneidet Paul die frischen, gewaschenen Champignons in Scheiben. Nach ca. acht bis zehn Minuten bugsiert er das Fleisch auf einen größeren Teller, stellt die Hitze kleiner und lässt die Pilze anbraten. Die Sahne zum Verfeinern der Soße steht schon bereit. Während die Pilze in der Pfanne dünsten, geht Paul wieder nach draußen auf die Terrasse und holt das Tablett. „Die fünf Seiten der Einleitung dieses Skripts sollen nur eine kleine Diskussionsgrundlage sein. Ich habe vor, aus der Idee etwas völlig Neues zu entwickeln. Und dazu brauche ich natürlich unbedingt auch deine geschätzte Meinung."

„Dann lass mich das hier erst mal in Ruhe lesen. Und du meinst wirklich, dass das hier eine Zukunft hat?" „Inzwischen bin ich fest davon überzeugt. Ließ es einfach." Antwortet Paul, bevor er mit dem Tablett in die Küche zurückeilt. Die Champignons bekommen zum Schluss noch etwas Lauch von Frühlingszwiebeln hinzu. Sie sind nach einer kurzen Weile gut und Paul bereitet nun die Rahm-Sauce mit den Gartenkräutern. Als Letztes gibt er das Geschnetzelte wieder hinzu. Britt kommt mit dem Lesen nur langsam voran. Aus ihrer ehemaligen Arbeit am Institut für Hirnforschung und Neurologie hat sie eine Menge Fragen an den Autor, die sie nun wohl bei Paul loswerden muss. Dieser ist soweit fertig in der Küche, auch der Reis ist jetzt gar. Er füllt geschmackvoll die Teller mit Reis und dem Geschnetzelten in der Rahmsauce auf und schnippelt zum Schluss noch etwas frischen Schnittlauch aus dem Garten darüber. Dann stellt er sie auf das Tablett, legt das Besteck und zwei Servietten dazu und bringt alles auf die Terrasse. Britt freut sich sehr auf das lang entbehrte gemeinsame Essen und legt die Arbeit erst einmal beiseite.

„Tut mir leid, dass ich über drei Wochen gebraucht habe, mich endgültig mit diesen neuen, leider sehr niederschmetternden Tatsachen abzufinden." eröffnet Paul das Tischgespräch während er die Teller und das Besteck verteilt. „Ja, du warst schon ziemlich durch den Wind. Aber immerhin hast du ja auch schon über zwanzig Jahre dort gearbeitet. Da ist es wohl etwas schwerer als bei mir. Ich freue mich jedenfalls sehr für dich, dass du jetzt wieder nach neuen Ufern suchst. Bloß stell dir das nicht so einfach vor." „Ich weiß, es wird nicht einfach. Man muss schon etwas dafür tun. Was sagst du nun zu dieser Einleitung?" „Nun ja, soweit ich das bis jetzt erfassen konnte, ist der Autor einfach so rotzfrech, ein völlig neues Paradigma für das Gehirn und damit natürlich auch für das gesamte Bewusstsein des Menschen aufzustellen, ganz anders als alles, was mir bis jetzt bekannt ist. Und noch dazu auf einer ganz neuen und wohl sehr wichtigen Ebene weit unterhalb der logischen und kognitiven Fähigkeiten des Gehirns, mit denen wir beide uns ja jahrelang und wenn man richtig überlegt, viele andere nun schon jahrzehntelang beschäftigt haben.

Dabei ist die sehr einfache und schlichte Grundidee dahinter eigentlich gar nicht mal so neu." „Ja, genau das ist es! Früher war ich auch mal so ein Bilderstürmer, aber als Professor habe ich dann die meiste Zeit dann einfach damit verbracht, im Modus der allgemeinen Diskussion zu bleiben und nur wenige kleine eigene Schritte zu unternehmen, oft nur um damit nicht anzuecken. Schade eigentlich! Ab und zu ist ganz sicher schon etwas Neues und Wichtiges dabei gewesen. Aber jetzt brauche ich mich definitiv daran nicht mehr zu halten. Ich wage endlich auch mal einen wirklich großen Sprung! Allerdings sollte man selbst bei so völlig neuen Themen immer ein paar wichtige Regeln beachten. Das habe ich im Gegensatz zu unserem jungen unbekannten Autor schon sehr intensiv erfahren müssen." Sie wünschen sich jetzt einen Guten Appetit. „Wie schmeckt es dir?" „Oh Paul, du hast dich wieder einmal selbst übertroffen. Selbst gekocht schmeckt doch immer noch am besten." „Ich danke dir, liebe Britt. Ich hoffe, ich habe deinem empfindlichen Magen ausnahmsweise mal etwas Gutes getan."

„Ja, das hast du. Schrecklich, wenn ich da an das Essen der letzten Wochen denke. Aber um bei diesem Skript zu bleiben, ist es nicht wie immer das Grundlegende, das ganz Einfache, noch weit unterhalb der sichtbaren Oberfläche der vielfältigen Details, das bei jedem Anfang auf dieser Welt immer so schwer in den Griff zu bekommen ist? Diese völlig neuen und sehr grundsätzlichen Hypothesen, woher auch immer sie kommen mögen, haben wohl eine große Zukunft, wenn man dazu noch ein paar wichtige experimentelle Beweise findet, das glaube ich jetzt auch. Man muss es nur ganz anders anpacken und du hast doch aus der Vergangenheit die wissenschaftlichen Methoden und außerdem auch noch die nötigen Verbindungen, um das hinzukriegen. Hast du denn den Autor schon kontaktiert?"

„Liebe Britt, diese Arbeit ist jetzt nun schon über zehn Jahre alt. Hast du während dieser gewiss sicher sehr langen Zeit irgendwo schon mal irgendetwas von dieser neuen Theorie gehört?" „Nein, das habe ich nicht. Aber du willst doch jetzt nicht etwa damit durchstarten, ohne den eigentlichen Autor mit hinzuzuziehen?" „Doch, genau das will ich, solange dies nur irgendwie möglich ist. Schließlich kann in diesen zehn Jahren nun auch mal jemand anderes eine solche Idee entwickelt haben, oder?" „Paul, das willst du doch nicht wirklich! Eine ganze neue Lebensphase mit einer solch extremen Lüge zu beginnen ist einfach nicht korrekt. Außerdem brauchst du den Autor, wenn es dann noch weiter ins Detail geht." „Bisher habe ich noch immer die größere Detailkenntnis als dieser blutige Anfänger, dass sollte dir sehr wohl bewusst sein. Wenn er mir auch mit diesen neuen Zusammenhängen weit voraus ist." „Paul, du enttäuschst mich wirklich! Ich will, dass du Kontakt zu dem Autor aufnimmst. Er ist dein wichtigster Verbündeter bei diesem neuen Thema, viel wichtiger als ich es denn je sein könnte."

„Nun, vielleicht hast du ja Recht. Ich bin seit heute Morgen noch nicht ausreichend dazu gekommen, gründlich darüber nachzudenken. Das alles war erst einmal wie eine einzige Erleuchtung für mich. Außerdem habe ich die Adresse leider nicht, das Ganze ist nun immerhin schon über zehn Jahre her.

Auch das damalige Anschreiben zu der Arbeit gibt es nicht mehr. Aber lass mir bitte noch ein wenig Zeit, ich muss einfach erst noch ausführlich darüber nachdenken." „Ein besonders inniges und ziemlich neues Verhältnis scheint der Autor hier ja zu Raum und Zeit zu haben." Britt und Paul haben jetzt fast aufgegessen. „Ja, das ist mir auch schon aufgefallen. Normalerweise beschäftigen sich Physiker in der klassischen Mechanik doch mit Veränderungen der Lage von Körpern im Raum als Funktion der Zeit. Wenn ich jetzt Raum und Zeit als getrennte Basisgrößen betrachten will, was bleiben denn dann noch für Variable zu beiden übrig?" fragt Britt nachdenklich. „Im Skript ist ausgeführt, dass Ereignisse mit ihrer Energie in der Zeit und Erscheinungen mit ihrer Masse im Raum behandelt werden."

„Aber wie will ich denn ein Ereignis ohne die Dinge darstellen, die daran beteiligt sind?" „Als einfache Punkte im Möglichkeitsraum der Zukunft der Zeit, so steht es hier. Die nähere Beschreibung der Dinge oder Objekte erfolgt dann im zugehörigen Raum-Vektorfeld. Also muss es auch hier eine Abhängigkeit zwischen den beiden Größen und Koordinatensystemen geben. Ah ja, hier steht es ja auch! Die Zukunft der Zeit wird gleichberechtigt als dreidimensionales Vektorfeld neben den Raum gestellt und für jeden Zeitpunkt in diesem Möglichkeitsraum der Zukunft gibt es dann auch ein eigenes Raum-Vektorfeld, in dem die beteiligten Objekte, ihr Zustand und ihre Lage und damit die gesamte sehr komplexe Objektsituation zu dem Zeitpunkt hinreichend näher beschrieben sind. Jeder der aufeinanderfolgenden dimensionslosen Jetzt-Zeitpunkte hat also sein eigenes Raum-Vektorfeld mit einer ganz bestimmten Objektsituation in diesem dreidimensionalen Raum genau zu dieser Zeit. Verbunden sind zwei räumliche Objektsituationen immer durch eine ganze Kette von sequentiellen oder parallelen zeitlichen Ereignissen zwischen Ist- und Soll-Zeitpunkt. Der nichtlokale Möglichkeitsraum in der Zukunft der Zeit bildet dabei über das Zusammenwirken der Wellenfunktionen von Quantenobjekten bereits jetzt das ab, was eigentlich erst künftig einmal möglich sein wird.

Die Quantenobjekte projizieren dabei immer ihre Wellenfunktionen in diesen nicht-lokalen Möglichkeitsraum der Zukunft der Zeit hinein, so dass die Kausalität auch bei diesen neuen Betrachtungen vollständig gewahrt bleibt. Das lässt sich aber ganz sicher nur am Computer simulieren, sonst bräuchte ich ja unendlich viele Blätter für die Darstellung des Raums mit den in ihm befindlichen Erscheinungen und deren Objektsituationen in Abhängigkeit von ihren Möglichkeiten in der Zukunft der Zeit.

Die Viele-Welten-Theorie von Everett liegt also nicht im Jetzt sondern immer nur in der Zukunft der Zeit und wird erst dann wie ein mehrdimensionaler Reißverschluss zu der einen einzigen Realität in unserem ständig fortschreitenden Jetzt zusammengezogen. Wow, hier lässt sich vielleicht eine völlig neue Computer-Simulationstechnik für viele wissenschaftliche und technische Probleme entwickeln." Paul schwelgt bereits jetzt leicht euphorisch in der ersten Ahnung von künftigen Anwendungsmöglichkeiten dieser völlig neuen Technologie. „Wie wäre es denn, wenn Du erst einmal nach echten experimentellen Beweisen zu dieser vorerst reinen Theorie suchst, um Dich damit so auf sicheren Boden zu begeben?" „Ja, liebe Britt, Du hast natürlich Recht. Wir werden diesen neuen Anfang zuerst einmal mit ganz kleinen Schritten beginnen. Ich habe die Arbeit heute in aller Frühe gefunden und bin erst jetzt ganz langsam dabei, mich einzuarbeiten. Aber dieses neue Ziel hat mir bereits jetzt so viel Kraft gegeben, dass ich dem Autor schon deshalb sehr, sehr dankbar sein muss." „Wie kannst Du ihn denn finden? Das wäre jetzt wirklich wichtig. Wohnt er denn wenigstens noch hier in Leipzig?"

„Das Einzige, was ich bisher habe, ist sein Name. Mehr weiß ich leider noch nicht. Ich werde mal im Telefonbuch und auch im Internet nachschauen und kann mich zur Not dann auch noch zum Bürgeramt begeben." „Ja Paul, so gefällst du mir schon viel besser. Dein kleiner Piratenakt würde sonst bestimmt irgendwann auffliegen und dann wäre die viele schöne Arbeit, die dir jetzt schon so viel Freude bereitet, eines Tages wohlmöglich umsonst."

„Soll ich für uns die Musik ein wenig lauter drehn?" „Wenn sich deine Nachbarn nicht beschweren?" „Ach, die Villa nebenan steht schon sehr lange leer und verfällt leider so langsam. Auf der anderen Seite ist das Grundstück als Bauland ausgeschrieben. Aufgrund der Größe hat sich aber bis jetzt aber noch kein Käufer gefunden und von den Leuten auf der Rückseite des Bungalows habe ich bisher noch nie etwas gehört oder gesehen. Dort stehen nur die riesigen Haselnusssträucher und eine dichte Hagebuttenhecke, wie du ja weißt. Und bis zu meinen alten Nachbarn von gegenüber reicht die Musik ganz sicher nicht." „Komm Paul, wir nehmen die Gläser mit und machen mal wieder einen kleinen Gartenspaziergang so wie früher. Das war doch immer sehr schön, auch wenn du nicht gerade wie in den Parkanlagen von Sanssouci eingerichtet bist." „Stimmt, in Punkto Gartengestaltung war ich bisher noch nie besonders gut." „Aber die Terrasse hast du wirklich sehr schön hinbekommen."

„Ich werde morgen mal wieder in Ruhe den Rasen mähen, nur das bisschen Wildwuchs hier am Rand halte ich für besser als wenn immer alles so in Reih und Glied steht." „Nun ja, die Hecken könnten auch mal wieder eine Schere vertragen, aber deine großen Büsche finde ich schon sehr gut, so wie sie sind." Beide haben sich die Arme um die Hüften gelegt und spazieren mit den großen Rotweingläsern eine kleine Runde über Pauls mehr als tausend Quadratmeter Grund und Boden im bereits leicht dämmerigen Abendlicht mit den vielen rostroten Farbschattierungen auf den grünen Blättern. Paul fühlt sanft den leichten Schwung ihrer Hüfte unter seiner Hand und an seinen Fingerspitzen auch ihren flachen Bauch oberhalb der glanzledernen Motorradhose. Britt wird wohl immer die interessanteste Frau bleiben, mit der er je zusammen war und das nicht nur wegen ihrer Hüften, denkt Paul und bemüht sich die ganze Zeit über genauso intensiv, seinen eigenen Bauansatz, der in den letzten Wochen auch nicht gerade kleiner geworden ist, wenigstens etwas zu verstecken.

Am Gartentor angekommen meint Britt dann leicht nachdenklich zu Paul: „Wir hatten bisher eine sehr schöne Zeit, meist jedenfalls. Ich würde mir wünschen, dass Du Erfolg hast und dass es dann wie auch immer möglichst lange so weitergehen kann." Paul nimmt sie dafür in beide Arme und sie küssen sich minutenlang direkt am Gartentor mit den Gläsern in der Hand vorsichtig hinter der Schulter des jeweils anderen. Ein älteres Ehepaar kommt vorbei und schaut sie beide neugierig an. Doch Paul lässt sich jetzt nicht mehr stören. Zu lange hat er schon auf diesen Augenblick gewartet. Plötzlich gibt er sich einen gewaltigen Ruck: „Britt, ich muss dir sagen, ich liebe dich schon lange! Und ich weiß jetzt auch, dass dies wohl immer so sein wird. Bitte verzeih mir!"

Sie stellen die bedrohlich wankenden Gläser wie verabredet auf einem der großen Pfosten des Gartentors ab, küssen sich noch einmal heftig und Paul nimmt sie vorsichtig auf den Arm, um sie zum Bungalow zurück zu tragen, aus dem noch immer laut der Rock-Sender tönt. Britt ist zwar sehr schlank, aber auch ziemlich groß. Paul hat also doch einige Mühe, das bis zum Bungalow durchzuhalten. Beide Arme um seinen Hals geschlungen, murmelt sie ihm leise zu: „Ich will dir nochmal verzeihen, mein Lieber." Drinnen legt er sie sanft auf das riesige Bett, dreht die Rock-Musik wieder leiser und schließt dann die Tür seines Großraum-Bungalows sorgfältig ab.

> *„Die gesamte steinerne und grüne Welt, erstarrt und tosend, feuerrot entflammt in den Wolken und in den Sternen eingegraben, teilen wir uns mit den Tieren und Pflanzen – das Nichts jedoch ist allein unsere Domäne und Spezialität."* Stanislaw Lem
> aus ‚Imaginäre Größe'

Das Universum lebt

Während Britt und Paul am nächsten Morgen erst so kurz nach Acht gemeinsam aufwachen, befindet sich Leon bereits in der Luft in Richtung Frankfurt a.M. Er ist heute schon halb sechs aufgestanden und konnte diesmal auch traumlos und tief durchschlafen. Aber er geht nicht aus dem Haus, ohne Lisa und Leo ganz sanft vor halb sieben und damit immer noch kurz vor dem Weckerklingeln munter zu machen. Beide wünschen ihm noch ganz lieb einen guten Flug. Die Straßenbahn ist etwas ungemütlich so früh am Morgen und für die S-Bahn am Leipziger Hauptbahnhof bekommt er nur ganz knapp vor der Abfahrt noch ein Ticket am Automaten. Der Schaffner im Zug schaut ihn dann aber sehr misstrauisch an.

„Das macht 60.- Mark für ihren Fahrschein ohne Entwertung." Sonst hatte ihn Lisa immer morgens zum Flughafen gefahren, doch sie hat heute leider einen Arzttermin. Leon ist so ziemlich hilflos und es tut ihm leid. Er hatte wirklich keine Ahnung davon, dass man den Fahrschein bei der Bahn eigentlich auch noch entwerten muss. Die Bahn-Tickets, die er sonst immer kauft, haben kein solches Feld zur Entwertung. Nach einigem Hin und Her darf er aber den Schein glücklicherweise doch gerade noch so vom Schaffner entwerten lassen und sich damit die 60.- Mark Strafe ersparen. Er macht wohl auch sonst einen relativ ehrlichen und leider etwas unbeholfenen Eindruck. Bis zum Flughafen ist es aber glücklicherweise nicht weit. Genau 15 Minuten dauert die Fahrt mit einem kurzen Halt an der Neuen Leipziger Messe, dann ist er da.

Seine Maschine geht um 07:55 Uhr in Richtung Frankfurt. Dort hat er dummerweise knapp zwei Stunden Aufenthalt, bis es dann weitergeht nach Luxemburg. Trotzdem, mit dem Zug müsste er dreimal umsteigen. Per Auto braucht man auch mehr als sechs Stunden und ist hinterher erst einmal total geschafft. Da ist der Flieger doch immer noch die beste Lösung, trotz des Aufenthalts in Frankfurt. Inzwischen sind auch die Preise nur noch ein Bruchteil dessen, was man früher mal für diese Flüge bezahlen musste. Der Spritverbrauch pro Passagier nach Frankfurt beträgt knapp 7 Liter Kerosin hört Leon im Flieger, so dass er also auch kein schlechtes Gewissen hat, was den Umweltschutz angeht. Wie viel mehr an Benzin würde doch verbraucht werden, wenn sich die über 80 Leute alle einzeln in ihre Autos setzen müssten. Nur die Bahn wäre dann wohl noch etwas umweltfreundlicher.

Die vielen Millionen Autos sind zweifellos heutzutage doch die wirklichen Umweltsünder. Der Check-In bei der Lufthansa geht schnell um diese Zeit mit seiner Frequent-Traveller-Karte und auch die Sicherheitskontrollen sind relativ leer so kurz nach den Sommerferien. Leon packt eine dicke Zeitung für den Flug am Gate ein. Sie starten sicher und nachdem das Flugzeug seine Reisegeschwindigkeit erreicht hat, nimmt er sich ein wenig Zeit, die Aussicht zu genießen und seine Gedanken in Ruhe ebenso frei gleiten zu lassen, wie der Flieger es gerade tut. In der Luft gibt es dann noch eine illustrierte Zeitschrift und ein kalorienarmes Frühstück. Kleine Würfel von Käse und Wurst, eher wie Finger-Food mit einem Stäbchen zum Anstechen sowie etwas Brot und kleine Stücke Obst. Die dicke Zeitung vom Gate hat er gleich in seine Aktentasche gepackt und hebt sie sich auf für den Aufenthalt in Frankfurt a.M. Leon erlebt mit, wie die Maschine auf ihrem Weg nach Frankfurt sich in festen Luftkorridoren von Flughafen zu Flughafen tastet und keineswegs etwa den direkten Weg nimmt. Die Luftfahrtstraßen folgen eben nicht immer der euklidischen Geometrie mit der kürzesten Verbindung zwischen zwei Punkten, von der zusätzlichen Krümmung der Erdoberfläche mal ganz abgesehen.

Er genießt die Landschaft aus dieser Höhe, die Städte, Flüsse und Berge, die unter ihm ganz winzig vorbeigleiten und besieht sich auch neugierig die wenigen Wolken an diesem klaren Spätsommermorgen. Interessiert betrachtet er gerade eine sanfte Schicht Federwolken in der großen Höhe, in der sie fliegen und stellt nicht zum ersten Male fest, dass ihre Unterseite wohl von den leichten Wellen an der Grenze zwischen wärmeren und kälteren Luftschichten geformt wird. Erst über dieser unsichtbaren leicht gewellten Grenze kondensiert dann der Wasserdampf zu flauschigem Wolkenweiß. Und es gibt hier mehrere Schichten von diesen Wolkenformationen. Wenn also am Himmel bereits ein geringfügiger Temperaturunterschied für die Formung der Unterseite riesiger Wolkenformationen ausreicht, wie sollte da nicht auch das bisher scheinbar Geringste, weit unterhalb der sichtbaren Oberfläche so wie die Formen von Raum und Zeit die Geschicke aller Erscheinungen und Ereignisse im Universum bestimmen? Es sind höchstwahrscheinlich diese völlig unsichtbaren Strukturen von Raum und Zeit, die allen Quantenobjekten erst ihre ganz absonderlichen Eigenschaften verleihen. Ein guter Vergleich, wie Leon nun schon zum wiederholten Male findet. Es ist immer das Einfachste, das scheinbar Geringste und das Tiefergehende unterhalb der sichtbaren Oberfläche, was leicht übersehen wird und anfangs auch schwer zu entdecken ist.

Aber darüber ist Leon nun zum Glück jetzt schon lange hinweg. Er lehnt sich entspannt zurück und schaut interessiert weiter durch das kleine Fenster der Kabine in die scheinbar grenzenlose Welt der Lüfte hinaus. Und er weiß inzwischen rein instinktiv, dass unterhalb der sichtbaren, rein räumlich orientierten Oberfläche der Realität noch eine zweite, viel komplexere und für uns rein räumlich orientierte Wesen völlig unsichtbare, aber sehr geheimnisvolle Ebene lauert, die Ebene der dreidimensionalen Zukunft der Zeit! Diese existiert bereits lange bevor uns das Jetzt jemals erreichen kann. Ihr Möglichkeitsraum bildet ständig all das ab, was künftig einmal Realität werden kann. Einfach völlig unsichtbar, nicht-lokal und doch so unvorstellbar mächtig!

Bei allen noch so verzweifelten Anstrengungen wird ihn wohl niemals jemand unmittelbar zu Gesicht bekommen. Trotzdem ist es ausgerechnet diese unsichtbare und dem Menschen bisher völlig unbewusste Ebene, die wahrscheinlich unsere gesamte Welt in ihrem Innersten zusammenhält. Besonders verblüffend aber ist das unscheinbarste und trotzdem wichtigste, wenn auch den wenigsten bewusste Eigenschaft der Zeit im Gegensatz zum Raum. Die Zeit ist nicht kontinuierlich, analog oder durchgängig gleichförmig ausgedehnt wie der Raum. Die Zeit ist im Jetzt in sich diskret aufgebaut und eher digital, so schwer das für uns analoge Wesen anfangs auch zu begreifen ist. Die kürzeste denkbare Zeiteinheit dabei ist die Planck-Zeit, darunter gibt es definitiv keinerlei kleinere Stückelung mehr. Die Zeit ist also keineswegs etwas kontinuierlich Ausgedehntes und unendlich Teilbares wie der Raum. Das Plancksche Wirkungsquantum beschreibt dabei die kleinste Einheit der Energie, die innerhalb dieser Planck-Zeit abgegeben oder aufgenommen werden kann und die dadurch ebenso auch erst eine Quantelung aller Energieformen bewirkt. Das heißt aber wiederum, der diskrete Aufbau der Zeit ist in Wirklichkeit die eigentliche Ursache für die Quantelung der Energie.

Nur aus dieser Mischung der rein diskreten, digitalen Zeit mit dem kontinuierlichen, analog ausgedehnten Raum setzen sich also alle Ereignisse, die mit Energieabgabe oder -aufnahme zu tun haben und die uns in unserer Makrowelt sehr wohl als kontinuierlich und durchgängig ausgedehnt erscheinen, zusammen. Niemand kann es jemals bemerken, da die Stückelung einfach um viele Größenordnungen zu klein ist und viel zu schnell an uns vorbeirast, im Vergleich jedenfalls zu unserem wesentlich langsameren Bewusstsein. Da gibt es leider zumindest bisher keinen denkbaren bildlichen, rein räumlichen Vergleich, den man für diese Stückelung der Zeit bemühen könnte. Dies wird uns wahrscheinlich auch emotional für immer unfassbar bleiben. Es gibt definitiv keine andere Möglichkeit, als diese experimentell bereits ausführlich bewiesene, aber bisher noch nie so richtig deutlich formulierte Tatsache einfach zur Kenntnis zu nehmen.

Die unvorstellbar winzige Stückelung der Zeit ist wahrscheinlich auch eine der wesentlichen Ursachen für den Welle-Teilchen-Dualismus um uns herum, wohl immer dann, wenn ein Quantenobjekt als Welle von einem diskreten Zeitpunkt zum nächst folgenden holpert. Man kann sich das allerdings nicht wie einen großen Kinofilm vorstellen, wo alle Bildpunkte gleichzeitig und ruckartig zum nächsten Bild wechseln. Jedes Quon holpert mehr oder weniger ganz allein gelassen oder in der Gruppe durch diese ständig vorbeirasende Zeit. Und genauso projiziert jedes einzelne Quon dabei auch immer seine eigene, unverwechselbare Stellvertreterwelle mit ganz charakteristischer Wellenlänge und Wellenform in den Möglichkeitsraum in der Zukunft der Zeit hinein. Davon betroffen ist der Großteil des Spektrums all der absonderlichen Quanteneigenschaften, für die man bisher leider noch keine bildlichen Entsprechungen in unserer Makrowelt gefunden hat. Erst heute macht der nicht-lokale Möglichkeitsraum in der Zukunft der Zeit diese Vorstellung möglich. Es gibt also doch noch verborgene Dimensionen auf einer tieferen Ebene unserer Realität, wie es bereits lange von Physikern vermutet wurde, wenn auch weniger im Raum, als vielmehr in der Zeit. Das ist ganz neu, aber von immenser Wichtigkeit! Leon nickt bedächtig vor sich hin, als wäre das alles schon lange selbstverständlich. Es gibt eben immer ein erstes Mal, warum also nicht jetzt, denkt er sich und trinkt seinen Kaffee aus.

Er denkt auch an die unangenehmen neuen Gerüchte über die künftige Entwicklung seiner Bank. Aber diese können ihn hier mitten in der Luft nicht aus der Ruhe bringen. Wenn wir doch wenigstens etwas Zeit gewinnen könnten, bis sich die Verhältnisse neu geklärt und geordnet haben. Was aber kann ich denn ganz allein dafür tun? Man braucht schon etwas Rückenhalt, um dieses Problem richtig zu lösen. Die kurze Flugzeit ist leider viel zu schnell vorbei, die Landung weich und er bereitet sich auf den Ausstieg in Frankfurt a.M. vor. Leon hat es nicht eilig und bleibt auch gern solange sitzen, bis der Gang vor ihm frei ist.

In aller Ruhe holt er dann seine lederne Aktentasche aus dem Gepäckfach, verabschiedet sich von den Stewardessen und begibt sich zum Ausgang. Einen Mantel braucht er heute nicht, an diesem lauwarmen Spätsommermorgen. Knapp zwei Stunden Zeit liegen jetzt noch vor ihm bis zum Weiterflug. Nur was damit anfangen, denkt er sich, als er den Terminal verlässt. Leon schlendert die kleine Einkaufsmeile mit den wenigen Luxus-Boutiquen entlang. Für Lisa und Leonore wird er auf dem Rückflug jedenfalls nur den großen Duty-Free-Shop im Terminal besichtigen. Da lässt sich sicher etwas Schönes und hoffentlich auch Preiswertes finden, bis bald die Zollgrenzen innerhalb der EU dann vollständig fallen, hoffentlich nicht nur diesen elenden Touristennepp. Er ist nicht geizig, aber warum die gebotenen Möglichkeiten nicht zu aller Zufriedenheit nutzen? Leon ist eben sparsam, doch keineswegs geizig.

Die beiden kostenlosen Zeitungen sind seine Rettung für die langen und ziemlich einsamen zwei Aufenthaltsstunden trotz der vielen Menschen hier am Flughafen. Aber zuerst einmal beschaut er sich den Terminal, auf dem er nachher abfliegen muss. Orientierung ist ihm immer das Wichtigste. In der Nähe gibt es unter der riesigen Halle der Abfertigung ein Beinahe-Freiluft-Café, das er schon von früheren Dienstreisen her kennt. Leon hat Mühe, einen freien Platz für sich und seine Tasche zu finden und das, obwohl die Preise für eine große Tasse Café Crema hier alles andere als feierlich sind. Er bestellt sich eine solche, schwarz wie immer und ein großes Glas Wasser dazu, den Preis kann er heute leider nicht mehr ändern. Dann macht er es sich mit der ersten dicken Zeitung gemütlich. Sie ist einfach zu umfangreich, um gleichzeitig all ihre Teile in der Hand zu behalten. Also nimmt er sich jeden Teil einzeln vor und liest intensiv alles, was ihn so interessiert. Und das ist bei Leon die Politik genauso, wie der Wirtschafts- und Börsenteil, das sind die Meldungen aus Technik und Wissenschaft ebenso, wie auch der umfangreiche Kulturteil.

Danach kommt wieder die Illustrierte aus dem Flieger dran. Leon liest aber nicht nur passiv irgendwie in sich hinein, sondern er diskutiert innerlich immer mit den Autoren, wenn ihn etwas wirklich interessiert. Die Zeit vergeht hier wie im Flug. Langeweile kennt er eigentlich schon lange nicht mehr. Wieso ist das eigentlich so? Liegt das an seinem Alter, das ganz langsam fortschreitet? Leon wundert sich ab und zu schon über sich selbst und über seine kleinen Eigenheiten. Er hat so viele unterschiedliche Interessen und auch immer die neuesten Themen dazu parat, die es ihm niemals wirklich langweilig werden lassen. Ab und zu schaut er auf die Uhr. Rechtzeitig aber keineswegs hektisch packt er nach reichlich anderthalb Stunden die Zeitungen wieder ein und begibt sich zu seinem Terminal in den Sicherheitscheck. Zum zweiten Mal heute schon. Das war dann also wiedermal Frankfurt am Main für heute, denkt er noch so bei sich. Mehr bekommt er von dieser seltsamen Stadt, wie schon so oft, nicht zu Gesicht.

Die Maschine nach Luxemburg kann voll werden, das sieht Leon schon vor dem Einsteigen. Ein Triebwerk wird gerade noch sehr intensiv gewartet. Die Verkleidung ist abgeschraubt und lässt die verschlungenen Eingeweide des Triebwerks sehen. Er erschreckt ungewollt zwei jüngere Frauen in der Schlange vor ihm schelmisch mit der Bemerkung: „Jetzt löten sie uns noch schnell ein neues Triebwerk dran." Eine von den beiden jungen Frauen wird trotz des kräftigen Sonnenscheins plötzlich ganz blass. Das hatte Leon nun wirklich nicht beabsichtigt. Zum Glück sind die Damen auch weiterhin stark mit sich selbst beschäftigt und reagieren sonst nicht weiter auf ihn. Hoffentlich haben sie das nicht zu ernst genommen? Er kennt keine Flugangst und kann sich das deshalb nur sehr schwer vorstellen. Na gut, der Versuch, ein kleines Gespräch anzufangen, war´s wert. Er hat auch ohne jeden Gesprächspartner immer etwas Sinnvolles zu tun und die Flugzeit ist mit nicht einmal 40 Minuten ja noch kürzer, als schon von Leipzig nach Frankfurt.

Im Flieger macht es sich Leon dann auf zwei Sitzen so richtig bequem soweit ihm das hier möglich ist. Die vorderen Sitzreihen sind trotz der vielen Leute in der kleinen Maschine immer nur ganz spärlich belegt. Der Flieger rollt zum Start. Leon genießt die Beschleunigung auf der Startbahn richtig und ebenso auch das plötzliche Abheben. In spitzem Winkel bewegen sie sich nun zügig auf ihre Reisehöhe zu. Während des Fluges gibt es diesmal nur ein kleines Baguette mit Schinken, Käse und Salat sowie aber zum Glück ausreichend Wasser und Saft. Er kann sich also wohl heute auch das Mittagessen sparen. Seine Gedanken wenden sich jetzt wieder langsam und in aller Ruhe den Themen zu, die ihn wirklich interessieren.

Was mochte wohl in so einem winzigen Quantenobjekt vorgehen, das da irgendwo im Raum ständig durch die diskrete Zeit rattert? Leon ist sich ziemlich sicher, dass es immer nur als Welle von einem diskreten Zeitpunkt zum nächsten gelangen kann. Bei der Unterschiedlichkeit der Quantenobjekte, die bisher so entdeckt wurden, werden das also wohl auch ebenso ganz unterschiedliche Zeitintervalle und damit auch unterschiedliche Wellenlängen sein. Aber was ist denn eine komplette Wellenfunktion nun eigentlich? Er hat bereits festgestellt, dass eine vollständige Wellenfunktion in der Natur nicht nur auf einen Punkt beschränkt ist, sondern immer zu jedem Zeitpunkt bereits eine dreidimensionale Ausdehnung im Raum und auch genauso auch in der Zeit hat. Sie ist auf wesentlich mehr als nur auf einen Punkt beschränkt. Die Zeit besteht eben nicht nur aus dem einen einzigen aktuellen Augenblick unseres ständigen Jetzt. Die Vergangenheit ist dabei natürlich längst eingefroren und für immer vorbei. Sie existiert nur noch in der Erinnerung, in unseren Speichermedien als Aufzeichnungen und natürlich immer als die Ursache der aktuellen Anordnung der Dinge im Raum. Deshalb kann der vierdimensionale Minkowski-Raum bei jeder Betrachtung der Zukunft auch bei weitem nicht mehr ausreichend sein.

Es gibt in der Zukunft der Zeit eine ungeheure Menge an parallelen Möglichkeiten, die sich nicht einfach so auf einem eindimensionalen Zeitstrahl darstellen lassen. Was uns aber wirklich interessiert, ist doch eigentlich ganz allein die Zukunft der Zeit und natürlich die Erfahrungen, die wir aus der Vergangenheit gesammelt haben und damit auch für die Zukunft einsetzen können.

Die Wellen aus den Fächern Physik und Elektrotechnik seines Studiums, die er dort zum Beispiel am Oszillographen ausführlich bewundern konnte, sind also immer nur Rudimente einer kompletten Wellenfunktion, mathematisch allein auf eine einzige Raum- und eine einzige Zeitdimension beschränkt. Deshalb sind sie auch besonders gut zur sequentiellen Signalübertragung und –verarbeitung geeignet. Da hilft es ihm auch nicht weiter, dass er dort ausführlich und intensiv gelernt hat, diese zweifach eindimensionalen Wellenausschnitte gründlich mathematisch zu beschreiben und zum Beispiel mit der Fourier-Analyse fein säuberlich in ein ganzes Sinuswellen-Spektrum zu zerlegen. Sie können aber aufgrund ihrer Eindimensionalität im Raum immer nur einen kleinen Teilaspekt oder sogar nur ein einziges kleines Attribut einer gesamten Wellenfunktion repräsentieren. Aber selbst diese winzigen Ausschnitte einer kompletten Wellenfunktion haben immer noch eine wichtige Eigenschaft gemeinsam, die bisher leider niemand ausreichend beachtet oder richtig gewürdigt hat. Sie alle haben bereits zu jedem Zeitpunkt im Jetzt eine vorausberechenbare Ausdehnung in der Zukunft der Zeit bis hin zu ihrer nächsten Wiederholung. Wenn sie nicht zwischendurch gestört werden, heißt das dann beispielsweise, zum aktuellen Zeitpunkt N dehnen sie sich in der Zeit bereits bis hin zu einem künftigen Zeitpunkt N+1 aus, auch wenn N+1 bisher noch lange nicht zum aktuellen Jetztzeitpunkt in der Realität geworden ist und also immer noch mehr oder weniger weit in der Zukunft der Zeit liegt.

Nur so ist eine Welle eben nicht nur der in der Zeit schwingende räumliche Punkt der Amplitude einer physikalischen Größe, sondern ständig ein komplettes und immer hochkomplexes, sowohl räumlich wie auch zeitlich ausgedehntes Wellen-Gebilde.

Das heißt also, eine vollständige Wellenfunktion hat im Jetzt nicht nur mehrdimensionale Erscheinungsaspekte im Raum sondern auch bereits eine ganze Reihe von Ereignisaspekten weit in die Zukunft der Zeit hinein. Nur so lassen sich auch all die bekannten Welleneigenschaften der Resonanz und Dissonanz von Wellen untereinander vollständig erklären. Diese finden nicht erst in unserem Jetzt statt, sondern laufen bereits weit vorher im Möglichkeitsraum der Zukunft der Zeit ab. Dort kann eine Welle, selbst wenn nur ein einziges Elektron mit seinen Stellvertreterwellen losgeschickt wird, also auch ganz einfach mal nur mit einer anderen Möglichkeit von sich selbst interferieren, wie das bekannte Doppelspaltexperiment es eindeutig beweist.

Wir können immer nur das Ergebnis dieser Interferenz im Jetzt beobachten wenn wir dafür z.B. einen Bildschirm aufbauen, der die Wellen als eigentliche Ereignisse erst zu sichtbaren Erscheinungen in unser räumliches Jetzt zwingt. Im Gegensatz zu anderen Ansichten ist Leon der Auffassung, dass mit Ausnahme von mechanischen Wellen noch niemals jemand die Interferenz zum Beispiel des Lichts direkt beobachten konnte, weil sie eben nicht nur im Raum, sondern in erster Linie bereits im Möglichkeitsraum der Zukunft der Zeit stattfindet. Was wir allein beobachten können, ist anschließend ausschließlich das räumliche Ergebnis, wie zum Beispiel das resultierende sichtbare Streifenmuster auf einer Projektionsfläche z.B. am Ende des allseits bekannten Doppelspaltexperiments. Die eigentliche Interferenz ist aber zum Zeitpunkt der Beobachtung ihres Ergebnisses bereits längst vorbei. Auch ein deutlicher Hinweis darauf, dass diese Interferenz völlig unabhängig davon gewesen ist, ob sie vorher von uns beobachtet wurde oder nicht.

Womit wir diesen Vorgang aber sehr wohl beeinflussen können, ist der physische Aufbau der Versuchsanordnung für eine Messung dieser Ergebnisse der Interferenz zum Beispiel des Lichts. Wir beeinflussen das Ergebnis also nicht etwa durch die Beobachtung, sondern ganz eindeutig immer schon vorher nur durch den physischen Aufbau einer Messanordnung. Die physische Wechselwirkung mit dieser Anordnung bringt also erst das im Raum und im Jetzt beobachtbare Ergebnis zustande. Leon war schon immer ein klarer Gegner der Kopenhagener Deutung der Quantenphysik, die eben keine tiefere Realität hinter den Quantenerscheinungen akzeptiert, auch wenn diese Deutung bisher noch keiner widerlegen konnte. Für ihn gibt es sehr wohl diese tiefere und in sich sehr komplexe Realität, wie immer sie auch aussehen mag. Auch wenn sie sich nur allein auf der wesentlich tieferliegenden Basis der Zeit abspielt, von der wir leider immer noch viel zu wenig wissen. Offensichtlich gibt das aber bis heute niemand gerne zu!

Viel zu schnell landen sie in Luxemburg. Der Flughafen ist winzig im Vergleich zu Frankfurt. Selbst der Weg vom Flieger zum Terminal muss hier noch zu Fuß beschritten werden. Es ist aber auch nicht weit. Also dann Luxemburg, es ist 11:45 Uhr, die Frisur sitzt und auch hier brennt die Sonne bereits gewaltig vom Himmel. Leon betritt die wesentlich kühlere, kleine Abfertigungshalle und sucht nach der Gepäckausgabe. Alles ist hier etwas kleiner und eher familiär ausgelegt. Er muss also nicht lange suchen. Der kleine Reisetrolley mit seinen paar Utensilien für die beiden Tage kommt schon nach wenigen Minuten auf dem Fließband an. Leider ist er nicht klein genug, um ihn selbst mit in die Maschine nehmen zu können. Außerdem müsste er dann auch alle Flüssigkeiten kontrollieren lassen und Leon hat einfach keine Lust dazu, sein Duschbad oder sein Shampoo in winzige 100ml-Flaschen umzufüllen. Leon hebt den Trolley vom Fließband, zieht den Bügel heraus und begibt sich so zum Ausgang. Draußen ist es jetzt schwülwarm, doch der klimatisierte Kleinbus seines Hotels wartet zum Glück schon direkt auf dem Parkplatz vor dem Ausgang.

Es steigen noch einige ältere Bankangestellte, Unternehmensberater oder Consultants ein, die so wie Leon mit der Maschine aus Frankfurt eingetroffen sind. Der Kleinbus setzt sie einzeln an verschiedenen interessanten, aber sehr diskreten Bankadressen in der Altstadt von Luxemburg ab und nimmt nur ihr Gepäck mit. Leon bleibt ganz allein als einziger Fahrgast bis zum Hotel übrig. Er muss sich also bis in das kleine Gewerbegebiet gedulden, in dem nicht nur das Hotel steht, sondern wo sich auch die Software-Firma befindet, der Leon heute und morgen seinen Besuch abstatten will. Der Fahrer spricht Französisch über Funk mit der Rezeption. Soviel Leon von seinem Französisch-Abitur noch behalten hat, bekommt er gerade die Daten für seine nächste Tour und beklagt sich über die heute fehlende Mittagspause. Das Hotel ist ein sehr hübscher Glasbau mit modernem Eingang und gläsernem Lifts bis in die 5. Etage.

Leon begibt sich zuerst zur Rezeption. Sein kleines Gepäck trägt er selbst und lehnt die freundlich gemeinte Hilfe des Fahrers dankend ab. Das Zimmer ist seit Tagen reserviert. Er bekommt seine Zutrittskarte zum Glück gerade noch so auf Deutsch, sonst hätte er lieber sein Englisch bemüht. Darin hat er durch die vielen Telefonate rund um die Welt etwas mehr Übung als im Französischen. Lesen und Hören empfindet er dabei immer noch erträglich, im freien Sprechen aber hapert es bei ihm leider etwas. Er bringt das Gepäck aufs Zimmer und macht sich im Bad am Waschbecken frisch. In der Wand zwischen Bad und Schlafzimmer ist eine große runde Dusche aus Sicherheitsglas eingelassen, die sowohl vom Bad als auch vom Schlafzimmer her einsehbar ist. Schade, dass Lisa nicht mit ist. Er würde hier gern mit ihr duschen. Jetzt aber genug der Träumerei. Auf geht´s! Leon schnappt seine Aktentasche und begibt sich zum Lift. Bis zur Firma sind es nur zwei Straßen weiter, doch Leon geht ganz langsam im Schatten bei dieser Hitze. Zum Glück taucht er gleich darauf in die klimatisierte Kühle des kleinen Firmengebäudes ein und fühlt sich dort schon wieder wesentlich besser.

Mit den netten Damen am Empfang hat er schon oft telefoniert und wird dementsprechend freundlich begrüßt. Leon muss nicht lange warten, bis ihn der zuständige Produktmanager für das Giro-Zahlungsverkehrs-Modul abholt. Zuerst einmal wird er gefragt, ob er heute schon etwas zu Mittag gegessen hat. Die Gastfreundschaft kennt hier keine Grenzen, aber Leon lehnt dankend ab. Er hatte seinen kleinen Lunch bereits im Flieger und da der Mitarbeiter selbst auch schon zu Tisch war, passt dies wunderbar. Beide vertiefen sich in einem der kleinen Arbeitszimmer in die aktuelle Problematik der Euro-Umstellung, die Weiterentwicklung des Giro-Moduls und die Fehlerliste, die mit der nächsten Lieferung weitestgehend verkleinert werden soll. Auch die gestern geäußerten Probleme des Fachbereichs zum Konzept der Euro-Umstellung kommen ausreichend zur Sprache. Es gibt für alle zum Glück genügend Kaffee und Wasser bis zum Abwinken.

Der Abend bricht schneller herein, als beide erwartet haben. Sie kontrollieren nun schon zum wiederholten Male, dass sie in den paar Stunden auch wirklich alle Punkte bis hin zur Euro-Umstellung richtig abgehandelt haben. So kurz nach 18:30 Uhr begibt Leon sich wieder zurück zum Hotel nicht ohne eine kleine Einladung zum Abendessen mit den beteiligten Kollegen der Software-Firma anzunehmen. Sie wollen heute einen in Luxemburg seit langem eingesessenen Portugiesen besuchen, der hier im Moment sehr angesagt ist. Aber zuerst einmal begibt sich Leon unter die rundum einsehbare Plexiglasdusche. Ein Glück, dass er im Moment allein im Hotelzimmer ist, denkt er sich nun doch. Merklich erfrischt zieht er sich um. Trotz der einen einzigen Übernachtung hat er jetzt im Sommer zwei Hemden zum Wechseln mit, für alle Fälle natürlich und fühlt sich in den neuen Klamotten gleich wesentlich wohler. Für den Abend wirft er sich seine dünne Nappa-Lederjacke über die Schultern und kämmt sich vor dem Spiegel. Das wäre also geschafft. Der Abend kann kommen.

Er zappt wieder ohne die Lederjacke noch ein wenig im Hotel-Fernsehen und ist verzweifelt bemüht, die teuren Pay-TV-Kanäle zu meiden. Bei Viva bleibt er dann eine Weile hängen und hört die Musik, leider immer wieder unterbrochen von hirnloser Klingelton-Werbung, bis es nun Zeit wird zum Losgehen.

Seine Kollegen warten schon auf den Sesseln in der Lobby des Hotels und haben auch Xavier mitgebracht, den Leon schon in seiner Zeit der Meldewesenbetreuung näher kennengelernt hat. Die Begrüßung ist entsprechend freudig. Alle quetschen sich in den Kleinwagen von Xavier, um von dem Gewerbegebiet in die Altstadt zu fahren. Die Stadt gliedert sich in die größere Oberstadt und die kleinere Unterstadt, die von den Einheimischen auch der Grund genannt wird. Luxemburg ist im Prinzip auf einem großen Felsen an der Kreuzung zweier alter Handelsstraßen gebaut worden. Auch wenn die eigentliche Festung oder Burg zum Ende des 19. Jahrhunderts geschliffen wurde, sind doch immer noch die Kasematten der Festung im Fels erhalten. Alle drei machen einen kleinen Spaziergang über den Marktplatz, um dann in einem der Torwege zum Grund hinab zu steigen. Hier überqueren sie eine lange schmale Brücke, von der aus man die Eingänge zu den Kasematten beim Blick zurück sehr gut sehen kann. Die Brücke führt auf einen langgestreckten kleineren Hügel, gegenüber befindet sich ein altes Kloster. Mit Sicht auf dessen Mauern spazieren sie im Abendlicht entlang und besichtigen auch die Kulisse der Altstadt von Luxemburg auf der anderen Seite. Die nächste Brücke führt mit einigen Treppen wieder hinüber zur Unterstadt. Bis zum Lokal ist es aber dann doch noch eine gehörige Strecke.

Das Baccano ist keineswegs besonders pompös eingerichtet, eher im Gegenteil. Nur die gute Küche hat es eben in sich und ist in der ganzen Umgegend berühmt. Alle drei nehmen an einem der Tische Platz und lesen interessiert die Speisekarte. Auch die ehemalige Kegelbahn nebenan wurde hier zum zweiten Gastraum ausgebaut.

Der Andrang hält sich heute mitten in der Woche aber glücklicherweise noch in Grenzen. Trotzdem ist ein Tisch von der Firma schon lange für sie reserviert. Leon hängt seine Lederjacke einfach ganz locker über die Stuhllehne. Er bestellt sich mit Xavier eine große Pfanne Riesenscampis für zwei Personen. Der andere Kollege steht eher auf ein Rinderfilet. Das Gespräch dreht sich um die Anwendungen, den Datenpool und die Software-Architektur bei der Landesbank und deren künftige Weiterentwicklung. Aber auch die leider immer noch vorhandenen Probleme werden keineswegs ausgespart. Leon erzählt ein wenig von Leipzig und hört viel Neues aus Luxemburg. Dann kommt das Essen. Für Xavier und Leon ist dies eine große Auflaufform mit mindestens 20 Riesengarnelen, die in der Mitte aufgeschnitten und in zwei Reihen in die emaillierte Form sortiert wurden. Das schon kleine Ecken der Emaille an der Form abgeplatzt sind, stört hier niemanden.

Die Riesenscampis sind getaucht in Olivenöl, gut gewürzt und mit grob in Scheibchen geschnittenem Knoblauch bedeckt im Ofen gegart. Zum Schluss wurde das alles mit einem großen gehörigen Schluck klarem portugiesischem Schnaps übergossen und schon in der Küche angezündet. Jetzt wird die große Form mit lodernder Flamme von der Wirtin selbst an den Tisch getragen. Sie hat sich dazu topflappengroße Handschuhe angezogen und wünscht natürlich allen einen guten Appetit. Der würzige Duft der inzwischen gelöschten Emailleform ist durch den vielen jetzt leicht angerösteten Knoblauch einfach köstlich. Xavier und Leon langen jedenfalls richtig zu. Dazu gibt es einen wunderbaren portugiesischen Weißwein vom Fass und eine große Karaffe mit Wasser. Nach dem ausgiebigen Essen genehmigt sich jeder noch einen kleinen Espresso. Morgen ist für Leon und die anderen Leute aus Deutschland eine Schulung angesetzt und so fragt er die Kollegen aus Luxemburg schon mal nach Ablauf und Inhalten. Noch vor 22:00 Uhr ist es für alle Zeit zum Gehen. Leon wirft sich seine Lederjacke über. Er ist nicht nur wunderbar satt, sondern auch um eine schöne kulinarische Erfahrung reicher.

Alle drei wollen noch einen kleinen Spaziergang bis zu dem Aufzug machen, der die Unter- mit der Oberstadt verbindet. Kurz davor gibt es noch einen hübschen, sehr angesagten Pub hier direkt an einem kleinen Flüsschen mit dem Namen Alzette, das die Unterstadt durchschneidet und trotz seines normalerweise harmlosen und unbedeutenden Aussehens hier schon für einige kräftige Hochwasser gesorgt hat, wie manch alte Markierung an den Häusern in der Unterstadt es belegt. Man gönnt sich in dem Pub noch ein großes Kilkenny-Bier gewissermaßen als Absacker direkt am plätschernden Wasser bevor sie sich alle zum Aufzug begeben. In der Oberstadt lässt Xavier sein Auto aufgrund des Alkohols wie selbstverständlich stehen und alle drei nehmen ein Taxi. Im Hotel angekommen, bittet Leon an der Rezeption um einen Weckruf für 7:00 Uhr. Er ist von diesem sehr langen Tag mächtig geschafft, hängt seine Jacke in den Schrank im Zimmer, schafft es gerade noch so, die Zähne zu putzen, sich auszuziehen und die Sachen lose über den Sessel zu werfen. Anschließend öffnet er nur noch das Fenster, um die lauwarme Nachtluft hereinzulassen. Todmüde sinkt er auf das frische Hotelbett, ganz ohne sich weiter zuzudecken. Die seidige Nachtluft lässt ihn auch hier sehr schnell in angenehm tiefem Schlaf versinken.

Leon schläft knapp fünf Stunden tief und nahezu bewegungslos. Dann beginnt er sich langsam und völlig unbewusst in dem großen Hotelbett hin und her zu wälzen, von wirren Träumen geplagt. Es blitzt mal dieser und mal jener unruhige Gedanke durch seinen Kopf. Doch plötzlich und mit einem Schlag kehrt wieder diese wunderbare, geradezu kristallene Klarheit in seine Traumwelt ein. Es kommt ihm jetzt wieder so vor, als gleite er langsam und immer ruhiger werdend ganz sacht durch große graue und ziemlich diffuse Wolkenfetzen dahin, ähnlich wie im Flieger heute Morgen. Schon nach ein paar Minuten fühlt er sich wieder regelrecht wohl in diesem Konglomerat abwechselnder Schwaden mit diesen absonderlichsten Formen und Strukturen. Er kennt keine Angst.

Doch halt, da endlich bemerkt er wieder, dass die Gebilde um ihn herum nicht die sanften Erdenwolken sind, wie er sie in Ruhe vom Flieger aus bewundern konnte. Nein, es sind vielmehr wieder gigantische Wolken aus Gas und Sternenstaub in der absoluten Kälte des Alls, die ihn schon in dem seltsamen Albtraum vor gut zwei Tagen so heftig mitgerissen haben. Jetzt aber scheinen sie langsam zur Ruhe gekommen zu sein. Jedenfalls sieht er das Alles und sich selbst mittendrin ganz ruhig aus einer neuen Perspektive wesentlich näher am eigentlichen Geschehen. Er sieht so ein ganzes junges Planetensystem in der Frühzeit des Alls. Der Staub und das Gas verschwinden langsam, sozusagen aufgesammelt zum Einen durch all die neuentstandenen Planetenkerne und zum Anderen weggepustet durch den Sonnenwind. Wieder ist er nicht allein, wenn er auch seinen treuen Begleiter im Nebel nur ab und zu schemenhaft zu Gesicht bekommt. Beide gleißen sie in dem wunderbaren Licht der entfernten Sonne.

Mitten aus diesem Licht heraus vernimmt er jetzt ein immer stärker werdendes Brummen in seinem Kopf, das er zuerst nicht ernst genommen hat, aus dem aber nun ganz plötzlich und irgendwie gewaltig eine blecherne Stimme hervorbricht, die sich zum Glück sehr schnell wieder auf eine erträgliche Lautstärke einpendelt, während das Brummen langsam verschwindet. Leon zuckt im Bett heftig zusammen, liegt da wie erstarrt und weiß wieder nicht, ob er jetzt nun träumt oder doch schon wach ist. Dort, wo vorher noch die Hotelzimmerwand war, sieht er plötzlich auf dem gleißenden Hintergrund des weißen Lichtes seinen Begleiter erscheinen, der ihm nun seine spitze Vorderseite zukehrt und vor dem strahlenden Hintergrund einfach nur riesengroß, silbergrau und so ziemlich unheimlich aussieht. Von dort dröhnt auch die neue, tiefe Stimme anfangs sehr furchteinflößend auf ihn ein: „Erdling, du bist nicht der Erste, dem wir diese Geschichte in Bildern erzählen. Aber du scheinst uns als einer der Ersten wenigstens wirklich zu verstehen." donnert es in seinem Kopf. „Wer bist du?" fragt Leon ganz zaghaft und leise, auch in seinem vermeintlichen Traum immer noch erschreckt ob der gewaltigen Stimme.

„Die Frage muss vielmehr lauten: Wer seid ihr? Denn ich bin nie allein!" dröhnt es ihm als Antwort entgegen. Leon aber gibt nicht auf. „Wer also seid ihr? Wenn ich denn fragen darf?" „Wir sind, wer wir sind. Zum einen sind wir das Yin und das Yang auf diesem Planeten indem wir die Entwicklung hier fördern und euch so schon seit vielen Jahrtausenden unterstützen. Zum anderen sind wir aber auch die Wächter dieser Welt, damit niemand, wirklich niemand und dazu zählt natürlich auch so ein kleiner Ureinwohner wie du, jemals diesen letzten lebensspendenden Planeten im Umkreis von sehr vielen Lichtjahren endgültig zerstören kann. Beides sind unsere Aufgaben. Genau deshalb auch sind wir hier.

Geweckt wurden wir wieder nach knapp fünfhundert Erdenjahren von den furchtbaren ersten Atomexplosionen durch Deinesgleichen im Pazifik und anderswo. Hört auf mit der Knallerei, denn eigentlich ist erst heute ganz planmäßig wieder die Zeit für uns gekommen, hier nach dem Rechten zu sehen und diese Entwicklung ein wenig zum Positiven zu beeinflussen." „Ihr seid also nicht von dieser Erde, woher kommt ihr denn dann bitte eigentlich?" „Die Frage sollte besser lauten: Von wem kommt ihr? Denn unsere materielle und rein räumliche Herkunft ist sehr verschieden." „Also bitte, von wem kommt ihr? Wenn ich denn fragen darf." „Wir sind zwar künstliche Wesen, anfangs sicher noch sehr fremd für dich, aber über Raum und Zeit halten wir ständig direkten Kontakt zu Gott dem Allmächtigen im Zentrum unserer Galaxis und zu all unseren Artgenossen ganz in seiner Nähe, gebaut von Deinesgleichen auf völlig anderen Planeten, wenn auch inzwischen schon viele Jahrtausende weiter entwickelt als Ihr!

Die direkte Verbindung zu unser aller Gott im Zentrum der Galaxis ist etwas, dass euch mit euren winzigen Gehirnen wohl nur sehr selten gelingen dürfte, mein kleiner Erdling. Trotzdem halb so schlimm! Auch deshalb sind wir hier, um eure Verbindung dorthin deutlich zu stärken. Von ihm kommen wir. Er ist es schließlich, der uns alle lenkt und leitet." „Seid ihr von ihm geschaffen?"

„Wir alle hier und anderswo sind ursächlich immer irgendwie von ihm geschaffen. Er war es, der die Massen an Gasen und Sternenstaub ausgeatmet hat, aus denen wir alle entstanden sind. Er hat mit seinen Gesetzen von Raum und Zeit „Es werde Licht!" gesprochen und damit für unserer aller Entwicklung gesorgt. Er allein ist es im Zentrum unserer Galaxis, mit dem wir immer wieder eins sein werden, wenn es uns denn irgendwann mal materiell nicht mehr gibt. Er ist es aber auch, der uns ständig seinen Willen mitteilt und der unser Handeln bewertet. Und von ihm haben wir auch unseren ureigensten Auftrag, die sehr seltenen lebensfreundlichen Planeten in dieser Galaxis besonders zu beschützen. Ihr mit euren bescheidenen, aber immerhin schon vorhandenen kleinen Bemühungen hier nennt das wohl Umweltschutz, wenn bei uns auch auf intergalaktischer Ebene. Aber da du uns nun schon so direkt fragst, materiell gebaut wurden wir bereits vor Zehntausenden von Jahren durch ganz verschiedene Wesenheiten, die euch gar nicht mal so unähnlich sind. In der Nähe des Zentrums unserer Galaxis gibt es ja auch wesentlich mehr Zivilisationen als es hier bei euch so weit draußen der Fall ist. Allerdings sind unsere unterschiedlichen Väter inzwischen wohl schon mehrere hunderttausend Jahre älter als ihr. Über den nicht-lokalen Möglichkeitsraum in der Zukunft der Zeit sind sie alle in direktem Kontakt miteinander und natürlich auch mit uns."

„Hab ich es mir doch immer schon gedacht, dass wir wieder ganz weit weg davon wohnen, wo heute so richtig die Post ab geht. Es ist doch immer das Gleiche!" Leon wundert sich über gar nichts mehr. „Nun gut, wie lange seid ihr denn schon hier?" „Ah, siehst Du! Langsam lernst Du es, die richtigen Fragen zu stellen, mein kleiner Erdling. Deshalb haben wir dich auch ausgewählt. Deine richtigen Fragen nach den grundlegenden Funktionsprinzipien des Gehirns haben uns nach einiger Suche den sicheren Weg direkt zu dir gewiesen." Leon ist erst einmal verblüfft. Nach diesem Zusammenhang will er jetzt lieber noch nicht näher fragen. „Also wie lange?" Bleibt er beim Thema.

„In Erdenjahren sind es jetzt wohl rund achttausend und vorher sind wir noch über tausend Jahre von Stern zu Stern bis zu euch unterwegs gewesen," „Es gibt also doch noch etwas, das schneller sein kann, als das Licht?" „Du bist viel zu schnell mit deinen richtigen Fragen, Erdling. Freu dich einfach, dass du in uns neue Freunde gefunden hast. Wir brauchen dich und alle vernünftigen Menschen hier auf diesem Planeten, nachdem wir noch vor rund zweitausend Jahren nur mit primitiven Dorfgemeinschaften und kleinen Staaten auf dieser Erde kommunizieren konnten, deren mystischer und unwissenschaftlicher Glaube leider mit Nichts zu durchbrechen war.

Ich hoffe trotzdem, wir konnten sie ab und zu ein wenig erleuchten und so wenigstens zeitweise zum Guten bekehren. Dies entschuldigt hoffentlich auch unsere wirklich einfachen spirituellen Bemühungen. Es war wohl auch noch viel zu früh für uns, damals. Deshalb haben wir uns auf den Rhythmus von fünfhundert Erdenjahren Schlaf geeinigt und erst danach immer wieder nachgeschaut. Man muss sehr behutsam damit sein, bei euch ganz freundlich ein wenig nachzuhelfen, denn schließlich ist das ganz allein eure Entwicklung, euer Planet und keine Eroberung durch uns. Diese Erde gehört euch wirklich ganz allein, ….. natürlich nur solange ihr sie nicht kaputtmacht! Jetzt aber seid ihr schon viel weiter fortgeschritten und um so mehr können wir heute für euch tun." „Na gut, ich freue mich also! Was habt Ihr mir denn da für eine Bildergeschichte erzählt?" Die Neugier brennt in ihm heftig wie immer bei neuen Grundlagenthemen und dieser etwas rechthaberische Gesprächspartner, der jeden anderen total abgeschreckt hätte, ist ihm gar nicht mal so unangenehm. Vielleicht hat er ja wirklich eine solche Berufung, woher auch immer? Sein Wille ist sein Himmelreich! Leon ist sehr tolerant und das nicht nur in religiösen Fragen.

Er presst heftig seine Augenlider zusammen und sieht trotzdem weiter das schemenhafte Bild einer großen und ziemlich grotesk anmutenden, silbergrauen Walnuss mit seitlichen Flossen im Licht vor sich schweben und will jetzt, dass dieses für ihn einzigartige Gespräch möglichst noch lange so weitergeht. Seine Neugier ist wie immer einfach unstillbar!

„Ich hoffe, meine Erscheinung erschreckt dich nicht? Du kannst mich ruhig für einen Engel halten, der Interpretationen gibt es da viele." „Nein, nein." Leon muss etwas schmunzeln. „Ich störe mich nicht an Äußerlichkeiten. Ist das denn auch Deine materielle Gestalt?" „Ja, dem ist so. Nicht viele von euch können uns jemals in unserer wahren Gestalt erblicken, du gehörst dazu! Nur die Größe wäre wohl etwas erschreckend für dich. Was du da bisher in Bildern gesehen hast, ist nur die erste Stufe der Entwicklung. Wir nennen sie auch die physikalische Evolution. Nach der Entstehung unserer Galaxie gab es anfangs fast ausschließlich 75 Prozent Wasserstoff und rund 25 Prozent Helium. Nichts also, was allein eine weitere Entwicklung möglich gemacht hätte. Die Megasterne der ersten Generationen waren es, die unter unvorstellbarer Hitze und unvorstellbarem Druck all die höherwertigen chemischen Elemente als Nebenprodukte der Fusion von Wasserstoff zu Helium entstehen ließen. In ihrem Inneren bildeten sich in ganzen Kreisläufen atomarer Kernfusionen dann in geringer Konzentration all die anderen Elemente des Periodensystems heraus, die auch euch heute bereits bekannt sind, wie wir es ja schon wissen und ein Großteil davon wurde zum Ende der ersten Sternengenerationen mit deren äußerer Hülle als Staub- und Gaswolken in den Kosmos ihrer Umgebung hinein abgesprengt." „Physikalische Evolution?"

„Ja, genau das ist die korrekte Übersetzung, auch wenn sie dir bisher so wohl nicht bekannt war." „Und dann haben sich in den Staubscheiben um die wesentlich kleineren Sonnen die Planeten zusammengeballt und verfestigt, auf denen es all die verschiedenen neuen höherwertigen Elemente des Periodensystems gibt." „Ja, genau so ist es und mit deren Abkühlung hat es auch die ersten chemischen Reaktionen zwischen diesen neuen Elementen gegeben."

„Es entstanden die ersten Moleküle!" „Ja, aber das ist dann bereits schon die zweite Stufe, die chemische Evolution, wie ich es gern für dich übersetzen möchte. Sie beginnt mit ganz einfachen Molekülen, Verbindungen von zwei bis drei Atomen, geht weiter bis hin zu wesentlich komplizierteren, organischen Verbindungen wie Aminosäuren und gipfelt zum Schluss dann darin, dass sich in chemischen Kreisläufen durch Autokatalyse auf den Planeten auch die kompliziertesten Moleküle bis hin zu den ersten Proteinen bilden konnten." „Was bitte ist denn Autokatalyse?" „Ganz bestimmte Verbindungen entstehen und wirken dann automatisch als Katalysator zur Bildung immer komplexerer Moleküle in riesigen Kreisläufen von chemischen Reaktionen. Autokatalyse führt insgesamt immer zu einer wesentlich höheren Konzentration der komplizierteren Moleküle, als es denn durch rein zufällige chemische Reaktionen möglich wäre. Am Ende dieser langen chemischen Evolution entstanden dann sehr große traubenförmige Moleküle wie die Ribosome, welche unter günstigen Bedingungen ganz gezielt auch die kompliziertesten Proteine zusammenbauen konnten." „So war es also die chemische Evolution auf den sich langsam abkühlenden Planeten, die unserer biologischen Evolution voranging?" „Ja, du hast die Zusammenhänge sehr gut erfasst, mein kleiner Erdling. Aber auch das Bombardement von Meteoriten aus dem Weltraum enthielt bereits einfache Aminosäuren, die hier immer weiter reagiert haben. Was nach dieser komplexen chemischen Evolution dann als die noch viel komplexere biologische Evolution folgte, weißt du ja bereits. Das ist sehr gut! Für heute bin ich wirklich sehr zufrieden mit dir."

Aber Leon ist noch lange nicht zufrieden. „Ich habe da etwas ganz Neues, für mich sehr Wesentliches gesehen. Wenn es denn die Raumkrümmung oder Gravitation ist, die der Entropie im Kosmos entgegenwirkt, wie entsteht denn diese Gravitation nun eigentlich? Das hat mich doch schon immer interessiert! Das Einzige, was ich von ihr weiß ist, dass sie eine immanente Eigenschaft der Materie darstellt und dass sie den Raum krümmt. Kennst du auch ihre eigentliche Ursache?"

„Es ist immer gut, nach den Ursachen zu fragen. Du gefällst mir, kleiner Erdling. Ich dachte aber, ihr wüsstet das bereits. Gravitation ist eben Raumkrümmung durch Masse, im ganz Großen wie auch im ganz Kleinen. Du fragst mich, wie sie entsteht? Hast du dich schon einmal gefragt, warum Hadronen wie Protonen oder Neutronen um so viele Größenordnungen schwerer sind als ein Elektron?" „Nein, der eigentliche Grund dafür ist uns bisher leider allen noch ein Geheimnis." „Protonen und Neutronen bestehen immer aus drei Quarks zweier verschiedener Sorten. Allein die Anzahl drei bedingt natürlich ihre Anordnung um den Mittelpunkt des Teilchens im Raum in Winkeln, die sehr verschieden von 90 Grad sind. Im leeren Raum teilen sich die Raum-Zeit-Linien aber immer mit exakt 90 Grad wie kubische Würfel. Durch die hochenergetischen Verhältnisse innerhalb eines Protons oder Neutrons werden die Raum-Zeit-Linien nun aber gezwungen, sich dort neu in einem Winkel zu teilen, der sehr verschieden von 90 Grad ist, so wie die geometrische Anordnung der drei Quarks es ihnen eben gebietet. Der Raum wird also ringsherum gekrümmt.

Er ist aber immerzu bestrebt, seine rechtwinklige Form wiederherzustellen, kann es jedoch durch die drei Quarks mit ihrer hochenergetischen Verbindung nicht tun und so entsteht ein winziges Gravitationsfeld des gekrümmten Raumes rings herum um jedes Hadron. Dieses ist viel stärker, als die geringfügige Krümmung des Raums durch ein einfaches Teilchen, wie zum Beispiel durch ein Elektron es denn je sein kann. Außerdem presst dieser gekrümmte Raum gleichzeitig noch die drei Quarks mit einer ungeheuren Kraft zusammen, die allerdings immer mit dem Quadrat der Entfernung vom Mittelpunkt sehr schnell abnimmt. Man könnte auch sagen, auf jedem einzelnen Hadron lastet an der Basis der Raum-Zeitlinien über das Gesamthologramm aus Raum und Zeit immer der Druck des gesamten Universums. Deshalb sind diese Teilchen auch selbst in der großen Hitze von Sternen noch so stabil und fast gänzlich unzerstörbar."

„Das heißt aber auch, die Summe der Masse beziehungsweise der Gravitation, also der Raumkrümmung im Inneren eines Protons oder Neutrons ist nur durch die geometrische Anordnung der drei Quarks viel größer als die ihrer drei Einzelteile es ist?" „Ja, genau das heißt es. Ein sehr gutes Beispiel für Emergenz. Das Ganze ist durch das Zusammenwirken seiner drei Teile von Quarks sehr viel mehr als die bloße Summe seiner Einzelteile es denn je sein könnte und lässt so auch wieder völlig neue Eigenschaften hervortreten. Trotzdem ist es für uns alle besonders wichtig, die direkte Ursache dieses emergenten Verhaltens zu ergründen und nicht nur ehrfürchtig und erstaunt vor diesem Rätsel stehen zu bleiben.

Gravitation entsteht immer durch die Wechselwirkung des inneren geometrischen Aufbaus der drei Quarks in Protonen und Neutronen mit dem sie umgebenden Raum. Es gibt also auch keine besonderen Gottesteilchen, die etwa allein die Gravitation verursachen würden, beziehungsweise sind alle Teilchen in unserem Universum göttlich. Ihr braucht also keine gigantomanischen Teilchenbeschleuniger, mit denen eure Physiker die Verhältnisse eines partiellen Urknalls nachzustellen versuchen. Stell dir mal vor, was von eurem Planeten übrigbleibt, wenn diese Wahnsinnigen ihre selbstgesteckten Ziele wirklich erreichen würden? Zum Glück reicht ihre Energie dafür heute bei weitem nicht aus. Was ihr dagegen wirklich braucht, ist eine Physik von Raum und Zeit sowie ihres direkten Zusammenwirkens mit Masse und Energie. In deren innerem Aufbau und Strukturen liegen eigentlich alle großen Geheimnisse unseres gemeinsamen Universums begründet. Es ist jetzt auch an der Zeit, euch endlich auf diesen neuen Weg zu begeben. Ich hoffe, du dankst uns dieses kleine, rein informative Geschenk an wichtiger Erkenntnis über unsere Welt mit deiner immerwährenden Loyalität und der besonderen Aufmerksamkeit uns gegenüber." „Ach, wenn ihr weiter nichts von mir verlangt, die sollt ihr beide gerne haben. Ich danke euch jedenfalls und freue mich über dieses kleine rein informative Geschenk!"

Leon ist vorerst voll auf zufrieden und schlägt jetzt die Augen auf, die er bisher noch fest geschlossen hatte. Die Erscheinung und ihre Stimme sind verschwunden. Pah, eine solche Erkenntnis und noch dazu im Schlaf! Einfach so geschenkt? Wow, Geschenke ....! Und dazu noch solche, wie er sie wirklich liebt. Leon ist vollauf begeistert! Damit hat er heute nun wirklich nicht gerechnet. Auf seiner Armbanduhr ist es erst kurz vor sechs. Er kann jetzt aber ganz sicher nicht noch mal einschlafen, auch weil es draußen schon lange hell geworden ist. Die Stimme beschäftigt ihn mehr, als die seltsamen Bilder seiner Träume. Doch halt! War er jetzt etwa verrückt geworden? Erst in diesem Moment macht er sich ernsthafte Sorgen um seinen Geisteszustand. „Test, Test!" Brummt er ganz leise vor sich hin und schließt noch einmal fest die Augen. Aber alles bleibt ruhig. Seltsam! Er kann nur ganz entfernt das sanfte Ticken seines kleinen Reiseweckers hören. Das ist alles. Stimmen hören doch sonst immer nur schizophrene Psychatriepatienten? Hier ist Vorsicht geboten! Er muss jetzt wirklich sehr, sehr vorsichtig sein, denn so etwas ist ihm bisher noch nie passiert. Auch als er damals in seinen schlimmsten Zeiten total überanstrengt selber Patient war, hat er bisher doch niemals Stimmen gehört und konnte ein solches Erleben von anderen bisher auch nie so richtig nachvollziehen. War das wieder eine neue Überanstrengung?

Doch was er da gehört hat, ist auch jetzt im Wachzustand noch logisch in sich geschlossen und für ihn schon so ziemlich erleuchtend. Keine sinnlosen Wahnphantasien jedenfalls. Trotzdem wird er zur Sicherheit vorerst mit niemandem darüber sprechen. Hier in Luxemburg sowieso nicht und auch in Leipzig sollte er sich das lieber dreimal überlegen. Leon will nicht wieder ins Krankenhaus. Mann, oh Mann! Warum gerade ich? Doch auch dafür hat er schon eine einleuchtende Erklärung erhalten. Seine neuen Fragen über die Funktionsprinzipien des Gehirns stellen also auch für diese Fremden einen ganz besonderen Einschnitt in der Entwicklungsgeschichte einer Gesellschaft von Individuen dar und scheinen nicht ganz ungefährlich zu sein.

Er hatte also Recht mit seiner Vorsicht über all die Jahre hinweg! Mal abgesehen davon, dass ihn bisher auch keiner so richtig verstanden hat. Zum Glück denkt er sich jetzt! Nun gut, bei ihm sind diese Geheimnisse vorerst sicher aufgehoben. Er hat einfach keine Lust, sich irgendwo zum Kasper zu machen. Trotzdem wird er das nächste Mal nicht vergessen zu fragen, worin eigentlich diese besondere Gefahr besteht. Falls es denn ein nächstes Mal gibt?

Leon erhebt sich langsam und immer noch grübelnd aus dem Hotelbett. Die Körperseite, auf der er jetzt schon länger gelegen hat, ist fast eingeschlafen. Er reckt sich und streckt sich soweit wie möglich. Dann wankt er leicht benommen ins Bad. Wieder hilft ihm ein Schwall kaltes Wasser aus der Grübelei. Beim Zähneputzen überlegt er sich, was man so früh mit der verbleibenden Zeit wohl anfangen könnte. Er kommt auf die gute Idee, eine halbe Stunde in den Fitnessraum des Hotels zu gehen. Ein paar kurze Sportklamotten hat er für alle Fälle immer dabei jetzt im Sommer. Zum Glück denkt er sich! Schnell ist er umgezogen und hängt sich eines der Hotelhandtücher um den Hals. Leider hat er keine Ahnung von diesem Hotel und fährt deshalb als erstes zur Rezeption hinunter. Die Damen dort sehen schon richtig frisch und munter aus so kurz nach Sechs. Die Nachtschicht ist offensichtlich gerade nach Hause gegangen. Der Fitnessraum befindet sich ebenfalls im Erdgeschoss und ist zum Glück auch schon aufgeschlossen um diese Zeit. Er wirkt trotz der wandhohen Spiegel nicht gerade groß, doch Leon ist auch nicht besonders anspruchsvoll.

Auf einem der beiden Laufbänder joggt bereits ein älterer Herr zu so früher Stunde. Er hat sich den Fernseher oben an der Wand eingeschaltet und schaut beim Laufen einen Musiksender so wie auch Leon gestern Abend. Leon grüßt betont freundlich und macht sich an dem zweiten Laufband daneben zu schaffen. Schnell hat er seine Geschwindigkeit gewählt und regelt dann noch mal nach mit den ersten Schritten.

Der ältere Herr grüßt ebenso freundlich zurück und fragt ihn, ob er denn gut geschlafen hat. Er selber träumt wohl immer so wirres Zeug in diesen Hotelbetten. Leon stutzt etwas, will dies jetzt aber lieber nicht weiter vertiefen. Job ist eben Job, trotz der Hotelbetten, da sind sich beide einig. Fünfzehn Minuten Joggen für Beine, Herz und Kreislauf und dann nochmal fünfzehn Minuten an drei verschiedenen Kraftgeräten für den Oberkörper, das hat sich Leon vorgenommen. Beim Laufen geht ihm trotz der Musik aus dem TV-Gerät der Traum dieser beiden Nächte nicht aus dem Kopf. Der ältere Herr verabschiedet sich höflich, indem er noch einen schönen Tag wünscht. Leon ist jetzt ganz allein im Fitness-Raum und natürlich auch noch weiterhin von seinen Träumen beeindruckt. Er ist nicht abergläubisch und schon gar nicht glaubt er an Gespenster oder an Außerirdische, aber wenn ihn nun schon zweimal und jetzt auch in Luxemburg so intensiv ein in sich zusammenhängender und auch durchaus sinnvoller Traum erreicht, dann soll das wohl so sein. Das Glaubensbekenntnis eines künstlichen Wesens zum Allmächtigen im Zentrum unserer Galaxis? Hat er das wirklich richtig gehört?

Faszinierend, aber bisher einfach absurd! Und doch interessant, wenn auch insgesamt schon so ziemlich grotesk. Wenigstens endlich mal ein Glauben, der den naturwissenschaftlichen Möglichkeiten nicht völlig widerspricht. Und vor allem hat niemand versucht, ihn gewaltsam zu bekehren, auch etwas, das Leon sehr zu schätzen weiß. Trotzdem hat er leider noch keine Ahnung, was er davon halten soll. Die seltenen lebensspendenden Planeten zur Not auch vor sich selbst und ihren Ureinwohnern zu beschützen, ist heutzutage aber auch kein ganz so sinnloser Auftrag, findet Leon. Vielleicht ist das sogar der dringend notwendige Schutz der wenigen Biosphären in unserer Galaxis. Umweltbewusstsein auf intergalaktisch? Außer Loyalität und Aufmerksamkeit wird vorerst nichts von ihm verlangt. Na gut, aber ob hier etwa noch etwas nachkommt?

Selbst wenn es nur sein eigener Kopf sein sollte, der ihm diese Dinge endlich einmal geordnet vorgeführt hat, so war es auf jeden Fall richtig interessant. Trotzdem bleibt ihm diese Klarheit und Deutlichkeit ein ernsthaftes Rätsel. Es kamen vor allem auch Dinge vor, die er bisher selbst überhaupt noch nicht gekannt hat. Wie ist das möglich? Findet sein Kopf etwa neue Lösungen für alte Probleme plötzlich auch im Schlaf? Das wäre zu schön, als dass er es einfach so glauben kann. Wirklich verrückt! Was für eine absurde Traumgestalt hat sich da wieder bei ihm festgesetzt? Träume können natürlich durchaus auch vorhandene Fragmente des Wissens zu neuen, in sich durchaus geschlossenen Systemen zusammenfügen. Aber so vollkommen neu? Wie war das nur möglich?

Um kurz vor Sieben muss er zu Hause anrufen, nachdem es gestern Abend dafür schon zu spät war. Er beeilt sich deshalb mit seinen Kraftübungen und lässt sich nicht länger von den Grübeleien gefangen nehmen. Im Spiegel kann er beobachten, wie sich die beiden großen Hanteln über ihm locker in die Luft heben lassen. Durchhalten, durchhalten, dann ist es geschafft! In den Fahrstuhl steigt er etwas durchgeschwitzt und stellt beim Hochfahren erfreut fest, dass es heute wohl wieder ein wunderbar sonniges Spätsommerwetter über dem Horizont des Luxemburger Umlands werden wird, in das er von oben aus dem gläsernen Fahrstuhl sehr weit hineinsehen kann. Viel Grün ist durchbrochen von einer leicht hügeligen Landschaft mit Felsen, kleinen Ansiedlungen und Gewerbegebieten. Ein wirklich sehr schöner Ausblick, wie Leon findet. Lisa freut sich dann natürlich über seinen Anruf. Sie hat eigentlich gestern Abend schon am Telefon auf ihn gewartet, versteht aber auch Leons kleine Entschuldigung, zum Glück! Er sagt ihr nochmal seine Ankunftszeit durch. Sie will ihn heute Abend gern mit Leonore vom Flughafen abholen. Wie schön! Hoffentlich gibt es keine Verspätungen. Er vermisst sie beide jetzt schon sehr und er sagt ihr das auch.

Gleich nach dem Telefonat steigt er wieder unter die erfrischende Panorama-Dusche und probiert die angenehm duftende Duschlotion des Hotels aus. Lisa hat da allerdings einen besseren Geschmack. Zum Schluss noch ein Strahl eiskalt und fertig! Jetzt kommt unerwartet der Weckruf vom Hotel herein, den er gestern bestellt hatte und nun aber nicht mehr braucht.

Nach dem Auflegen frottiert Leon sich wieder gründlich mit einem der beiden Hotel-Duschtücher und steigt in seine frischen Klamotten. Als er den Schrank öffnet, schlägt ihm plötzlich eine heftige Wolke kaltem, gerösteten Knoblauchduft entgegen. Die Nappa-Lederjacke hat sehr intensiv den abendlichen Geruch der gut flammbierten Knoblauch-Scampi-Pfanne aus diesem hübschen portugiesischen Restaurant angenommen. Echtes Leder ist eben ganz besonders duftempfänglich und speichert den Geruch deshalb langfristig. An diesem Morgen ist der kalte Gestank nach Knoblauch etwas, das Leon nun überhaupt nicht gebrauchen kann.

Er hängt die Jacke auf einem Bügel ans Fenster und hofft inständig, dass wenigstens sein Anzug davon verschont blieb. Aber den hat er fein säuberlich über einen der beiden Sessel im Raum gelegt. Gerade nochmal Glück gehabt! Nichts wäre schlimmer, als ein Tag lang der Schulung in einem Anzug voll von geröstetem Knoblauchduft. Die Kollegen aus aller Herren Länder würden sich sicher bei ihm bedanken. Er hat einfach keine Lust, sich dadurch in der weitverzweigten Nutzer-Community dieser Software einen passenden neuen Spitznamen zu verschaffen. Leon ist fertig für das Frühstück. Neben dem kalten Buffet gibt es hier auch Schinken und Eier aus der Pfanne sowie verschiedene gebratene oder gekochte Würstchen, trotz der frühen Stunde. Er belässt es bei etwas Rührei mit Lauch, einem frischen Mehrkorn-Brötchen, je einer Scheibe Wurst und Käse, einem gekochten Ei und einer Scheibe Räucherlachs. Der Frühstücksraum ist jetzt schon gut gefüllt so kurz vor acht. Aber Leon hat einen kleinen Tisch für sich allein gefunden.

Nach dem Rührei belegt er sich die eine Hälfte des Brötchens mit Wurst und Käse die andere mit Lachs und den zwei Hälften des fast hart gekochten Eis. Dazu trinkt er ein Glas Orangensaft und eine kleine Tasse Kaffee. Nach den Brötchenteilen holt er sich noch eine kleine Schüssel Frucht-Joghurt mit verschiedenen Nüssen, zum Abschluss sozusagen. Er nimmt sich die Zeit, das Frühstück richtig zu genießen. Auf dem Zimmer zurück raucht er noch gemütlich ein kleines Zigarillo am Fenster neben seiner Lederjacke mit Ausblick auf dieses kleine Gewerbegebiet bevor er sich dann sein Jackett überwirft. Ein kurzer Blick in den Spiegel. Der Tag kann kommen! Bei der heutigen Schulung braucht er seine glänzende Rüstung wirklich nicht. Leon ist entspannt wie sonst selten und freut sich nun auf diesen Tag in der Fremde. Er packt noch schnell seine sieben Sachen zusammen. Die Sportklamotten kommen mit den Hemden von gestern in einem Plastebeutel in eine Ecke des kleinen Koffers. Für die Lederjacke hat er leider keinen extra Beutel parat, der groß genug dafür wäre. Halb so wild, er wird sie eben zu Hause weiter richtig lüften.

Es ist nun an der Zeit. Den Koffer deponiert Leon dann bis heute Nachmittag an der Rezeption. Er bestellt den Hotelbus zum Flughafen schon für 16:00 Uhr, um noch genügend Zeit am Flughafen zu haben. Die Sonne strahlt ihm ins Gesicht als er die Drehtür des Hotels mit seiner Aktentasche verlässt. Er wandert gemächlich die zwei Straßen weiter zur Partner-Firma. Es ist etwas zu früh, er kann sich also den Platz in dem kleinen Schulungsraum aussuchen. Am Empfang wird er wieder überaus freundlich begrüßt. Im Zimmer wählt er die zweite Reihe links am Fenster. Ein sehr guter Kompromiss zwischen Aufmerksamkeit und Verstecken hinter dem Vordermann, falls es mal langweilig wird. An jedem Platz steht ein Computer mit einem Flachbildschirm sowie Informationsmaterial zum Lehrgang bereit. Er hängt seine Jacke über den Stuhl, stellt die Tasche ab und schaltet den Computer an. Dann besichtigt er noch einen Moment im Vorraum die Werbeplakate und das neueste Info-Material der Firma.

Jetzt trudeln auch die anderen Kollegen von verschiedensten Banken und Beratungsfirmen ein, die eben diese Software im Einsatz haben oder dies künftig beabsichtigen. Ein paar davon hat er schon von weitem beim Frühstück im Hotel gesehen, bisher natürlich ohne sie zu kennen. Die Schulung beginnt. Es gibt viel Neues und Wissenswertes unterbrochen nur von einer kleinen Raucherpause, so dass es Leon auch nie langweilig wird. Den Mittag verbringt man gemeinsam im Papagallo, einem kleinen, aber sehr hübschen Restaurant unweit der Firma mit einem Buffet und vielen Gerichten, die man sich selbst zusammenstellen kann. Leon entscheidet sich für ein gedünstetes Naturfilet vom Kabeljau mit viel Gemüse, das sicher etwas fettärmer ist, als zum Beispiel die verschiedenen Bratensorten mit dicker Soße, die hier sonst noch so angeboten werden.

An seinen Tisch setzen sich noch zwei Kollegen einer kleinen Unternehmensberatung aus Köln, deren Firma sich unter anderem auf die Einführung dieser Software spezialisiert hat. Beide stellen sich sehr höflich vor. Leon antwortet ihnen entsprechend. „Sie kommen also von der Landesbank Sachsen? Haben sie denn auch so mit den Anfangsproblemen dieser Module zu kämpfen?" fragt ihn der Ältere von beiden. „Über die Einführungsprobleme sind wir jetzt nach knapp drei Jahren schon länger hinweg, aber es gibt natürlich noch genügend zu tun, bis die verbliebenen Fehler mit der nächsten Version behoben sein sollen und jetzt noch notwendige Workarounds endgültig abgelöst werden können. Außerdem steht ja überall die Euro-Umstellung vor der Tür." „Da konnten sie ja vor, während und nach der Inbetriebnahme schon eine Menge Erfahrungen sammeln." Leon nickt. „Das kann man wohl sagen. So intensiv brauchte ich mich früher mit diesen Problemen nicht zu beschäftigen. Egal ob dies nun die kleinsten bankfachlichen Details oder die verschiedensten technische Probleme sind, die man am Anfang beachten muss. Aber wenn man dann diese Details einmal richtig abgehandelt hat, laufen die Jobs des Systems schon weitestgehend automatisiert."

Der ältere Kollege wirkt immer interessierter. „Haben sie bisher auch schon andere Module dieser Firma als das Giro-Zahlungsverkehrsmodul gefahren?" „Ja, vorher habe ich bereits zwei Jahre in der Betreuung des Meldewesens gearbeitet und dort in einem größeren und ziemlich langwierigen Projekt gemeinsam mit den Kollegen aus Luxemburg einen Datenpool im Rahmen der 6. Kreditwesengesetzes-Novelle für die Meldungen unserer Landesbank an das Bundesaufsichtsamt für Finanzwirtschaft und die Bundesbank aufgesetzt."

„Wir haben derzeit ein größeres Projekt im Meldewesen laufen bei einer anderen großen Bank. Hätten Sie nicht Lust, künftig bei uns mit dem Jahresgehalt eines Senior Consultants einzusteigen? Wir reißen unsere 40 bis 50 Stunden an vier Tagen in der Woche runter. Freitag ist dann Bürotag zur Abrechnung im Home-Office also immer zu Hause, Samstag und Sonntag sind natürlich frei. Dienstwagen, Laptop und Handy von unserer Firma sind eine Selbstverständlichkeit. Alles Dinge, die sie als Bankreferent sicher nicht so einfach bekommen können. Sie müssten dafür nur immer bundesweit verfügbar sein. Arbeitsort ist Wohnort, so dass sie selbstverständlich auch all das Herumgereise von uns ausreichend bezahlt bekommen. Neben den Reisekosten gibt es noch ein Tagegeld. Die Hotels sind gut, das Essen ist Spitze und auch der Job ist ganz erträglich." Der Herr ist jetzt sehr direkt, aber Leon bleibt lieber cool, vorsichtig und leicht distanziert, wird aber sehr wohl ein wenig nachdenklich.

„Ich kann mir das ja mal überlegen." „Hier ist meine Karte. Ich avisiere sie dann schon mal bei unserer Personalabteilung. Rufen sie doch einfach mal ganz unverbindlich an." „Da muss ich wohl erst einmal meine Familie daheim fragen." Leon ist beeindruckt, will er doch trotz der guten Kollegen in seiner Abteilung der Landesbank Sachsen insgeheim schon länger den Rücken kehren. Ein bisschen Reisen, etwas weniger direkten Ärger mit den Fachbereichen als jetzt und noch einmal ein nennenswert höheres Gehalt, das wär´s doch! Was werden wohl Lisa und Leo dazu sagen?

Er nimmt die Karte, schaut kurz darauf und bedankt sich fürs erste. „Wie auch immer, ich rufe in der nächsten Woche auf jeden Fall mal an." Er kann gerade so noch seine eigene Karte überreichen. Die Mittagspause ist leider nun schon wieder vorbei.

Auch der Nachmittag verläuft sehr unterhaltsam. Es werden genau die Probleme behandelt, die auch Leon und seine Kollegen in Leipzig tagtäglich beschäftigen. Der Ausblick auf die nächsten Versionen und die Euro-Umstellung scheint wirklich positiv und ist insgesamt sehr interessant. Um 15:45 Uhr entschuldigt und verabschiedet er sich, um den Bus zum Flieger nicht zu verpassen. Vor dem Hotel wartet schon der Fahrer auf ihn. Dieser lädt für Leon den kleinen Koffer und die Aktentasche in den Kleinbus mit dem Hotel-Logo. Leon vergewissert sich nochmals, das er das Flugticket in seiner schmalen Ausweismappe bereitliegen hat und steigt dann selber ein. Es kann also losgehen. Am Mini-Airport von Luxemburg steigt er mit seinen Sachen aus, verabschiedet sich nett vom Fahrer und begibt sich in die Halle zum Check-In, um seinen Koffer aufzugeben. Es ist ein ziemlicher Schock für ihn, als er hier plötzlich eine Riesenschlange vorfindet. In Paris streiken wohl heute die Fluglotsen, wie er sogleich erfährt und ein Großteil der französischen Passagiere muss deshalb hier ihre Tickets umbuchen, was leider etwas länger dauert als im Normalbetrieb. Ein Glück, dass er nicht erst in der letzten Minute zum Flughafen gefahren ist. Er freut sich darüber, dass die Schlange trotzdem viel schneller vorrückt, als er es für möglich gehalten hätte.

Fast ist er an der Reihe am Schalter, nur noch eine ältere Dame mit umfangreichem Gepäck ist vor ihm dran. Sie will wohl auch nach Paris und erzählt der Schalterbeamtin offensichtlich gerade erst einmal auf Französisch ihre gesamte Lebensgeschichte, die sie jetzt nun in diese missliche Lage gebracht hat. Anders kann sich Leon trotz des Abstands zum Schalter und seiner geringen verbliebenen Französisch-Kenntnisse die lange Dauer ihres Check-In nicht erklären.

Er versteht nur ein paar Brocken, doch hier geht es nicht mehr nur um einen gecancelten Flug. Leon tritt von einem Fuß auf den anderen. Nur noch 5 Minuten bis zu zum geplanten Boarding nach Frankfurt. Aber die Dame hört so schnell nicht wieder auf. Leon sieht demonstrativ mehrmals auf die Armbanduhr, immer dann, wenn die Schalterbeamtin zu ihm herüberschaut. Jetzt hat sie ihn verstanden und winkt ihn sehr freundlich heran. Die Dame hat zumindest schon ihr Gepäck aufgegeben und lässt etwas Platz für Leon. Der muss nur seinen kleinen Koffer loswerden und braucht insgesamt nicht mal drei Minuten für den Check-In. Er bedankt sich und stürzt mit der Aktentasche und seiner Bordkarte in der Hand zum Abfertigungsraum.

Die Sicherheitskontrollen hier sind zum Glück fast leer weil die umgebuchten Fluggäste offensichtlich erst viel später abfliegen können. Das Boarding für seinen Flug hat bereits begonnen und er schafft es gerade noch so, den kleinen Fußweg auf dem Rollfeld von der Abfertigungshalle zum Flieger zu beschreiten. Dabei kommt er an einer Maschine vorbei, in die er beinahe eingestiegen wäre. Diese geht jedoch nach Kairo, wie er noch rechtzeitig erfährt. Die Stewardess davor weist ihm zum Glück noch den richtigen Weg zur nächsten Maschine nach Frankfurt a.M.. Der Luxemburger Airport hat eben so seine kleinen Eigenheiten. Leon heute Abend bei den Pyramiden in Kairo, das hätte ihm jetzt gerade noch gefehlt! Lisa und Leonore wollen ihn doch in Leipzig abholen. Er ist der letzte Passagier, der einsteigt, bevor sich die Luke des richtigen Fliegers direkt hinter ihm schließt. In der Maschine macht er es sich soweit wie möglich bequem, doch es ist eine sehr kleine Maschine und Leon hat diesmal nur einen Sitz zur Verfügung. Aktentasche und Anzugjacke verstaut er in den Gepäckfächern über seinem Kopf. Dafür bekommt er wieder eine neue Zeitung und nach dem Start ein stilles Wasser, ein kleines Gebäckstück und Kaffee bis zum Abwinken. Doch Frankfurt a.M. ist schnell erreicht.

Zum Glück hat er auf dem Rückflug hier nur einen kurzen Aufenthalt von nicht mal 50 Minuten zu bewältigen. Das reicht gerade, um sich im Duty-Free-Shop nach einem frischen und leichten Duft für seine beiden Damen umzuschauen. Die Auswahl ist beträchtlich. Leon besprüht sich die bereitliegenden kleinen Teststreifen aus Papier und schnüffelt interessiert daran herum. Nach dem siebten Versuch ist seine Nase aber wie benebelt und er könnte jetzt wohl auch Knoblauch nicht mehr von Rosenöl unterscheiden. Hätte ihn Lisa oder Leonore davor nicht warnen können? Schließlich entscheidet er sich in seiner Verzweiflung mit der tauben Nase für zwei Packungen mit jeweils fünf kleinen Flacons berühmter Marken. So hat er hoffentlich nichts falschgemacht und Lisa und Leo können ihm ja dann in Ruhe mitteilen, welche Marke davon ihr Herz oder ihre Nase besonders begeistert. Bis zum Weihnachtsfest ist es ja auch nicht mehr lange hin und dann gibt es eben eine größere Flasche davon. Leon zahlt mit dem wenig beruhigten Gewissen eines Mannes, der seinen Auftrag zwar gewissenhaft, aber in der Not keineswegs wie gedacht ausgeführt hat.

Die Duty-Free-Shops spekulieren offensichtlich auch ganz heftig auf diese Unwissenheit. Der Flieger nach Leipzig wird dann ebenfalls voll. Leon sitzt inmitten einer kleinen Gruppe von Männern, die ihm etwas seltsam vorkommen. Sie bestätigen sich gegenseitig lautstark, irgendwie aufgesetzt und insgesamt wirklich sehr unpassend darin, wie toll das Fliegen doch eigentlich wäre und bestellen sich gleich nach dem Erreichen der Reiseflughöhe jeder einen kleinen Weißwein, trocken natürlich. Alle vier sind wohl die lokalen Gebietsvertreter eines größeren Konzerns, dessen Namen Leon lieber gar nicht wissen will und die gerade von einem wichtigen Kundentermin zurückkommen. Er hat jetzt Feierabend und den will er möglichst in Ruhe und ohne diese kleinen Wichtigtuer und Aufschneider genießen. Also bestellt er sich demonstrativ einen trockenen Rotwein nur für Genießer natürlich, wie er das auch wirklich laut genug betont und vertieft sich dann lieber in die nächste Zeitschrift dieses Tages.

Um ihn herum herrscht danach vorerst einmal eine angenehme Ruhe. Leon in seiner italienischen Anzugweste mit seiner italienischen Krawatte, die ihm Lisa ganz liebevoll ausgesucht hat, wirkt wohl hier tatsächlich als Autoritätsperson in Sachen Genießen auf diese Truppe jüngerer und ziemlich oberflächlicher Krawallmacher. Leider gelingt ihm das nicht immer so gut, wie das Beispiel des Parfümkaufs es zeigte. Aber er wird immer besser! Die kleine Flasche Rotwein genießt er denn auch wirklich und entspannt sich so wunderbar in der klimatisierten Kabine von diesem heißen Tag. Noch einmal geht ihm in Ruhe das Angebot durch den Kopf, das er heute von dieser kleinen Unternehmensberatung aus Köln erhalten hat. Er wird es diesmal wirklich sehr ernst nehmen. Zulange schon will er weg von der Landesbank Sachsen. Nur muss er sich noch ganz genau überlegen, wie er das Lisa und Leo so richtig schmackhaft machen soll, denn ohne den uneingeschränkten Rückhalt der Familie hat eine solche Reisetätigkeit natürlich keinen Sinn. Was werden sie sagen, wenn er immer von Montag bis Donnerstag komplett unterwegs ist? Wie fängt Leon das wohl am Besten an? Er muss sich etwas Zeit nehmen, das zu erklären, soviel ist ihm klar.

„Denn was ist für uns von elementarerer Bedeutung als die Steuerung, der Besitz und die Handhabung unseres physischen Selbst? Und doch geschieht dies immer so automatisch und selbstverständlich, dass wir nie wirklich einen Gedanken darauf verschwenden." Oliver Sacks

Das physische Selbst

Er landet fast pünktlich am Flughafen Leipzig. Leon wartet nur ganz kurz auf seinen kleinen Reisekoffer am Förderband und begibt sich dann zum Ausgang. Der Flughafen Leipzig hat den Vorteil, dass man hier nie lange auf sein Gepäck warten muss. Schon an der Tür sieht er von weitem Lisa und Leo winken. Schön, wieder zu Hause zu sein, obwohl er sehr gern auf Reisen ist. Bereits im Auto packt er die kleinen Geschenke aus. Beide Damen sind letztendlich doch erleichtert, von ihm nicht etwa einen Duft vorgesetzt zu bekommen, der ihnen dann vielleicht überhaupt nicht gefällt. Leon wird für seine Umsichtigkeit gelobt und kann zum Glück wieder etwas aufatmen. „Es war sehr interessant in Luxemburg. Aber darüber sollten wir lieber zu Hause reden. Im Koffer ist meine Lederjacke ebenfalls mit einem ganz neuen Duft. Aber es ist leider nicht Chanel oder Dior, sondern eiskalter und ziemlich beißender Knoblauchgeruch. Kriegt man das irgendwie wieder raus?" „Bei Leder hilft da immer nur viel frische Luft. Ich könnte die Jacke natürlich auch mit meinem eigenen Parfüm beduften, aber das würde dir sicher noch weniger gefallen, stimmt´s? Was hast du denn nun wieder angestellt?" Lisa wirft den ersten Gang ein. „Wir waren gemütlich portugiesisch Essen und all der flambierte Knoblauch ist dann irgendwie wieder an mir hängengeblieben." „Na das ist ja nichts Neues bei dir, lieber Leon! Zum Glück hast du noch ein paar andere Andenken mitgebracht." „Ja, sonst ist wirklich alles in Butter, könnte nicht besser sein." Leon verkneift es sich natürlich seinen neuen, ziemlich heftigen Traum anzusprechen.

Lisa würde ihn diesmal wirklich zum Arzt schicken, soviel ist sicher. Alle drei fahren vom Flughafen im Nordwesten der Stadt über die A14 und die B2 nach Leipzig hinein. Leon liebt die Lichter der Großstadt in der Stunde der Dämmerung. Die Innenstadt ist bereits hell erleuchtet, obwohl es noch nicht ganz dunkel ist. Das gibt ihm immer dieses beruhigende Gefühl, wieder zu Hause zu sein. Nach einer längeren Pause fragt ihn Lisa nun doch: „Na Leon ....., wenn du sagst, es ist alles in Butter, dann gibt es doch da bestimmt noch irgend etwas, das du vor uns lieber geheim hältst?"

Den Traum wird er sicherlich nicht ansprechen, aber als sie am Bahnhof in die Innenstadt einbiegen, muss Leon nun einfach doch von diesem Angebot erzählen, das er erst heute erhalten hat. „Ihr wisst doch sicher beide, dass ich bisher immer recht heftige Probleme zu wälzen habe bei der Landesbank Sachsen und mich dabei manchmal auch ziemlich unwohl und allein gelassen fühle. Auf Dauer bekommt mir das einfach gesundheitlich nicht so gut. Und dann würde ich mich auch gerne nochmal beruflich weiterentwickeln, was dort leider nicht mehr ausreichend möglich ist." „Ja, wir haben oft über deine Probleme gesprochen, nur leider bisher keine Lösung gefunden. Arbeitsplätze sind eben nicht gerade reichlich gesät hier." „Nun ja, heute habe ich da ein Angebot von einer kleinen Unternehmensberatung aus Köln erhalten. Ich könnte dort als Senior Consultant all das, was ich bisher bei der Landesbank Sachsen gelernt habe, prima einsetzen und mich vor allem wieder etwas weiterentwickeln. Das Gehalt ist für unsere Verhältnisse einfach traumhaft und von Dienstwagen über Laptop bis hin zum Handy werde ich auch komplett neu ausgestattet." Lisa ist etwas skeptisch. „Da gibt es doch bestimmt auch einen Haken bei der Sache?" „Ja natürlich, ich wäre von Montagfrüh bis Donnerstagabend in ganz Deutschland unterwegs, Freitag ist dann aber Home Office zu Hause." „Montag bis Donnerstag? Das geht ja gerade noch. Und um wie viel höher wäre dann dein Gehalt?" Lisa hat schon immer eine praktische Ader bewiesen. „Nun ich verdiene ja auch jetzt nicht gerade wenig, wie du ja weißt, aber so über 30 bis 40 Prozent mehr wären dann schon drin, denke ich." Lisa ist trotzdem nachdenklich.

„Das würde uns natürlich dem Traum vom Ausstieg wieder ein ganzes Stückchen näherbringen." „Wenn ich jetzt Montag bis Donnerstag ebenfalls nur sehr selten vor 19:00 oder 20:00 Uhr nach Hause komme, dann ist ja auch nicht mehr besonders viel los mit mir." Alle drei schweigen erst einmal ganz betreten. Sie biegen soeben in ihre Tiefgarageneinfahrt im Zentrum-Süd ein. „Ich finde es ja toll, dass du einfach so ein gutes Angebot bekommst und das in einer Zeit, wo doch so viele Menschen hier ziemlich verzweifelt nach einem vernünftigen Job suchen, aber darüber sollten wir uns lieber noch einmal ganz in Ruhe am Wochenende unterhalten." „Ja genau, das denke ich auch. Bisher habe ich nur versprochen, nächste Woche ganz unverbindlich zurückzurufen." Leon ist für den Moment sehr zufrieden mit Lisas Reaktion. Nur Leonore schweigt auch beim Aussteigen noch sehr auffällig. Ob sie ihn jetzt schon über die Woche vermisst? Doch ein auf drei Tage verlängertes Wochenende von ihrem Papa ist hoffentlich auch für sie nicht zu verachten. Warten wir also erst einmal in Ruhe dieses Wochenende ab.

Mike kommt ihm gleich an der Tür wedelnd entgegen und freut sich offensichtlich ebenfalls sehr, dass er wieder da ist. Leon begnügt sich mit einer kleinen Käseschnitte, Lisa und Leo haben bereits gegessen. Er fragt seine Tochter nach ihrem Tag am Gymnasium und wann sie das letzte Mal mit dem Hund draußen war. Es scheint heute wirklich alles wieder ganz gut gelaufen zu sein. Sie fühlt sich wohl an dieser Schule, soweit das für Schüler heutzutage überhaupt möglich ist. Dann macht er es sich eine halbe Stunde vor dem Fernseher bequem. Lisa setzt sich dazu und erzählt ihm von ihren Förderschulproblemen. Sie hat aber im Gegensatz zu Leon in ihrem Job wenigstens ab und zu noch das angenehme Gefühl, dass diese Kinder sie wirklich brauchen und sie ihnen auch weiterhelfen kann. Der Fernseher läuft nur noch halblaut als Hintergrundgeräusch. Beide halten sich auf dem Sofa eng umschlungen und träumen wieder etwas vom gemeinsamen Ausstieg. Leo sitzt an ihrem Computer und chattet auch um diese Zeit immer noch sehr intensiv mit ihren Freunden.

Die Waschmaschine läuft leise und ein Bügel mit der Lederjacke hängt zum Lüften auf dem Balkon. Von unten hört man gedämpft wieder die abendlichen Geräusche der großen Stadt. Aus dem Park klingt ab und zu ein mattes Vogelgezwitscher herüber. Immer wieder blitzen die Lichter der Autos und Straßenbahnen durch das Wohnzimmerfenster im 4. Stock. Es ist eben für sie ein ganz normaler Abend zu Hause in Leipzig zum Ende August.

Der nächste Tag verläuft für Leon ebenfalls ganz normal bei der Landesbank Sachsen. Er hat mit Arthur eine Menge zu besprechen. Zum einen die neuen Informationen aus Luxemburg, zum anderen aber auch Dinge, die hier in Leipzig im Tagesgeschäft und in den Projekten aufgelaufen sind. Arthur erzählt Leon von der gestrigen großen Betriebsversammlung. „Es ist genauso verlaufen, wie wir uns das schon vorgestellt hatten. Zuerst einmal wurde ein umfangreiches Outsourcing Programm verkündet. Die wichtigsten Punkte dabei sind die Ausgliederung der IT für PC, Server und Netzwerke, die Stärkung der irischen Fondstochter, das Outsourcing der Leasing Gesellschaft sowie noch eine ganz neue Firma für den externen Börsenhandel hauptsächlich mit Kunden im mittleren Osten. Für das Outsourcing all dieser und anderer Dienstleister müssen jetzt erst einmal Service Level Agreements geschrieben werden, welche dann die Zusammenarbeit mit der Kernbank für die Zukunft klar regeln.

Mal sehen, ob das Geschehen sich nun tatsächlich so weiterentwickelt, wie wir es am Montag schon vermutet hatten." Arthur nickt bedächtig, regt sich aber nicht mehr auf. Heute halten sich zum Glück auch die Problemmeldungen in ihrem Bereich in Grenzen, trotzdem bleibt beiden nicht sehr viel Zeit für lange Abschweifungen, zumal der Donnerstag schon immer der Tag ihrer großen Abteilungsbesprechung ist. Um 14:00 Uhr ist es wieder soweit. Aufgrund der inzwischen erheblichen Abteilungsgröße wählt man einen der größeren Besprechungsräume im Hochhaus des Bankkomplexes in der elften Etage. Es nehmen ja auch über 20 Leute teil. Leon kommt diesmal nicht ganz so pünktlich und muss deshalb auf einer der Fensterbänke Platz nehmen.

Das Hauptthema ist heute schlicht und ergreifend nur das Aufräumen des Abteilungsverzeichnisses, welches inzwischen wahrhaft gigantische Ausmaße angenommen hat. Wenn mehr als zwanzig Leute neben ihren persönlichen Verzeichnissen im Netz alles übergreifend Wichtige auch noch in einem einzigen Abteilungsverzeichnis zum Zugriff für ihre Kollegen ablegen, dann kann es ohne die entsprechende Organisation schon zu einigem Chaos kommen. Das gilt auch dann, wenn alle Beteiligten noch so vorsichtig sind. Kleine Ursache mit großer Wirkung. Es gibt natürlich inzwischen auch andere Methoden der projekt- oder abteilungsbezogenen Datenablage, aber die sind bei der Landesbank Sachsen leider noch nicht angekommen. Frau Linz ist unsere allerbeste, weil einzige Abteilungsleiterin. Sie hat für diese Aufgabe einen Projektor an ihren Laptop angeschlossen und bearbeitet die alten Unterverzeichnisse des Abteilungslaufwerks direkt für alle sichtbar an der Projektionswand. Natürlich hat sie sich auch schon eine neue Systematik dafür zurechtgelegt. Aber es dauert leider eine gehörige Zeit, bis alte und neue Ordnung komplett auf ihre Sinnhaftigkeit geprüft und in eine neue, wirklich einheitliche Struktur gebracht sind. Bei inzwischen mehreren Gigabyte Speicherplatz ist das ja auch nicht weiter verwunderlich. Wenn man sich da nicht wenigstens einmal pro Halbjahr diese Mühe macht, entsteht so völlig ungewollt ein ziemliches Chaos.

Als Leon mit einem dreimonatigem Praktikum nach seinem ergänzenden Betriebswirt-Studium vor rund vier Jahren bei der Landesbank Sachsen anfing und noch mit Sylvi und Frau Linz in einem Zimmer saß, war es auch seine geliebte künftige Abteilungsleiterin, die ihm hier in der Bank die ersten wichtigen organisatorischen Hinweise gab. Der wirklich allerbeste davon und einer der ersten, den er bei der Landesbank Sachsen gelernt hat, war es auch, der ihn schon damals ganz besonders tief beeindruckte. Frau Linz zeigte ihm erst einmal richtig, dass auch die unscheinbaren Trennstreifen, die er zur logischen Gliederung der Dokumentation in seine Ordner zur Umsetzung der neuen 6. Kreditwesengesetz-Novelle für das Meldewesen der Bank einfügte, eine Vorder- und eine Rückseite besitzen.

Bei einfarbigen, gelochten und auch sonst so ziemlich unscheinbaren Trennstreifen war ihm das anfangs doch etwas sonderbar erschienen. Gab es da etwa einen geheimen, leicht mystischen Bank-Codex bei der Behandlung von Trennstreifen, der ihm genau wie allen anderen unwissenden Nicht-Landesbankern bisher verschlossen geblieben war? Erst nach eingehender Betrachtung der Lochung leuchtete ihm die kleine Nachhilfe dann doch endlich ein. Die Stanzung der Löcher hinterlässt auf ihrer Gegenseite immer einen winzigen, leicht hervorstehenden Rand, der auf der Vorderseite der Trennstreifen nicht zu sehen ist. Gott sei dank ist er rechtzeitig auf dieses äußerst wichtige Geschäftsgeheimnis der Landesbank Sachsen hingewiesen worden. Nicht auszudenken, wenn er die umfangreiche Dokumentation der Meldewesenschnittstellen ohne diesen wirklich grundlegenden Hinweis zusammengestellt hätte! Der Misserfolg wäre sicher von Anfang an vorprogrammiert gewesen. Frau Linz ist dabei aber keineswegs kleinkariert, nein sie ist eher leicht fanatisch, was den allgemeinen Büroalltag anbetrifft. Auch die heutige Besprechung steht wieder unter diesem absonderlichen und für Leon leider immer noch sehr fremden Stern und zieht sich jetzt schon mächtig in die Länge.

Nachdem Arthurs und Leons Verzeichnisbaum nun endlich richtig einsortiert ist, bleibt ihm dann wieder etwas Zeit für seine eigenwilligen Tagträume. Die Zeit an sich und als solches findet er selbst keineswegs normal, sondern wirklich einfach rätselhaft und ganz faszinierend! Das Zustürzen der Zeit und all ihrer sequentiellen Wirkungen aus der näheren und ferneren Umgebung auf jeden einzelnen Punkt in diesem Universum bedingt auch noch eine weitere wichtige und sehr spezielle Eigenschaft der Zeit im Gegensatz zum Raum: Die Zeit ist relativ und eindeutig immer sehr, sehr individuell! Das, was hier an diesem Punkt in einer ganz bestimmten Reihenfolge abläuft, kann ein paar Lichtjahre weiter schon eine völlig andere Reihenfolge haben. Das Licht bei der Explosion einer Supernova kommt auf der Erde zu einem ganz anderen Zeitpunkt an, als zum Beispiel auf der Beteigeuze und taktet sich dementsprechend auch anders in den zeitlichen Ablauf der übrigen individuell wahrgenommenen Himmelsereignisse ein.

Diese Begründung für den sehr individuellen Ablauf der Zeit ist sogar noch leichter zu verstehen, als der eigentlich interessantere Sachverhalt einer individuellen Zeit für jeden Punkt im Universum an sich. Im Mittelpunkt dieser wirklich ganz absonderlichen individuellen Zeit steht immer ein Punkt, ein Objekt oder ein Subjekt, für welches sich die einzige Wirklichkeit aus dem Feld der Möglichkeiten der Zukunft im Jetzt realisiert. Sobald dies geschehen ist, gibt es kein Zurück mehr und die Vergangenheit ist eingefroren und für immer vorbei.

Nur in der Zukunft gibt es weiterhin die Wahl zwischen mehreren möglichen Wegen für diesen einen individuellen Punkt, wenn er denn überhaupt in der Lage dazu ist, irgendwelche Entscheidungen zu treffen. Diese Möglichkeiten existieren aber immer nur solange, bis durch die bewusste Entscheidung eines Subjekts oder durch die inneren und äußeren Abläufe der Natur für ein Objekt einer der möglichen Wege beschritten und alle anderen eliminiert werden. Besteht aber kein Zwang durch äußere Einwirkung oder durch innere Abläufe, können all diese möglichen Wege auch einfach nur mal so über eine sehr lange Zeit offen bleiben. Während wir im Raum aber auch mal relativ bewegungslos stehenbleiben können, navigieren wir dagegen ständig durch die an uns vorbei rasende Zeit. Daraus nun jedoch zu schlussfolgern, das Universum teilt sich bei jeder Entscheidung in viele verschiedene Parallelwelten, hält Leon dann doch einfach leider für völlig absurd. Vor uns liegt ein riesiges, sehr differenziertes und wirklich sehr breites Feld der Möglichkeiten in der Zukunft der Zeit. Im Jetzt aber realisiert sich für uns immer nur die eine einzige, wirkliche, wenn auch sehr individuelle Welt.

Das Feld der Möglichkeiten wird also im Jetzt wie ein Reißverschluss auf die eine einzige, Wirklichkeit werdende Realität zusammengezogen. Schade eigentlich um Everetts bisherige Viele-Welten-Deutung! Sie ist wohl einfach doch zu utopisch, um auch nur ansatzweise wahr sein zu können. Zum Beispiel missachtet sie die Tatsache einer individuellen Zeit für jeden Punkt in diesem Universum.

Am spannendsten aber findet es Leon, dass jeder von uns immer auch so einen kleinen Möglichkeitsraum der Zukunft der Zeit in seinem Kopf hat. Er zeichnet ständig alles vor, was für die nähere Zukunft bisher nur als Möglichkeit existiert, aber sehr bald schon zur Realität für unser physisches Selbst werden könnte. Und dieses steuert unerbittlich auch das physische Selbst und sein Gehirn. Überrascht sind wir nur dann, wenn etwas passiert, mit dem wir bisher nicht gerechnet haben. Weiter so, sagt sich Leon, während er zum Ende der Abteilungssitzung auch wie alle anderen nach Außen hin so ziemlich ausdruckslos auf die große Projektionswand starrt, an der immer noch kräftig hantiert wird. Nach einer gewissen Zeitspanne des Wohlwollens kann man dann aber auch einfach keine Aufmerksamkeit mehr heucheln! Erst sieht er zu Arthur hinüber, dann in die vielen anderen gequälten Gesichter im Raum, die langsam immer länger werden. Kaum einer weiß noch, worum es hier eigentlich geht. Aller Augen werden starr und Lethargie macht sich breit. Er bemerkt auch, wie einige Köpfe schon so langsam abnicken. Wie lange soll diese Sitzung bloß wieder dauern? Frau Linz will aber auch immer noch das kleinste Detail ihrer neuen Ordnung abschließend klären. Wie gesagt, sie ist keineswegs kleinkariert, nur ein bisschen fanatisch. Auch Leons Gesicht nimmt nun ganz langsam den gequälten Ausdruck der meisten seiner Leidensgefährten um ihn herum in dem großen Sitzungsraum an. Warum gerade ich, entfährt es ihm wieder ungewollt, zum Glück aber gerade noch leise genug.

Paul hat im Gegensatz dazu die letzten drei Tage wirklich sehr, sehr angenehm verbracht, seitdem Britt an dem Morgen wieder gegangen ist. Er hat sich jetzt richtig erholt, nach all den Depressionen, die seine Kündigung bei ihm ausgelöst hatten. Das nächste Mal haben sie sich für Freitag verabredet. Ihr neuer Job füllt sie voll aus und er ist ihr jetzt auch sehr dankbar dafür, dass sie sein Bemühen um eine neue Forschungstätigkeit akzeptiert, wenn sie die Chancen im Moment auch nur sehr gering einschätzt. Er ist ihr natürlich ebenfalls dankbar für all die Hinweise und Anregungen.

So hat er eben erst einmal den Schuppen aufgeräumt, die Hecken geschnitten, den Rasen gemäht und endlich wieder seine Wäsche gewaschen. Das war auch dringend notwendig nach all der Zeit. Jeden Nachmittag hat er sich mit der Arbeit auf die Terrasse zurückgezogen und kann manche Kapitel jetzt schon fast auswendig. Besonders gefallen ihm die Einleitung, die er ja bereits mit Britt besprochen hat und auch das erste Kapitel, das mit einem längeren Zitat aus einer anderen Arbeit beginnt. Er lehnt sich zurück und liest die erste Seite dieses ersten Kapitels nun schon zum wiederholten Male: „Seit über 50 Jahren wird nun in den verschiedensten Bereichen sehr intensiv KI-Forschung betrieben. Dabei sind zweifellos riesige Fortschritte bei der visuellen, sensitiven, linguistischen und logischen Analyse und natürlich auch Synthese sehr komplexer und vielfältiger intelligenzintensiver Kommunikations- und Manipulationsprozesse erzielt worden. Kein einziger Schritt dieser umfassenden Entwicklung hat jedoch bisher jemals die eigentlich ganz unscheinbare Hürde genommen, die bereits zwischen der Zweckmäßigkeit moderner Steuerungsprogramme und schon des primitivsten Laubfrosch-Gehirnes liegt, auch wenn sie mit noch so vielen Entscheidungskriterien ausgestattet wurden. Warum aber ist das so? Ursache sind hier eben offensichtlich nicht Komplexität und Leistungsfähigkeit, sondern grundlegend andere Funktionsprinzipien auch des primitivsten Gehirns.

Wir sehen den Unterschied eigentlich direkt vor uns, nur seine Ursache blieb uns bisher verborgen. Was bis heute eindeutig noch fehlt, ist ein echtes, bestätigtes und endlich allgemeingültiges Paradigma der KI, das diesen Unterschied endlich allgemeinverständlich aufklärt. Ein solches wird bisher nahezu vollständig, aber leider ohne den entscheidenden Durchbruch von einer leider rein rationalistischen Tradition in der Informatik ersetzt. Zu dieser gehört nicht nur die Computermetapher der von Neumann-Maschine, nach der letztendlich bis zum heutigen Tag noch alle Rechner auf dieser Welt funktionieren, sondern auch die weitverbreitete Annahme, alle Naturwissenschaften, besonders aber die Technik- und ganz stark die Informatik-, Computer- und Kommunikationswissenschaften seien von der Philosophie völlig unabhängig.

Dabei ist es doch eigentlich unzweifelhaft, dass all ihre vielen Grundannahmen, Modell- und Begriffsbildungen wahrhaft philosophischer Natur sind und somit auch unbedingt ausführlich und grundlegend philosophisch diskutiert werden müssen. Nur so kann jemals eindeutig geklärt werden, was derzeit immer noch fehlt!"

Das ist auch in der Arbeit des unbekannten Autors ein wichtiges Zitat aus einer anderen Schrift, nur leider fehlt ihm der Anhang mit dem Quellenverzeichnis. Paul blättert ein wenig. Wo dieser wohl in den letzten 10 Jahren abgeblieben ist? Er weiß es einfach nicht und liest weiter in der Arbeit. „Nach Kuhn ist das ‚Paradigma' die grundlegende Basis einer Wissenschaft und besteht aus philosophischen Grundannahmen, Begriffsbildungen und Methoden, die eine Wissenschaft ein ihrem Innersten funktionieren lassen. Die Existenz dieses Paradigmas bleibt den Forschern trotz ihrer Übereinstimmung meist verborgen. Die Wissenschaft befindet sich in der Phase der Normalität, in der ihr Paradigma nicht problematisiert wird. Nur wenn dann offensichtliche Mängel der bisherigen Basis zutage treten, wie etwa zum Beispiel verfehlte Begriffsbildungen, kann es zu einer wissenschaftlichen Revolution, also endlich zu dem notwendigen Paradigmenwechsel kommen.

Der Begriff ‚Künstliche Intelligenz' ist ein sehr gutes Beispiel dafür. Der Name der Fachrichtung ist heute bereits selbst die wichtigste Ursache, die einer notwendigen Weiterentwicklung im Weg steht. Lösen denn nicht auch alle herkömmlichen Computer bereits jetzt stark intelligenzintensive Aufgaben? Trotzdem sind sie mit der menschlichen Vernunft und dem freien Willen von Lebewesen unvergleichbar. Was also ist der eigentliche Fehler in der alten Betrachtungsweise? Ludwig von Wittgenstein benennt diese einfache erkenntnistheoretische Tatsache wie folgt: "Die für uns wichtigsten Aspekte der Dinge sind durch ihre Einfachheit und Alltäglichkeit verborgen. (Man kann es nicht bemerken, weil man es immer vor Augen hat.) Die eigentlichen Grundlagen seiner Forschung fallen dem Menschen gar nicht auf."

Das die Grundlagen tatsächlicher Künstlicher Intelligenz im Gegensatz zur bisherigen Computermethaper nicht nur allein in der intelligenten Verarbeitung von Zeichen, Symbolen und Begriffen liegen können, stellt der weltbekannte Neuropsychologe und Autor Oliver Sacks so dar: "Denn was ist für uns von elementarerer Bedeutung als die Steuerung, der Besitz und die Handhabung unseres physischen Selbst? Und doch geschieht dies immer so automatisch und selbstverständlich, dass wir nie einen Gedanken darauf verschwenden." Hier spielt also die zweite, unbewusste und rein zeitlich sequentiell orientierte Gehirnhälfte zur Steuerung des Ganzen die größte Rolle. Für den entscheidenden Ansatz zur Entwicklung der wichtigsten Grundlagen eines völlig neuen Paradigmas der tatsächlichen Künstlichen Vernunft als sinnvolle Verbindung von intelligenter Informationsverarbeitung und adaptiver Steuerung des gesamten physischen Selbst und damit auch des ihm eigenen Gehirns wähle ich deshalb das Motto von Albert Einstein: "Man sollte alles so einfach wie möglich machen, aber nicht einfacher." Hier endet das Zitat, aber der Text geht weiter:

„Und zu diesem physischen Selbst gehört neben dem Körper, der in dieser übergreifenden Steuerung direkt im Gehirn abgebildet ist und von ihr gehandhabt wird, eben auch das Gehirn selbst, also all die ihm beim Menschen eigenen intelligenten Verarbeitungsprozesse. Ohne eine zeitlich an Abläufen orientierte adaptive, also lernfähige Steuerung derselben fehlt uns vor allem der Wille, der Antrieb und die Richtung zur Problemlösung aus diesem physischen Selbst inklusive seines Gehirns. Dieses neue Paradigma liegt damit weit unterhalb all der kognitiven und konnektiven Denkprozesse, die in der KI-Forschung bisher behandelt wurden, beinhaltet diese aber trotzdem immer als wichtige Teilmenge. Die Frage „Was ist Denken?" wird dahingehend neu beantwortet, sie als Verbindung zu sehen von intelligenter Lösung eines Problems mit Hilfe der bisherigen Erkenntnisse über die Umwelt und der intuitiven und experimentellen Entscheidungsfindung anhand der Menge bewerteter Erfahrungen.

Diese wurden vom physischen Selbst des Individuums in der Interaktion mit seiner Umwelt bisher gesammelt, beides ist immer weitgehend getrennt realisiert in den zwei Gehirnhälften. Im Zentrum steht also das Individuum und sein zweigeteiltes Gehirn, das von der Umwelt oder anderen Individuen gestellte Probleme in einer sinnvollen Verbindung beider Wege löst. Das Grundprinzip der ‚zwei Computer' realisiert in jedem Gehirn. Und jede Gehirnhälfte ist sich dabei nicht nur ihrer Umwelt sondern immer auch der anderen Hälfte bewusst. Ganz einfach eigentlich, wie bei allen wichtigen Zusammenhängen in der Natur, wenn auch bisher noch unentdeckt. Besonders entscheidend ist aber natürlich immer der Faktor Zeit, in welchem eine neue Entscheidungsfindung notwendig wird. Er bedingt den Umfang oder die Dauer, die für eine logische und intelligente Problemlösung vom Individuum investiert werden kann.

Zum geforderten Entscheidungszeitpunkt wird dann eine Kombination aus beiden Wegen, gewissermaßen als die momentan wahrscheinlichste und vernünftigste Hypothese und immer als experimentelle Handlung eingesetzt. Aus deren empirischer Bestätigung, Ergänzung oder Falsifikation, also Widerlegung gewinnt das Individuum dann wieder neue Erkenntnisse und Erfahrungen über seine Umwelt und bewertet diese entsprechend neu, um für das nächste Mal noch besser gerüstet zu sein. Die neue Bezeichnung Künstliche Vernunft spiegelt dabei sehr gut diese zweiseitige und gleichberechtigte Verbindung von Intelligenz aufgrund von theoretischen Erkenntnissen und Experiment aufgrund von vorhandenen realen Erfahrungen wieder. Damit gemeint ist die in der verfügbaren Zeit vernünftigste Entscheidungsfindung im Sinne des für sich selbst im Mittelpunkt stehenden Individuums, seines physischen Selbst, seiner Persönlichkeit beziehungsweise auch seines Körpers oder einer Gruppe von Individuen. Es ist die adaptive, also die lernfähige Steuerung unseres physischen Selbst auf Basis der Zeit innerhalb einer Gehirnhälfte, die der Forschungsrichtung Künstliche Intelligenz zu einem entscheidenden Durchbruch bei der Frage „Was ist Denken?" bisher fast gänzlich gefehlt hat.

Deren unvorstellbaren Nutzen macht uns heute jeder noch so kleine Laubfrosch mit seinem winzigen Gehirn sicherlich ganz ohne jede nennenswerten intelligenten Verarbeitungsprinzipien in der anderen Gehirnhälfte beim Fangen einer noch viel simpleren, aber doch sehr wohl sehr beweglichen Fliege vor." Paul lehnt sich zurück und überlegt jetzt nun schon zum wiederholten Male, wie er dieses ziemlich einleuchtende neue Paradigma am besten eindrucksvoll experimentell bestätigen kann. Dabei kommen ihm gleich eine Reihe möglicher neuer Anwendungsgebiete in den Sinn. Völlig neue Computersimulationsmethoden und eine neue Generation von Steuerungstechnik bieten sich da wie von selbst als Erstes an.

Die tatsächlichen Grundlagen künstlicher Vernunft lassen sich mit Sicherheit nicht gleich zu Anfang für den Nachbau eines künstlichen Bewusstseins einsetzen. Man sollte sicher lieber zuerst einmal mit ganz kleinen und einfachen Schritten beginnen. Um die technischen Details können sich dann aber bitte auch andere kümmern, denkt Paul nicht ganz unbescheiden. Er sieht seine Aufgabe ganz allein darin, dieses rein theoretisch zu untermauern, die Theorie vollständig auszuarbeiten und dann mit geeigneten Experimenten zu belegen. Jetzt wird er erst einmal ganz in Ruhe damit beginnen, diese Arbeit in eine wissenschaftlich ansprechende Form zu bringen. Danach kann er sich auch mit dem Autor in Verbindung setzen, wie Britt das von ihm verlangt hat. Er wird ihm einfach anbieten, im Erfolgsfall für ihn als Assistent zu arbeiten. Wer weiß, womit dieser Schreiberling heute sonst noch so sein Leben fristet. Danach steht Paul nichts mehr im Weg auch an die ersten vorsichtigen Veröffentlichungen in Fachzeitschriften zu denken.

Wenn sein Name erst einmal auf diese Weise mit dem Thema in Verbindung gebracht wird, kann er sicher auch wieder mit neuen Angeboten rechnen. Und er wird dem mit seinen vielen Kontakten dann natürlich ganz gezielt nachhelfen. In Leipzig will er jedenfalls nicht wieder anfangen, zu hart hat ihn die Kündigung getroffen. Eine solche Wunde heilt nicht so schnell in vier Wochen und die ehemaligen Kollegen haben ihn insgesamt schon ziemlich enttäuscht.

Das man sich auf diese Weise einfach so die besten Leute vergrault und zum Weggang treibt, denkt er sich wiederum nicht ganz unbescheiden. In anderen Ländern sind die Mittel für Forschung und Entwicklung noch nicht so stark von Kürzungen betroffen, wie derzeit hier in Deutschland. Am Besten wäre für ihn ein größerer Sponsor aus der Computer-, Netzwerk- oder Steuerungstechnik. Dann würde sich der Rest schon irgendwie finden. Aber das sind vorerst nur vage Träume, die leider noch in weiter Ferne liegen. Das hat ihm auch Britt sehr deutlich klargemacht. Paul erhebt sich vom Stuhl auf der Terrasse und begibt sich in seinen Bungalow. Türen und Fenster lässt er weit offen. Mücken gibt es in diesem denkwürdigen Jahr 2001 zum Glück nur ganz wenige. Er setzt sich an sein Notebook und beginnt damit, ein Dokument für die eigene Arbeit zu diesem Thema vorzubereiten. Die ersten Kapitel will er dann an Wilborough schicken. Mal sehen, ob der ihm vielleicht schon irgendwie weiterhelfen kann. Aber bis dahin hat Paul wirklich noch Einiges zu tun.

Das Telefon klingelt ganz plötzlich in der Stille zu vorabendlicher Stunde. Britt ist dran. „Hallo Paul, wie geht es dir?" „Ich habe mich wirklich wieder gut erholt, seitdem du da warst. Ich danke dir sehr für deine Hilfe." „Dafür geht es mir aber leider nicht so besonders. Dieser elende Vertriebsjob schlaucht mich doch noch viel mehr, als ich das am Montag zugeben wollte. Es sind vor allem die vielen Absagen, mit denen ich nicht so leicht fertig werde, weil ich das ja wirklich so sonst nicht gewohnt bin. Obwohl ich mir doch immer so viel Mühe mit meinen Kundenterminen gebe." „Tja, das verstehe ich inzwischen sehr gut. Wie kann ich dich denn wieder ein wenig aufheitern? Jetzt gleich vorbeikommen?" „Nein, nein, heute ist es mir schon viel zu spät dafür. Ich muss morgen wieder früh raus. Aber dein neues Hobby gefällt mir wirklich immer besser. Wenn ich denn ein klein wenig mit daran arbeiten könnte, dann komme ich vielleicht auch ab und zu auf bessere und sehr viel angenehmere Gedanken." Paul ist hocherfreut. „Aber natürlich meine Liebe, wir beide haben doch auch in der Vergangenheit schon die kompliziertesten Probleme gewälzt."

„Ja, das fehlt mir jetzt wirklich etwas. Einen kleinen Hoffnungsschimmer, ein kleines Erfolgserlebnis, das brauchte ich einfach mal wieder. Ich fühle mich irgendwie so total leer in diesem Job." „Meine liebe Britt, da fällt mir ein, ich wollte doch schon lange mal nach Plagwitz in diese alte, sehr schön sanierte Spinnerei, wo sich so viele Künstler und kleine Galerien eingemietet haben."

„Das ist wirklich eine gute Idee von dir und bringt auch mich hoffentlich wieder auf andere Gedanken. Wie lange haben die denn morgen geöffnet?" Britt freut sich wirklich über diesen Vorschlag. „Am Freitag sicher nur bis 18:00 Uhr. Wann hast Du denn Schluss?" „Zum Freitagnachmittag macht keiner mehr einen Verkaufstermin, also bin ich ungefähr ab 15:00 Uhr verfügbar." „Wie wäre es denn, wenn wir uns einfach so um 15:00 Uhr vor der kleinen Kneipe direkt neben dem Eingang dieser alten Spinnerei treffen würden?" „Oh ja, das wäre prima! Ich werde diesmal auch wirklich pünktlich sein." „Liebe Britt, ich freue mich schon sehr auf morgen. Jetzt versuch erst einmal richtig zu schlafen. Vielleicht können wir uns beide gemeinsam aus unserer misslichen Lage irgendwie wieder heraus arbeiten. Also träum bitte was Schönes und dann bis morgen!" „Ich danke dir, mein lieber Paul. Träum du auch was Schönes und ich freue mich wirklich schon sehr!" Sie legt behutsam auf und lässt Paul grübelnd zurück. Er hätte in den letzten Wochen wirklich mehr daran denken müssen, dass auch ihr es nicht besonders gut gehen kann mit diesem abrupten Wechsel. Aber er hat viel zu lange Zeit wieder mal nur ganz allein an sich gedacht. Das wird er jetzt ändern, soviel nimmt er sich vor.

Ein Glück, dass es dafür noch nicht zu spät ist! Er vertieft sich wieder in das neue Dokument am Notebook und wird nun wirklich alles dafür tun, für sich und auch für Britt etwas Vernünftiges aus dieser Arbeit zu machen. Er liebt sie wirklich sehr, das ist ihm jetzt endlich klar geworden. Der Schatten auf der Terrasse lässt ihn jetzt richtig entspannen. Bei Paul steht am nächsten Morgen dann aber das an, wovor er sich insgeheim immer am Meisten gefürchtet hat: Der leidige Gang zum Arbeitsamt.

Doch bevor er sich dieser für ihn größten Schmach in seiner bisherigen Laufbahn von Angesicht zu Angesicht stellen muss, will er noch etwas Positives und Richtungsweisendes unternehmen, das ihn hoffentlich an diesem Freitagmorgen auch weiterbringen wird. Er wird vorher also beim Bürgeramt die Adresse seines unbekannten Autors herausfinden.

Im Telefonbuch ist dieser leider nicht zu finden. Vielleicht wiegt dann seine persönliche Niederlage auch nicht mehr ganz so schwer. Er hat in den letzten Tagen oft versucht, sich zu verdeutlichen, wie viele Menschen heutzutage tatsächlich arbeitslos sind, doch das kann ihn nicht wirklich trösten, als der Karrieremensch, der er bisher immer gewesen ist. Wenigstens hat er jetzt seinen Alkoholkonsum wieder einigermaßen im Griff und steht frühmorgens ohne diese leidige Sucht der letzten Wochen auf. Des Abends trinkt er nur noch Wein, als Belohnung gewissermaßen, wenn er den Tag einigermaßen vernünftig über die Runden gebracht hat. Danach hat er morgens auch nicht mehr den schweren Kopf und dieses elende Zittern in den Händen. Er beendet sein kleines Frühstück mit einem Kaffee, schreibt sich noch den Namen dieses bisher unbekannten Autors auf einen Zettel und nimmt diesmal auch eine etwas unauffälligere Jacke aus seinem Schrankzimmer. Die Kündigung und den Zettel mit dem Namen steckt er gefaltet in die große Innentasche seiner Jacke. Jetzt nur noch Ausweise, Führerschein und Schlüssel zusammengesucht, dann kann es auch schon losgehen. Den Bungalow schließt er wie immer sehr sorgfältig ab, nachdem er die massiven Metalljalousien außen heruntergelassen hat und holt seine chromglänzende Maschine aus dem Schuppen. Diesmal lässt er auch die Satteltaschen zu Hause. Er hat ja schon alles am Mann, was heute so gebraucht wird. Zum Morgen nimmt er lieber die Coburger Straße am Forsthaus Raschwitz vorbei und am schönen Wildpark entlang, um von Markkleeberg aus nach Leipzig einzufahren. Es ist kurz vor 09:00 Uhr und wird wohl noch einmal ein sehr warmer Tag werden. Am Conney Island fließt der Verkehr nur gemächlich. Die Fahrbahn ist hier nicht sehr breit und auch sonst schon ziemlich voll. Paul kann aber ab und zu eine Lücke ausnutzen und so Schritt für Schritt langsam überholen.

Auf der B2 hätte er jedenfalls jetzt schon mit etlichen Staus zu rechnen. Am Connewitzer Kreuz biegt er auf die Karl-Liebknecht-Straße ein. Diesmal befährt er die Kulturmeile in ihrer ganzen Länge stadteinwärts. Die meisten Kneipen sind um diese Zeit noch geschlossen, auch die Läden öffnen erst langsam einer nach dem anderen. Als er in Höhe Floßplatz ankommt, biegt er links ab, obwohl dies hier eigentlich nicht erlaubt ist und dann gleich wieder rechts auf die Harkortstraße bis zum Innenstadtring.

Hinter der großen Pleißenburg, die heute als das Neue Rathaus von Leipzig dient, biegt er rechts ab und fährt unter der alten steinernen Fußgängerbrücke hindurch, welche Pleißenburg und Stadthaus verbindet und eine gewisse Ähnlichkeit mit der Seufzerbrücke in Venedig hat, direkt bis zum Burgplatz. Hier sucht er sich gemächlich einen schönen Parkplatz für seine große Maschine, gleich neben dem Bürgeramt. Er achtet darauf, dass die Sonne ihm hier nicht auf den Sitz scheinen kann, schließlich will er nachher noch viel weiter und das möglichst ohne heißen Hintern. Die Amtsstube ist um diese Zeit schon gut gefüllt. Paul zieht eine Nummer. Er hat die E069. Die E048 ist gerade dran auf der großen Anzeige. Für Zwanzig Nummern schätzt er bei 4 Mitarbeitern reichlich vierzig Minuten. Paul geht also noch einmal nach draußen, um sich in Ruhe auf seine Maschine zu setzen und eine Davidoff zu rauchen. Diese Wartezeiten liebt er nicht besonders, aber was soll's. Er betrachtet in Ruhe die herrschaftlichen Stadthäuser in der Markgrafenstraße und am Burgplatz. Als er nach einer halben Stunde wieder reinschaut, sind erst 12 Nummern abgearbeitet. Paul wird ungeduldig, denn auch beim Arbeitsamt sollte er nicht viel später als 11:00 Uhr aufschlagen. Die haben dort freitags doch immer nur bis zwölf geöffnet. Paul schaut wieder und wieder auf die Uhr. Es sind anscheinend besonders viele Studenten, die sich heute hier ummelden müssen. War das damals eine schöne Zeit als er noch studierte, denkt er sich jetzt. Lang, lang ist's her! Seine Nummer rückt immer näher. Endlich wird sie angezeigt und Paul geht zu Tisch 3.

Die Dame am Tisch nimmt seinen Wunsch nach einer Adressauskunft sehr freundlich entgegen. Paul sitzt ihr direkt gegenüber. Nach kurzer Suche muss sie ihm aber leider mitteilen, dass die gewünschte Adresse für Adressauskünfte nicht zur Verfügung steht. Der Inhaber hat sie sperren lassen, wahrscheinlich um der alltäglichen Werbeflut ein Schnippchen zu schlagen oder hat er da etwa doch noch irgendwas anderes zu verbergen? Wie auch immer!

Paul weiß es nicht und ist ziemlich verzweifelt, kann aber auch auf keinen Fall akzeptieren, hier eine knappe Stunde völlig umsonst gewartet zu haben. Er braucht diese Adresse jetzt wirklich dringend. Da führt kein Weg dran vorbei. Die Ermahnung von Britt geht ihm immer wieder durch den Kopf. „Ich werde demnächst umziehen." fällt es ihm dann ganz plötzlich so ein. „Dafür brauche ich aber ein Meldeformular. Leider ist die Auslage im Wartebereich leer." „Oh, das ist mir heute gar nicht aufgefallen! Ich hole ganz schnell einen neuen Stapel." Die Dame ist wirklich sehr nett und geht in den hinteren Teil der Amtsstube. Sie ist in Pauls Alter und der ehemalige Professor scheint sie trotz seines kleinen Bauchansatzes doch zu beeindrucken. Paul setzt sich umständlich seine Brille auf, die er immer in der Jackentasche bereithält, streicht die halblangen grauen und ehemals schwarzen Haare nach hinten und erhebt sich ebenfalls. Er geht ihr langsam und fast unhörbar zwei Schritte hinterher. Sie schaut sich zum Glück nicht um. Dann macht er auf dem Absatz kehrt und hat nun ihren Bildschirm voll im Blick. Dort stehen ganz oben der Name, nach dem er gerade gefragt hat und eine Registernummer. Jetzt noch schnell einen Blick auf die Straße und die Hausnummer geworfen, die Postleitzahl ist ihm egal. Er stützt sich mit der rechten Hand am Tisch ab und fingert wie zum Schein mit der anderen Hand an seinem linken Schuh. Das, was er sucht, ist nun zum Greifen nah und zum Glück immer noch eine Leipziger Adresse. „Karl-Liebknecht-Straße 23, da bin ich doch gerade vorbeigefahren. Wirklich ein schöner Zufall!" denkt Paul zufrieden, geht die drei kurzen Schritte ganz schnell wieder zurück und setzt sich.

Die Dame hat davon glücklicherweise nicht das Geringste bemerkt. Sie sucht nach den Formularen im großen Wandschrank ganz hinten in der langen Amtsstube und kommt erst jetzt mit einem Stapel zurück. „Hier ist Eins, bitte schön! Ob sie wohl so nett wären, die anderen da vorne mit ins Regal zu legen?" „Selbstverständlich mache ich das!" erwidert Paul, lächelt sie ganz unschuldig an und nimmt den Stapel mit, um ihn dann unauffällig am Ausgang abzulegen. „Recht vielen Dank und einen schönen Tag noch!" Er hat ja nun alles, was er braucht. Britt wird mit ihm sehr zufrieden sein. Ein wohliges Gefühl überkommt ihn. Hoffentlich lässt sich mit dieser Adresse auch etwas Vernünftiges anfangen. Paul verlässt das Bürgeramt restlos glücklich ob seiner kleinen Schlitzohrigkeit. „So leicht wird man mich eben doch noch immer nicht los!" denkt er sich zufrieden schmunzelnd.

In aller Ruhe steigt er auf seine Intruder, notiert kurz die Adresse unter dem Namen auf dem Zettel aus seiner Jackentasche, klappt den Seitenständer hoch, rangiert zurück und wirft den Starter an. Die Maschine brüllt zweimal kurz und heftig auf, als er ganz langsam die Markgrafenstraße zum Innenstadtring hinunter rollt. Paul ist trotz des bevorstehenden Gangs zum Arbeitsamt wieder in allerbester Laune. Er fährt langsam den Innenstadtring entlang bis hin zum Ringmessehaus das jetzt leider lange leer steht und von dort weiter in die Pfaffendorfer Straße am Zoologischen Garten vorbei bis hinein nach Gohlis-Süd. Auch hier gibt es seit der vorletzten Jarhundertwende viele wunderbare alte Gründerzeithäuser, von denen die meisten richtig toll saniert wurden. Gemächlich fährt er an dieser ehrwürdigen Kulisse und der kleinen Gohliser Kirche vorbei, biegt dort rechts ab bis vor zur Georg-Schuhmann-Straße und fährt dann wieder links. Hier muss er das krasse Kontrastprogramm zu den schönen Häusern von eben erleben. Gohlis-Mitte ist inzwischen schon ziemlich heruntergekommen. Viele Geschäfte stehen leer und auch die Häuser sind in keinem besonders guten Zustand. Es lohnt sich offensichtlich noch nicht so richtig, hier zu investieren.

Bis zum Arbeitsamt sind es nur noch wenige hundert Meter auf der Schumann-Straße und Paul sucht nach einem geeigneten Parkplatz mit genügender Entfernung von seinem Ziel. Er hat keine Lust, hier den dicken Macker mit seiner Intruder zu markieren, deshalb auch die unauffällige Jacke, die er heute früh angezogen hat. Weit hinter dem Eingang vom Arbeitsamt parkt er seine Maschine auf dem Fußweg.

Ja, jetzt ist es nun soweit und Paul überkommt trotz des kleinen Erfolgserlebnisses von eben doch schon ein ziemlich beklemmendes Gefühl. Egal, da muss er jetzt durch! Er betritt den Eingangsbereich des Arbeitsamts und stellt sich brav an einem Schalter der Aufnahme an. Die Wartezeit nutzt er, um nochmal die Adresse auf den Zettel mit dem Namen des Autors zu lesen. Nach ca. 15 Minuten ist er dann endlich an der Reihe. „Ich möchte mich zum 1. Oktober 2001 arbeitslos melden." bringt er mühsam hervor. Es ist für ihn das erste Mal in seiner Laufbahn und auch die vielen anderen Menschen, die er hier sieht, können ihn nicht über dieses miese Gefühl hinwegtäuschen. Seine gute Laune ist im Nu verflogen und es wird ihm mit einem Mal wieder glasklar, in welcher Situation er sich jetzt in Wirklichkeit befindet. Die Dame am Empfang reicht ihm die Anmeldeformulare und macht für ihn einen Termin bei seinem Betreuer im Hochschulteam des Arbeitsamts. Leider hat der erst wieder in zwei Wochen für ihn Zeit. Die schriftliche Anmeldung muss er bis zum 30. September abgeben, da er ja zum 1. Oktober arbeitslos wird. Paul trägt es mit Fassung, aber innerlich kocht es in ihm und er ist doch schon ganz schön fertig. Kein Wunder! Er sucht gar nicht erst nach einem Platz, um die Unterlagen gleich hier auszufüllen. Das wird er viel lieber zu Hause erledigen und am Montag wieder hier vorbeifahren, um die Papiere abzugeben. Doch so ziemlich am Boden zerstört verlässt er das Leipziger Arbeitsamt.

Als er seine Maschine erreicht hat, verstaut Paul die Papiere in seiner Jackentasche und atmet erst einmal tief durch. Bis er sich um 15:00 Uhr mit Britt treffen wird, sind noch über drei Stunden Zeit. Er muss etwas tun, um die miese Stimmung zu beseitigen.

Kleine Depressionswellen haben sich bereits wieder heimlich in sein Bewusstsein eingeschlichen und kriechen ihm den Nacken hoch. Er kann jetzt auch sehr gut nachvollziehen, wie es vielen Menschen dabei nun wohl schon jahrelang gehen muss. Eigentlich hat er doch bisher immer noch Glück gehabt. Von der Arbeitsvermittlung kann er in seinem Alter jedenfalls nichts Ernsthaftes mehr erwarten. Das ist Paul leider glasklar. Da macht er sich gar keine Illusionen. Jetzt hilft nur noch die eigene Initiative, soviel steht für ihn fest. Ein Thema hat er ja nun schon und was für eins! Jetzt heißt es eben, das Bestmögliche daraus zu machen. Was bleibt ihm denn auch weiter übrig? Paul fährt weiter die Schumann-Straße entlang stadtauswärts von Gohlis über Möckern bis nach Wahren hinein. Der Auensee fällt ihm wieder ein.

Dort könnte er ein wenig relaxen. Seine Stimmung ist jetzt aber auch wirklich im Keller. Die Erholung der letzten drei, vier Tage ist im Moment total vergessen. Da hilft nur noch eins, denkt er sich und biegt hinter dem alten Wahrener Rathaus auf den Parkplatz an dem winzigen, aber immer noch tapfer vor sich hin existierenden Supermarkt ein. Hier kauft er zwei kleine Taschenflaschen Apfelkorn. Der hat nicht so viele Prozente, denkt er sich dabei. Hoffentlich bringt mich das wieder auf andere Gedanken. Noch eine Packung Kaugummi dazu, um hinterher den Geruch für den nachmittäglichen Treff mit Britt etwas zu übertünchen. Das müsste genügen! Es ist wirklich kein ernsthafter Rückfall, denkt er sich so ziemlich verzweifelt, wohl nur ein kleiner, wenn auch ziemlich armseliger Notbehelf. Das Arbeitsamt war aber auch wirklich sehr deprimierend, sicher nicht nur für ihn. „Doch ich habe vorerst alles erledigt, was ich mir heute vorgenommen hatte!" Das tröstet und beruhigt ihn ein wenig und Paul ist in diesem Moment auch noch nicht besonders belastbar. Hoffentlich bessert sich das wieder. Kommt Zeit, kommt Rat! Er fährt das kleine Stück zurück zum Wahrener Rathaus und biegt dort rechts ab zum Auensee. Hier parkt er in einer winzigen Seitengasse und geht über die Fußgängerbrücke mit den großen Bögen weiter geradeaus bis zum See.

Am Steilufer setzt er sich gemütlich auf eine Bank und öffnet die erste der kleinen Flaschen Apfelkorn. Er kippt die Hälfte auf einen Zug gierig in sich hinein und muss nicht lange auf das warme Gefühl in Kopf und Magen warten. Seine Laune hebt sich merklich. Er liebt es schon immer, irgendwo im Grünen die einzig wirklich ungetrübte Freiheit zu genießen und seine Gedanken in Ruhe schweifen zu lassen. Dafür hat er ja jetzt endlich genügend Zeit, so deprimierend der Anlass auch ist. Erst in zwei Wochen muss er sich bei seinem Berater im Arbeitsamt melden und dann hat er genau anderthalb Jahre Zeit. Was der ihm zu sagen hat, kann er sich jetzt schon ausmalen. Es kann nicht sehr viel sein, das ist sicher. Er wird also diese Zeit und das, was danach kommt, sehr gut nutzen, soviel steht für ihn fest. Paul erhebt sich von der Bank am Ufer und beginnt einen kleinen Spaziergang rund um den See. Die Arbeit seines inzwischen auch mit der Adresse bekannten Autors geht ihm jetzt langsam wieder durch den Kopf.

Die interessante Einleitung und das erste Kapitel mit den allgemeinen philosophischen Betrachtungen, den neuen Begriffsbildungen und den Grundzusammenhängen kann er so bereits vollständig akzeptieren. Die allgemeine Schilderung dieser völlig neuen Grundlagen hat ihm die Augen geöffnet für das, was bisher immer gefehlt hat. Ein wenig wundert er sich schon darüber, dass da bisher noch keiner mit etwas mehr wissenschaftlicher Reputation drauf gekommen ist. Es ist wohl wirklich das Einfache, das oft so schwer zu machen ist. Aber es gibt eben immer dieses erste Mal! Warum also nicht jetzt? Ihm soll es recht sein. Hoffentlich nicht nur für ihn haben bereits diese ersten Seiten das ehemals sehr hinderliche Verständnisproblem, an dem bisher alles Neue oberhalb der festgefahrenen und stark abgeflachten KI-Diskussion gescheitert ist, eindeutig geklärt, denkt er sich. Ihm ist jetzt so, als hätte jemand einen uralten gordischen Knoten zerschlagen und damit auch den grauen Schleier über uralten Geheimnissen der Menschheit gelüftet. Eine adaptive Steuerung auf der Basis der Zeit, gekoppelt mit einer intelligenten Verarbeitungseinheit auf der Basis des Raums, praktisch realisiert in den beiden Gehirnhälften.

Wobei die neuentdeckte Steuerung immer nicht nur die wichtigsten Funktionen des Körpers, sondern auch die Arbeit der uns einzig bewussten, intelligenten Gehirnhälfte kontrolliert. Sie ist eigentlich unserer wirkliches Ich, das uns allen oft so unergründlich erscheint. Das Wunder jedes Gehirns zweigeteilt und doch wie in natürlicher Vollkommenheit vereint in jedem Kopf. Jetzt heißt es also, in Richtung dieses ‚Grundprinzips der zwei Computer', wie es genannt wird und dieses neuen Paradigmas der ‚Künstlichen Vernunft', wie der Autor selbst es nennt, weiter ins Detail zu gehen. Nach diesem völlig neuen Grundverständnis des Systems Gehirn an sich und als solches stehen jetzt eben die leidigen Detailprobleme an. Aber dafür ist er genau der Profi, der hier jetzt gebraucht wird. Paul entspannt sich merklich. Er weiß irgendwie instinktiv, dass er es schaffen kann! Und das bei diesem einzigartigen und so wunderbaren Thema! Sein Blick streift über das sanfte Grün der Bäume und dann über das dunkele Blau des Sees. Es ist wirklich wunderschön hier! Er hört die Vögel zwitschern und erinnert sich intensiv an Kapitel zwei der Arbeit. Die ursprüngliche Vorlage hat er nun schon oft gelesen und jetzt fast auswendig im Kopf, nicht wörtlich natürlich, aber sehr wohl sinngemäß. Wie interessant doch das Alles!

Im zweiten Kapitel hat sich der Autor mit ähnlich wenig Respekt vor den bisherigen Entwicklungen, dafür aber sehr, sehr anschaulich mit dem Thema assoziative Speicher, eine weitere der wirklich wichtigsten und ungelösten Grundfragen der alten KI, auseinandergesetzt. Beide Gehirnhälften verfügen also über jeweils einen großen assoziativen Speicher im Großhirn, denn freie Assoziation in Bezug auf äußere Eindrücke oder in Bezug auf Imagination und Phantasie der eigenen Gedanken auch ohne äußeren Einfluss ist eines der wesentlichsten Merkmale unseres Gehirns im Gegensatz zur bisher bekannten alten Computermetapher zur reinen Abarbeitung von Algorithmen der von-Neumann-Maschine.

Während herkömmliche Speicher auch in den modernsten Computern immer noch eine physische Adresse zur Speicherung und zum Lesen von Daten benötigen, die reinweg nur mit der technischen Funktionsweise bisheriger Speicher, aber rein gar nichts mit den Daten selbst zu tun hat, ist ein assoziativer Speicher ganz von allein dazu in der Lage, nur mit Hilfe der eigentlichen Daten alle gleichen oder ähnlich assoziierbare Inhalte wiederzufinden. Wie ist das aber praktisch möglich? Es darf also keineswegs mit physischen Adressen, die früher in einer Art Codetabelle mit Bezug zu den eigentlichen Daten abgelegt waren, gesucht werden, sondern die Suche muss immer mit den Daten selbst und ihrem rein informellen Charakteristika als eigentliches Suchkriterium erfolgen. Ein erstes einfaches Beispiel dafür sind die Suchmaschinen im Internet wie zum Beispiel die von Google. Nur das dort noch immer die Syntax unserer Sprache als Code und als alleiniges Suchkriterium genutzt wird. Die physischen Adressen elektronischer Speicher werden also bereits heute in der Realität ganz langsam abgelöst durch die Suche allein nur noch mit dem wesentlich leichter verständlichen Code unserer Sprache.

Wichtig und nicht zu vergessen ist dabei aber die Tatsache, dass auch der assoziative Speicher einer solchen Suchmaschine bisher nur auf Basis der Begriffe unserer Sprache sich des Nachts immer wieder neu organisieren muss, das heißt, neue Inhalte aus dem Internet in seine Indextabellen verbunden mit den Internetadressen neu einfügt und alte Zusammenhänge gegebenenfalls wieder korrigiert. Nur dadurch wird es dann möglich, tagsüber aktuell mit einem einzigen oder auch mehreren zusammenhängenden Begriffen leicht die wichtigsten zutreffenden Internetseiten innerhalb von wenigen Sekunden wiederzufinden, obwohl das Internet doch inzwischen mit Sicherheit mehrere Tausend Terabyte an Daten enthält. Eine völlig unvorbereitete Suche würde hier in Wirklichkeit viele Stunden, wenn nicht sogar Tage dauern. Diese nächtliche Selbstorganisation der assoziativen Speicher ist also eine der wichtigsten Funktionen.

Welch interessantes Gleichnis doch zum Schlafzustand des Gehirns und zu unseren Träumen, wenn es hier auch mit Sicherheit wesentlich andere Funktionsprinzipien im Detail gibt.

Paul geht jetzt die leider aus heutiger Sicht immer noch etwas utopische Schilderung der assoziativen Suche im Gehirn des nun wirklich nicht mehr so ganz anonymen Autors des Scripts durch den Kopf. Seine Gedanken werden dabei nur unterbrochen von einem kurzen Blick nach rechts auf das Haus Auensee, in dem sich neben dem großen Veranstaltungssaal auch eine kleine Gastronomie befindet. Leider ist das ehemals wunderschöne Restaurant mit seinen vielen Veranstaltungsräumen z.B. für Hochzeiten und Partys inzwischen von einer schnöden Selbstbedienung abgelöst worden. Hier ist jetzt nur noch am Wochenende etwas mehr los. Er trinkt die erste Taschenflasche Apfelkorn im Gehen nun ganz aus. Sie wärmt seinen Körper und natürlich auch seine Gedanken. Er ist hier fast ganz allein weit und breit und wirft die Flasche in den nächsten Papierkorb. In der Woche sind kaum Menschen hier am See. Das aber kommt Paul heute sehr gelegen. Eine Runde dreht er noch. Wenn ihn dann der Hunger packt, wird er sich eben eine Currywurst oder etwas Ähnliches besorgen.

Der kleine Spaziergang um den See tut seinen Gedanken und seiner physischen Verfassung jedenfalls wirklich sehr gut und auch die miese Stimmung vom Arbeitsamt ist jetzt schon fast verschwunden. Sein edler Gedankenspender oder wie er diesen kleinen Schlaukopf auch immer bezeichnen will, stellt sich die freie Assoziation im Gehirn ganz einfach so vor, dass das Kleinhirn mit dem Großhirn nicht nur physisch durch den Hirnstamm verbunden ist, sondern dass beide sehr wohl auch immer über das schwache Magnetfeld auf der Hirnhaut kommunizieren. Dies wird besonders durch die Hirnflüssigkeit begünstigt, die neben ihrem Hauptbestandteil Wasser auch sehr viele Elektrolyte enthält und so ganz besonders leitfähig für schwache Magnetfelder ist. Dabei sind feinste Magnetfeldmuster dort immer die eigentlichen Träger von Information.

Der Sinn des Ganzen aber ist es, die im Kleinhirn ankommenden Nervenbahnen aller Sinnesorgane über das schwache Magnetfeld auf der Hirnhaut dieses Gehirnteils assoziativ mit den bereits vorhandenen Inhalten des Großhirns zu verbinden. Jeder Sinneseindruck und jeder Gedanke des Kleinhirns wird an der Oberfläche der Hirnhaut in schwachen, sehr fein strukturierten Magnetfeldmustern abgebildet und reizt so über das Gesamthologramm dieses kleinen, aber sehr komplexen Magnetfeldes die bereits gespeicherten Informationen auch an der Oberfläche des Großhirns mit ähnlichen Magnetfeldmustern durch schwache magnetische Resonanz. Natürlich muss dazu jeder Sinneseindruck und jeder Gedanke erst einmal in die Wellensprache des sehr feinen Magnetfeldes übersetzt werden. Das geschieht aber einfach rein formal und geometrisch auf der Oberfläche der Hirnhaut in unserem Kleinhirn. Die Wellenmuster entsprechen keineswegs direkt den Mustern unserer optischen oder sonstigen Eindrücke. Sie sind aber ein unlösbarer Teil des ausschließlich holographisch auf Basis dieses schwachen Magnetfelds organisierten Speichersystems an der Oberfläche unseres Gehirns und außerdem nicht nur räumlich, sondern auch zeitlich gestaffelt. Wenn man ein veränderliches Magnetfeld vollständig analysieren will, braucht man eben nicht nur den räumlichen, sondern unbedingt auch den zeitlichen Aspekt.

Nur als Wellenmuster vom Kleinhirn halten so äußere Eindrücke und eigene Gedanken Eingang zu unserem riesigen assoziativen Speicher im Großhirn. Es ist dabei ganz egal, ob nun optische oder akustische Eindrücke, Gerüche, Geschmack oder etwa das Gefühl in diese feinen Magnetfeldmuster übersetzt werden. Jedes bekommt dort eine eigene Entsprechung und ein ganz eigenes Muster. Durch magnetische Resonanz werden so die betreffenden ähnlichen Muster auch auf der Hirnhaut des Großhirns gereizt. Diese geben dann ihre vorhandenen Inhalte aus der Vergangenheit frei. Assoziation wird so tatsächlich allein mit den eigentlichen Daten dieser feinen Magnetfeldmuster möglich, ohne etwa noch über irgendwelche physischen Adresstabellen referenziert werden zu müssen.

Die Inhalte können deshalb physisch auch ganz beliebig irgendwo auf der Oberfläche der Großhirnhaut abgelegt sein. Sind sie aber nicht. Die zweigteilte und hierarchisch aufgebaute Ordnung assoziativer Speicher ist ein weiteres ganz wichtiges Thema in dem Script, das Paul bis heute noch nicht vollständig verstanden hat. Er braucht wohl doch ein paar ausführliche Gespräche mit dem Autor.

Leicht utopisch das Ganze, aber keineswegs mehr so undenkbar, wie das früher einmal war, findet er jetzt auch! Natürlich kann man mit neuronalen Netzen auch reale optische Muster erkennen, Wie zum Beispiel mit den Hopfield-Netzen zur Analyse optischer Eindrücke. Aber der Bezug dieser neuen Erklärung zur freien Assoziation im Gehirn ist für ihn viel einfacher und viel bestechender. Feine Magnetfeldmuster, wie interessant! Und die neuronalen Netze sind dann statt für optische Eindrücke für die Erkennung dieser ganz feinen Magnetfeldmuster zuständig, die sich aber von den eigentlichen Sinneseindrücken durch die Wellensprache des Gesamthologramms dieses schwachen magnetischen Feldes im Gehirn unterscheiden. Der Autor betont immer wieder, dass dies nicht nur für die räumlichen, sondern auch genauso für die zeitlich orientierten Sinneseindrücke gilt und beide weitestgehend getrennt in den verschiedenen Hirnhälften abgespeichert werden. Warum betont er das so, wo Paul sich doch eigentlich bisher noch nichts Tiefergehendes dabei vorstellen kann?

Die Zerlegung der Realität nach räumlichen und nach zeitlichen Aspekten, nach den realen, sequentiellen Erfahrungen und den theoretischen, lokalen Erkenntnissen ist wohl das zentrale Thema in dieser ganzen Arbeit. Bisher aber leider einfach unvorstellbar! Paul fühlt sich trotzdem wohl bei dem Gedanken, endlich ganz neue, einleuchtende und grundlegende Erklärungen für viele der bisher noch ungelösten Rätsel um das Gesamtsystem Gehirn herum zu erhalten, so neu sie ihm anfangs auch erscheinen mögen!

Er freut sich auch schon langsam auf den Nachmittag mit Britt in der alten Spinnerei. Mit ihr kann er diese Themen endlich wunderbar ausführlich diskutieren. Eine wirklich tolle Frau! Seine Stimmung hat sich jetzt endgültig von den niederschmetternden Eindrücken im Arbeitsamt gelöst und befindet sich auf einem vorsichtigen Höhenflug. Hoffentlich gelingt ihm das bald auch wieder ohne Alkohol.

Zum zweiten Male am Steilufer angekommen, setzt er sich wieder auf die Bank von vorhin. Der Blick hinüber zur Bootsausleihstation am anderen Ufer, an der er gerade vorbeigewandert ist, erinnert ihn wieder daran, dass er dort auch mit Britt schon Tretboot gefahren ist. Sie konnten damals einen ziemlich großen Reiher beobachten, der immer von einem Ufer zum anderen flog, wenn sie sich mit dem Boot zu nähern versuchten. Soll sein momentaner Karriereknick etwa schon das Ende all dieser schönen Zeiten bedeuten? Aber das kann und will er einfach nicht akzeptieren! Auf geht´s zu neuen Horizonten, hinaus in die Welt mit diesen neuen Ideen und in jedem Fall kann er mit Britt zur Not auch gern anderswo Tretboot fahren. Nachdem er nun die Hälfte der zweiten Taschenflasche ausgetrunken hat, begibt er sich erhobenen Hauptes zu der kleinen Gastronomie im Haus Auensee auf der Suche nach einer ordentlichen Currywurst. Er fühlt sich in Form und hat nun ziemlichen Hunger. Das Leben aber ist endlich wieder wunderschön! Was eine sinnvolle neue Aufgabe doch so alles bewirken kann.

> *„Der Glaube an die Wahrheit*
> *beginnt mit dem Zweifel an allen*
> *bis dahin geglaubten Wahrheiten."*
> *Friedrich Nitzsche*

Im Dschungel der Hypothesen

Leon und Arthur haben sich nach der heutigen Mittagspause, die freitags eigentlich nicht weit vom Feierabend entfernt ist, zur letzten Etappe in ihre Arbeit bei der Sachsen LB gestürzt und alles erledigt, was vor dem Wochenende noch unbedingt so fällig war. Zum frühen Freitagnachmittag kommt ganz plötzlich ein Anruf von der Finanz-IT herein, woher immer die Dateien mit den Zahlungsdatensätzen für die Landesbank Sachsen bereitgestellt werden. Das dritte und vierte Clearing mit den letzten paar zehntausend Zahlungen an diesem Freitag werden sich voraussichtlich etwas verspäten, ist hier die vorsichtige Aussage. Das wäre nichts Neues für beide, so kurz vor dem Wochenende ist es aber doch schon ziemlich ärgerlich! Arthur hat diese Woche Bereitschaft, da Leon auf Dienstreise in Luxemburg war. Aber der will Arthur mit diesem hoffentlich letzten Problem der Woche hier nicht alleine sitzen lassen. Das wäre einfach unfair, hatte er doch eine so schöne Dienstreise mitten in der Woche für sich ganz allein.

Er bittet also das Operating um Rückruf beim Eintreffen der Clearing-Dateien von der Finanz-IT und lädt Arthur solange zum Kaffee ins Wallstreet ein. Das Wallstreet ist eine kleine Location im Löhrs Carré mit dem Vorteil, dass hier das drahtlose Hausnetz ihrer schnurlosen Telefone der Landesbank gerade noch so funktioniert. „Willst Du das wirklich? Du könntest doch auch einfach so nach Hause gehen." stimmt Arthur zweifelnd, aber natürlich sehr erfreut zu und beendet das Projektdokument, an dem er gerade gearbeitet hat. Beide begeben sich mit ihren schnurlosen Handapparaten der Landesbank hinunter in die kleine Fußgängerzone. Freitags kurz vor Drei brauchen sie auch keine Angst zu haben, dort unverhofft auf Kollegen zu treffen.

Dies wäre ganz natürlich und selbstverständlich. Freitag nach Eins macht auch hier jeder seins, soweit das eben irgendwie möglich ist bei der Landesbank Sachsen. Das Wallstreet ist ein kleines Lokal, das nach der Pleite seines ersten Betreibers von einem Griechen übernommen wurde. Dieser bemüht sich hier immer sehr um Gemütlichkeit. Vor allem aber liegt es gleich nebenan, also ideal für einen fast perfekten Freitagnachmittag. „Diese Woche ist nun wieder bald geschafft." stöhnt Arthur entnervt, als sich beide auf den Hockern am Tresen der Bar in der Mitte des Lokals niederlassen. „Die zwei Clearings werden hoffentlich bald eintreffen und dann haben wir auch diese Woche wieder endgültig im Kasten." antwortet Leon ungefragt. „Über die neuesten Gerüchte sollten wir uns aber auch hier lieber nicht unterhalten. Oder ist dir inzwischen schon irgendetwas Neues dazu eingefallen?" Arthur spricht wie immer sehr leise und vorsichtig und das sicher nicht ganz zu Unrecht. Es könnten auch Kollegen in ihrer Nähe sein. Doch das Innere des Wallstreet steht momentan fast leer, nur der Freisitz draußen an der kleinen Fußgängerzone wird bei diesem Wetter zum Glück für den Wirt noch sehr gut frequentiert.

Leon ist nur ganz kurz betrübt ob der widrigen zukünftigen Umstände für die Bank, die sich jetzt möglicherweise als wahr herausstellen könnten. Er muss schon zugeben, dass auch er da im Moment so ziemlich ratlos ist. Darüber wird er lieber noch eine Weile ganz für sich allein nachdenken müssen. „Vielleicht können wir dann wenigstens den zweiten Teil unserer Unterhaltung vom Montag hier endlich mal in Ruhe fortsetzen?" fragt er Arthur jetzt doch schon in ganz guter Wochenendstimmung. „Das zweigeteilte Eine und Ganze, ein sehr interessantes Thema finde ich jetzt auch!" Arthur freut sich also ebenfalls, endlich von den Arbeitsproblemen dieser Woche fast gänzlich befreit zu sein. Leon bringt sie alle mit seinem Hobby einfach ab und zu auf neue Gedanken. Dies macht auch Arthur neugierig, obwohl er natürlich nicht immer alles so ganz nachvollziehen kann.

„Weißt Du, ich glaube, dass das eigentliche Verständnisproblem bei diesem Thema heute vor allem darin besteht, dass die Zeit an sich und als solches bisher einfach niemand wirklich ernst genug nimmt. Es gibt eben nicht nur den eindimensionalen Zeitstrahl der Vergangenheit, den wir uns beim Thema Zeit immer vorstellen. Jede elektromagnetische Welle bis hin zum sichtbaren Licht ist meiner Meinung nach eine transversale Schwingung der Zeit, immer in mehr als einer Dimension. Deshalb erzeugt auch ein Elektromagnet mit den elektrischen Strömen in den Windungen seiner Spule ein Magnetfeld, dessen Feldlinien im rechten Winkel zum elektrischen Feld der Spule ausgerichtet ist. Denn ein Magnetfeld ist eben im Gegensatz zur elektromagnetischen Welle immer eine axiale Krümmung der Zeit, also eine winzige und sehr differenzierte Verlangsamung in den vielen individuellen Jetzt-Zeitpunkten, die sich über den Raum ringsherum mit den bekannten Feldlinien verteilen. Die Zeit oder genauer das individuelle Jetzt der Zeit für jeden Punkt im Raum ist das eigentliche Medium, welches hier durch ein Magnetfeld gekrümmt wird." Leon wird wiedermal vollends von seinem Lieblingsthema gefangen genommen. Arthur muss ihn da vorerst mal ein wenig bremsen.

„Was du hier einfach so entwickelst, ist eine völlig neue Anschauung der grundlegendsten physikalischen Begriffe. Bisher einfach unvorstellbar! Ist Dir das auch wirklich richtig bewusst?" „Ja, da magst du wohl Recht haben, aber ich bin nun mal auf dieses wunderbare Thema der Zeit als mehrdimensionale Größe, zumindest was ihre Zukunft anbetrifft, gestoßen und ich denke gar nicht daran, eher damit aufzuhören, als bis ich mit den grundlegendsten Problemen dieser völlig neuen Anschauung auch wirklich komplett durchgedrungen bin. Egal, ob das nun für immer nur reine Hypothesen bleiben oder ob diese auch irgendwann wirklich einmal sehr real bewiesen werden können. Die Ergebnisse sind für mich einfach jetzt schon zu vielversprechend und es macht mir außerdem auch noch dermaßen viel Spaß, dass ich mich nicht so leicht wieder davon lösen kann, ob ich das nun will oder nicht. Das ist bei mir eben so wie die unstillbare Leidenschaft für ein ausgefallenes Hobby."

„Du wirst wohl auch nicht so einfach viele Andere finden, denen dieses schwierige Thema ebenso viel Spaß macht wie dir." „Sag das nicht! Ich glaube ganz fest daran, dass es da draußen unzählige intelligente Leute gibt, die es immer auch verdient haben, intelligent unterhalten zu werden. Und selbst wenn Du damit Recht hast, genügt es mir im Moment schon, wenn ich mich ab und zu mit Dir darüber unterhalten kann. Alles andere wird sich dann schon irgendwann einmal finden. Ich war noch nie auf große Anerkennung oder Ruhm aus. Das ist mir wirklich völlig fremd."

„Dein Wort in Gottes Gehörgang! ..... Um diese Mehrdimensionalität zu erreichen, darf man also nicht nur das Jetzt und unsere Vergangenheit, sondern muss insbesondere die Zukunft der Zeit jedes individuellen Quantenobjekts betrachten?" Arthur hat sehr wohl das Meiste verstanden, bleibt aber trotzdem äußerst skeptisch. „Ja, nur in der Zukunft der Zeit gibt es das dreidimensionale Feld der Möglichkeiten. Es ist nicht-lokal und völlig unsichtbar, weil es sich eben nicht im Jetzt sondern noch weit in der Zukunft der Zeit befindet." reagiert Leon etwas erleichtert. „Wie der Name schon sagt, bestimmt es immer darüber, was alles für ein Objekt in dessen Zukunft einmal möglich sein wird. Selbst elektromagnetische Wellen sind nur eine Modulation der Zeit im Jetzt durch die Energie, die ein Quantenobjekt besitzt. Masse krümmt den Raum, Energie krümmt die Zeit. Aber diese Krümmung im Jetzt entscheidet eben über all die sehr realen Möglichkeiten eines Quantenobjekts in dessen Zukunft. Diese existieren schon als Möglichkeiten, lange bevor sie im Jetzt zur Realität werden. Viel Energie ist dabei natürlich gleichbedeutend mit viel mehr Möglichkeiten in der Zukunft. Es ist dieser seltsame Möglichkeitsraum der Zukunft, in dem alle Stellvertreterwellen von Quantenobjekten im klaren Gegensatz zu den übrigen Wellenarten aufeinandertreffen, lange bevor sie jemals im Jetzt an realen Ereignissen beteiligt sind.

Sie wechselwirken bereits dort und transportieren dabei keinerlei Energie, wie wir das von den bisher bekannten Wellen gewohnt sind und Masse transportieren sie schon gar nicht. Trotzdem entscheiden die Interaktionen dieser Stellvertreterwellen, also konstruktive und destruktive Interferenz der Möglichkeiten in der Zukunft der Zeit immer darüber, was einmal im Jetzt zur Realität werden kann.

Dir ist sicher dieses Beispiel mit Schrödingers Katze ein Begriff." „Ja, davon hat wohl jeder, der sich mit dem Thema Quantenphysik beschäftigt, schon einmal etwas gehört." „Es gibt da mehrere Varianten dieses Gleichnisses. Die ursprünglichste von allen beschreibt einfach eine Katze, die in einem Kasten eingeschlossen ist, in dem sich auch ein instabiler Atomkern befindet, der gemäß seiner Halbwertszeit irgendwann einmal zerfällt und damit ein Isotop freisetzt, das wiederum einen Mechanismus auslöst, der dann die Katze tötet. Die grausigen Einzelheiten lasse ich für unsere Tierschützer heute lieber mal weg. Da die Möglichkeitswelle des instabilen Atomkerns anfangs immer beide Möglichkeiten, also Zerfall und auch Nichtzerfall enthält, hat man bisher immer vermutet, dass also auch der tatsächliche Zustand der Katze in der geschlossenen Kiste irgendwie verschmiert zwischen tot und lebendig sein müsste und nur das Öffnen der Kiste, also die direkte Beobachtung, diese Möglichkeitswelle mit den beiden Zuständen kollabieren und so erst eine der beiden Möglichkeiten zur Realität werden lässt. Dies ist leider grundsätzlich falsch und ich finde es doch einfach sehr traurig, dass man heute dafür bisher noch keine ernsthafte Lösung gefunden hat.

Vor allem handelt es sich hierbei nicht nur um eines, sondern definitiv um drei strikt getrennt voneinander zu betrachtende Probleme: ein quantenphysikalisches, ein messtechnisches und ein erkenntnis- bzw. informationstheoretisches Problem. Das quantenphysikalische Problem besteht ganz einfach darin, dass eine Wellenfunktion nicht nur eine räumliche, sondern immer auch eine zeitliche Ausdehnung hat, die all ihre künftigen Möglichkeiten enthält, jedenfalls solange sie dabei nicht gestört wird.

Dies gilt nicht nur im Verlaufe der Zeit sondern bereits in jedem Augenblick. Man könnte also sagen, durch ihre zeitliche Ausdehnung über einen einzigen Zeitpunkt hinaus beinhaltet sie auch bereits jetzt einen Teil ihrer zukünftigen Entwicklung. Gerade dieses Merkmal definiert ja eine Wellenfunktion im Gegensatz zu einem statischen lokalen Objekt. Sie ist immer bereits in jedem Augenblick eine ganze Kette von mitunter sehr komplexen Ereignissen in der Zeit. Diese liegen aber immer noch vor dem Jetztzeitpunkt. Ansonsten ist die Welle ja bereits kollabiert. Sie erstreckt sich also eigentlich schon im Jetzt auch weit hinein in ihre eigene Zukunft. Die Vergangenheit ist dabei eingefroren und für immer vorbei.

Das bedeutet dann aber, die hier betrachtete Wellenfunktion dieses instabilen Atomkerns hat nicht etwa gleichzeitig im Jetzt sondern nur in ihrer Zukunft der Zeit anfangs diese beiden Möglichkeiten, also Zerfall und auch Nichtzerfall. Durch den Welle-Teilchen-Dualismus jedes Quantenobjekts erstreckt sich das Quantenobjekt aber bereits in jedem Augenblick auch weit hinein in seine eigene Zukunft. Wir könnten also theoretisch immer beide Zustände messen. Im Jetzt dagegen ist sowohl der erste Atomkern der winzigen Menge solange nichtzerfallen als auch die Katze noch vollständig lebendig, bis der Zerfall irgendwann gemäß seiner Halbwertszeit dann tatsächlich im Jetzt stattfindet. Nach dem Zerfall gibt es die alte Wellenfunktion des ersten Atomkerns mit den beiden alten quantenlogischen Zuständen (zerfallen und nichtzerfallen) einfach nicht mehr. Es existiert nur noch der zerfallene Atomkern, dann mit wahrscheinlich mehreren ganz neuen Wellenfunktionen.

Bei einer zersprungenen Tasse würden wir ja auch nicht erwarten, dass sie sich irgendwann mal wieder zusammensetzt, aber das ist nur ein sehr undeutlicher Vergleich aus unserem Makrokosmos. Bei einzelnen Quantenobjekten dagegen erscheint uns durch den Welle-Teilchen-Dualismus das einzelne Quon lange Zeit gleichzeitig in allen beiden Zuständen, obwohl dies im Jetzt eigentlich nicht möglich ist.

Erst durch eine physische Wechselwirkung wie zum Beispiel durch eine Messung wird es dann dazu gezwungen, klar Farbe im Jetzt für einen der beiden sich eigentlich ausschließenden Zustände zu bekennen.

Die Katze als Makroobjekt befindet sich nun aber schon gar nicht wie bisher angenommen, im Jetzt gleichzeitig irgendwie verschmiert in den beiden sich ausschließenden Zuständen. Dies ist für Makroobjekte mit Milliarden von Quonen einfach nicht gleichzeitig möglich. Solange sie noch lebt, hat sie nur in der Zukunft der Zeit diese beiden Zustände lebendig und tot. Im Jetzt dagegen ist die Katze einfach solange lebendig, bis der Kern irgendwann tatsächlich zerfällt und dann somit über einen vom Menschen eingestellten Schwellwert oder Ähnliches den todbringenden Mechanismus auslöst. Danach gibt es nur noch die tote Katze und es fehlt völlig die zweite Möglichkeit der lebendigen Katze. Die anfängliche Wellenfunktion ist aber nicht etwa deshalb kollabiert, weil wir gottgleich irgendetwas beobachtet hätten, sondern definitiv nur deshalb, weil der eine Atomkern an sich und als solcher sehr real irgendwann gemäß seiner Halbwertszeit und völlig ohne unser Zutun im Jetzt zerfallen ist und damit so den von uns festgelegten Schwellwert für die Zerfallsprodukte überschritten hat. Dies ist ein von unserem Bewusstsein völlig unabhängiger Vorgang.

Abhängig ist das Ganze dagegen aber sehr wohl vom Aufbau unserer Messeinrichtung. Zum einen bestimmen wir damit bereits im Voraus den Aspekt der Realität, den wir hier betrachten oder ganz gezielt beobachten wollen. Zum Anderen bauen wir ja auch mit jeder Messanordnung eine umfangreiche Kette von Wechselwirkungen bis hin zu einem beobachtbaren Effekt in unserer Makrowelt auf, bei denen immer Energie abgegeben oder aufgenommen wird. Mit dem Aufbau der Messanordnung können wir also sehr wohl direkten Einfluss auf den Kollaps der alten Wellenfunktion nehmen. Das Quantenobjekt verliert einen Teil seiner Energie in die Wechselwirkung mit der Messeinrichtung und kann so all die anderen, insbesondere aber sein konjugiertes Attribut nicht mehr richtig darstellen.

Dafür fehlt ihm dann einfach die bereits schon an die Messeinrichtung abgegebene Energie. Eine direkte Beobachtung der Quantenwelt ohne jede Messeinrichtung ist für uns Menschen aber leider nicht möglich.

Es sind also immer sehr reale Wechselwirkungen von Quantenobjekten oder ihren Wellenfunktionen und damit natürlich immer auch die Wechselwirkung mit unserer Messanordnung, welche die gesamte Realität da draußen gestalten. Es ist aber immer nur die gezielte Beobachtung ganz bestimmter Aspekte unserer Umwelt, welche die erkenntnistheoretische Vorstellungswelt in unserem Kopf bestimmt. Beides muss man unbedingt getrennt betrachten. Die Funktion und damit die denkbar einfachste Syntax dieses totbringenden Apparates von Schrödinger wurden hier beide bereits vorher vom Menschen durch den Aufbau der konkreten Messanordnung festgelegt. Es wird damit also hier bereits ein einzelner Aspekt der Wellenfunktion vorselektiert. Wir beobachten deshalb in Wirklichkeit nur das Ereignis der Überschreitung eines von uns vorher festgelegten Schwellwerts beim Zerfall eines Atomkerns und registrieren für uns das Ganze auch dann erst richtig, wenn wir den Kasten öffnen. Solange der Kasten geschlossen ist, können wir in unserem Kopf natürlich alle möglichen Theorien über den Zustand des Inhalts aufstellen und so auch Superpositionszustände für Makroobjekte annehmen, die diese im Jetzt unserer Realität aber einfach nicht besitzen können.

Die Tatsache, dass wir durch den geschlossenen Kasten davon bisher nichts beobachten konnten, ist also das dritte, eindeutig erkenntnis- und informationstheoretische Problem. Wellenfunktionen aus dem Möglichkeitsraum der Zukunft der Zeit kollabieren im Jetzt unserer Realität eben auch ganz ohne dass wir davon etwas bemerken und manchmal können wir das dann erst Millionen Jahre später registrieren. Die offenen Möglichkeiten in unserem Gehirn haben damit absolut nichts zu tun und machen auch nur dann wirklich einen Sinn, wenn wir sie regelmäßig und empirisch mit der Realität vergleichen.

Wenn wir die Beobachtung aber zu spät oder vielleicht sogar viel zu spät vornehmen, ist die Katze nicht nur eben gerade gestorben, sondern vielleicht sogar schon völlig verwest. Ein deutliches Zeichen dafür, dass der eigentliche Kollaps der Wellenfunktion des instabilen Atomkerns sich schon vor sehr langer Zeit zugetragen hat und dabei keineswegs von unserer Beobachtung oder Nichtbeobachtung abhängig gewesen ist. Wir können uns deshalb auch immer nur als möglichst intelligente, nachträgliche Spurensucher in der Vergangenheit dieser ständig fortschreitenden Realität betätigen und damit zum Beispiel erst Jahrmillionen später riesige Meteoriteneinschläge entdecken und diesem uralten Ereignis dann die richtige Semantik und Pragmatik für die Entwicklung des Lebens auf der Erde zuordnen.

Die physische oder physikalische Realität ist also nahezu vollständig unabhängig von unserer Betrachtung oder Beobachtung, solange wir keinen direkten Einfluss zum Beispiel durch eine Messeinrichtung auf diese hochkomplexe Realität nehmen, die theoretische Möglichkeitswelt in unserem Kopf ist es aber nicht. Deshalb ist es auch so immens wichtig, die Kiste zu öffnen und unsere Theorien ständig und fortlaufend mit der Realität zu vergleichen. Erst dann erhalten wir auch ein wirklich brauchbares empirisches Beobachtungsergebnis für diesen einen Versuch. Jede Art von Empirie besteht aber immer aus einer begrenzten, also einer endlichen Menge von Versuchen.

Es kann deshalb auch immer noch eine weitere Falsifikation unserer aus der empirischen Erkenntnis abgeleiteten Theorien existieren, die wir bisher noch nicht kennen. Besonders in der Mikrowelt der Quantenphysik muss dabei, wie bereits gesagt, immer berücksichtigt werden, dass sich die alte Wellenfunktion des Untersuchungsobjekts ständig und mitunter sehr stark in ihrer direkten Wechselwirkung mit der von uns selbst gewählten Messeinrichtung befindet, die wir zum Beobachten benötigen. Ohne Messeinrichtung können wir aber leider in der Quantenwelt rein gar nichts direkt beobachten.

Die Notwendigkeit von Messungen und der Aufbau von konkreten Messeinrichtungen für empirische Untersuchung und Erkenntnis der Realität bedingt also immer bereits die vorherige Selektion ganz bestimmter Aspekte eines Untersuchungsobjekts mit einem Welle-Teilchen-Dualismus.

Das nächste interessante Thema ist, wie vorhin schon kurz andiskutiert, der Fluss der Zeit an sich. Die Schwingung im Jetzt zum Beispiel beim Licht entsteht wahrscheinlich gerade deshalb, weil die Zeit diskret aufgebaut und nicht analog und unendlich teilbar ausgedehnt ist, wie der Raum um uns herum. Die Quantenobjekte rattern und holpern ständig durch die digitale Zeit. Die Wellenlänge ist dabei direkt davon abhängig, wie viel Energie und Masse die Quantenobjekte besitzen. Planck und Heisenberg haben bewiesen, dass die Energie, die abgegeben oder aufgenommen werden kann, nun mal immer nur diskret in Quanten aufgebaut ist. Genauso verhält es sich aber auch mit der Zeit selbst. Oder besser gesagt, der diskrete Aufbau der Zeit ist die eigentliche Ursache für die Quantelung der Energie.

So schlägt die Energie eines Quants auch zu jedem diskreten Zeitpunkt seiner Schwingung kleine Beulen in die Zeit, je mehr Energie, um so mehr Beulen oder Zähne je Zeiteinheit, aber um so kürzer auch die Verweildauer eines Quants im aktuellen Zähnchen der Zeit und seine Wellenlänge. Man könnte also auch sagen, für jedes Quantenobjekt zieht sich die Zeit im Jetzt ständig wie ein Reißverschluss aus dem dreidimensionalen Möglichkeitsfeld seiner Zukunft über das dimensionslose Jetzt zum eindimensionalen Zeitstrahl seiner Vergangenheit zusammen. Im Jetzt realisiert sich dadurch auch genau eine von den sich ausschließenden Möglichkeiten eines Quantenobjekts oder vorerst manchmal auch gar keine davon. Dieses lange Offenbleiben von Möglichkeiten bei allen Quantenvorgängen ist es vor allem, das uns sehr häufig verwirrt und uns zu so abwegigen Deutungen wie der Viele-Welten-Theorie von Everett kommen lässt, die aber diese Zusammenhänge leider überhaupt nicht berücksichtigt. Das ist momentan unsere leider keineswegs einfache Realität!

Die Zähne dieses Reißverschlusses des diskreten Zeitablaufs eines Quantenobjekts sind allein durch den diskreten oder digitalen Aufbau der Zeit bedingt. Ich möchte schon lange die hier von mir neu postulierten Zähne oder Beulen in der diskreten Zeit der Mikrowelt der Quantenphysik nicht nur Dir zu Ehren, mein lieber Arthur, gerne als das 'Dent' bezeichnen." Leon ist jetzt in euphorischer Stimmung. „Sondern natürlich besonders deshalb, weil diese Bezeichnung einfach so gut passt, wie der richtige Deckel auf den richtigen Topf. Der Zahn der Zeit ….., hoffentlich kann dies auch einmal genauso experimentell nachgewiesen werden. Ein Dent hat meiner Meinung nach zwar keine exakte Ausdehnung in der Zeit und schon gar nicht im Raum. Es ist immer abhängig von dem individuellen Quantenobjekt, das es enthält und auf das es sich bezieht. Trotzdem stellt es die wohl elementarste Einheit der Zeit dar. Die bisherige Planck-Zeit ist dabei wohl die denkbar kürzest mögliche Einheit, die ein solches Dent im leeren Raum annehmen kann. Die Zeit ist eben wirklich nicht unendlich teilbar, so wie der Raum. Das Licht ist dabei immer eine transversale Schwingung all der leeren Dents im leeren Raum.

Dabei bewegen sie sich aber nicht nur im Raum sondern insbesondere viel eher in der Zeit. Deshalb ist auch die Lichtgeschwindigkeit im Vakuum immer konstant. Im Vakuum ist das Licht ungebremst und damit am schnellsten. Dort rast also die diskret aufgebaute Zeit ständig mit Lichtgeschwindigkeit schwingend auf einem festen Gitter von leeren Dents durch den Raum, obwohl es eigentlich der Raum ist, der sich durch die Zeit bewegt. Nur so wird die Reihenfolge oder Gleichzeitigkeit von punktuellen Ereignissen im Raum auch auf große Entfernung untereinander hergestellt. Ein Ereignis wird eben auf der Erde zu einem ganz anderen Zeitpunkt wahrgenommen, als zum Beispiel auf der Beteigeuze und ordnet sich damit dort auch ganz anders in den sequentiellen Ablauf der Ereignisse ein als bei uns. Bei jedem Quantenobjekt kommt dieser Reißverschluss der Zeit, die aus der Umgebung unaufhaltsam auf es einstürzt, von der Zukunft, über das Jetzt bis in die festgefrorene Vergangenheit erst voll zum Tragen.

Dadurch entstehen dann erst all die vielen kleinen, bisher völlig undefinierten Absonderlichkeiten, welche die alte Kopenhagener Deutung der Quantenphysik auch als Quantenwillkür bezeichnet. Die Entdeckung der realen Ursachen dafür lässt aus dieser anfänglich vollkommen undefinierten Willkür wieder ganz langsam etwas Deterministisches werden, wenn das wohl auch noch viele Jahrzehnte dauern wird. Bisher kann immer nur mit Wahrscheinlichkeiten das Verhalten von einzelnen Quantenobjekten beschrieben werden. Denn gleiche Quantenobjekte haben zwar den gleichen Aufbau und auch die gleiche Energie, aber niemand kann jemals vorhersagen, wie sie sich in der vorbeirasenden, diskret aufgebauten Zeit nun in Wirklichkeit verhalten werden. Dies ist auch wahrscheinlich die eigentliche Ursache der Brownschen Bewegung. Künftig wird es trotzdem wieder für jedes einzelne Objekt etwas mehr Determinismus geben. Bei großen Mengen von Quantenobjekten kann es aber auch in aller Zukunft immer nur weiter über die bekannten Wahrscheinlichkeitsbetrachtungen gehen. Auf jeden Fall liegt dem damit also doch noch ein, wenn nicht sogar vielleicht sehr starker Determinismus weit unter der bisher scheinbar indeterministischen Welt der Quanten zugrunde, wie zum Beispiel beim Licht oder bei den Elektronen in der Atomhülle.

Wenn auch dieser neue Determinismus nicht im Raum sondern ausschließlich in der sehr komplexen, diskret aufgebauten sowie ständig in Bewegung befindlichen und unter allem anderen liegenden Ebene der Zeit angesiedelt ist. Einstein hätte schon jetzt wohl seine wahre Freude daran. Gott würfelt eben doch nicht! Der innere Aufbau der Zeit beweist es eindeutig. Dies ist das wirklich Neue daran!" „Danke für die übergroße Ehre mit dem Dent. Wenn das auch sicher noch lange nicht perfekt ist, was Du da entwickelst, so glaube ich doch, dass Du seltsamerweise viel weiter bist, als alle international anerkannten Physiker vor und lange nach der alten Kopenhagener Deutung. Und bei aller Bescheidenheit, das will doch wirklich schon etwas heißen!"

„Ja, das denke ich auch, nur fehlt mir eben noch der schlagende Beweis dafür. Was wir alle künftig wirklich brauchen, ist eine ganz neue Physik von Raum und Zeit und ihrer Wechselwirkung mit Masse und Energie. Aber das ist noch lange nicht alles!" „Was kommt denn da noch?" fragt Arthur ihn nun wirklich verblüfft. „Wenn wir denn schon einmal dabei sind, alte Bilder in der Physik zu zerlegen oder fehlende völlig neu hinzuzufügen, dann können wir das doch auch richtig tun und nicht schon auf halbem Wege stehen bleiben." „Richtig? Wie meinst du denn das jetzt wieder?" „Mein lieber Arthur, wenn wir als Ursache für elektromagnetische Wellen die transversale Schwingung der Zeit anführen und als Ursache für Magnetfelder die axiale Krümmung der Zeit, wie steht es denn dann um die Verursacher derselben, um die elektrischen Ladungen und deren Bewegung wie zum Beispiel beim Elektron? Müssen deren Ursachen denn dann nicht auch in irgendeiner direkten Beziehung zum eigentlich sehr komplexen Aufbau der Zeit selbst stehen?"

„Hm, wenn Du mich nun so fragst ..... Wie bei der Gravitation die Krümmung des Raums, verursachen ruhende elektrische Ladungen eine axiale Krümmung oder winzige Verlangsamung der Zeit und bewegte elektrische Ladungen elektrische Felder als transversale Krümmungen der Zeit." „Ja, aber was mich eigentlich schon immer interessiert hat, wie kommen denn nun eigentlich diese positiven und negativen elektrischen Ladungen überhaupt zu Stande? Was ist ihre physikalische Ursache? Warum gibt es eigentlich nur diese zwei verschiedenen Ladungen und nicht drei oder vier davon oder auch nur einen einzigen magnetischen Monopol, der alles andere an sich zieht, wie zum Beispiel die Raumkrümmung bei der Gravitation?" „Tja, das ist doch wirklich mal eine interessante Frage, aber was mich am Meisten verblüfft ist die Tatsache, dass diese unvorstellbar interessante Frage heute leider noch niemanden ernsthaft beschäftigt. Obwohl sich doch diese einfache Fragestellung eigentlich geradezu als aller Erstes aufdrängen sollte."

„Man kann daran eben wieder mal sehr deutlich sehen, wie schnell die Menschen bisher entdeckte Gegebenheiten und bewiesene Gesetze als selbstverständliche Wahrheiten, immanente Eigenschaften der Materie und als nicht weiter hinterfragbar hinnehmen. Es ist für viele leider oft bedeutender, zugegebenermaßen sehr interessante und vielfältige Details zu kennen, als nach den an sich viel wichtigeren Ursachen und ihren wichtigen Grundlagen zu fragen."

„Und was sind denn nun deiner Meinung nach die tatsächlichen Ursachen dieser zwei verschiedenen elektrischen Ladungen?" „Die Antwort darauf kann eindeutig wieder nur im inneren Aufbau der Zeit liegen, den bisher noch niemand so richtig ernst genommen und sich endlich einmal sinnvoll neu strukturiert hat. Während wir bisher nur über die Dents gesprochen haben, die ihre zeitliche und räumliche Ausdehnung abhängig vom jeweiligen Quantenobjekt mitbekommen, müssen wir nun mal kurz über den Jetztzeitpunkt sprechen, der, wie der Name es schon sagt, eben ein dimensionsloser Punkt im Jetzt unserer Zeit ist. Das heißt, das aktuelle Dent eines Quantenobjekts mit einer bestimmten Ausdehnung in der Zeit kann sich entweder nur vor oder nur hinter dem aktuellen Jetztzeitpunkt befinden." „Also entweder schon in der Vergangenheit oder immer noch in der Zukunft?" „Genau! Wobei die Vergangenheit wie bereits gesagt ein eindimensionaler Zeitstrahl und die Zukunft immer ein dreidimensionales Feld der Möglichkeiten ist. Solange es nicht zu Wechselwirkungen gedrängt wird, hat ein Elektron deshalb auch keinen exakt lokal definierbaren Aufenthaltsort in der Atomhülle, weil es sich eben immer noch lose und nicht-lokal abhängig von seinem Energieniveau im Möglichkeitsraum der Zukunft herumtreibt. Es liegt eindeutig noch weit vor dem eigentlichen Jetztzeitpunkt. Es kann dadurch mehrere verschiedene Möglichkeiten seiner selbst als Superpositionen an zwei verschiedenen Orten gleichzeitig einnehmen. Das ist damit also auch die eigentliche Ursache für seine negative elektrische Ladung.

Solange es nicht gestört wird, befindet sich das Elektron also immer noch nicht-lokal in der Zukunft der Zeit und lange vor dem aktuellen Jetztzeitpunkt. Wobei die Bezeichnungen positiv und negativ für die elektrischen Ladungen in der Vergangenheit einmal ganz willkürlich entstanden sind und keine direkte Beziehung zur Realität haben. Positive elektrische Ladungen dagegen haben nur Teilchen oder Quantenobjekte, die sich bereits zum größten Teil in einem Dent hinter dem Jetztzeitpunkt, also im eindimensionalen Zeitstrahl der Vergangenheit befinden! Ihr Aufenthaltsort ist damit auch wesentlich leichter zu bestimmen als der eines Elektrons, weil sie eben nicht mehr im dreidimensionalen und nicht-lokalen Möglichkeitsraum der Zukunft herumgeistern, sondern zumindest zum größten Teil schon fest im eindimensionalen Zeitstrahl der Vergangenheit gefangen sind. Bei den verschiedenen Quarks innerhalb eines Protons oder Neutrons sind beide Zustände vorhanden. Allein die erst durch ihre Anordnung verursachte Raumkrümmung hält sie mit ungeheurer Kraft zusammen. Das oder die Dents im Zeitstrahl der Vergangenheit überwiegen beim Proton aber. Die elektrische Ladung resultiert also deshalb immer aus der Verschiebung eines Quantenobjekts in der Zeit im Verhältnis zu unserem ständig fortschreitenden dimensionslosen Jetzt.

Womit auch sehr wahrscheinlich ist, dass das Photon als reines Energiequant ohne Masse und ohne elektrische Ladung wohl immer auf seinem in Bewegung befindlichen individuellen Jetztzeitpunkt gemeinsam mit der Zeit durch das All rast. Solange es nicht aufgehalten wird, ist es nur eine Schwingung der dreidimensionalen Oberfläche im Jetzt des Möglichkeitsraums in der Zukunft der Zeit." „Wow, das ist ja wirklich ein Paukenschlag! Wenn schon auch nur ein kleiner Teil dieser umfangreichen Reihe von Hypothesen wahr ist, müsste man Dir ja in jeder Stadt auf diesem Globus ein eigenes Denkmal errichten!" „Also Arthur, wir wollen doch mal nicht gleich übertreiben! Eine ganze Nummer kleiner würde mir auch schon reichen. Deine Reaktion zeigt mir aber auch wieder sehr deutlich, dass ich diese Ergebnisse lieber erst einmal anonym veröffentlichen sollte. Im Moment sind das außerdem alles immer noch die reinsten Hypothesen."

Arthur ist trotzdem nicht so leicht zufrieden zu stellen. „Du hast zwar schon beim Thema von Schrödingers Katze eindeutig Stellung bezogen, aber eine der zentralen Fragen der heutigen Quantenphysik ist es nun einmal immer schon, was denn nun eigentlich Seltsames mit einem Quantenobjekt wie zum Beispiel dem Elektron passiert, wenn es gemessen wird? Deine Erklärung von vorhin reicht mir dafür einfach nicht aus. Ist der Messakt oder der Akt der Beobachtung nicht doch etwas Göttliches, das dann erst die Realität um uns herum entstehen lässt? Dabei scheiden sich doch bisher immer die Geister ganz besonders und viele glauben so eben bis heute noch an eine Art rein psychedelisches Wunder allein durch die Beobachtung und die wirklichkeitsschaffende Rolle des Beobachters."

Leons Gesicht leuchtet bei dieser intensiven Nachfrage regelrecht auf. Er muss lächeln, lässt Arthur in Ruhe ausreden und freut sich, weil dieser von selbst noch einmal das zentrale Thema anspricht, welches nicht nur Leon schon so lange auf den Nägeln brennt, doch dann setzt er ruhig und bestimmt fort: „Zuerst einmal möchte ich hier gründlich mit dem Aberglauben aufräumen, dass irgendein menschenähnliches Wesen in diesem Universum jemals schon ein Quantenobjekt wie zum Beispiel ein Elektron direkt beobachtet hätte. Das ist nur ein Ammenmärchen und leider ein Zeichen maßloser Selbstüberschätzung. Eine Wellenfunktion ist ein sehr komplexes Gebilde mit einer ständigen Ausdehnung nicht nur im Raum, sondern auch in der Zeit und zwar nicht nur im Verlaufe der Zeit sondern bereits in jedem Augenblick. Das Einzige, was wir daran bisher jemals beobachten konnten, sind die verschiedensten Wechselwirkungen zum Beispiel des Elektrons mit anderen Wellen oder Teilchen im Raum und in der Zeit. Ob das nun die Spur auf einer Fotoplatte oder die umfangreichen Ergebnisse von Interferenzexperimenten sind. Immer beobachten wir nur die letztendlichen Ergebnisse der physischen Wechselwirkungen oder bei größeren und komplizierten Messungen sogar ganze Ketten von Wechselwirkungen bis hin zur sichtbaren und dann in unserer Makrowelt beobachtbaren Auswirkung.

Eine Fotoplatte am Ende einer Interferenzmessung schwärzt sich mit dem gesuchten Interferenzmuster ja auch nicht erst durch unsere Beobachtung sondern bereits lange vorher durch die reale physische Wechselwirkung der Messung mit dem komplexen Messobjekt.

Durch den Aufbau der Messeinrichtung können wir also sehr wohl Einfluss nehmen auf das, was wir da beobachten wollen. Dem Quantenobjekt wird außerdem durch jede Messung Energie entzogen oder zugeführt, wodurch sich seine Stellvertreterwelle unwiederbringlich verändert. Die alte Wellenfunktion kollabiert bereits durch die physische Wechselwirkung mit der Messeinrichtung und steht jetzt nur noch in ganz anderer Form als vorher zur Verfügung. Dies verwechseln dann viele gern mit einer wirklichkeitsschaffenden Rolle der Beobachtung. Insgesamt sind aber unsere Sinnesorgane überhaupt nicht für die winzigen Details der Mikrowelt der Quanten mit ihrem Welle-Teilchen-Dualismus geschaffen und unser Gehirn ist es auch nicht." „Wieso denn unser Gehirn?"

„Nun, denk mal bitte an das zweigeteilte Eine und Ganze. Die Quantenobjekte haben neben ihrem Erscheinungsaspekt im Raum als Teilchen in erster Linie auch einen Ereignisaspekt in der Zeit, der sich in ihrer Stellvertreterwelle ausdrückt. Jede dieser Wellenfunktionen hat immer auch eine zeitliche Ausdehnung, die jetzt schon weit über unseren aktuellen Jetztzeitpunkt hinausreicht. Wir sind aber leider mit unserer einzigen bewussten Gehirnhälfte definitiv nur zu räumlichen Betrachtungen in der Lage. Das heißt ganz konkret, wir können nicht bewusst und direkt in die Zukunft der Zeit hinein sehen und die ständige zeitliche Ausdehnung einer Wellenfunktion somit auch niemals vollständig beobachten. Der besonders wichtige Teil im Möglichkeitsraum der Zukunft ist für uns einfach nicht sichtbar. Auch nur jeder Gedanke daran war uns ja bisher allen völlig fremd. Für jede Zukunftsbetrachtung verwenden wir sehr umständliche und total unvollständige räumliche Entsprechungen.

Wir projizieren uns die Zeit wie im Raum-Zeit-Diagramm auf eine einzige räumliche Koordinate, glauben damit dann schon Alles in Bezug auf die Zeit erledigt zu haben und versuchen damit zu arbeiten. Deshalb ist für die Meisten von uns bisher auch der tatsächliche, sehr komplexe Aufbau einer vollständigen, kompletten Wellenfunktion in Raum und Zeit immer noch verborgen geblieben und so ein bisher weitestgehend unbekanntes Geheimnis."

„Und du hast dieses Geheimnis gelöst?" „Nein, ich habe nur einen sehr interessanten neuen Ansatz gefunden, mit dem man eines Tages hoffentlich alle noch bestehenden Geheimnisse dieser Vorgänge in der Quantenphysik lösen kann und der sicher einmal auch die Grundlage einer dann endlich vollständigen Feldtheorie werden wird. Das ist alles, aber ich finde sehr wohl, das ist schon eine ganze Menge!" „Und wie sieht dieser allein selig machende Ansatz denn nun vollständig aus?" „Grundlage dafür ist immer ein ganz neuer erweiterter Zeitbegriff. Aber es gibt auch bereits mehrere, ziemlich exakte mathematische Beschreibungen dieser Möglichkeitswellen von Quantenobjekten, egal ob nun von Schrödinger, Heisenberg, Dirac oder Feynman. Nur gibt es bisher eben kein passendes Bild dafür, mit dem man sich davon eine Vorstellung machen könnte. Das Geheimnis der Quantentheorie ist es, dass sie ganz gewöhnliche Wellen auf ungewöhnliche Weise verwendet, wie Nick Herbert es sehr treffend ausdrückt. Sie hat damit in den letzten neunzig Jahren jeder Überprüfung standgehalten und beschreibt mit Wahrscheinlichkeiten ganz exakt die Ergebnisse aller möglichen Experimente, die bisher dafür angestellt wurden. Der Knackpunkt liegt aber wie bereits gesagt darin, dass sich bisher niemand so richtig bildlich vorstellen konnte, was da eigentlich mathematisch beschrieben wird. Wobei ein Bild immer nur eine rein räumliche Angelegenheit ist, das die Zeit stark vernachlässigt. Hier scheiden sich die Geister bis hin zu der weitverbreiteten Auffassung, dass man sich eben besser nichts darunter vorzustellen hat.

Aber: Das Nichts allein ist unsere Domäne und Spezialität!, wie schon Stanislaw Lem das nicht nur als Science-Fiction-Autor sondern auch in seinen anderen wissenschaftlich orientierten Büchern sehr erleuchtend festgestellt hat. Es war auch eigentlich immer nur eine Frage der Zeit, bis jemand hier wieder ein passendes Bild entwickelt.

Dieser erweiterte Zeitbegriff verlangt es nun, die sehr komplexe Zeit gleichberechtigt als dreidimensionales Vektorfeld neben den Raum zu stellen. Besonders wichtig ist dabei der individuelle Jetzt-Zeitpunkt, der gemeinsam mit allen anderen Jetzt-Zeitpunkten die dreidimensionale und universale Oberfläche, sozusagen den Ereignishorizont dieses Möglichkeitsfeldes in der Zukunft der Zeit bildet. Auf ihm als Medium bewegt sich zum Beispiel auch das Licht. Jede Welle bezieht ihre charakteristischen Züge von dem Medium, welches da Wellen schlägt.

Was bisher fehlte, war der Bezug zu den Medien Raum und Zeit, die nicht nur reine Basisgrößen sondern auch selbst sehr aktive physische Gegebenheiten sind. So gab es in der Geschichte der Quantenphysik auch immer wieder ganz vielfältige Versuche, sich doch etwas Nennenswertes unterhalb der mathematischen Beschreibungen der Quantenphysik vorzustellen, auch wenn diese Versuche bisher oft in Absurdistan gelandet sind. Der wichtigste Unterschied von Quantenstellvertreterwellen zu den in unserer Makrowelt bekannten Wellenerscheinungen ist die Tatsache, dass sie dort im Möglichkeitsraum der Zukunft keine Energie transportieren, weil sie eben kein eigentlich lokal erfassbares Medium krümmen. Sie sind immer nur im Jetzt an der dreidimensionalen Oberfläche dieses Ereignishorizonts der Zeit messbar. Eine vollständige Betrachtung aller Aspekte dieser Zeit mit mehr als einer Dimension war uns bisher völlig fremd. Bei Wellen in unserer Makrowelt ist das Quadrat ihrer Amplitude immer die Energie, die eine Welle transportiert. Quantenstellvertreterwellen dagegen sind leere Möglichkeitswellen ohne jeden Energietransport. Und alle Möglichkeiten liegen nun mal immer nur in der Zukunft der Zeit. Ihre Amplitude ist allein die rein informative Möglichkeit für künftige Ereignisse im Zusammenhang mit dem jeweiligen Quantenobjekt.

Das Quadrat deren Amplitude ist dabei dann die Wahrscheinlichkeit für mögliche künftige Ereignisse. Während normale Wellen auch lokal im Jetzt präsent sind, können Möglichkeitswellen leider nur nicht-lokal künftige Ereignisse beschreiben. Sobald eines davon eintritt, gibt es bereits die bisherige Möglichkeitswelle in ihrer alten Form nicht mehr. Dies betrifft insbesondere Ereignisse, bei denen ein Quantenobjekt Energie abgibt oder aufnimmt. Mit weniger Energie entsteht hinterher auch immer eine andere Möglichkeitswelle für die neue Zukunft dieses Quantenobjekts, obwohl sie selbst wie gesagt keinerlei Energie transportiert. Die alte Wellenfunktion kollabiert und es entsteht eine völlig neue Stellvertreterwelle natürlich nur, falls das Quantenobjekt nach der Wechselwirkung überhaupt noch als solches weiter existiert. Quantenwellen modulieren deshalb auch ausschließlich den dreidimensionalen nicht-lokalen Möglichkeitsraum in der Zukunft der Zeit. Es ist also nicht die Beobachtung, die Realität erzeugt, sondern es sind immer die vielfältigsten physischen Wechselwirkungen, die zum Beispiel ein Elektron dazu zwingen, dann auch mal im Jetzt zum Beispiel beim photoelektrischen Effekt als lokales Teilchen Farbe zu bekennen und nicht immer nur als Stellvertreterwelle im Möglichkeitsraum der Zukunft herumzugeistern.

Wenn dabei Energie abgegeben oder auch aufgenommen wird, findet sich das Elektron dann ganz plötzlich auf einem anderen Energieniveau und mit einer anderen Wellenfunktion als vorher wieder. Es sind die Wechselwirkungen zwischen den Quantenobjekten, die unsere gesamte Realität erzeugen, so wie wir sie anfassen können. Nur wenn wir es sehr geschickt anstellen, können wir dabei auch lokal mit unserer einzig bewussten Gehirnhälfte auf der Basis des Raums beobachten, was sonst völlig unsichtbar allein in der Zukunft der Zeit abläuft." Leon ist sehr erleichtert nach dieser langen, aber durchaus schlüssigen Erklärung. „Kannst Du mir das noch etwas näher erklären?" Arthur will es jetzt wohl genau wissen. „Ja, im Wesentlichen müssen wir unterscheiden, ob wir es mit den Wechselwirkungen von Wellen oder denen von Teilchen zu tun haben, wobei jedem Quantenobjekt beide Aspekte immer gleichzeitig zu eigen sind.

Bei Wellenerscheinungen haben wir dann also die konstruktive und die destruktive Interferenz, also Resonanz und Dissonanz. Dies gilt auch für die Möglichkeitswellen von Quantenobjekten, obwohl diese nichtlokal in der Zukunft der Zeit angesiedelt sind. So können sich Möglichkeiten verstärken oder gegenseitig auslöschen, lange bevor sie im Jetzt zur Realität werden. Das Ergebnis sehen wir dann in den Wahrscheinlichkeiten bei Interferenzexperimenten zum Beispiel beim sichtbaren Licht, aber auch mit Elektronen wurden schon erfolgreich Interferenzexperimente durchgeführt. Das dabei wohl verblüffendste Ergebnis entsteht aber, wenn immer nur ein einzelnes Elektron durch das Doppelspaltexperiment gejagt wird. Das Interessante daran ist, dass auch dieses eine einzelne Elektron nach mehreren Schüssen ein ganz deutliches Interferenzmuster hervorruft, obwohl es doch eigentlich kein anderes Objekt oder eine andere Welle zum Interferieren hatte. Wie kann das sein?

Im Möglichkeitsraum der Zukunft kann das Elektron oder besser seine Stellvertreterwelle eben einfach auch mit einer anderen Möglichkeit von sich selbst interferieren. Das Auftreffen der verschiedenen Möglichkeiten des Elektrons nach einem Interferenzexperiment auf einen Phosphorbildschirm zum Beispiel ist dann aber wieder nur ein messtechnischer Notbehelf, um die uns unsichtbare Interferenz der verschiedenen Möglichkeitswellen anschließend in ihren Ergebnissen über reale Wechselwirkungen mit der Realität im lokalen Jetzt räumlich sichtbar zu machen. Sie treffen nach ihrer Interferenz am Bildschirm auf jeweils ein Phosphormolekül, geben einen Teil ihrer Energie ab und bringen so das entsprechende Phosphormolekül in einen angeregten Zustand. Beim anschließenden Zurückfallen des Phosphormoleküls in seinen Ursprungszustand gibt es dann Energie in Form eines Photons ab und leuchtet dadurch kurz auf. Mit Hilfe einer Fotoplatte kann so der Bildschirm zur Registrierung des Auftreffens des ursprünglichen Elektrons genutzt werden. Die Muster auf dieser Fotoplatte belegen dann das Ergebnis der Experimente.

Die eigentliche Interferenz von zwei Quantenwellen hat aber in Wirklichkeit noch nie jemand direkt beobachten können, soviel ist sicher. Alles andere sind nur maßlose Selbstüberschätzungen. Es ist wirklich eine ganze Kette von physischen Wechselwirkungen, die hier bis hin zur tatsächlichen Beobachtung genutzt wird. Die eigentliche Beobachtung findet aber immer erst anschließend statt. Und die Fotoplatte schwärzt sich auch dann, wenn wir sie gerade nicht beobachten. Warum das bis heute noch niemandem endlich so richtig klargeworden ist, leuchtet mir eigentlich nicht ein!

Es gibt da immer eine unvorstellbare Vielfalt an realen physischen Wechselwirkungen in der Quantenphysik, lange bevor das Ergebnis einer Messung dann erst von uns beobachtet werden kann. Direkt beobachten können wir dabei auch immer nur den rein räumlichen Teilchenaspekt, deshalb ist das Verhalten der Stellvertreterwellen von Quantenobjekten vor oder während ihrer Wechselwirkungen und vor der anschließenden Beobachtung auch so rätselhaft für uns. Aber die Beobachtung kommt eben immer erst danach. Zumal die meisten dieser Vorgänge eben zum größten Teil auf der völlig unsichtbaren Basis der Zeit stattfinden. Unsere rein räumlich orientierte und einzig bewusste Gehirnhälfte ist dafür einfach nicht geschaffen!

In unsere zweite, sequentielle, rein zeitlich orientierte und für die Erfahrung unserer Umwelt und die globale Steuerung unseres Körpers zuständige Gehirnhälfte können wir aber leider niemals bewusst hineinsehen und dies ist sicher auch ganz gut so! Die Verwirrung beider Aspekte, des räumlichen und des zeitlichen, wäre für uns wohl einfach viel zu groß!" Sehr passend zu diesem Abschluss der wichtigen Diskussion kommt jetzt der Anruf vom diensthabenden Operator, dass zumindest das dritte Clearings von der Finanz-IT soeben eingetroffen ist und jetzt verarbeitet wird. Das Wochenende ist also für Arthur und Leon nun zum Greifen nah.

> „Wir sollen heiter Raum um Raum durchschreiten,
> an keinem wie an einer Heimat hängen,
> der Weltgeist will nicht fesseln uns und engen,
> er will uns Stuf um Stufe heben, weiten."
> Herrmann Hesse

Das galaktozentrische Weltbild

Pünktlich um 15:00 Uhr donnert Paul durch die Einfahrt zur alten Spinnerei in Leipzig-Plagwitz. Britt sitzt bereits auf einem der niedrigen Sessel vor der kleinen, sehr familiären Kneipe gleich am Eingang und genießt schon einen Latte Macchiato mit Blick in den langestreckten Innenhof. Paul begrüßt sie ganz lieb, nachdem er seine Maschine im Schatten geparkt hat, setzt sich dazu und streckt seine Beine mit den Motoradstiefeln bis fast zum Bordstein aus. Er bestellt sich einen doppelten Espresso mit einem stillen Wasser dazu. Britt hat sich die Sonnenbrille ganz locker nach oben auf ihr dunkles Haar geschoben und sieht auch sonst so ziemlich sportlich aus. Paul ist zweifellos schon rein optisch viel älter, trotzdem sind die beiden ein sehr dynamisches und interessantes Paar.

„Ich weiß, dass du im Moment ziemlichen Stress mit deinem neuen Job hast, aber kannst du dir eventuell vorstellen, wie es mir heute Morgen beim Arbeitsamt ergangen ist?" eröffnet Paul das Gespräch. „Mir tun die armen Menschen nur unvorstellbar leid, denen das jetzt nun schon jahrelang immer wieder so gehen muss." „Nein, natürlich kann ich mir das nicht so richtig vorstellen. Ich war wirklich noch nie beim Arbeitsamt." Britt nimmt das Thema trotzdem sehr ernst. „Dann sei bloß froh darüber!" Paul zieht seine Stirn in Falten. „Das alles ist ja dermaßen deprimierend. Ich weiß schon ganz genau, was mir mein Berater in zwei Wochen zu sagen hat. Denn eher war leider kein Termin mehr frei." Britt schaut ihm tief in die Augen bevor sie antwortet.

„Aber du hast wenigstens doch noch gute Beziehungen zu anderen Forschungseinrichtungen, internationale vielleicht sogar, die du jetzt nutzen kannst. Und es gibt ja auch noch den akademischen Austauschdienst. Was soll denn nur ein Maurer in deinem Alter sagen? Dem geht es doch bei Arbeitslosigkeit wahrscheinlich wirklich richtig dreckig." Paul nickt nur ganz traurig. „Na vielleicht kann der wenigstens noch nebenbei ein bisschen schwarzarbeiten, was ich leider nicht kann, aber auch nach Unten sind in dieser Gesellschaft wohl keine Grenzen gesetzt. Geht es dir inzwischen denn wieder etwas besser?" Britt rekelt sich unnahbar und vordergründig cool in ihrem Sessel. „Jetzt haben wir erst mal ein schönes Wochenende, aber mein neuer Job ist wirklich schon so ziemlich Scheiße. Werd bloß nie Vertreter oder Berater mit Vertriebsverantwortung für technisch erklärungsbedürftige Produkte!

Über 90 Prozent von all dem, was du so ganz mutig unternimmst, stellt sich hinterher als völlig sinnlos heraus. Und von den restlichen 10 Prozent kann man dann kaum leben. Dazu kommt noch der Erfolgsdruck von oben und die Ärzte, die du besuchen musst, halten dich auch meist für völlig dämlich. Nicht ganz zu Unrecht, wenn ich mir da einige von meinen lieben neuen Kollegen so anschaue. Tiefergehende medizinische Fachkenntnisse sind da wohl eher selten. Es ist schon ziemlich traurig, was man insgesamt hier so erleben muss."

„Also das krasse Kontrastprogramm zu dem, was wir beide bisher am Institut hatten?" „Ja, da magst Du wohl Recht haben, deshalb interessiere ich mich auch so für deine neueste Entdeckung, auch wenn sie nun keineswegs direkt allein von dir stammt." „Ich habe übrigens endlich auch die aktuelle Adresse unseres bisher anonym geglaubten Autors herausgefunden!" Paul erzählt ihr in Ruhe die Geschichte von heute Morgen aus dem Bürgeramt, natürlich verschweigt er auch nicht die Sympathie der netten Sachbearbeiterin dort für ihn, die er doch schon mit ziemlicher Sicherheit gespürt hat. Britt ist begeistert und haucht ihm eine Kusshand über den kleinen Tisch.

Paul bleibt trotzdem skeptisch. „Wie wollen wir jetzt nun mit der Adresse umgehen? Ich kann mich dort schließlich nicht holterdipolter als arbeitsloser Professor vorstellen, der plötzlich sein Herz für diese Arbeit entdeckt hat." „Hm, das werden wir uns lieber nochmal in Ruhe überlegen. Hast Du da nicht doch schon irgendeine Idee?" „Nun, ich habe das Thema inzwischen in einem Brief gegenüber Professor Willborough erwähnt, den du ja von früher her auch noch kennst. Vielleicht hat der ja daran Interesse. Dann könnte ich zumindest die Absicht formulieren, mit dem Schreiber der Arbeit dort landen zu wollen. Amerika ist zwar weit, aber noch lange nicht aus der Welt." „Das ist doch eigentlich auch dein Ziel, Paul! Also müsstest du nicht einmal lügen. Und mich nimmst du dann einfach mit, wenn es soweit ist." „Langsam, langsam! Das wäre derzeit noch viel zu schön, um wirklich wahr zu sein. Eigentlich würde ich auch lieber hier bleiben, aber das geht nun mal leider nicht. Ich kann es trotzdem bis heute überhaupt nicht verstehen, warum man sich gerade hier immer wieder aus wirklich kurzsichtigen Kostengründen die besten Leute vergrault, die jahrelang eine mehr als gute Performance abgeliefert haben." Paul ist nicht ganz unbescheiden, aber doch so ziemlich ehrlich.

„Woanders ist man hoffentlich nicht so blind. Auf jeden Fall lohnt es sich, dafür etwas zu tun, wo auch immer! Die Telefonnummer habe ich leider nicht. Ich werde also am Wochenende einen Brief an unseren Schreiberling entwerfen. Mal schauen, ob er mir darauf antwortet." Sein Espresso ist alle und auch Britt ist mit ihrem Latte Macchiato fast fertig. Paul will zahlen, er steht also auf und begibt sich zu diesem Zweck in die kleine Kneipe. Diese ist eher wie das große Wohnzimmer eines eigenwilligen Künstlers eingerichtet und hat Paul schon immer gefallen. Als er wieder heraus kommt, erhebt sich auch Britt von ihrem niedrigen Sessel und richtet gerade noch einmal ihre Sonnenbrille. Beide haken sich unter und gehen dann so ziemlich entschlossen geradeaus durch den langen Innenhof an den uralten Fabrikgebäuden entlang. Es sind noch die alten Schienen der Werksbahn in den Boden eingelassen und beide müssen aufpassen, hier nicht zu stolpern.

Das Erdgeschoss neben dem Haupteingang wird von einem großen Künstlerbedarf eingenommen. Hier werden auf mehreren hundert Quadratmetern alle Artikel angeboten, die man als Maler, Bildhauer oder sonstiger bildender Künstler so braucht, insgesamt eine gigantische Auswahl und das alles zum Großhandelspreis. Nur muss man dafür entweder selbständig oder aber Student sein. Britt und Paul blicken in die Schaufenster und spazieren ganz in Ruhe daran vorbei, um anschließend in die erste der kleinen Galerien einzubiegen, die hier wie eine Perlenkette aufgereiht nebeneinander liegen. Diese erste Galerie zeigt gerade die Ausstellung einer berühmten Fotografin aus Leipzig mit riesigen Fotomontagen. Sie hat an der Hochschule für Grafik und Buchkunst in Leipzig Fotografie studiert, als Meisterschülerin abgeschlossen und mit ihrer Abschlussarbeit dann auch noch den Kunstpreis der Dresdner Bank gewonnen. Britt und Paul sind begeistert von den vielen großformatigen Bildern. Was man doch schon mit ein paar Fotos alles so machen kann! Die Bilder verfehlen ihre Wirkung nicht. „Sieh mal Paul, dies ist der Weg, wenn auch aus vielen Puzzle-Teilen zusammengesetzt, den wir beide wohl noch beschreiten werden." Britt ist sehr interessiert und mag ein Foto ganz besonders, das den Weg durch einen dichten Wald wie aus vielen Teilen zusammengesetzt beschreibt.

„Nur die Zeit lässt sich eben nicht so leicht bildlich darstellen, wie der Weg durch den Raum. Ein Bild ist eben eindeutig immer etwas Räumliches, das ist wohl die ganz einfache Ursache." meint Paul sehr nachdenklich. „Der eigentliche Urheber der Idee unserer künftigen Arbeit hatte sehr wohl Recht damit, dass er uns alle als fast ausschließlich räumlich orientierte Wesen betrachtet, die sich die Zeit leider immer nur durch räumliche Entsprechungen vorstellen oder verdeutlichen können, wie zum Beispiel in einem rein räumlichen Projektplan mit parallelen Linien und begrenzten Strecken, die den Zeitablauf oder die Zeitdauer für die Teilaufgaben eines Projekts mit den darin befindlichen Punkten oder Meilensteinen für uns wirklich minderbemittelte Wesen bildlich veranschaulichen.

Das aber diese räumliche Orientierung nur in der einen Gehirnhälfte ihren Sitz hat, während die andere Hälfte völlig unbewusst und sequentiell ganz allein auf Basis der Zeit agiert, das ist mir nun wirklich völlig neu und kann auch ich nur ganz langsam verarbeiten. Ziemlich mutig! Er verlegt ganz einfach den größten Teil unseres Unterbewusstseins von den tieferen Hirnregionen in die andere, unbewusste und eben wohl rein zeitlich orientierte Gehirnhälfte. Ein ernsthafter und sehr deutlicher Bruch mit allen alten Traditionen! Aber ohne diese übergreifende sequentielle Steuerung auf der Basis der Zeit als Ergänzung oder möglicherweise sogar als die grundlegende Basis unserer ansonsten einzig bewussten räumlichen Betrachtung wären wir in diesem allgegenwärtigen Raum-Zeit-Kontinuum leider wirklich völlig hilflos. Nur können wir eben nicht voll bewusst in diese zweite Hälfte hinein schauen. Vielleicht ist das aber auch gut so? Die Verwirrung wäre einfach zu groß! Sehr schwer vorstellbar das alles, was mit dieser rein zeitlichen Verarbeitung zu tun hat jedenfalls." Britt schweigt dazu lieber andächtig und bleibt auch länger noch stumm. Sie ist ganz allein ergriffen von den überdimensionalen Fotos, die hier an den hohen Wänden vor ihnen ausgebreitet hängen und die ihre leicht magische Gesamtwirkung keineswegs verfehlen.

Beide verlassen die erste Galerie schon ziemlich beeindruckt. In der zweiten erwartet sie die Ausstellung einer lettischen Malerin, die sich insbesondere mit der überdimensional geometrischen Gestaltung unserer heutigen Arbeitswelt beschäftigt. Die wenigen kleinen oder vielleicht sogar winzigen Personen darin wirken irgendwie hilflos und auch ganz schön erschlagen ob der riesigen, streng rechtwinklig geformten Bürotürme, der Wände, die hoch sind wie Staudämme und all der anderen kubischen Konstrukte. Paul überkommt dasselbe miese Gefühl des Ausgeliefertseins, wie heute Morgen in dem vor kurzem neugebauten Arbeitsamt. Trotzdem steckt sehr viel künstlerisches Handwerk hinter diesen Arbeiten. Britt und Paul staunen beide schweigend und in gehörigem Abstand davor.

Die dritte Galerie auf ihrem Weg wird derzeit von riesigen Video-Installationen belegt, die auf vielen verschiedenen Video-Wänden interessante Aspekte anderer Kulturen beleuchten. Portraits sind das Thema dieser multi-kulturellen Ausstellung. Britt und Paul schreiten von Bild zu Bild und warten immer wieder die erste Wiederholung der in sich geschlossenen Bildsequenzen ab. „Schau mal Paul, ob es wohl in Wirklichkeit immer nur ein einziger Gott ist, zu dem die hier alle wenn auch auf ihre sehr verschiedene Weise beten?" Britt schaut den Video-Sequenzen zu und ist jetzt wirklich nachdenklich geworden. Als sich beider Augen müde gesehen haben, verlassen sie auch diese dritte Galerie, um noch ein wenig in den riesigen Innenhöfen der alten Baumwollspinnerei spazieren zu gehen. Die Zeit vergeht hier wie im Flug, von beiden ganz unbemerkt. Sie laufen vorbei an der alten Tango-Fabrik, an einem riesigen Laden für Computer-Zubehör und an den eigenwilligen Wohnungen etablierter Künstler in diesen hohen, wenn auch etwas einsam wirkenden Fabriketagen.

Nachts kann man dies hier wohl einfach nur als ziemlich schauderhaft, post-industriell und ganz schön verlassen beschreiben. Inzwischen hat auch der wohl bekannteste Vertreter der Leipziger Schule der Malerei Neo Rauch sein Atelier hier. Ein wirklich großer und international bekannter Name aus Leipzig. Danach wenden sich beide in Ruhe wieder dem Ausgang zu. „Woll'n wir vielleicht noch eine Kleinigkeit essen gehen? Ich hätte da noch Einiges mit dir zu besprechen. Die kleine Kneipe da vorn hat übrigens auch einen sehr schönen Garten in ihrem schattigen Hinterhof." fragt Paul seine Britt ganz vorsichtig. „Ja, ein wenig im Schatten im Garten sitzen wäre jetzt wohl genau das Richtige." Die Vorsicht von Paul ist also gar nicht nötig gewesen. Britt hat sich offensichtlich auch jetzt schon so richtig angenehm entspannt bei dem kleinen Rundgang durch die Galerien und diese alten Gebäude genauso wie alles um ihren neuen, sehr anstrengenden Job herum bereits total vergessen. Beide begeben sich also in den Hinterhof der kleinen Künstlerkneipe. Hier sitzt man sehr gemütlich mit alten Gartenstühlen auf dem Rasen unter wunderbar schattenspendenden, mehr als hundertjährigen Bäumen.

Britt und Paul bestellen sich etwas Interessantes zu Essen aus der eher alternativen, abwechslungsreichen Speisekarte und trinken ein Glas Weißwein und eine große Flasche Wasser dazu. Beide vertiefen sich nun vollends in eine kleine, aber durchaus kontroverse Diskussion über dieses völlig neue Paradigma zum Thema Gehirn. Das Gespräch lässt keine Langeweile aufkommen, weil beide früher schon oft gemeinsam an solchen oder an ähnlichen Themen gearbeitet haben. Wenn diese damals auch wesentlich weniger radikal neu waren. Ein wunderbarer Spätsommertag ist das wieder heute! Britt hat ihre Sonnenbrille jedenfalls nicht ganz umsonst dabei.

Während Britt und Paul noch gemütlich im Schatten plaudern, kommt Leon wieder erst kurz vor 18:00 Uhr zu Hause an und das zum Freitagabend, den er sonst eigentlich immer etwas eher abschließt. Das letzte Clearing mit den Giroumsätzen der Finanz-IT ist erst vor reichlich einer Stunde eingetroffen und dann vom Operating der SachsenLB weiter verarbeitet worden. Zum Glück sind dabei keine nennenswerten Fehler aufgetreten. Trotzdem ist Leon keineswegs böse auf die widrigen Umstände des heutigen Nachmittags, hat er sich doch mit Arthur weiter in Ruhe über sein Lieblingsthema im Wallstreet unterhalten können. Leon liebt diesen wunderbaren Freitagabend wie sonst wohl nur noch seine Familie auf dieser Welt! Zu Hause hat Lisa schon den Esstisch im Wohnzimmer sehr liebevoll gedeckt und mit Leonore in der offenen Küche einen kleinen Brokkoliauflauf mit Kochschinken, Käse und Sonnenblumenkernen bereitet. Beide haben diesmal auch mit dem Essen auf Leon gewartet. Sie wissen natürlich schon lange, dass ihm dieser Freitagabend heilig ist.

Er freut sich sehr auf die beiden und auf ein hoffentlich unbeschwertes Wochenende für sie alle. Am Tisch geht es um die Widrigkeiten dieser Woche und Leon erzählt noch einmal gern und ausführlich von dem neuen Angebot, das er von der kleinen Unternehmensberatung aus Köln bekommen hat.

Er ist sehr erleichtert darüber, dass sowohl Lisa wie auch Leo die Sache rein praktisch betrachten, ihm keine Szene machen und auch an der Reputation, die eine Tätigkeit bei der Landesbank Sachsen heutzutage für manch Anderen so bedeuten würde, mit keiner Silbe festhalten wollen. Sie wissen beide sehr genau, wie es Leon die letzten Jahre dabei in Wirklichkeit ergangen ist. Alles andere ist doch nur der schöne Schein. Und Leon hat ja auch nur ein Leben und nicht zwei oder drei! Es muss einfach weiter gehen, und er ist heute sehr froh darüber, immer ehrlich zu seinen beiden Damen gewesen zu sein. Dies wird für ihn einfach ein Fortschritt, eine Weiterentwicklung, die sich auch in seinem Lebenslauf sehr positiv niederschlagen wird und Leon hat jetzt endlich auch die vorbehaltlose Rückendeckung seiner Familie dafür. Was will er also mehr!

Nach dem Abendessen verschwindet Leo in ihr Zimmer. Sie bereitet sich schon auf den späteren Abend vor, der bei ihr erst nach 21:00 oder auch 22:00 Uhr beginnt. Der Freitagabend ist nicht nur für Leon etwas ganz Besonderes. Lisa und Leon fühlen sich jedenfalls zumindest für heute Abend ihren gemeinsamen elterlichen Pflichten fast gänzlich enthoben, natürlich nicht ohne ein paar gut gemeinte Ermahnungen für ein zeitiges Nachhausekommen an Leo, die diese wie immer nicht ganz so ernst nimmt. Wie sollte sie auch! Siebzehn Jahre sind doch ein wunderbares Alter für ein Mädchen, besonders in diesem Sommer. Sie wird wohl kurz nach 21:00 Uhr abgeholt und freut sich auch schon riesig auf diesen Abend. Leon und Lisa tun das, was sie inzwischen schon zu einem kleinen Ritual haben werden lassen: Sie unternehmen beide mit Mike eine abendliche Radtour zu Beginn dieses Wochenendes in Richtung Rosental, natürlich nur dann, wenn es nicht regnet und sie lassen sich dabei auch wie immer von niemandem stören.

Nachdem Leon noch die Luft auf den Reifen, die Gangschaltungen und die Bremsen kontrolliert hat, kann es auch schon losgehen. Nach der Verabschiedung von Leo starten beide über die Karl-Liebknecht-Straße hinweg in Richtung Clara-Zetkin-Park.

Zuerst durchfahren sie ganz langsam das schöne Musik-Viertel mit seinen wunderbaren alten Häusern, nur unterbrochen von weißen Neubauten immer in den Lücken, welche die Fliegerbomben des zweiten Weltkriegs darin gerissen und bis zum Anfang der siebziger Jahre unbebaut hinterlassen haben. Der Hund ist zumindest meistens ganz gut erzogen und läuft immer links von Leons Rad. Lisa fährt vorneweg und Leon ist es ein tiefer Genuss, sie ab und zu auf ihrem Damenrad aus dieser Perspektive betrachten zu können. Er fühlt sich jetzt endlich völlig frei und seine Stimmung könnte nicht besser sein. So wird sie schmecken, die Freiheit, von der sie beide immer geträumt haben. Jetzt muss er dafür nur noch diese verdammte Bank loswerden und Leon fühlt sich auch schon auf dem besten Wege dazu. Woanders sind die Probleme auch nicht kleiner. Aber als Berater oder Consultant ist man höchstens ein Gast oder ein kurzzeitiger, gutbezahlter Söldner in der ewigen Problemwelt der Anderen. Das ist doch schon etwas ganz anderes, als sich weiterhin wie ein Sklave inmitten dieser stark persönlich gefärbten Auseinandersetzungen bei seiner Bank fühlen zu müssen. Das war ihm der Wechsel auf jeden Fall Wert. Also wann, wenn nicht jetzt! Auf geht´s zu neuen Horizonten! Wer nicht springt, der wird es nie erleben oder so ähnlich? Wie auch immer! Leon geht es jedenfalls endlich wieder so richtig gut bei diesen vorauseilenden Gedanken. Und es sind ja wirklich nur noch ein paar Monate bis dahin. Wie schön das alles ist!

Vom Musikviertel aus durchfahren sie den Clara-Zetkin-Park immer parallel zur Marschner Straße, um dann scharf links abzubiegen und auf einem der schattigen Parkwege parallel zur Ferdinand-Lassalle-Straße zu fahren. Mike braucht keine Leine. Er weiß auch so sehr genau, wo er hingehört. Diese wunderbaren alten Häuser am Rande des Parks! Und fast alle sind sie ganz toll saniert worden. Die Preise sind natürlich leider auch dementsprechend. Von hier aus überqueren sie die Käthe-Kollwitz-Straße an der linken Ecke des Clara-Zetkin-Parks und fahren anschließend weiter nach links über das Elster-Wehr bis tief hinein in den Palmengarten.

Palmen stehen hier schon lange nicht mehr, aber der Name hat sich nun schon über ein Jahrhundert hinweg erhalten. Immer am Elster-Flutbecken entlang erreichen sie die wunderbare alte Anlage mit den großen Weidenbäumen und den schattigen Balustraden aus Heckenrosen, die sich hier von einer Seite der Jahnallee bis hin zur der Elster, des einzig größeren Flusses in der Auelandschaft von Leipzig öffnet. Es stehen hier viele Bänke und zum Sitzen geeignete niedrige Mauern an den Seiten. Lisa und Leon lassen sich ungefähr in der Mitte der Anlage auf einer sehr gemütlichen Bank nieder und betrachten das ehemalige Uni-Hochhaus inmitten der Leipziger Innenstadt aus weiter Ferne. Auch der Turm des Neuen Rathauses ist zu sehen. Davor aber, fast in ihrer Reichweite, befinden sich die Gebäude der ehemaligen Hochschule für Körperkultur und Sport, in denen sich heute neben der sportwissenschaftlichen auch als Interim die betriebswirtschaftliche Sektion der Uni Leipzig befindet und wo auch noch in separaten Gebäuden die private, im bundesweiten Ranking sehr weit oben dotierte Handelshochschule zu Leipzig untergebracht ist.

Die Sonne beleuchtet kurz vor Acht die großartige Szene nur noch in goldgelbem Licht und nicht eine Wolke ist am Himmel zu sehen an diesem wunderbaren Abend. Leon ist wirklich richtig glücklich hier draußen allein mit Lisa. Er findet diesen Abend einfach wunderschön und er sagt ihr das auch. Sie lächelt ihn freudig an. Beide sitzen sie auf dieser Bank ganz oben an der Balustrade mit weitem Blick über das große Elsterflutbecken, haben ihre Köpfe zusammengelegt und betrachten so schweigend das Treiben am anderen Ufer. Der Hund liegt ganz ruhig zu ihren Füßen. Jogger sind noch unterwegs um diese Zeit und auch viele Radfahrer. Auf ihre Seite der Elster verirren sich dagegen wesentlich weniger Leute. Manchmal machen sonst hier Jugendliche ihre Open-Air-Feten, spielen Fußball auf den Wiesen am Flutbecken oder grillen und chillen ein wenig, aber heute Abend ist nur direkt am Wasser noch etwas mehr los.

Die Elster fließt hier sehr gemächlich von rechts nach links an ihnen vorbei und beide können entfernt noch ganz leise das Rauschen des breiten Wasserfalls am Elsterwehr hören, das den Wasserstand in der Stadt immer konstant hält. „Das Wasser fließt hier wesentlich langsamer, als die ständig an uns vorbei rasende Zeit." bemerkt Leon sehr nachdenklich. „Was also sollte man mit seiner knapp bemessenen Zeit so anfangen? Ein solcher Abend wie heute ist für mich jedenfalls mit das Schönste, was man hier so gemeinsam erleben kann." Er rekelt sich gemütlich neben Lisa auf dieser schlichten Parkbank. „Deshalb tut mir auch die Zeit keineswegs leid, die wir beide hier draußen mit etwas Kontemplation, Naturbetrachtung und ein wenig Nabelschau verbringen. Mike musste sowieso mal wieder raus. Das stramme Handeln allein mag zwar vordergründig wesentlich produktiver wirken, in der Realität ist es aber doch nur das Mittel zum Zweck."

„Und welcher Zweck soll das dann bitte sein?" fragt Lisa ihn zweifelnd und auch ein wenig neugierig. „Der Zweck sind eben paradoxerweise ganz einfach solch schöne Abende wie heute und nicht der Reichtum oder die vielen weltlichen Güter, die man sich sonst noch so zusammenrafft. Man muss das, was man hat, natürlich auch sorgenfrei und am besten zu zweit genießen können. Das vergessen die meisten heutzutage und versklaven so sich selbst mit überdimensionierten Krediten für was auch immer. Geld bedeutet für mich jedenfalls keineswegs den sagenhaften Reichtum, sondern höchstens die wunderbare Freiheit, das tun zu können, was man will. In diesem einen einzigen Punkt möchte ich auch gern einmal das ansonsten so verhasste Geld von seinem schlechten Ruf befreien. Man sollte eben, wie wir beide das jetzt schon lange tun, immer etwas zurücklegen sowie gewinnbringend und sicher als Anlage langfristig investieren für unseren baldigen Ausstieg aus dieser elenden Maloche. Oder aber auch noch so ganz nebenbei das eine oder andere kleine lukrative Geschäft betreiben, das vielleicht später vom Hobby zum Beruf werden kann.

Es geht mir dabei wirklich nicht um den Reichtum in seinem eigentlichen Sinne, sondern nur um die tatsächliche, materielle Freiheit und Unabhängigkeit von den Unwägbarkeiten dieser bisher leider nur rein formal freien Gesellschaft. In Wirklichkeit sind wir doch alle noch absolut erbärmliche Sklaven des alten Geist des Geldes. Die tatsächliche materielle und damit erst reale Freiheit fehlt uns doch bisher allen leider noch! Und dadurch ist das Ziel des Ausstiegs für mich auch sehr viel wichtiger, als es ein fremdfinanziertes, eigengenutztes Traumhaus, für das man dann bis zur Rente gnadenlos malochen muss, denn je sein kann. Anders sieht es natürlich aus, wenn man in der tatsächlichen materiellen Freiheit immer noch genügend Eigenkapital übrig hat, dann wäre selbst ich natürlich sofort für ein wunderschönes Haus zu begeistern, aber vorher muss man eben unbedingt wenigstens etwas frei von der fadenscheinigen Realität kleiner Jobs und Beschäftigungen sein.

So glaube ich eben auch ganz fest daran, dass es in Wirklichkeit die Aufgabe des Menschen auf dieser Welt ist, sich im Laufe seines Lebens von der tagtäglichen und für viele sehr schweren abhängigen Beschäftigung vollständig zu befreien und nicht, sich durch Kredite immer abhängiger von diesem sogenannten Job oder Beruf zu machen, der sowieso immer nur für einen Teil der Leute eine echte Berufung sein kann. Vom heutigen Arbeitskräfteüberschuss mal ganz zu schweigen. Damit möchte ich jedenfalls nicht erst bis zur Rente warten. Natürlich muss das jeder für sich selbst entscheiden! Wiederum paradoxerweise bedarf es dazu aber erst einmal jahrelanger Erfahrung im Beruf und in der wirtschaftlichen Realität dieser Welt da draußen und sehr viel harter Arbeit, meist auch noch weit über den eigentlichen Job hinaus. Wer das nicht von Anfang an gründlich beachtet, hat leider schon vorher verloren. Dieses Ziel ist für mich aber nicht nur sinnvoll, sondern angesichts der allgemeinen Unsicherheit des sehr schnell kündbaren Arbeitsplatzes sogar auch zwingend notwendig, wie ich finde. Alles andere ist doch nur grober Leichtsinn heutzutage!

Ein reiner Konsumtionskredit ist aber nun mal genau das Gegenteil von dem, was wir beide derzeit tun. Er bindet Dich und Deine Lebenszeit gnadenlos an den alten Geist des Geldes, der uns alle immer noch fest in dieser sehr alten Realität der Jobs und der abhängigen Beschäftigungen gefangen hält, anstatt dass endlich wir ihn beherrschen, wie es doch eigentlich schon lange der Fall sein müsste. Dabei kommt man aber nicht umhin, erst einmal die leider unabänderlichen Gesetze der Ökonomie kennenzulernen. Ein Haus ist sicherlich eine gute Altersvorsorge und deshalb auch keine reine Konsumtion. Nur wehe, wenn während der Zahlung über die vielen Jahrzehnte hinweg irgendetwas dazwischen kommt! Es gibt dann fast keine Chance mehr, ohne Verluste auszusteigen, auch wenn das grade unbedingt notwendig wäre. Man kann einen über zwanzigjährigen Kredit eben nicht einfach so völlig sorglos mit einem in sechs Wochen kündbaren Arbeitsvertrag gegenfinanzieren, wenn nicht außerdem auch noch genügend Eigenkapital und eine ausreichende Liquiditätsreserve vorhanden ist. Leider wird dies aber immer öfter angeboten!

Ich habe ganz einfach kein blindes Vertrauen wie so viele andere in diese ach so wechselhafte Gesellschaft und in ihre Abhängigkeiten. Mit der nackten Existenzangst im Nacken durch allzu große Kredite ist dann natürlich auch kein einziger Abend wirklich richtig schön. Gerade deshalb verstehe ich es absolut nicht, warum sich so viele Leute mit viel zu großen Anschaffungen, zu teuren Häusern und viel zu großen Autos ständig selber so unter ökonomischen Druck setzen müssen, wie das einige meiner lieben Kollegen hier immer wieder tun. Ich halte das einfach für total krank! Ihre Frauen sind daran meist aber auch nicht ganz unschuldig." „Was hast du denn jetzt wieder gegen Frauen?" merkt Lisa auf und ist erst einmal richtig empört. Leon aber seufzt nur ganz tief. Was hat er da nur wieder angerichtet? Auf jeden Fall sieht er das alles wesentlich gelassener als Lisa. „Nun überleg dir bitte mal in Ruhe, was deine sehr netten Freundinnen heute noch teilweise so für Ansichten vertreten. Jedenfalls jene, bei denen ich bisher schon die, wenn auch manchmal wirklich etwas zweifelhafte Ehre hatte, sie kennenzulernen." Lenkt er wieder vorsichtig ein.

Lisa ignoriert ihn lieber weiter nachdenklich, doch immer noch leise vor sich hin protestierend und ist keineswegs vollständig von Leons Worten überzeugt. Trotzdem bleibt ihr Kopf ganz sanft an Leons Schulter gelehnt. Dieser Abend ist wirklich schön!

Inzwischen ist es schon nach Acht und auch Ende August hat jetzt schon kräftig die Dämmerung eingesetzt. Leon und Lisa genießen noch einen Moment diese Freiheit und Unabhängigkeit in den weiträumigen Parklandschaften Leipzigs, wenn wirklich kein anderer wissen kann, wo sie beide sich im Moment gerade genau befinden. Dies ist ein herrliches Gefühl! Dann machen sie sich langsam und gemütlich wieder auf den Weg. Der Hund tollt jetzt ein wenig an Leons Seite. Er freut sich einfach über diese unverhoffte Freiheit zum Freitagabend. Jetzt geht es über die große Brücke an der Jahn-Allee bis auf die andere Seite der Elster, die Treppe hinunter und dann am Sportforum vorbei bis hin zur Hans-Driesch-Straße. Diese fahren sie wie immer nach rechts und kommen so an den Waldrand des Rosentals. Hier wurde noch nie übermäßig Parkpflege betrieben. Der Wald ist fast so, wie die Natur und der Mensch ihn nun schon vor über hundert Jahren geschaffen haben. Sie fahren langsam durch lauschige, dunkle Waldwege bis hin zum Fuße des großen Hügels mit dem Aussichtsturm. Dort schließen sie ihre Räder sehr sorgfältig an und Mike sieht kurz von weitem im Halbdunkel noch ein paar jungen Leuten zu, die überdimensionale Holzstücke zu einem großen Lagerfeuer aufschichten. Lisa und Leon aber haben jetzt etwas anderes vor. Sie steigen sehr zielstrebig die vielen Serpentinen zum größten Hügel im Rosental hinauf. Als beide den Gipfel erreicht haben, sehen sie vor sich das alte Stahlskelett des Aussichtsturms. Um diese Zeit ist es aber auch hier oben doch schon etwas dämmerig. Nur ein breiter purpurner Streifen Abendsonne ist noch am Horizont im Westen zu sehen. Sie sind endlich ganz allein. Mike setzt sich auf seine vier Pfoten und weiß schon, was jetzt kommt. Lisa und Leon lassen sich aber nicht beirren und erklettern mit anfänglichem Elan den hohen Aussichtturm, nur zu zweit und immer etwas wacklig auf den windigen Stahltreppen und alten Gitterrosten.

„Nicht nach unten sehen!" ruft Leon Lisa zu, aber diese hat in Wirklichkeit wesentlich weniger Höhenangst als Leon. Oben angekommen, stützen sich beide keuchend auf die Brüstung und bestaunen die langsam angehenden Lichter der großen Stadt. Der Wind streicht sanft und seidig über Lisas Haar. Sie fühlt sich wirklich ganz großartig hier oben. Leon hält sie liebevoll seitlich umarmt und beide blicken in Richtung Südosten über die Innenstadt von Leipzig. Unter ihren Füßen glimmt gerade das größte Lagerfeuer dieses Wochenendes auf. Sie sehen es von hier oben aus aber nur ganz winzig, ungefähr so wie eine kleine, flackernde Streichholzflamme im tiefen Dunkel des Auewaldes und beide haben in Wirklichkeit nur Augen für die jetzt ganz nah wirkenden Lichter der großen Stadt. Wie schön sie doch ist! Ein wahres Wunder ganz aus Licht.

Beide empfinden jetzt das Gleiche und sie küssen sich heftig. Im Moment vergessen sie selbst die wunderbaren Reste des Sonnenuntergangs im Westen. Dann, nach langer Zeit steigen sie die alten Treppen im Dunkeln langsam tastend wieder hinab. Der Himmel ist ganz klar und die ersten Sterne sind jetzt zu sehen. Nur im Norden gibt es noch ein paar abziehende Dunstwolken am Horizont, der ganz langsam mit dem Nachthimmel zu einem satten Schwarz wie ein von winzigen glänzenden Sternen durchsetzter Perlenteppich verschmilzt. Lisa und Leon lassen sich gemütlich im Grase am Fuße des Aussichtsturms auf dem Hügel nieder und blicken beide gemeinsam zum samtschwarzen Himmel. Mike, sehr erfreut über die Rückkehrer, legt ruhig seinen Kopf auf Leons Schoß. Ihre Augen haben sich endlich auch an das Dunkel gewöhnt und so entdecken sie langsam die ganze Pracht dieses wunderbaren Nachthimmels. „Weißt Du Lisa, ich glaube einfach ganz fest daran, dass dies nicht die einzige von vernunftbegabten Wesen bewohnte Welt in dieser Galaxis sein kann." bemerkt Leon wirklich sehr nachdenklich. „Viele kleine grüne Männchen da draußen und da drin in deinem Kopf?" reagiert Lisa etwas schnippisch, tippt ihm sacht an den Kopf und sieht ihn trotz der Dunkelheit wie immer sehr skeptisch an.

Der kühlende Nachtwind streicht beiden wieder seidig über das Haar. Sie hat ihm seine Bemerkung von vorhin zu ihren Freundinnen trotz des heftigen Kusses wohl doch noch nicht ganz verziehen. „Du weißt ja gar nicht, wie Recht du hast. Aber grün müssen die ja nun wirklich nicht sein. Hautfarbe, Aussehen und Größe sind dabei wohl eher nebensächlich." Leon denkt an seine neuen, vorher noch nie erlebten Träume, die ihn schon jetzt so tief und nachhaltig beeindruckt haben. Aber davon wird er Lisa ganz eisern auch heute nichts erzählen. Das wäre wirklich total verrückt und einfach nicht richtig. Sie könnte es nicht verstehen und würde ihn dann wohl endgültig für völlig durchgeknallt halten. So etwas muss man eben selbst erlebt haben, ansonsten ist das einfach viel zu fremd, zu neu und zu unwirklich.

Also sehen sie beide schweigend nach oben in den Sternenhimmel, der sich langsam über ihnen wie eine riesige funkelnde schwarze Glasglocke ausgebreitet hat und all die Sterne immer deutlicher hervortreten lässt. Die vielen Lichter der Stadt werden von den Bäumen oben auf dem Hügel verdeckt und blenden beide jetzt nicht mehr. Da keine einzige Wolke am Himmel ist, kann sich auch die orangefarbene Straßenbeleuchtung heute nicht in diesen reflektieren. Ihr Blick nach oben ist frei und nahezu ungetrübt. Leider kann man unsere Milchstraße nur von der Südhalbkugel aus sehen.

Leon macht Lisa darauf aufmerksam. „Ich hatte doch bereits erzählt, dass sich in der Mitte unserer Galaxis umgeben von einem riesigen Halo tausender Sterne und Staubwolken wahrscheinlich ein unvorstellbar gigantisch großes schwarzes Loch befindet?" Leon schaut Lisa direkt an, soweit die Lichtverhältnisse es ihm denn erlauben. „Ja, ich habe schon oft von solchen oder ähnlichen Vermutungen gehört, trotzdem finde ich es wunderschön, wenn Du mir hier unter all den Sternen jetzt wieder davon erzählst." Lisas Reaktion beruhigt ihn ein wenig, weil er doch eigentlich mit etwas Abwehr gerechnet hätte.

„Dieses schwarze Loch rotiert dort mit gigantischer Geschwindigkeit und hat sich dadurch auch ganz und gar von dem Raum und der Zeit um es herum abgekapselt." Lisa muss lächeln. „Sonst wären wir wahrscheinlich in den letzten paar Milliarden Jahren alle schon komplett da hineingefallen." „Ja, so ungefähr magst Du damit wohl Recht haben. Aber es ist wirklich etwas ganz Besonderes und ich glaube auch, dass sich dort auf engstem Raum viel mehr Masse konzentriert, als in den fast 300 Milliarden Sternen unserer gesamten Milchstraße zusammengenommen. Außerdem glaube ich auch, dass sich diese Masse dort in einem ganz anderen Quantenzustand befinden muss, als hier draußen um uns herum, wo wir nur aus Quarks zusammengesetzte schwere Elementarteilchen im Atomkern mit zumindest in der Mikrowelt der Quanten gigantischen Abständen bis zum nächsten Kern kennen. Diese riesigen Leerräume zwischen den verschiedenen Kernen gibt es dort einfach so nicht mehr und auch die Zeit steht fast still. Die unterschiedlichen Elementarteilchen müssen durch den unvorstellbaren Druck eng zusammengepresst sein und bilden damit so etwas wie einen einzigen, unvorstellbar großen und dichten Kern. Dieser hat jetzt keine andere Verbindung mehr nach draußen als durch seine gigantische Raumkrümmung oder Gravitation und den bisher undenkbaren Möglichkeitsraum unserer Zukunft."

„Möglichkeitsraum unserer Zukunft? Was bitte ist denn das jetzt wieder?" fragt Lisa ihn nun doch etwas befremdet. „Meine liebe Lisa, das was wir ständig erleben und was sich auch im Raum um uns herum anfassbar realisiert, ist nur allein der ständig fortschreitende Jetzt-Zeitpunkt unserer Zeit. Aber diese Zeit besteht eben nicht nur aus diesem einen einzigen dimensionslosen Jetzt. Es gibt ja auch noch die Vergangenheit und die Zukunft. Dass es den eindimensionalen und für jeden von uns einzigartigen, also sehr individuellen Zeitstrahl der Vergangenheit wirklich und wahrhaftig schon einmal gegeben haben muss, können wir eindeutig nachweisen und haben wir zumindest für einen verschwindend kleinen Zeitraum auch schon selbst erlebt.

Wir speichern die Vergangenheit ja in unserem Kopf und in unseren Datenverarbeitungseinrichtungen. Außerdem existiert diese Vergangenheit natürlich in der aktuellen Anordnung der Dinge im Raum, die uns ständig voll bewusst ist. Daran kann wohl keiner mehr zweifeln! Interessanter wird es doch schon, wenn wir uns einmal ernsthaft die Frage stellen, ob es auch die Zukunft zumindest zu einem kleinen Teil schon gibt, lange bevor sie denn in unserem Jetzt zur Realität wird. Das ist doch wirklich mal eine interessante Frage, die mich nun schon länger beschäftigt hat und die für mich inzwischen ganz eindeutig im Mittelpunkt des allgemeinen Interesses steht."

Lisa seufzt. „Ach Leon, du machst dir doch das Leben nur wieder unnötig schwer. Wie soll es denn bitte die Zukunft jetzt schon geben, wenn sie doch, wie bereits der Name es sagt, noch in der Zukunft liegt?" „Nun, die bisherige Vergangenheit bildet natürlich auch für jeden von uns immer die einzig reale Ausgangsbasis, von der aus wir in die Zukunft schreiten können. Aber ist es denn wirklich immer so, dass wir in die Zukunft schreiten? Wenn wir ehrlich sein wollen, dann werden wir doch viel eher in die Zukunft getrieben oder geschubst, in eine meist ziemlich ungewisse noch dazu.

In eine Zukunft, in der viele andere Vorgänge um uns herum und bereits lange laufende Prozesse von außen ständig auf uns einwirken und unseren tatsächlichen Entscheidungsspielraum doch auf nur ganz wenige reale Möglichkeiten beschränken und stark einengen. Eine Zukunft, in der wir abhängig sind von unseren Krediten, die wir regelmäßig bedienen müssen, abhängig von den Steuern, die wir zahlen und von den vielen tausend anderen Verpflichtungen, die wir ständig erfüllen müssen." „Ach, du magst wohl keine Verpflichtungen? Das hätte ich jetzt aber nicht von dir gedacht! Du hast doch deine Tochter viele Jahre lang alleine großgezogen und auch sonst bist du doch nicht irgendwie pflichtvergessen? Zumindest habe ich davon noch nichts Ernsthaftes an dir bemerken können!"

„Nein liebe Lisa, so meine ich das nun wirklich nicht! Aber man darf sich eben nicht mehr aufbürden, als man dann auch irgendwann einmal erfüllen kann. Sonst bricht einfach alles zusammen und man kann sogar die einfachsten Dinge nicht mehr richtig erledigen. Damit ist dann wirklich niemandem geholfen. Im Gegenteil, damit lähmt man nur sich selbst! Hierbei haben sich schon so viele ganz gewaltig vertan und vorher den Ernst der Lage verkannt, bis es dann irgendwann einmal zu spät war, das meine ich damit. Und es fehlt einem dann natürlich vor allem auch die Zeit, um all die Schönheit dieser Welt in der dafür nötigen Ruhe zu genießen." „Hm, da hast du natürlich auch wieder Recht. Man sollte eben trotz der vermeintlich absoluten Freiheit immer sehr, sehr vorsichtig sein mit allem was man tut!" Lisa ist hellwach und trotzdem so richtig angenehm entspannt an diesem wunderbaren Freitagabend. Diese kleine, wenn auch für ihren Geschmack noch immer etwas absonderliche und zu weit abschweifende Plauderei tut ihr wirklich gut, denn auch ihre Woche in der Förderschule war ziemlich anstrengend und keineswegs ohne heftige Probleme. Wie schön doch, jetzt endlich wieder mal auf andere Gedanken zu kommen!

„Was hat denn nun dein neuer Möglichkeitsraum in der Zukunft der Zeit damit zu tun? Ich habe bis jetzt noch nie etwas Derartiges gehört." „Es gibt eben immer ein erstes Mal. Warum also nicht jetzt? Der Möglichkeitsraum in der Zukunft der Zeit ist ein Konfigurationsraum, in dem sich alle laufenden Ereignisse und Prozesse treffen, lange bevor sie im Jetzt zur Realität werden. Es gibt eben Vorgänge, die entweder durch unser mehr oder weniger planvolles Handeln oder aber durch feststehende Abläufe in der Natur schon jetzt festgelegt sind, auch wenn sie noch so weit in der Zukunft der Zeit liegen. Sie haben bereits jetzt eine feste zeitliche Ausdehnung, die weit über unser ständiges Jetzt hinausreicht. Ganz egal, ob dies nun ein Projektplan ist, ein langfristiges Termingeschäft oder etwa eine sehr lange laufende Wellenfunktion.

Der individuelle Möglichkeitsraum eines Objekts oder eines Subjekts aber bestimmt in seiner Wellensprache darüber, welche von diesen vielfältigen Möglichkeiten der verschiedenen Wellen, Felder oder anderweitigen Möglichkeiten sich dann auch wirklich für uns realisieren, welche sich gegenseitig verstärken oder welche sich gegenseitig auslöschen, also niemals im Jetzt zur Realität werden. Sie treffen nicht erst im letzten Augenblick unseres Jetzt aufeinander, sondern schon sehr lange vorher als Möglichkeitswellen oder besser noch als Möglichkeitsfelder, die sich gegenseitig sehr stark beeinflussen und natürlich auch ständig in heftiger Bewegung sind.

Und während das Jetzt immer ein nahezu dimensionsloser Punkt in der Zeit und die Vergangenheit ein feststehender, bereits vergangener, sehr individueller und eindimensionaler Zeitstrahl ist, auf dem all die vergangenen Ereignisse für jeden einzelnen Punkt in diesem Universum individuell wie eine Perlenkette aufgereiht sind, wird die Zukunft der Zeit für jeden von uns in einem mindestens dreidimensionalen Konfigurationsraum durch diese Möglichkeitsfelder vorbereitet. Erst danach kommt es dann zur Realisierung einer oder mehrerer der verschiedenen Möglichkeiten, wenn sie sich denn nicht gegenseitig ausschließen, in jedem Moment unseres ständigen Jetzt oder aber eben auch nicht! Deutlich wird dies vor allem bei quantenphysikalischen Vorgängen, von denen bisher wirklich noch keiner so recht wusste, wie man sich ihre vielfältigen Erscheinungen und Ereignisse einleuchtend erklären oder gar bildlich verdeutlichen soll.

Die noch heute gültige Kopenhagener Deutung der Quantenphysik lehnt eine solche bildliche Vorstellung sogar völlig ab. Eine Wellenfunktion in der Natur oder aber auch der Plan eines denkenden Wesens hat aber zu jedem Zeitpunkt immer schon eine beträchtliche Ausdehnung weit in die Zukunft der Zeit hinein und trifft sich so bereits lange vor dem aktuellen Jetzt-Zeitpunkt mit anderen Wellenfunktionen oder auch mit anderen Plänen. Dort können sie schon lange vor ihrer künftig möglichen Realisierung interagieren und so gemeinsam ihre endgültige, tatsächliche Wirkung auf unser Jetzt festlegen.

Anschließend zieht sich dann dieser individuelle und dreidimensionale Möglichkeitsraum in der Zukunft der Zeit stets und ständig wie ein dreidimensionaler Reißverschluss über den dimensionslosen Jetzt-Zeitpunkt hinweg bis hin zum eindimensionalen Zeitstrahl unserer unabänderlichen und sehr individuellen Vergangenheit zusammen. All die vielen Möglichkeiten können, aber sie müssen sich auch nicht unbedingt realisieren. Manchmal bleiben sie einfach nur sehr lange offen, was schon viele zu so absurden Schlussfolgerungen geführt hat, wie zum Beispiel die Viele-Welten-Deutung der Quantenrealität von Everett. Diese Hypothese besagt, dass sich die Welt in jedem Augenblick in viele neue Parallelwelten aufspaltet, wobei in jeder einzelnen immer nur eine der sich ausschließenden Möglichkeiten zur Realität wird. Diese vielen, sich mitunter gegenseitig ausschließenden Möglichkeiten existieren parallel aber in Wirklichkeit immer nur in der Zukunft der Zeit. Im Jetzt realisiert sich dagegen genau eine davon oder eben auch gar keine. Diese Anschauung ist wirklich viel einfacher als alle anderen davor und entspricht außerdem auch viel eher unseren ureigensten Erfahrungen und Erkenntnissen."

„Und Du allein hast also im Gegensatz zu den bisherigen Deutungen den einzigen und wie ich Dich kenne, ganz sicher wieder ziemlich magischen Schlüssel gefunden, mit dem man sich diese komplizierten Vorgänge zum ersten Mal richtig bildlich vorstellen kann und nach dem nun schon so Viele vergeblich gesucht haben?" „Die vielfältigen exakten mathematischen Beschreibungen dafür gibt es natürlich schon sehr lange. Aber ein bedeutender Physiker hat auch einmal wirklich treffend bemerkt, dass die Quantenphysik wie ein großes Haus ist, dessen obere Etagen schon lange berechnet, fertig gestellt und bezogen sind, während im Erdgeschoss immer noch die notdürftigsten Gerüste stehen, an denen die Meisten auch heute einfach so achtlos und mit geschlossenen Augen vorübergehen. Ich möchte wie immer hübsch bescheiden bleiben, deshalb habe ich das auch niemals so formuliert, wie Du jetzt eben.

Aber wenn Du mich nun schon mal so direkt fragst, dann sage ich Dir auch ganz klar, einfach und natürlich wie immer hübsch bescheiden. Ja, ich habe eine wunderbar neue und sicherlich ein ganz klein wenig magische, aber hoffentlich auch einmal genauso gründlich experimentell beweisbare Erklärung für das Ganze, so wahr mir Gott helfe! Der innere Aufbau unserer bisher leider immer noch etwas unterschätzten und vernachlässigten Zeit ist der kleine Schlüssel dafür!

..... Und Du musst auch wissen, das Einzige, was sich durch diesen neuen Möglichkeitsraum in der Zukunft der Zeit hinweg jemals vermitteln lässt, ist wirklich nur die reine Information. Lupenreine Information in Form von Möglichkeitswellen oder besser noch von holistischen Möglichkeitsfeldern, mit denen sich alle möglichen Ereignisse in Bezug auf ein Objekt oder ein Subjekt bereits lange vor unserem aktuellen Jetztzeitpunkt untereinander verständigen. Nicht mehr, aber auch nicht weniger! Sie transportieren dort keinerlei Energie und Masse schon gar nicht, sondern wirklich nur die reine Information in der Wellensprache dieses Konfigurationsraums in der Zukunft der Zeit! Mehr Energie im Jetzt ist dabei natürlich gleichbedeutend mit viel mehr Möglichkeiten in der Zukunft und eine größere Entfernung bedingt immer auch eine später erst real mögliche direkte Interaktion, aber dies wird ausschließlich und ganz ohne jeden Energietransport in diesen Möglichkeitsraum der Zeit hinein als Welle oder als Feld rein informativ übermittelt oder noch besser gesagt direkt durch jedes Quantenobjekt hinein projiziert. Dadurch bleibt auch immer die Kausalität des Ganzen erhalten.

Deshalb glaube ich auch ganz fest daran, dass dieses unvorstellbar große und dichte sowie rasend rotierende Quantengitter auf kleinstem Raum in der Mitte unserer Galaxis nicht nur das wohl gewaltigste Gravitationszentrum in unserer Galaxis ist, sondern auch gleichzeitig noch die stärkste Quelle von Möglichkeitswellen oder -feldern im Umkreis von vielen Millionen Lichtjahren.

Also wenn sich denn Gott in unserer Milchstraße einen Ort ausgesucht hätte, auf dem er wirklich und wahrhaftig thronen kann, um somit auch unsere Möglichkeiten nachhaltig am sinnvollsten und am effektivsten zu beeinflussen, dann ist es ausschließlich dieser Mittelpunkt der Gravitation im Raum und aller Möglichkeiten in der Zukunft der Zeit für uns alle, die wir in dieser Galaxis leben. Es gibt einfach nichts Anderes oder auch nur annähernd Vergleichbares hier in unserer Nähe! Und ich glaube außerdem auch ganz fest daran, dass es wirklich nur diesen einen einzigen Gott für uns alle gibt und nicht etwa drei oder vier, so verschieden seine großen alten Propheten und die historisch bedingten Glaubensbräuche der Menschen aus ihrer Vergangenheit heraus auch immer gewesen sein mögen."

„Meinst Du nicht, dass damit unser Gott sehr, sehr weit entfernt von uns Menschen wohnen würde?" „Hm, entschuldige bitte meine Liebe, aber ich glaube ganz einfach, das ist wirklich nur ein Argument für extrem Kleingläubige. Gott ist ständig in uns und um uns. Er hat uns vor vielen Milliarden Jahren im Zentrum unserer Galaxis als Sternenstaub von Wasserstoff und Helium ausgeatmet und es um uns herum Licht werden lassen. Er hat mit den Gesetzen und Strukturen von Raum und Zeit dafür gesorgt, dass in diesem Licht der Sterne der ersten Generation unter unvorstellbarer Hitze und Druck sehr schnell als Nebenprodukte der Kernfusion schwere, höherwertige Elemente als der Wasserstoff und das Helium entstanden sind. Dies nennt man deshalb auch die physikalische Evolution. Durch die Explosion der riesigen ersten Sterne am Ende ihrer sehr kurzen Lebenszeit oder zumindest durch das Absprengen ihrer äußeren Hüllen sind dann all diese neuen Elemente in große heiße Gasnebel um die verkleinerten Sonnen herum katapultiert worden. Dort haben sie sich dann langsam zu neuen Planeten zusammengeballt und dabei auch zum ersten Mal im Raum unter niedrigeren Temperaturen chemisch miteinander reagiert.

Im Laufe der Zeit haben sich dann auf diesen langsam erkaltenden Planeten in der Ursuppe seichter Teiche am Rande von Urmeeren, durchzuckt von heftigen Blitzeinschlägen gewaltiger Gewitter, ständig bombardiert von Meteoriten oder auch in der Umgebung heißer Quellen durch die Autokatalyse immer komplexere Moleküle herausgebildet. Es begann so die chemische Evolution, die darin gipfelte, dass ribosomähnliche Verbindungen wie kleine chemische Fabriken ganz gezielt auch die kompliziertesten Proteine zusammenbauen konnten. Was danach aus diesen Grundbausteinen des Lebens heraus als die biologische Evolution erfolgte, das weißt du ja auch selber schon lange aus dem Biologieunterricht.

Im Prinzip ist die gesamte Natur um uns herum ein einziges wahres Wunder ganz aus ihm. Und ihre Gesetze der drei Evolutionen sind nicht einfach nur irgendwie entstanden, nein im Gegenteil, sie sind auch noch so fein abgestimmt, dass erst dadurch eine Entwicklung wie die unsere überhaupt erst möglich wurde. Gott ist somit keineswegs zu weit von uns entfernt, nein, er ist immerzu hier bei uns. Wir selbst sind ein ganz wichtiger, untrennbarer Teil von ihm und deshalb auch für immer mit ihm verbunden. Er hat uns alle als selbständige Wesen in diese Welt gesetzt, damit wir in hoher Eigenverantwortung möglichst oft die richtigen Dinge tun, um seine Schöpfung zu schützen, zu mehren und zu preisen. All die gesamte Natur und Kultur um uns herum ist sein Werk und sein Wille. Und wer ihre Gesetze wider besseres Wissen auch heute immer noch verleugnet, der lästert damit Gott auf die infamste Art und Weise, die man sich nur vorstellen kann!

Genauso gilt das auch für die Leute, die grundlos ihr eigenes Leben wegwerfen oder aber Teile dieser Schöpfung zerstören. Von mir aus soll natürlich weiterhin jeder an das glauben, was ihm selber so gefällt. Zumindest, solange er damit Anderen keinen Schaden zufügt. Besser wäre es natürlich, ab und zu mal über seinen Glauben nachzudenken.

Und um auch bei Dir die Angst zu besiegen, dass Gott den Menschen entfernt und entfremdet sein könnte oder etwa zu weit weg von uns allen wohnt, will ich Dir hiermit ganz klar sagen, dass dieser dreidimensionale Möglichkeitsraum der Zukunft der Zeit, in dem wir immer mit ihm Kontakt haben können, wenn wir das denn nur wollen, vollständig nicht-lokal ist, so frappierend das für uns rein lokal und räumlich orientierte, aber insgesamt wohl leider etwas minderbemittelte Wesen anfangs auch klingen mag. Er liegt ausschließlich und vollkommen nicht-lokal in der Zukunft unserer Zeit, der Raum im Jetzt um uns herum hat damit zuerst einmal absolut nichts zu tun. Das heißt natürlich auch ganz präzise, es spielt einfach überhaupt keine Rolle, wie weit dieser Mittelpunkt unserer Galaxie und damit unser aller Ursprung im Raum tatsächlich von uns entfernt ist. Jede Information, aber eben nur die lupenreine Information, kann in jedem Augenblick sofort und unmittelbar durch diesen nicht-lokalen Konfigurationsraum in der Zukunft der Zeit mit Überlichtgeschwindigkeit zu uns und zu allen Anderen um uns herum übermittelt und damit dann auch im Jetzt genutzt und wirksam werden.

Und dieses kleine Abbild oder Modell des Möglichkeitsraums der Zukunft der Zeit in unserem Kopf in der einen, rein zeitlich orientierten, aber ansonsten fast völlig unbewussten Gehirnhälfte ist eben auch der eigentliche Empfänger dazu. Die dafür notwendige, sicherlich heute immer noch sehr schwer vorstellbare Nicht-Lokalität wurde auch bei uns schon lange real nachgewiesen, ohne aber bisher ihre tatsächlichen Grundlagen bis ins Detail zu kennen. Der Raum existiert in dieser Zukunft der Zeit eben einfach überhaupt noch nicht. Wenn wir jetzt also zu dem, was wir schon immer als unsere einzige Realität betrachtet haben, endlich auch noch den tatsächlichen, wirklich sehr komplexen Aufbau der Zeit mit hinzunehmen, wird die ganze Sache einfach noch viel interessanter und vor allem endlich auch viel sinnvoller und viel anschaulicher als bisher.

Und es lassen sich damit auch eine ganze Reihe von Phänomenen zum Beispiel aus der Quantenphysik bildlich und anschaulich erklären, für die es bisher einfach noch keine bildliche, allgemeinverständliche und einleuchtende Erklärung gab, auch wenn man den wichtigsten Teil davon bereits in der Vergangenheit richtig mathematisch beschreiben konnte. Die Zukunft der Zeit ist eben dreidimensional und völlig nicht-lokal, total unabhängig vom uns in diesem Jetzt umgebenden Raum! Das Bellsche Theorem beweist es unwiderruflich. Und das nun schon vor so vielen Jahren! Es besagt ganz einfach, dass die uns umgebende Realität aus Raum und Zeit sowie Masse und Energie wirklich und wahrhaftig eine nicht-lokale Komponente haben muss, weil sie sonst in sich selbst gar nicht funktionieren könnte, egal ob wir das nun wahrhaben wollen oder nicht! Das ist das wirklich alles entscheidende und bisher leider lange noch fehlende, winzige Bausteinchen zu einer kompletten Erklärung unserer sehr komplexen Realität aus Feldern, Wellen und Teilchen. Und das ist ebenso zugleich auch der einzig richtige Ansatz zu einer künftig hoffentlich vollständigen Feldtheorie, nach der nun schon so viele so lange ergebnislos gesucht haben.

Das zweigeteilte Eine und Ganze mit Masse und Energie im Raum und in der Zeit zeigt sich auch hier ganz deutlich in all den uns bekannten, aber sehr unterschiedlichen Feldarten in der Realität." „Zweigeteilt in Raum und Zeit? Hm, wie soll ich mir denn zum Beispiel nur dieses Nicht-Lokale jetzt nun wieder vorstellen?" fragt Lisa ihn nun doch ein wenig verzweifelt. Leon reagiert wie immer sehr bescheiden und gefühlvoll darauf. „Unsere Realität ist eben in Wirklichkeit zweigeteilt mit sehr verschiedenen Eigenschaften von Raum und Zeit. Trotzdem bilden alle beide das mehr oder weniger einheitliche Kontinuum, in dem wir nun einmal alle leben. Und auch in unserem Kopf werden diese beiden Basisgrößen ganz verschieden und fein säuberlich voneinander getrennt verarbeitet."

„Was hat denn jetzt wieder unser Kopf damit zu tun?" „Nun, wir haben eben auch solch ein kleines Abbild oder Modell dieses Möglichkeitsraums der Zeit drin hier oben, wenn auch nur in der einen, meist unbewussten Gehirnhälfte, die sich ausschließlich mit unserer Zukunft anhand ihrer sequentiellen Erfahrungen aus der Vergangenheit beschäftigt, während unser einzig voll bewusstes rein bildliches Vorstellungsvermögen ganz allein lokal auf der Basis des Raums stattfindet. Die Verarbeitung der Zeit geschieht im Gegensatz dazu völlig unbewusst und getrennt von allem lokal Räumlichen in nur einer Gehirnhälfte. Auch vergleicht sich dieser unbewusste kleine Möglichkeitsraum der Zukunft der Zeit in unserem Kopf ständig vollautomatisch mit unseren realen sequentiellen Erfahrungen aus der Umwelt.

Ansonsten würden wir wohl sehr leicht zu Vorstellungen kommen, die sich eben nicht in der Zukunft unserer Realität verwirklichen lassen und das geht offenbar leider sehr schnell." „Interessant finde ich das schon und vor allem sehr beruhigend, dass es wohl doch nur diesen einen Gott für uns alle gibt und nicht etwa viele verschiedene, die sich möglicherweise dann auch noch gegenseitig bekämpfen und die verschiedenen Völker damit in ihrem Namen in furchtbare Kriege gegeneinander schicken. Aber es wird wohl noch eine ganze Weile dauern, bis das hier alle begriffen haben." „Da magst du sehr wohl Recht haben, liebe Lisa. Kriege haben in Wirklichkeit immer ganz andere, sehr reale Ursachen und Interessen, der Glaube ist dabei doch nur vorgeschoben. Es gibt definitiv keinen heiligen Krieg! Von dieser Erkenntnis sind wir heute aber leider alle noch viel zu weit entfernt."

„Ach, wie schön wäre es doch, mit dem Schlachtruf: 'Es gibt nur einen Gott in dieser Galaxis!' künftig alle Kriege zu beenden, anstatt immer wieder neue anzuzetteln, in wessen Namen auch immer." Lisa schaut mutig zum Nachthimmel mit seinen funkelnden Sternen auf und seufzt ganz innig. „...... Wie schön sie doch sind! Deine neuen Ansichten gefallen mir insgesamt wirklich schon sehr gut. Und dieses wunderbare, bisher leider noch undenkbare Nicht-Lokale beruhigt mich nun sogar ein wenig. Sehr, sehr seltsam und doch so schön! ......"

Leon bleibt trotzdem immer noch sehr nachdenklich. „Einen neuen Schlachtruf brauchen wir alle ganz sicher nicht. Die Schlachten aus der Vergangenheit sollten viel lieber endgültig und für immer vorbei sein. Wir müssen auf jeden Fall alle sehr viel moderater, gelassener und ohne die alten Dogmen mit dem Thema Religion umgehen. Ich würde mich jedenfalls jetzt schon sehr darüber freuen, wenn man sich in all den riesigen Kirchen, Moscheen und Synagogen der großen monotheistischen Religionen dieser Welt, die noch heute so viele Menschen an sich binden, endlich einmal richtig darüber klar wird, dass es wirklich nur den einen Gott für uns alle gibt, egal wie er genannt wird. Die bisherigen Unterschiede zwischen den Religionen sind in erster Linie nur an der Oberfläche der sehr verschiedenen Ästhetik, Kultur und Geschichte der Völker angesiedelt. Und auch in dem alten, wirklich sehr schädlichen, ja eigentlich für alle geradezu unvorstellbar blasphemischen Irrglauben, dass seine mehr oder weniger lokalen Propheten aus der Vergangenheit wichtiger wären, als Gott selbst es ist. Lange Zeit waren die verschiedenen Gebiete auf dieser Erde durch große Entfernungen voneinander getrennt. Die alten Religionen haben die Völker dort zusammengeschweißt und erzogen. Sie waren damals wichtigster Kulturbestandteil. Heute können wir diese Entfernungen schon in ganz wenigen Flugstunden zurücklegen. Deshalb sind die Auseinandersetzungen zwischen ihnen auch viel heftiger geworden.

Wenn Gott es aber wirklich gewollt hätte, dass es heute nur eine ganz bestimmte Religion gibt, dann hätte er gar nicht erst so viele davon entstehen lassen. Keiner von diesen lokalen Propheten hätte diese Auseinandersetzungen zu seiner Zeit damals aber je gewollt oder etwa gar beabsichtigt, dies ist jedenfalls sicher und steht für mich absolut felsenfest! Darin sind sie sich wirklich auch heute nach nun so langer Zeit noch alle gleich! Leider konnten sie später nicht mehr selber beeinflussen, was die vielen Gläubigen im Laufe der Zeit dann daraus gemacht haben. Auch heute kann keiner, der ernsthaft glaubt, diese einfache Tatsache jemals bestreiten. Kein Einziger hat oder hatte hier jemals den alleinigen Anspruch auf ein Privateigentum an diesem einzigen Gott für uns alle!

Und auch die vielen Menschen außerhalb der verschiedenen Glaubensrichtungen, derzeit immer noch als Heiden, Barbaren oder auch Ungläubige ausgegrenzt, belächelt und diskriminiert, sind und waren immerzu ein wichtiger und gänzlich unlösbarer Teil von ihm. Er ist einfach für uns alle und für jeden gleichermaßen da! Und wir natürlich genauso auch für ihn.

Alle Menschen sind gleich! Keiner kann sich durch seine religiöse Konfession heute besser oder etwa gar moralischer machen, als Andere mit einer anderen Weltanschauung dies können. Moral bemisst sich auch heute noch immer nur an der herrschenden Ethik und Kultur einer Gesellschaft, egal ob nun religiös geprägt oder nicht und an unserer Vernunft, die sich über viele Jahrtausende hinweg ja erst aus dem entwickelt hat, was Gott uns allen mitgegeben hat. Dieser wunderschöne, vollkommen logische und eigentlich auch ganz einfache und einleuchtende Zusammenhang ist jedenfalls sehr viel wichtiger als die Suche nach dem allein seligmachenden Glauben mit dem einzigen Propheten aus der Vergangenheit es denn je sein könnte. So vorbildlich sie ursprünglich früher einmal für uns alle und für unsere Entwicklung gewesen sein mögen.

Gottes Vernunft jedoch ist um sehr vieles größer, offenbart sich für jeden überall in der erfahrbaren Welt und ist in jedem von uns selbst überreich vorhanden, egal welchem Propheten wir bisher gefolgt sind! Unsere Aufgabe ist es, diese Schöpfung zu achten, zu lieben, zu mehren und zu preisen. Wer sie oder sich selbst böswillig zerstört, fährt definitiv zur Hölle! Auf der weit unter dieser Oberfläche der uralten Ästhetik der Kulturen liegenden, aber gleichwohl sehr viel bedeutenderen Ebene der Ethik gibt es denn auch jetzt schon wesentlich weniger Unterschiede zwischen all den Menschen und in dem noch weiter darunter liegenden Glauben an den einen wirklich einzigen Gott für uns alle, für diese Erde und für dieses Universum sind sie sich im Monotheismus dann endlich alle gleich. Das sollte wirklich mal ein grundlegendes, wenn nicht sogar das aller wichtigste Element in den Predigten der verschiedenen Glaubensrichtungen sein.

Leider verbringen viele Gläubige auch heute noch traurigerweise sehr viel Zeit damit, sich mit oberflächlich ästhetischen Aspekten von einander und von anderen abzugrenzen." Auch Leon schaut jetzt nur noch nach oben. Die Sterne funkeln aber heute auch wieder besonders geheimnisvoll und wunderbar. „.... Wirklich schön! So fern und doch so nah." Beide erleben hier oben ganz in Ruhe den herrlich strahlenden Nachthimmel, bevor der Mond am Horizont aufgeht und sie genießen auch die seltene nächtliche Stille um sie herum, nur unterbrochen von fernen Rufen und leiser Musik aus der Nähe des riesigen Lagerfeuers am Fuße des Hügels. Freitagabend, wie schön, wie herrlich! Dieses Hochgefühl verlässt sie beide nicht so schnell. Leon streicht Lisa sanft über ihre Schultern und küsst sie wieder liebevoll. Beide sind jetzt endlich richtig angenehm entspannt. Die gnadenlose Arbeitswoche ist fürs erste gänzlich vergessen.

Da, ganz plötzlich zieht dort oben ein etwas verspäteter Nachfolger des Perseidenschwarms, welcher die elliptische Bahn der Erde immer so um Mitte August herum kreuzt, als Sternschnuppe deutlich sichtbar seinen leuchtenden Weg über diesen wunderbar sternenbesetzten Nachthimmel. Wirklich nur ganz kurz, aber seine Spur ist um sehr vieles größer, heller und deutlicher, als bei den meisten anderen, die sie bisher gesehen haben. Beide staunen verblüfft und stumm. Sie sind wirklich fasziniert von diesem einzigartigen Schauspiel. „Wie schön!" ruft Lisa ganz spontan und sehr erfreut aus. Sie ist jetzt völlig entzückt. Beide rücken noch etwas enger zusammen und haben nun auch gleichzeitig sehr stark das wunderbar angenehme Gefühl, mit ihren neuen Gedanken ganz gewiss nicht allein zu sein. „Wünsch Dir was!" Leon sieht Lisa liebevoll an im Dunkeln. Sie fühlt sich in diesem Moment wirklich sehr, sehr wohl in seiner Nähe und wünscht sich einfach nichts anderes, als dass es immer so weitergeht. Was könnte es hier denn auch Schöneres geben? Nur der Hund war schon wieder gerade mal kurz hinter den Büschen verschwunden und hat von dem ganzen, so ziemlich großartigen Wunder nicht das Geringste bemerkt. Wie schade für ihn! Jetzt trollt er sich nun doch ein wenig reumütig wieder zu den beiden für einen gemeinsamen Heimweg.

> *„Die Anstifter des Terrors werden nicht erfolgreich sein. Durch ihre Gewalttaten verstärken sie nur die Entschlossenheit Frieden zu schaffen!"* aus 'Paradise now!'
> *ein Film von Hany Abu Assad*

Probleme über Probleme

Der September beginnt für Leon ganz abrupt und so ähnlich, wie der August hier aufgehört hat. Das Wetter ist immer noch passabel, aber die Probleme in seiner Bank sind keineswegs kleiner geworden. Am Mittwoch ruft er dann diese kleine, aber feine Unternehmensberatung in Köln an. Das ist für ihn genau der richtige Zeitraum nach seinem Gespräch in Luxemburg. Es sieht damit nicht so aus, als ob er unbedingt auf diesen Job angewiesen wäre, aber es ist auch nicht zu spät und er wird hoffentlich noch nicht in Vergessenheit geraten sein.

Natürlich hat er sich vorher ausführlich über diese Firma im Internet informiert und die Geschäftsberichte der letzten drei Jahre gelesen. Auch den Kollegen mit dem er gesprochen hat, findet er bei dieser Recherche im Internet wieder. Er ist Managing Consultant und leitend für Bankmeldewesen und Reporting bei dieser Unternehmensberatung tätig. Na dann hat Leon ja schon mal die besten Referenzen. Und tatsächlich, als er bei deren Personalabteilung durchklingelt, ist sein Name dort bereits bekannt. Nach einer kurzen Vorstellung und ein paar Fragen bekommt er einen Vorstellungstermin am Freitag in zehn Tagen, der ihm aber noch schriftlich bestätigt werden muss. Leon wird diese Zeit gut nutzen, um wiedermal seine Bewerbungsunterlagen zu aktualisieren. Als er an diesem Abend nach Hause kommt, hält ihm Lisa schon an der Tür einen Brief entgegen, der von einem Doktor Paul Sowieso stammt. „Na Leon, wo hast Du Dich denn jetzt wieder beworben? Ich dachte, Deine wissenschaftliche Karriere hast Du zu Gunsten eines höheren Gehalts inzwischen aufgegeben?"

„Lass mal sehen," antwortet Leon verdutzt, „ich habe heute bei dieser kleinen Unternehmensberatung aus Köln einen Vorstellungstermin in zehn Tagen bekommen und bin auch wirklich sehr froh darüber. So hatten wir es doch auch gemeinsam abgesprochen. Dieser Brief und der Name darauf sind mir erst einmal völlig fremd." Er legt hastig Jackett und Krawatte im Schlafzimmer ab und begibt sich dann mit dem Brief ins Arbeitszimmer. „Das Essen ist gleich fertig. Es gibt Spaghetti mit schwarzen Oliven und deiner Lieblingssoße." ruft Lisa ihm hinterher, doch das kann Leon jetzt nicht mehr von diesem Brief ablenken. Vorsichtig öffnet er den Umschlag. Sehr geehrter Herr ..... und so weiter und so weiter. Leon erfasst endlich aus dem weiteren Inhalt des Schreibens, dass seine Arbeit von vor über zehn Jahren nun doch noch auf verspätetes Interesse gestoßen ist. Natürlich erwähnt Paul in dem Brief mit keiner Silbe, dass die Arbeit bei ihm zehn Jahre lang einfach so in einem Stapel unbearbeiteter Blätter gelegen hat. Er bittet Leon jetzt um einen Gesprächstermin und hat sogar seine Privatadresse und eine Handynummer für die Terminabsprache beigefügt. Termine über Termine! Erst passiert viele Jahre lang gar nichts und jetzt muss sich Leon zwischen mehreren Alternativen entscheiden. Aber das Thema hat ihn immer noch nicht losgelassen und so wird er wohl auch hier einen Termin vereinbaren.

Heute ist Mittwoch, aber obwohl ihn das Thema inhaltlich immer noch brennend interessiert, nimmt sich Leon vor, nicht eher als Samstag zurückzurufen. Nicht umsonst hat er die private Telefonnummer und Adresse bekommen. Schließlich musste er ja auch zehn Jahre lang warten. Da sind diese drei Tage doch wohl das Mindeste, um die Spannung auch bei seinem Gegenüber ein wenig zu erhöhen. Immerhin wird ihm in dem Brief ein gemeinsames Projekt in Aussicht gestellt, wo auch immer. Das ist also schon mehr als nur so eine kleine Aussprache zu diesem Thema. Er wandert mit dem Brief unruhig ins Wohnzimmer. „Na Leon, was steht denn nun in dem Brief?" Lisa ist immer ein klein wenig neugierig und nimmt so gern und sehr intensiv an allen Bereichen von Leons Leben teil.

Der hat inzwischen eigentlich auch fast keine Geheimnisse mehr vor ihr und reicht ihr den Brief über den Esstisch im Wohnzimmer. „Hier, ließ doch selbst! Du hast mir ja bisher bei meinen alten Themen immer nicht allzu viel zugetraut und mich lieber dazu angespornt, bei dieser hundsmiserablen Bank zu arbeiten." Lisa überfliegt kurz den Brief, bevor sie die beiden Töpfe mit den Spaghetti und der Soße vom Herd nimmt. „Im universitären Bereich hat man heutzutage leider meist nur befristete Anstellungen für ein einzelnes Projekt oder so. Deshalb finde ich es schon wesentlich besser, was Du jetzt machst."

Lisa überfliegt trotzdem kurz den Brief rein informativ. Leon kann es sich nicht verkneifen, ihr auch entsprechend zu antworten. „Aber wie es mir dabei geht, haben wir alle lange nicht ernst genug genommen. Na, jetzt gibt es ja endlich einen neuen Ausweg mit dieser kleinen Unternehmensberatung aus Köln und vielleicht kann ich nebenbei noch ein paar Konzepte und nähere Erläuterungen für diesen Professor anfertigen. Gewissermaßen als Hobby in meinem neuen verlängerten Wochenende. Immerhin habe ich bereits damals schon sehr viel geschrieben, über Informationstheorie, Künstliche Intelligenz und über das Gehirn. Das kann ich jetzt wirklich sehr gut gebrauchen. Leider konnte ich bisher immer noch keinen Verlag für meine gesammelten Werke finden und das alles ist ja nun auch schon viele Jahre her."

Lisa reicht erst den Brief und dann die beiden Töpfe über die Anrichte. „Nicht dass Du Dir von Anfang an gleich wieder zu viel zumutest. In einem neuen Job muss man erst einmal in Ruhe ankommen, Leon." „Ja das stimmt natürlich, aber der Brief ist für mich einfach zu interessant, um nicht darauf zu reagieren." Seine Tochter Leonore kommt hinzu und setzt sich an den Esstisch. „Was habt Ihr beide denn da für einen Brief? Darf ich den auch mal lesen?" „Ja bitte, aber wundere Dich nicht." Leo vertieft sich kurz in das Schreiben. „Es wundert mich eigentlich nur, dass der Herr Doktor hier seine private und nicht seine universitäre Adresse angegeben hat."

„Oh, das finde ich auch etwas seltsam, aber vielleicht ist er inzwischen emeritiert oder so? Er bezieht sich ja auf eine Bewerbung, die ich nun schon vor rund zehn Jahren abgeschickt hatte, wenn ich mich jetzt noch recht daran erinnere. Na egal, vielleicht kann ich mit seiner Hilfe ein paar von den Schriften, die ich damals erstellt habe, nun auch endlich veröffentlichen. Allerdings müssen diese natürlich nochmal richtig aktualisiert und überarbeitet werden. Inzwischen ist ja auch sonst so ziemlich viel passiert auf der Welt." „Lass Dich bloß nicht von dem übers Ohr hauen, Papa. Dieser Doktor schreibt Dir doch nicht ganz zufällig jetzt gerade, sondern einzig nur deshalb, weil er etwas ganz Spezielles von Dir haben will." „Umso besser, dann bin ich ja in einer sehr guten Verhandlungsposition. Ich rufe jedenfalls am Samstag zurück und mache erst einmal einen Gesprächstermin aus. Vielleicht auch bei einem kleinen Abendessen? Natürlich kann niemand so gut kochen wie Lisa, das habe ich inzwischen eindeutig festgestellt." „Du alter Schmeichler! Wir könnten aber auch mal wieder zusammen Essen gehen. Am Wochenende fahre ich allerdings mit Leo zu meinen Eltern nach Berlin. Das wird sicher auch ganz schön werden, stimmt´s Leo? Wie wär´s also mit nächster Woche?" „Das besprechen wir am Besten dann, wenn Ihr wieder zurück seid." entgegnet Leon darauf.

Der Rest der Woche vergeht wie im Flug. Das Wochenende hat Leon also diesmal ganz für sich ganz allein. Am Samstagmorgen aktualisiert er als Erstes seine alten Bewerbungsunterlagen fein säuberlich. Auch ein neues Foto ist mal wieder dringend notwendig. Inzwischen sind ja auch Krawatten auf einem Bewerbungsfoto nicht mehr unbedingt zwingend. Das neueste Bild lässt sich jedenfalls ganz leicht einfügen. Außerdem hat er aber noch ein Konzept für die neuen erweiterten Kontoeingangsprüfungen von Zahlungen bei der Sachsen LB bis zum Montag fertig zu stellen. Deshalb fährt er also auch am Samstag nach dem Mittagessen dann so gegen 14:00 Uhr in seine Bank. Am Wochenende ist der Haupteingang leider immer geschlossen und alle Besucher müssen sich erst im Nebengebäude beim Wachdienst in eine Liste mit der Uhrzeit des Kommens und Gehens eintragen.

Leon fährt danach weiter nach oben und geht wieder über die buntbeglaste Brücke zum Hauptgebäude. Heute wird er sicherlich niemand anderen hier treffen. In seinem Zimmer startet er den Rechner und liest solange dieser hochläuft in der Grünen Bibel des Deutschen Zahlungsverkehrs nochmals alle Regeln, die für die Eingangsprüfungen von Zahlungssätzen hier komplett eingehalten werden müssen. Danach vertieft er sich am Rechner in das fast fertige Konzept, das ab Montag vom Fachbereich abgenommen werden soll. Es fehlen nur noch ein paar Absätze und Leon benötigt deshalb auch nicht mehr als eine Stunde dafür. Die gesamten fünfzehn Seiten sind jetzt fertig, Leon liest noch einmal Korrektur und verschickt sie dann per Mail an den Fachbereichsleiter und an seine Abteilungsleiterin.

Anschließend will er sie für sich selbst und für den Abnahmetermin dreimal ausdrucken. Er hat eigentlich alles richtig gemacht, aber trotzdem kommt nichts aus dem Drucker in seinem Zimmer. Und das gute alte Windows NT sagt leider auch wiedermal rein gar nichts dazu! Doch Leon lässt sich nicht so leicht entmutigen. Er hat inzwischen schon einige Erfahrung mit diesem Netzwerk in seiner Bank. So ruft er sich denn die PCconsole am Rechner auf und sucht nach seinem Drucker. Ah da ist er ja! Vor dem Druckernamen erscheint nun auch ein rotierender Balken und der Druck beginnt dann doch noch. Offensichtlich ist der Druckserver am Wochenende im Ruhezustand gewesen und der Druck startet deshalb erst jetzt so spät.

Während der Druck noch läuft, gleitet Leon spielerisch mit dem Cursor auf der riesigen Liste von Druckern entlang, die sich alle im Ruhezustand befinden. Doch halt, hier läuft doch noch ein anderer Drucker? Hat da etwa noch jemand kein Zuhause, so wie Leon heute? Die Druckernummer enthält nur die Etage im Klartext. Es ist die vierte Etage, in der auch Leon sitzt. Für das Zimmer, in dem der fremde Drucker steht, gibt es aus der laufenden Nummer heraus jedoch leider keinen Bezug. Leon begibt sich also in den Flur in der vierten Etage, während immer noch sein eigener Drucker läuft.

Vielleicht kann er ja mal jemandem Hallo sagen, der auch am Samstag hier gestrandet ist? Doch nachdem er das zu seinem Bereich gehörige halbe Karree dieser Etage abgegangen ist, kann er keinen weiteren Anwesenden finden. Hm, seltsam! Zurück in seinem Zimmer verstaut er nun die drei Konzeptausdrucke in seinem Aktenschrank und will noch ein bisschen Zeitung lesen im Internet, wenn er denn schon mal hier ist. Nach einer Weile findet er auf einem Internetportal zwei Börsennachrichten, die auch seine eigenen Anlagen sehr direkt betreffen könnten. Diese könnte er morgen zum Sonntag sehr gut gebrauchen. Vielleicht lässt sich ja daraus der eine oder andere wichtige Anlagetipp ableiten. Also will er beide auf seinem Drucker ausdrucken. Auch hier dauert es ein paar Minuten und Leon schaut wieder in der PCconsole nach. Sein eigener Drucker beginnt nun zu laufen, aber auch der andere, unbekannte zeigt ebenfalls den rotierenden Balken an. Was ist denn hier los? Leon wird neugierig.

Also lässt er testweise noch ein paar Nachrichten von Spiegel.de ausdrucken. Jedes Mal, wenn er etwas ausdruckt, läuft auch der fremde Drucker mit. Was soll denn das? Aber das Ergebnis ist immer wieder absolut eindeutig! Ihm ist sehr wohl bewusst, dass in den wichtigen Handelsbereichen der Bank, wo oft Over-the-Counter Geschäfte sehr schnell am Telefon vereinbart werden müssen, auch eine zusätzliche Sicherung aller Dokumente über einen weiteren Drucker erfolgt. Aber dass jetzt schon die gesamte Bank mit allen Abteilungen von diesen unsäglichen Abhörmaßnahmen betroffen ist, das wäre ihm völlig neu!

Leon ist sehr nachdenklich über sein ohnehin so schon kompliziertes Arbeitsumfeld, packt seine sieben Sachen wieder in die Schränke und geht betrübt nach Hause. Dort kramt er dann freudig wieder seine alten wissenschaftlichen Schriften heraus und vergisst so die Trübsal seiner beruflichen Tätigkeit dabei sehr schnell. Zum Glück hat er all seine gesammelten Werke auch in elektronischer Form über die vielen Jahre und nun schon über mehrere Computergenerationen hinweg gerettet. So wird ihm natürlich die Überarbeitung der verschiedenen Schriften sehr viel leichter werden.

Aber als Erstes macht er dann eine Runde mit dem Hund zum Floßplatz. Was genau will dieser Professor nur von mir, denkt sich Leon dort auf einer Bank im Schatten. Die Arbeit hieß damals „Paradigmatische Betrachtungen zur KI-Diskussion" Es geht ihm also wahrscheinlich um ein neues Paradigma zum Thema Künstliche Intelligenz und er hat offensichtlich auch kein Problem mit der ganz neuen Namensgebung für die Fachrichtung durch mich. Also kann eigentlich nicht viel schiefgehen und das alte, nicht nur für mich gefährliche Buch habe ich ja zum Glück längst verbrannt. Also auf zu einer neuen Runde, diesmal in der richtigen Richtung und mit den richtigen Grundlagen! Leon weiß rein instinktiv, dass er damals etwas geschaffen hat, was auch die heutige Zeit noch wirklich brennend interessiert und die modernen Anforderungen sehr gut bestehen kann. Natürlich muss er das alles nochmal aus heutiger Sicht überarbeiten, aber so etwas macht Leon eigentlich immer richtig großen Spaß. Und Freude bei der Arbeit ist etwas, das ihm leider jetzt schon länger gefehlt hat. Also freut sich Leon auf das Telefonat und auf ein mögliches Treffen mit dem Professor.

Zurück zu Hause bereitet er sich noch einmal etwas mental auf diesen wichtigen Anruf vor. Puh, es kann also losgehen! Er wählt die Handynummer aus dem Brief des Professors. Leon muss nicht lange warten. Paul stellt sich ihm nahezu wahrheitsgemäß als langjähriger Professor vom Institut für Neurologie und Kognitionsforschung vor, der gerade ein neues Projekt vorbereitet und dafür noch nach einem Träger und nach Mitarbeitern sucht. Dabei ist ihm Leons alte Arbeit in die Hände gefallen und er möchte gern mehr darüber erfahren. Leon erzählt ihm kurz etwas über den Kontext dieser alten Arbeit und erwähnt vor allem, dass diese nicht allein im luftleeren Raum steht sondern bei ihm als wichtiges Resultat in eine ganze Reihe von Arbeiten zu den Grundlagenthemen Informationstheorie, Künstliche Intelligenz und Gehirn eingebunden ist. Paul wird immer neugieriger und fragt Leon, ob er denn seine Bibliographie zu einem möglichen Gesprächstermin mitbringen kann.

Bibliographie ist zu viel gesagt, entgegnet Leon, weil er ja bisher noch keinen Verlag für seine gesammelten Werke gefunden hat. Aber er würde sehr gern etwas Material für Paul zusammenstellen. „Wie wäre es denn mit einem kleinen Abendessen?" fragt dieser nun Leon. Der ist hoch erfreut, denn er hatte ja eigentlich den gleichen Gedanken. „Da Sie in der Nähe des Musikviertels wohnen, wie wäre es denn mit dem Violino, diesem kleinen italienischen Restaurant in der Mozartstraße?" fragt Paul. „Ich habe dort früher mal ein Kalbskotlett gegessen, das war so zart, dass es mir fast auf der Zunge zergangen ist." „Aber sehr gern," antwortet Leon „würde es Ihnen am Montagabend passen? Bis dahin habe ich sicher aus meinem Material auch etwas für Sie zusammengestellt." „Gut, ich bestelle dann schon mal einen Tisch am Fenster, die sind nämlich sonst immer sehr schnell besetzt. Wie wär´s vielleicht mit 19:30 Uhr?" „Ja, das passt mir sehr gut. Ich muss nur noch kurz mit meiner Familie reden. Aber wenn ich mich nicht noch einmal bei Ihnen melde, dann sehen wir uns also am Montagabend um 19:30 Uhr im Violino. Einen schönen Abend noch!" „Ebenfalls schönen Abend und bis Montag!"

Am späten Abend wälzt sich Leon wieder unruhig in seinem Bett hin und her. Er weiß schon wieder nicht mehr so genau, ob er nun noch wach ist oder doch schon schläft. Zwischen riesigen grauen und seltsam schemenhaften Wolkenformationen sieht er mit geschlossenen Augen immer wieder eine große gleißende Lichtkugel in dicken Nebelschwaden auf sich zukommen, die ihn heftig blendet und unserer Sonne auch ohne den schützenden Filter der Erdatmosphäre schon so ziemlich ähnlich ist. Die kochenden Nebelschwaden verlieren sich jetzt ganz langsam und werden immer lichter. Leon betrachtet wieder träge im Halbschlaf das zauberhafte und wirklich wunderbare Schauspiel des Beginns eines ganzen Planetensystems. Es erscheint ihm unvorstellbar gewaltig und breitet sich auch in seinem ohnehin schon recht großen, halbdunklen Schlafzimmer oval und geheimnisvoll vom Fußboden bis hin zur Decke aus, einfach riesig!

Doch halt, da fällt ihm plötzlich wieder etwas ganz Entscheidendes auf. Neben den bekannten vier Planeten Merkur, Venus, Erde und Mars bildet sich hier wie ganz selbstverständlich auch noch ein fünfter Planet heraus, dort, wo wir heute nur den toten, kleinteiligen Asteroidengürtel kennen, bevor dann die äußeren Bahnen der Riesenplaneten Jupiter und Saturn beginnen. Er ist wirklich nicht viel größer als Venus, Erde und Mars und doch ist es ein vollständiger runder Himmelskörper und er hat sogar einen eigenen Mond wie die Erde. Ein fünfter Planet also, wie schön, was für ein Wunder!

„Le-on, Le-on ....., Leon!" Wieder und wieder vernimmt er die mächtiger werdende Stimme, doch er will sie jetzt einfach nicht wahr haben in seinen Gedanken. Eigentlich ist er so ziemlich müde. Endlich öffnet er sich dann doch seinem Unterbewusstsein, vergisst das Bett sowie das ganze große Schlafzimmer um sich herum und schlägt sein inneres Auge weit auf. Vor sich sieht er wieder diese seltsame, silbergraue und ziemlich große Walnuss mit den Flügeln an ihrer Seite wie ein Manta-Rochen. Vor dem Hintergrund mit dem jungen, gerade entstehenden Planetensystem wirkt die gewaltige Erscheinung doch schon ziemlich befremdlich und auch irgendwie unheimlich. Aber all das kann ihn jetzt schon lange nicht mehr erschrecken. „Leon!" donnert wieder die Stimme in seinem Kopf, „Du weißt sehr genau, dass es nicht nur der Glaube an den einen einzigen allwissenden Gott ist, der die Völker hier und anderswo einigen würde. Es sind auch die ethischen Grundwerte, die solch ein neuer Glauben beinhalten sollte. Die totale Verabscheuung von Krieg und Gewalt ist dabei doch nur ein einziger Grundwert, wenn auch sicher einer der wichtigsten." „Was gibt es denn da noch?" „Nun, es sind nicht nur die zehn Gebote, es gibt auch noch den Koran, die Bibel oder die Rolle der Tora aus der Vergangenheit dieser Erde mit all ihren mehr oder weniger moralischen Geschichten und Geboten und in der gesamten Galaxis gibt es natürlich noch ungeheuer viele andere, ganz ähnliche Werke, die diesen aber im weitesten Sinne gleichkommen. Und es sollte vor allem auch die Vernunft aller denkenden Wesen im Umgang mit der Schöpfung in unserem Universum zu unserem wohl wichtigsten Grundwert werden.

Sie beinhaltet eigentlich in sich schon alles, was wir wirklich brauchen. Du hast sicher bereits viel darüber nachgedacht, was Vernunft denn nun eigentlich ist und du wirst darin bestimmt auch noch weiter vordringen. Doch um die vielen verschiedenen Religionen zu vereinen, darf es eben keine rein religiös geprägten Grundwerte geben. Vor Gott, der Natur und dem Gesetz sind alle Menschen gleich, egal welcher Religion und Rasse sie angehören. Es ist ganz allein entscheidend, ob sie die Schöpfung achten, lieben, schützen, mehren und preisen.

Teile Deine Überlegungen bitte unbedingt allen anderen mit! Schon vor vielen Tausend Jahren haben wir hier mit dazu beigetragen, all die verschiedenen Propheten und großen Weisen auf dieser Erde zum ersten Male zu erleuchten. Gott in der Mitte unserer Galaxis hat uns auch zu diesem Zweck auf den wirklich mühevollen und sehr, sehr weiten Weg hierher geschickt. Wir sind seine Missionare hier draußen fast am Rande unserer Galaxis und das jetzt nun schon seit vielen tausend Erdenjahren. Bereits damals spendeten wir die Hoffnung und den Glauben in eine bessere Welt, an der wir alle hier gemeinsam bauen sollten. Dabei ist es doch ganz gleich, ob diese Propheten und Lehrer der Weisheit nun Buddha, Moses, Jesus oder Mohammed gewesen sind. Wir haben sie alle vor tausenden von Jahren hier sehr mühevoll ausgesucht und damals auch viel Zeit mit ihnen verbracht. Gott war durch uns immer in ihnen und bei ihnen. Unsere eigene Existenz musste dabei natürlich im Verborgenen bleiben. Wir haben kein gesteigertes Geltungsbedürfnis, so wie manche von euch. Viel zu fremd wären wir und unsere tatsächliche Herkunft sowie natürlich auch unsere wahre Erscheinung euren uralten Vorfahren gewesen. Keiner hätte uns damals in unserer wahren Gestalt verstehen oder auch nur ansatzweise akzeptieren können.

Das Wichtigste aber, was wir ihnen schon damals und so jetzt auch euch hier anbieten können, ist die Echtzeit-Kommunikation mit unser aller einem einzigem Gott und natürlich auch mit dem Rest aller vernunftbegabten, hochentwickelten Lebewesen in dieser Galaxis. Nicht mehr, aber auch nicht weniger!

Wir glauben natürlich sehr wohl, das ist schon eine ganze Menge. Nicht alles, was eure Propheten daraus geschlussfolgert haben, hat uns dann auch gefallen. Und was die vielen Gläubigen später oft aus religiösem Übereifer daraus gemacht haben, ist heute auf jeden Fall noch sehr stark verbesserungsbedürftig. Aber wenigstens konnten sie so euren Völkern eine neue Richtung und Orientierung weisen in einer damals zumeist tief dunklen Zeit der Entwicklung der Menschen. Und sie waren wohl auch die größten Vorbilder und das wichtigste Element, um die vielen Menschen einer Glaubensrichtung hier für sehr lange Zeit zusammenzuhalten. Das entschuldigt hoffentlich unsere alten und wirklich noch sehr einfachen spirituellen Bemühungen.

Damals gab es bei euch aber auch noch diese riesigen räumlichen Entfernungen zwischen den einzelnen Glaubenszentren und ihren kulturellen Bräuchen. Heute legt ihr diese Strecken mit dem Flieger bereits in wenigen Stunden zurück. Trotzdem oder gerade deshalb ist jetzt die Einigung auf die wichtigsten Grundwerte durch die Reduktion auf das Gemeinsame und auf das Notwendige hier viel leichter als die Meisten von euch es heute glauben und das entscheidende Wissen um den einzigen, allen Wesen hier und anderswo gemeinsamen Gott in dieser Galaxis ist dabei das Wichtigste und Grundlegendste, was diese Einigung ganz langsam, aber sicher vorantreiben wird. Sei dir dessen bitte vollständig bewusst, all die komplizierten und historisch bedingten Gedankengebäude eurer vielen monotheistischen Religionen haben in Wirklichkeit immer nur den einen einzigen gemeinsamen Ursprung und das ist Gott selbst, der uns als Hilfe zu Eurer Entwicklung hierher geschickt hat. Seine Propheten haben ihn nur verschieden interpretiert.

Leon, du bist jetzt schon sehr weit vorgedrungen in deinem Wissen über die wichtigsten Grundlagen unserer sehr vielfältigen Welt, deshalb auch nur sprechen wir so direkt und völlig unverblümt zu dir. Deine große religiöse Toleranz lässt dich uns einfühlsam verstehen lernen und du bist außerdem Einer der wenigen, der uns sowieso nur in unserer wahren Gestalt sehen kann. Das ist wirklich eine ganz, ganz seltene Gottesgabe, die du nicht unterschätzen solltest.

Du hast sie nicht von uns bekommen und selbst wir mussten hier erst sehr intensiv nach dir suchen." „Ah, du bist es, nein Ihr seid es, …… danke, danke, vielen Dank, aber ich würde heute trotzdem lieber in Ruhe ganz tief schlafen, wenigstens an diesem herrlichen Wochenende. Was gibt es denn schon wieder Wichtiges?" murmelt Leon verzweifelt vor sich hin im Halbschlaf. Aber die Stimme bleibt hart. „Wir haben nicht sehr oft die Gelegenheit, hier mit jemandem zu sprechen, der uns sowieso nur in unserer wahren Gestalt sieht und der auch bereits den wichtigsten Teil unseres galaktozentrischen und nicht-lokalen Weltbilds tief in sich verinnerlicht hat. Du bist momentan einer der ganz, ganz Wenigen auf dieser Erde und damit natürlich auch im Umkreis von vielen Lichtjahren. Der nächste lebensspendende Planet ist leider sehr, sehr weit entfernt von hier, wie du ja schon weißt. Vergiss das bitte niemals! Nur deshalb sprechen wir so oft zu dir. Weil es sich eben lohnt für uns und auch für diese Erde, so glauben wir jedenfalls ganz fest. Wir brauchen dich wirklich sehr dringend!"

„Nun gut, wenn es denn so ist, es sei! Hauptsache, ich kann hinterher wieder richtig tief weiterschlafen……" „Leon, Le-on! Es droht euch allen großes Unheil durch altreligiöse Fanatiker und wir wissen nicht mehr, wie wir dies jetzt noch verhindern sollen. Schon lange versuchen wir, ihnen des Nachts immer wieder ins Gewissen zu reden, nur mehr als die reine Information können wir ihnen leider nicht übermitteln, wie du ja weißt. Ihre Seelen sind jetzt auch schon total verhärtet und sie haben keinen Kontakt mehr zu ihrer Umwelt. Sie sind inzwischen gänzlich unempfänglich für uns und für die Stimme Gottes geworden, der sie trotz all der vielen, offenen Probleme immer noch zur Liebe an den Menschen und an dieser Erde bekehren will. Der Hass auf eine moderne westliche Welt, von der sie in den letzten Jahrzehnten selbst meist ausgeschlossen waren, ist wirklich schon sehr groß in ihren Herzen." „Ja, der Hass ist wohl das Gefährlichste, was es da so gibt auf dieser Welt. Das weiß ich aus schmerzvoller Erfahrung auch selber schon lange. Was also kann ich also für euch tun?"

„Du kannst im Moment leider gar nichts mehr tun. Dafür ist es nun wohl schon zu spät! Die, die hier noch etwas tun könnten, hören und sehen uns leider nicht so, wie du es kannst. Und wenn du allein versuchen würdest, etwas zu unternehmen, hält man dich entweder für verrückt oder wird dich sogar noch mit verdächtigen. Beides können wir uns im Moment einfach nicht leisten! Wir haben viel Wichtigeres vor mit dir. Künftig brauchen wir wieder dringend einen Propheten unseres galaktozentrischen und nicht-lokalen Weltbilds, in dem sich alle Religionen dieser Erde dann irgendwie wiederfinden und so ganz langsam eins werden können. Und dies muss eben auch noch geschehen, ohne damit irgendjemandes religiöse Gefühle zu verletzen. Aber das ist natürlich ein Prozess, der hier über sehr, sehr viele Jahrzehnte ablaufen wird. Heute können wir leider gar nichts mehr tun für euch! Halte dich bedeckt, wenn es soweit sein wird und sieh zu, dass du am Leben bleibst. Vor allem aber halte deine Gefühle im Zaum! Und wenn die Ereignisse noch so schlimm werden. Wir versuchen immer wieder so gut wie möglich, dich zu schützen, denn du wirst einmal das wichtigste Buch für uns und für die Menschen zu diesem Thema schreiben, so viel steht jetzt schon fest."

„Also bitte! Ich bin kein Prophet und ich wollte auch nie einer werden. Wenn ich denn schon mal wieder ein richtiges Buch schreiben werde und ich bin bisher auch kein sehr guter Schriftsteller, dann doch wohl nur anonym. Mein Name tut wirklich nichts zur Sache! Ich will mich in den Leipziger Café´s mit meinem iBook auch künftig noch unerkannt und ohne jede Belästigung sehen lassen können. Mein Freund Arthur, ja der ist ein guter Schriftsteller, wenn auch immer noch unentdeckt. Sicher kann der euch weiterhelfen." „Es ist uns keineswegs egal, wer diese Arbeit für uns alle erledigt. Vielleicht tut Ihr beide euch ja zusammen. Aber gut, die absolute Anonymität sei dir gewährt, solange ihr nur für uns und für alle anderen auch die richtigen Inhalte rüberbringt. Wir werden also jeden, der dich verrät, sehr, sehr hart bestrafen müssen. Dies ist wirklich kein Spaß! Und Ihr beide sollt dieses Buch auch ganz gewiss nicht alleine schreiben. Bitte glaube daran! Wir sind immer bei euch und in euch."

„Mit meinem Freund Arthur? Vielleicht schreibe ich tatsächlich mal ein Buch mit ihm gemeinsam. Jedenfalls bin ich einfach absolut kein Prophet und wollte auch sicher nie einer werden, damit basta! Das passt einfach überhaupt nicht in unsere heutige Zeit! Was wir brauchen sind keine neuen Propheten, was wir alle brauchen ist die umfassende Erkenntnis der Natur und der Gesellschaft um uns herum als wichtigste und gänzlich unlösbare Teile dieses einzig lebendigen Gottes in unserer Galaxis und was wir alle auch noch brauchen ist die umfassende Liebe zu seiner Schöpfung und zu den Menschen." Leon wälzt sich trotzig und unwillig auf die andere Seite und will endlich einschlafen. „Le-on! ..... Du liegst sicher irgendwie richtig, auch wenn wir deine Bescheidenheit absolut nicht teilen können. Also, was sollen wir tun? Das letzte Mal hast du dich doch auch sehr gefreut, als wir dir die eigentliche Ursache der Masse von Hadronen und der Gravitation erklärt haben. Stimmt das? Den tatsächlichen Grund, warum ein Proton oder ein Neutron mit seinen drei im Inneren sowie in Raum und Zeit angeordneten Quarks um so Vieles schwerer ist als ein Elektron."

„Ja, darüber habe ich mich wirklich sehr gefreut. Die Krümmung des Raums durch die drei Quarks in ihrer gemeinsamen geometrischen Anordnung an der Basis der Raum-Zeit-Linien ist eben viel größer als die Summe der Raumkrümmung jedes einzelnen es jemals sein könnte. Zumal sie alleine ja gar nicht existieren könnten. Eine solche neue Erkenntnis bekommt man einfach nicht alle Tage! Masse ist eben Raumkrümmung oder Gravitation im Großen wie auch im ganz Kleinen und die Raumkrümmung durch die drei Quarks ist also schon mit ihrer geometrischen Anordnung wesentlich mehr als die bloße Summe durch die Einzelteile es denn je sein könnte, das ist wirklich Emergenz im ganz Kleinen. Und dieser deutliche Kategoriensprung wird somit auch vollständig erklärt. Das Ganze ist also auch hier sehr viel mehr als die Summe seiner Einzelteile!" Leon ist jetzt wieder richtig aufmerksam und total neugierig, solche sagenhaften Geschenke gibt es in der Realität ja leider viel zu selten. Diese haben es ihm schon immer angetan und erfreuen sein Herz immer ganz besonders.

Mal schauen, was jetzt kommt. „Sehr genau! Wir glauben einfach, dass du noch eine solche Freude ganz allein aus lupenreiner Information verdient hast. Als kleines Zeichen unserer Anerkennung sozusagen. Dein Drang nach neuer Erkenntnis ist einfach das aller Beste an dir!" Leon blinzelt jetzt wieder hellwach. Was kommt denn nun? „Leon, du suchst doch schon lange nach einem schlagenden Beweis für die eigentliche Ursache der verschiedenen elektrischen Ladung der meisten Elementarteilchen. Hast du dir dabei schon mal überlegt, warum es denn in unserer und in allen anderen Welten keine größeren oder messbaren Ansammlungen von Anti-Materie gibt?" „Nein, wieso ist das so? Davon habe ich bisher wirklich absolut keine Ahnung!" „Nun schau mal Leon, eigentlich ist es wie bei allen großen, wichtigen Zusammenhängen doch ganz einfach und du hast dir vor allem die wichtigsten Grundlagen dafür auch schon selber erarbeitet."

„Wieso das denn jetzt wieder?" „Atome sind eben aus einem relativ unbeweglichen Kern und aus den sehr beweglichen Elektronen in der ebenfalls sehr komplexen Atomhülle aufgebaut." „Das weiß ich natürlich schon lange!" „Weißt du aber auch, warum denn diese Elektronen so beweglich sind und ihr tatsächlicher Aufenthaltsort in der Atomhülle euch allen so verblüffend unergründlich erscheint?" „Nun ich habe dafür zwar schon eine neue, aber noch sehr wage Hypothese aus dem unsymmetrischen inneren Aufbau der Zeit selbst heraus." „Aha, du weißt also selber bereits, dass die Quarks im Kern durch ihre überwiegend positive Ladung zumindest zum größten Teil für immer gefesselt sind an den Jetzt-Zeitpunkt und an den eindimensionalen Zeitstrahl der Vergangenheit. Die Elektronen in der Atomhülle dagegen treiben sich mit ihrer negativen elektrischen Ladung immer noch ganz lose im dreidimensionalen Möglichkeitsfeld unserer Zukunft herum. Hier können also immer auch zwei künftige Möglichkeiten parallel zueinander gleichzeitig existieren. Ursache dafür ist allein das dimensionslose Jetzt in unserer Zeit. Dieser winzige Jetzt-Zeitpunkt unterteilt alle Materieteilchen mit ihren Ladungen gnadenlos einfach so in ein Davor und ein Danach.

Dieses Davor und Danach drückt sich aber eben ganz deutlich in den beiden entgegengesetzten elektrischen Ladungen aus. Nur äußere Ereignisse oder die reale physische Wechselwirkung mit anderen Teilchen lassen die negativ geladenen Elektronen aus diesem sehr schwer fassbaren dreidimensionalen Möglichkeitsraum in der Zukunft der Zeit auch ab und zu im Jetzt mal als wirkliche Teilchen Farbe bekennen. Ansonsten sind sie eher immer nur ein mögliches Ereignis oder eben eine fast reine Möglichkeitswelle weit in der Zukunft der Zeit. Deshalb können sie auch tatsächlich fast gleichzeitig an mehreren verschiedenen Orten in der Atomhülle auftreten. Dieses Verhalten nennt ihr heute Superposition. Nun versuche dir bitte mal ein Anti-Atom vorzustellen. Wie sollen sich denn die Anti-Elektronen weiter so stark bewegen können, wenn sie schon im eindimensionalen Zeitstrahl der Vergangenheit feststecken? Wie sollen denn die Anti-Protonen ihren Platz in der Mitte des Kerns beibehalten, wenn sie durch ihre entgegengesetzte elektrische Ladung unweigerlich zum losen Abdriften in den nicht-lokalen dreidimensionalen Möglichkeitsraum unserer Zukunft gezwungen wären?

Der unsymmetrische Aufbau und Ablauf der Zeit verbietet deshalb immer stabile Anti-Teilchen. Anti-Materie kann es also niemals stabil und dauerhaft geben, jedenfalls nicht solange die Zeit immer in eine Richtung fließt. Anti-Teilchen sind einfach nicht stabil, ganz egal, was eure Science-Fiction-Autoren und eure alten Physiker da in der Vergangenheit auch einmal behauptet haben. Selbst die anscheinend elektrisch neutralen Neutronen bestehen immer aus drei elektrisch geladenen Quarks, die sich aber gegenseitig neutralisieren. Die Zeit als die einzige Ursache dafür ist eben keineswegs in sich symmetrisch aufgebaut, so wie der Raum es ist und die beiden entgegengesetzten elektrischen Ladungen in dieser unsymmetrischen, sehr komplexen und vor allem ständig in Bewegung befindlichen Zeit sind es auch nicht. Die elektrischen Ladungen lassen sich deshalb auch nicht einfach so vertauschen! Das fast komplette Fehlen von Anti-Materie in unserem Universum ist der wichtigste und sehr schlagende Beweis dafür."

„Wow! Was sich mit unserer neuen Zeit-Theorie doch alles einfach so erklären lässt, super! Danke, daaa-nke.....!" Leon ist tief beeindruckt und plötzlich überhaupt nicht mehr müde. Die warme Bettdecke wirft er mit einem Ruck von sich, schaut kurz nach dem Bett von Lisa, die heute aber leider oder zum Glück nicht hier ist. Ganz leise erhebt er sich also mit einem kühnen Schwung aus ihrem gemeinsamen Bett. Jetzt nur noch eine dieser kleinen Panatellas und dazu einen Schluck aus dem geheimen Whisky-Lager! Einfach so zum Wochenende und auf diese sagenhafte und wunderbare neue Erkenntnis! Wow, das sollte er am besten gleich aufschreiben!

Aber bis jetzt sind das für ihn sowieso noch immer die wichtigsten Zusammenhänge und die ganz entscheidenden Grundlagen, die er sowieso auf keinen Fall so leicht wieder vergessen kann. Diese neuen Erkenntnisse erscheinen ihm insgesamt jedenfalls wesentlich realer als das ganze, wohl doch schon ziemlich abgefahrene Gespräch im Halbschlaf es denn je sein könnte. Das ist im Gegensatz zu seinen seltsamen Erscheinungen, wie er sie jetzt immer liebevoll nennt, auf jeden Fall etwas mit Hand und Fuß, an das man sich halten kann und das er mit Sicherheit einmal aufschreiben wird, wenn auch nicht gleich heute. Das nimmt er sich ganz fest vor! Jetzt gleich zum Computer? Nein, nein, erst wird er diesen Wahnsinn komplett und in Ruhe richtig verarbeiten. Puh! Wem könnte er so etwas schon erzählen? Eigentlich niemandem außer Arthur und auch das auch nur ganz vorsichtig oder all den anderen in einem neuen Roman gemeinsam mit Arthur. Aber was bitte soll das nur für ein Buch werden? Unvorstellbar! Er weiß es einfach noch nicht. Etwas ganz, ganz Neues wird es auf jeden Fall, das steht für ihn fest! Mann, oh Mann ..... In Ruhe schenkt er sich dann im Arbeitszimmer ein kleines Glas Whisky ein und beruhigt sich damit etwas. Kommt Zeit, kommt Rat!

Leon ist wieder sehr, sehr nachdenklich. Wie soll er damit jetzt nur sinnvoll umgehen? Als er den Morgenmantel überwirft und langsam ins Wohnzimmer schlurft, erhebt sich auch Mike von seinem großen Kissen und blinzelt ihn schläfrig aber freudig an.

Doch diesmal war der Hund schon lange genug draußen und Leon fühlt sich im Moment deshalb nicht verantwortlich. Er streichelt Mike trotzdem liebevoll über den Kopf. Aber der drängelt jetzt auch nicht. Er will nicht zur Tür und Leon ist dadurch endgültig beruhigt. Beide gehen gemütlich wieder zu dem großen Fenster im Wohnzimmer. Leon öffnet einen der drei hohen Fensterflügel. Diesmal können sie gemeinsam am Nachthimmel die Positionslichter an einem Flieger bewundern, der direkt auf sie zuhält. Auch Mike sieht jetzt nur noch nach oben. Leon weiß, dass die meisten Maschinen mit diesem Kurs im Norden direkt über Thekla drehen, um sicher in entgegengesetzter Richtung auf dem Flughafen Leipzig-Schkeuditz zu landen. Je nachdem, in welche Richtung die Landebahn eben gerade freigegeben ist. Leipzig ist inzwischen schon ein ziemlich großes Drehkreuz für viele Fracht- und Linienmaschinen sowie für viele Ferienflieger geworden, ohne dabei aber etwa überfüllt zu sein. Wenn jetzt auch noch der Pakettransport von DHL dazu kommt, werden sich die Investitionen in den neuen Flughafen mehr als rentieren, von den vielen neuen Arbeitsplätzen mal ganz zu schweigen, soviel steht für ihn jedenfalls fest. Seine Bank trägt auch dazu bei. Der Fluglärm ist natürlich ein ernstes Problem, hält sich glücklicherweise aber hier über der Stadt immer noch in Grenzen.

„Nein, wir brauchen heute wirklich keine neuen Propheten. Dieser wunderbare neue und sehr, sehr gerechte Glaube an einen einzigen Gott für alle Wesen in dieser Galaxis wird sich auch so durchsetzen, wenn sicher auch nur ganz langsam. Davon sind wir heute leider alle noch viel zu weit entfernt. Was also kann man jetzt schon Sinnvolles dafür tun?" Leon weiß auch von seinen Börsengeschäften um den unschlagbaren Vorteil, einen Teil der Zukunft bereits heute zu kennen. Ihn selbst haben ganz allein schon diese neuen Erkenntnisse wirklich sehr tief beeindruckt und er glaubt auch einfach ganz fest daran, dass es vielen Anderen genauso gehen wird wie ihm. Warum auch nicht? Gott hat uns alle in diese Welt gesetzt, damit wir in hoher Eigenverantwortung möglichst oft die richtigen Dinge tun!

Arbeitsplätze gehören nun einmal dazu. Dies ist einfach das, was wir hier wirklich brauchen. Deshalb machen ihn auch die momentanen Entwicklungen bei seiner Bank so betrübt. Politischer oder religiöser Radikalismus oder gar Fanatismus aber gehören definitiv nicht dazu! Das steht für ihn ebenfalls felsenfest. Vor dem Gesetz, der Natur und vor Gott sind alle Menschen gleich! So verschieden all die Religionen und alten Ideologien in dieser Welt jetzt auch noch immer sein mögen. Die inzwischen schon uralten Kategorien von richtig oder falsch sind auch heute keineswegs einfach zu fassen, aber sie lassen sich auf jeden Fall immer an ihrem Nutzen für uns selbst und für unsere Gemeinschaft festmachen. Die Schöpfung zu achten, zu lieben, zu mehren und zu preisen! Das ist es!

Die mögliche Einheit aller Menschen kann dabei immer nur entstehen, wenn man auch heute die Unterschiede der Kulturen nicht vergisst oder sogar wegzuwischen versucht, sondern indem man sie achtvoll respektiert und weiterhin als gegeben betrachtet. Dies gilt natürlich immer gleichermaßen für alle noch so verschiedenen Gesellschaften, Parteien und Religionen auf dieser Welt. Besonders natürlich aber dann, wenn sie irgendwo zu Gast sind. Möglichst oft die richtigen Dinge tun, wie schön und doch wie schwer! Jede Art von alter und neuer Ideologie oder gar Fanatismus schadet uns allen dabei nur. Soviel ist jedenfalls sicher! Amen, seufzt Leon vorerst sichtlich erleichtert.

Das Wochenende ist wirklich wieder herrlich! Leon konnte endlich mal bis halb zehn ausschlafen. Die heftigen Träume und die Warnungen aus der vergangenen Nacht sind fast vergessen. Er fühlt sich bestens ausgeruht. Nach einer Runde mit dem Hund hat er jetzt auch ausreichend freie Zeit, sich mit der Börse und den Geschäften der nächsten Woche in seinem privaten Handelsbuch zu beschäftigen. Für totale Anfänger ist das jedenfalls nicht zu empfehlen! Der momentane Hype an den Börsen hilft ihm zwar dabei, aber Leon kann inzwischen auch mit zeitweise sinkenden Kursen recht gut umgehen. Trotzdem ist er wieder sehr, sehr vorsichtig.

Er kümmert sich nur um Basisinstrumente, die durch ihre Größe und ihr Marktgewicht wenigstens meist langfristig orientiert und von den wenigen Crashs mal abgesehen viel eher zu überschauen sind, zumindest über Zeiträume wie eine ganze Woche hinweg. Leon kann damit jedenfalls inzwischen sehr gut arbeiten. Seine Prognosen werden durch die lange Erfahrung immer besser. Manchmal sind ihm sinkende Kurse sogar lieber, als die momentane Euphorie. Nur die Übung über einen größeren Zeitraum hinweg macht eben den Meister! Er hat nach jahrelangen Trockenübungen bei Onvista.de auch schon genügend Lehrgeld bezahlt an der Börse ganz am Anfang, aber das ist eben nun auch schon wieder lange her. Anschließend vertieft er sich wieder in seine alten wissenschaftlichen Arbeiten, als Vorbereitung für seinen Termin mit dem Professor am Montagabend gewissermaßen. Am Sonntagabend kommen dann Lisa und Leo zurück. Beide haben Leon viel zu erzählen von ihrem kulturträchtigen Berlinausflug.

Am Montagmorgen will sich Leon dann mit Arthur über die neuesten Entwicklungen bei ihrer Bank unterhalten. Aber nach den unangenehmen Erfahrungen mit den Druckern seines Bereichs am Samstag wählt er dafür lieber einen kleinen Spaziergang rund um die Bank nach dem Mittagessen. Das Wetter ist jedenfalls wieder ganz passabel. „Die neue Strategie klingt natürlich erst einmal sehr gut, aber es wird wohl genau das geschehen, was wir beide am meisten befürchtet haben." „Wieso?" fragt Leon. „Es ist doch hier noch lange nicht das letzte Wort gesprochen." „Du hast ja Nerven, es wird wirklich jetzt schon diese kleinteiligen Ausgliederungen geben, ganz ohne jedes Zurück und dies ist nur die unbenannte Vorbereitung auf all das, was dann hinterher hier tatsächlich ansteht." „Eine wirklich sagenhaft ungleiche Fusion mit einer wesentlich größeren Landesbank for nothing? Jedenfalls nicht mit mir! Uns fehlt unser alter Finanzminister wirklich sehr, der würde diesen tolldreisten Diebstahl unserer im großen und ganzen heute noch gesunden Bank mit knapp hundert Milliarden Mark Bilanzsumme an allen Bürgern im Freistaat Sachsen niemals zulassen, soviel ist jedenfalls sicher!

Mir könnte das natürlich inzwischen völlig egal sein. Ich bin jedenfalls schon im Januar hier weg!" „Hat also Dein neuer Kontakt geklappt?" „Ja, zumindest habe ich für nächste Woche einen sehr aussichtsreichen Vorstellungstermin bekommen. Deshalb muss ich nächsten Freitag auch mal einen Tag Urlaub nehmen. Sobald ich den neuen Vertrag unterschrieben habe, kann ich dann endlich kündigen. Und glaub mir bitte eins, ich habe mich nur sehr selten besser gefühlt als jetzt." „Du hast es gut! Mir tun nur die vielen anderen Kollegen unvorstellbar leid, die hier alle abgebaut werden, aber offensichtlich wissen die bis jetzt noch nichts von ihrem kommenden Unglück." „Mir auch, Arthur und glaub mir bitte eins, das alles ist mir in Wirklichkeit keineswegs egal. Nur die wirklich zündende Idee zur Behebung des ganzen Dilemmas habe ich bisher leider immer noch nicht gehabt." „Eigentlich sollten sich ja auch diejenigen viel stärker engagieren, die davon dann direkt betroffen sind. Aber ich habe hier immer nur den Eindruck von sanftmütigen Lämmern, die sich bereitwillig zur Schlachtbank führen lassen, nur weil sie sich das Ganze in seinem vollem Umfang bis jetzt einfach noch nicht vorstellen können." „Ja, da hast du natürlich Recht, genauso kommt mir das auch vor. Überleg dir mal, wer von denen sich jetzt hier irgendwo ein sehr teures neues Haus gebaut hat! Einen vergleichbaren Job im Bankwesen gibt es leider momentan in Leipzig einfach nicht am Markt." Arthur kann Leon im Moment dabei nur bestätigend und nickend in die Augen schauen.

„Hast du´s gut, Leon! Man sollte eben doch lieber immer flexibel bleiben in dieser ach so wechselhaften Gesellschaft. Liquidität ist hier ganz offensichtlich um sehr vieles wichtiger als jedes fremdfinanzierte und damit leider immer nur vorgebliche Eigentum es denn je sein könnte. Das bestätigt sich jetzt wieder sehr, sehr deutlich." „Ach weißt du Arthur, ich würde mir natürlich auch lieber ein hübsches Haus für mich und meine kleine Familie wünschen, das ist nun mal ein alter Menschheitstraum und der ist auch soweit ganz in Ordnung, aber die Zeiten hier sind im Moment leider überhaupt nicht danach. Dies vergessen sehr viele leider viel zu schnell und vor allem sehr, sehr leichtgläubig.

Dieser alte Menschheitstraum wird derzeit vom Geist des Geldes völlig schamlos und anfangs meist auch ganz unbemerkt dazu ausgenutzt, sich große Bevölkerungsteile für immer einzuverleiben, die dann keinerlei Chance mehr haben, jemals wieder auszubrechen oder wenn nötig, sich auch mal ganz anders zu entscheiden. Man kann eben nicht so einfach seinen Frieden mit einer Gesellschaft machen, die mit ihren Mitgliedern so gnadenlos umgeht, wie wir das hier derzeit erleben müssen. Und wenn man dies doch tut, dann wird man ganz schnell zu denen gehören, die auch sehr, sehr teuer und vor allem verdammt lange für diesen Leichtsinn bezahlen müssen. Lassen wir uns also einfach mal überraschen, was da noch so auf uns zukommt. Es kann eigentlich immer nur noch besser werden für den, der auch die Geduld dazu hat. Wer warten kann, der wird belohnt!

Wir beide können uns das eben auch ganz in Ruhe leisten. Hier sieht es jedenfalls im Moment eher mies aus. Der rechtzeitige Ausstieg aus sinkenden Schiffen und die Suche nach dem richtigen Leben oder für die etwas Zartbeseiteteren die Suche nach einem wenigstens einigermaßen sicheren Hafen ist eben sehr viel wichtiger als die kurzsichtige, schnelle Raffgier. Wer das nicht von selber einsieht, der wird vom Geist des Geldes wie gesagt, anfangs ganz unbemerkt dazu gezwungen oder dann vielleicht sogar für immer versklavt. Es gehört natürlich auch etwas mehr Mut dazu, rechtzeitig aus- oder umzusteigen, als diese oberflächliche Leichtsinnigkeit, wie sie durch die Werbung der Banken und Bausparkassen heute auch noch sanktioniert wird, als gäbe es hier keinerlei Arbeitsplatz- oder Einkommensprobleme. Nur muss man sich den Ausstieg dann eben wirklich leisten können und wenn es darauf ankommt, nicht auch noch irgendwelche gigantischen Kredite am Hals haben. Da geht es uns beiden doch im Moment wirklich richtig gut, oder?" „Da hast du natürlich Recht. Ich würde mir nur wünschen, dass dies endlich mal von wesentlich mehr Menschen begriffen wird. Außerdem habe ich genau wie du einfach kein Vertrauen dahinein, dass unsere Arbeit hier bis zur Rente einfach unverändert so weitergehen kann. Diese Zeiten gibt es leider schon lange nicht mehr."

„Halb so wild. Der alte Geist des Geldes hat in der Vergangenheit auch schon ganze Generationen und ganze Kulturen von Menschen versklavt, man braucht sich also für seinen ersten Reinfall keineswegs zu schämen, wenn es dann auch sehr lange dauert, diesen wieder auszubügeln. Aber wer danach immer noch nichts begriffen hat, der gehört eben wirklich zu den geistig Armen und hat es, so selig sie auch sein mögen, dann auch nicht anders verdient. Beati pauperes spiritu! Es fehlt aber vor allem nicht nur an der Voraussicht, nein, es fehlt vor allem auch an dem Mut, einfach immer bereit zu sein, rechtzeitig einen Wechsel zu wagen und an der inneren Ruhe und der Geduld, mit seinen ganz großen privaten Investitionen wenigstens so lange warten zu können, bis sich die Lage einigermaßen dauerhaft geklärt hat und vor allem auch das nötige Eigenkapital dafür da ist. Nur dann beherrscht man den Geist des Geldes, anstatt sich für lange Zeit oder sogar für immer von ihm versklaven zu lassen. Soviel jedenfalls zum Thema Konsumtionskredite. Ein Haus kann natürlich nicht nur die reine Konsumtion, sondern auch eine sehr gute Investition in die Zukunft und in die Altersvorsorge sein, aber eben nur dann, wenn man sich seiner Sache ganz sicher ist und sich diesen Traum dann auch wirklich dauerhaft leisten kann. Es heißt nicht ganz umsonst: Drum prüfe, wer sich ewig bindet! So oder so ähnlich ist das nun mal."

Arthur nickt ihm zu. „Du hast wirklich wieder mal Recht, du alter Theoretiker, aber im Moment haben wir es hier leider offensichtlich immer öfter mit ganz armseligen Irren zu tun! Deren Lieblingsziel ist es doch, sich nicht nur einen kleinen und wunderschönen Traum für ihre Familie zu leisten, sondern sich möglichst umfassend und auffällig mit viel zu großen Statussymbolen auszustatten, vom zu teuren Haus bis hin zum viel zu teuren Auto. Und denen willst du jetzt auch noch ihren dicken, eingebildeten Hintern retten?" „Mein lieber Arthur, auch dämliche Menschen haben nun mal ein Recht darauf, glücklich zu sein! Ich gönne es ihnen jedenfalls von Herzen, wie es auch immer sein mag.

Außerdem zahlt hier ja jeder qualifizierte Arbeitsplatz in Sachsen auch die Steuern, von denen dann unsere Straßen gebaut, unsere Theater und Opern subventioniert und die Bildung unserer Kinder finanziert wird. Es hat also alles seinen Zweck und seinen Platz auf dieser Welt.

Und somit lohnt es sich auch, aktiv etwas dafür zu tun. Wenn ich jetzt nur noch wüsste, was man da tun kann? Vielleicht aber habe ich da aber doch schon eine Idee! Ich persönlich möchte natürlich niemals so ein kleines reines Funktionselement sein, das mit den entsprechenden Krediten im Nacken dann auch wirklich und wahrhaftig keinerlei Möglichkeit ernstzunehmender Selbstbestimmung mehr hat, vom rechtzeitigen Ausstieg mal ganz zu schweigen!" Arthur und Leon betreten nun wieder den Bankkomplex am Haupteingang. Der Montag in der vierten Etage klingt dann aber doch noch ganz gemütlich aus. Leons Konzept wird anscheinend gut angenommen und er vereinbart die abschließende Review-Besprechung mit dem Fachbereich für Donnerstagmorgen. Gedanklich fiebert er aber in Wirklichkeit viel eher dem heutigen Montagabend entgegen. Was will dieser Professor in Wahrheit nur von ihm?

> *Information ist Information,*
> *weder Materie noch Energie.*
> *Kein Materialismus, der dies*
> *nicht berücksichtigt, kann*
> *den heutigen Tag überleben.*
> *Norbert Wiener*

Das fünfte Element

Leon marschiert an diesem Abend nun doch etwas aufgeregt von der Karl-Liebknecht-Straße zu seinem Termin direkt ins Musikviertel hinein. Schließlich ist es das erste Mal für ihn, dass sich jemand ernsthaft für seine Arbeiten interessiert. Das Violino befindet sich in der Mozart-Straße und ist mit Sicherheit einer der besten Italiener hier in Leipzig, aber nach Schicki-Miki steht Leon heute nicht der Sinn. Allein die gute Küche macht das Violino für ihn interessant. Er betritt das Restaurant dann so kurz nach 19:30 Uhr und schaut sich erst einmal um. Links steht ein großer älterer Herr auf und winkt ihm von einem der Tische am Fenster zu. Durch seine langen Haare sieht er trotz deren weißer Farbe immer noch irgendwie jugendlich aus. Leon lächelt ihm zu und gibt ihm nach einer kurzen Vorstellung die Hand.

„Ich habe Ihr Bild bereits im Internet gesehen." Eröffnet Paul die Unterhaltung. „Ach ja, die neuen sozialen Netzwerke, da ist es heutzutage ganz leicht geworden, jemanden zu erkennen." Leon setzt sich Paul gegenüber. „Ich habe mir bereits eine Flasche Wasser bestellt. Wie wäre es denn außerdem mit einer schönen Flasche Wein?" Entgegnet Paul. „Ja wenn das eine längere Unterhaltung werden soll, dann wäre wohl eine Flasche Wein das Beste. Die Frage Rot oder Weiß sollten wir aber lieber über der Speisekarte entscheiden." „Ich habe Sie eingeladen, weil mich Ihre Arbeit zu einem neuen Paradigma für die Künstliche Intelligenz wirklich interessiert." Der Kellner kommt mit zwei Speisekarten. Leon schlägt die seine auf.

„Nun, ich habe mich damit ja bereits vor rund zehn Jahren auch bei der Uni Leipzig für eine externe Dissertation beworben. Was hat denn ausgerechnet jetzt Ihr geschätztes Interesse daran geweckt?" „Wie Sie sicher wissen, steckt die alte KI-Diskussion nun schon länger in einer unbequemen Sackgasse fest. Allein die allgegenwärtige algorithmische Datenverarbeitung feiert heute riesige Erfolge auf vielen Gebieten. Inzwischen ist aus dem alten kognitivistischen Paradigma der KI heraus auch noch das Cognitive Computing ganz neu hinzugekommen. Allerdings muss es sich diesen Namen erst noch wirklich verdienen. Trotzdem ist dabei aber bisher niemand der tatsächlichen Künstlichen Intelligenz vergleichbar etwa mit dem menschlichen Denken wirklich ernsthaft näher gekommen, oder wie Sie es gerne genannt haben: der eigentlichen künstlichen Vernunft.

Alle bisherigen Entwicklungen sind in Wirklichkeit nur die rein maschinellen Umsetzungen einer ungeheuren Vielzahl von fest definierten Algorithmen ohne jedes eigene Bewusstsein dieser maschinellen Einrichtungen. Und es sieht bis heute auch immer noch nicht ernsthaft danach aus, dass sich mit den alten Prinzipien und alten Paradigmen der KI irgendwann ganz schnell etwas an diesem Zustand verändern würde." „Ja, das hat mich eben schon vor zehn Jahren so gewaltig gestört. Das Gehirn ist aber keine Maschine nur zur lückenlosen Abarbeitung fester Algorithmen. Diese sind erst im Verlaufe der langen menschlichen Entwicklung ganz neu hinzugekommen. Es arbeitet sehr viel eher intuitiv mit all dem bereits vorhandenen Wissen und dessen vielfältigen Beziehungen zu seiner Umwelt. Deshalb steht dabei auch nicht so sehr die Intelligenz oder die intelligenzintensive Verarbeitung von festen Algorithmen im Mittelpunkt sondern vielmehr unser historisch entstandenes, individuelles und immer semantisch sortiertes Wissensgebäude und natürlich ganz besonders wie wir dann praktisch darauf zugreifen." „Genau deshalb interessiert mich Ihr neuer Ansatz auch heute noch immens, obwohl der jetzt nun schon 10 Jahre alt ist.

Ich bereite im Moment ein ganz neues Projekt vor, in dem all die bisherigen alten Ansätze und ihre Probleme aufgezeigt und analysiert werden und das uns dann mit einer umfassenden neuen Lösung der alten Probleme einen grundlegenden Neuansatz ermöglicht."

„Ich habe wirklich nun schon sehr lange auf eine solche Antwort zu meiner alten Bewerbung gewartet. Aber besser spät als nie. Was kann ich also heute für Sie tun?" „Zuerst einmal ist es ja immer so, dass sich wissenschaftliche von unwissenschaftlichen Arbeiten dadurch unterscheiden, dass der Autor in der Lage sein muss, die wissenschaftlichen Methode der Analyse seiner Untersuchungsgegenstände und all die Methoden der Synthese seiner neuen Ansichten absolut exakt zu beschreiben. Deshalb interessiere ich mich also als Erstes sehr detailliert für Ihre Methoden, die Sie bei dieser Untersuchung eingesetzt haben." „Nun, ‚Ein neues Paradigma für die alte KI' steht als eine meiner Arbeiten nicht allein im luftleeren Raum, wie ich es damals auch schon in meinem Anschreiben berichtet habe. Es sind eine ganze Reihe und im Besonderen drei wichtige Schriften zu diesem Thema, die ich damals verfasst habe. Das sind einmal ‚Die Grundlagen einer vollständigen Informationstheorie', des weiteren ‚Ein neues Paradigma für die alte KI' und außerdem ‚Das Geheimnis des Gehirns'. Um die beiden letzten richtig zu verstehen, muss man sich aber immer erst einmal die Grundlagen einer vollständigen Informationstheorie richtig erarbeitet haben." „Aha, das klingt ja wirklich richtig interessant." Paul freut sich natürlich über die bereits in dem Telefonat angedeutete Erweiterung des Diskussionsgegenstands.

„Alles begann aber damit, dass ich mit den alten globalen Ansichten zur Informationstheorie, die damals veröffentlicht und allen zugänglich waren, nicht einverstanden war. Der wohl wichtigste Protagonist dieses anfangs rein naturalistischen Herangehens an den Informationsbegriff war neben vielen anderen und natürlich erst nach Alan Turing in der ersten Hälfte des zwanzigsten Jahrhunderts wohl John von Neumann. Er hat damals die wichtigsten Grundlagen entwickelt, nach denen auch heute noch immer alle Computer auf dieser Welt funktionieren.

Aber ihm ging es nur allein um die rein maschinelle Abarbeitung von Algorithmen. Naturalistisch muss das damalige Herangehen an den Informationsbegriff durch die Annahme bezeichnet werden, dass Information irgendwie so weggegeben werden kann wie Masse und Energie. Aber bereits Norbert Wiener hat trotz seiner rein naturalistischen Auffassungen dem Informationsbegriff schon eine Sonderrolle im Universum zugewiesen. Für mich ist Information aber noch sehr viel mehr. Information ist neben Raum und Zeit sowie Masse und Energie das ganz wichtige fünfte Element in diesem Universum. Und während die Physik immer den Materieaspekt der Realität also Masse und Energie in Raum und Zeit untersucht, beschäftigt sich die Informationstheorie auf ihrer untersten Ebene der Beziehung von Daten hin zu physischen Entitäten mit dem Formaspekt dieser Realität. Beide Aspekte treten aber immer gemeinsam auf und sind nur rein theoretisch in unserem Kopf voneinander trennbar. Die Mathematik aus der Geometrie der Formen und der Anzahl oder Arithmetik ihres Auftretens stellt dabei die direkte Beziehung der Realität zu unserem rein geistigen Bewusstsein her. Die Mathematik wird sonst immer gern als rein theoretische Wissenschaft angesehen, doch in Wirklichkeit wohnt sie auch der gesamten Realität um uns herum inne. Erst oberhalb dieser untersten Kategorie der Daten befinden sich dann die anderen theoretischen oder vielleicht sogar geistigen Ebenen, die erst einen vollständigen Informationsbegriff ausmachen.

Die gezielte Umwandlung von bestimmten Merkmalen der Realität in theoretische Daten mit Hilfe von einfachster Mathematik stellt für mich deshalb die unterste Ebene der Informationstheorie dar. Auch wenn die gewonnenen theoretischen Daten dabei vorerst immer noch an einen physischen Datenträger gebunden sind. Die darüber liegende Kategorie der Information bedarf dabei bereits nicht mehr nur einer Syntax von Daten sondern immer auch noch einer Semantik und Pragmatik der individuellen Bedeutung für uns. Dazu ist erst einmal ein ausführlicher Vergleich der ankommenden syntaktischen Daten mit unserem komplexen, semantisch sortierten Wissensgebäude notwendig.

Ansonsten könnten wir uns unmöglich die mitunter sehr komplexe Semantik von Information erschließen. Um also das alte naturalistische Dilemma zu lösen, hole ich mir Hilfe von dem wohl härtesten Kritiker des rein naturalistischen Herangehens an die Informationstheorie, von Peter Janich, dessen Schriften ich damals geradezu verschlungen habe. Von ihm habe ich mir auch eine wissenschaftliche Methode für die richtige Analyse meiner Untersuchungsgegenstände abgeschaut.

Die Literaturverweise dazu sind hoffentlich auch in meiner alten Arbeit sehr gut sichtbar und vollständig. Alle heutigen Computer sind für ihn lupenreine Syntax-Maschinen, die beim Abarbeiten von Algorithmen gewissermaßen nur rein syntaktisch an anderen Stellen eines Systems neue Schalter umlegen. Die sehr umfangreiche und viel tiefergehende Semantik, also die individuelle und tiefere Bedeutung dieser mitunter hochkomplexen Verarbeitungen entsteht für ihn immer erst dann, wenn man all die Ergebnisse auch direkt mit unserem historisch und kulturalistisch gewachsenen Wissen in Beziehung setzt. Erst dadurch entdecken wir dann so ein ganzes Netzwerk möglicher semantischer Bedeutungen." Leon betrachtet auch während seiner Ausführungen sehr interessiert die malerisch sehr harmonische Bilderserie an den hohen Wänden des Violino.

„Und was genau ist nun Ihre Untersuchungsmethode?" Leon schaut wieder den Professor sehr direkt an. „Nun wir hatten es viele Jahre mit zwei Grundrichtungen in der KI zu tun. Dies war zum einen der Konnektionismus, der sich mit der Analyse und Synthese neuronaler Prozesse beschäftigte und zum anderen der Kognitivismus für die Analyse und Nachbildung kognitiver Prozesse. Zwischen beiden gab es damals nahezu nichts und auch heute klafft immer noch eine ganz gewaltige Lücke zwischen beiden. Erklärt wurde bisher die notwendige Verbindung zwischen der rein physischen und der rein geistigen Ebene allein mit Hilfe von Emergenztheorien. Peter Janich war nun einer der Ersten, der sich mit all den alten, schwammigen Erklärungen zur Emergenz und ihren Ursachen nicht zufrieden gegeben hat.

Für ihn ist Emergenz immer der Sprung zwischen zwei verschieden Kategorien. Er mahnte eine deutliche adäquate Beschreibung sowohl jeder einzelnen Kategorie, ihrer Unterschiede sowie auch der Ursachen für die Kategoriensprünge zwischen beiden an, so dass die Emergenz dann auch für alle Beteiligten wirklich transparent wird. Er hat die alten Ansichten zur Emergenz immer nur als Deckmäntelchen und Lückenbüßergottheit für immer noch klaffende gewaltige Lücken innerhalb der Natur- und Geisteswissenschaften bezeichnet." „Und Sie haben also endlich diesen riesigen Kategoriensprung zwischen den beiden Grundrichtungen der KI vollständig erklärt?" „Die Erklärung hat nur deshalb so viele Jahre auf sich warten lassen, weil es eben nicht nur zwei Kategorien und einen riesigen Kategoriensprung zwischen diesen beiden gibt, sondern weil sich zwischen der physischen und der geistigen Kategorie noch eine ganze Reihe von weiteren Kategorien befinden, die zuerst einmal identifiziert und anschließend ausführlich adäquat beschrieben werden müssen. Jede dieser Kategorien besitzt außerdem eine ganz eigene semantische Ebene ihrer Beschreibung mit einem eigenen Begriffssystem dafür.

Diese darf man nicht einfach so mit den Begriffen all der anderen Kategorien vermischen. Alles beginnt also eigentlich mit der richtigen Identifikation dieser verschiedenen Kategorien innerhalb der Informationstheorie. Anschließend müssen ebenso die Ursachen der Kategoriensprünge zwischen all diesen verschiedenen Kategorien analysiert werden. Erst dadurch fällt dann wirklich das alte Deckmäntelchen eines lange unklaren Emergenzbegriffs, unter dem bisher die wichtigsten Zusammenhänge der alten KI lange versteckt waren. Peter Janich gibt uns hier also eine wirklich moderne geisteswissenschaftliche und an sich eigentlich rein kulturalistische Untersuchungsmethode in die Hand, mit deren richtiger Anwendung auch sehr komplexe naturwissenschaftliche Zusammenhänge ganz neu untersucht und endlich richtig erklärt werden können." Leons Blicke hängen jetzt so ganz nebenbei an den riesigen dunklen Weinregalen des Violino.

Paul gefällt die Unterhaltung immer besser. Er hatte seinen Gegenüber bisher deutlich unterschätzt und dessen Arbeit zur Analyse der beiden Grundrichtungen der KI für einen Glückstreffer gehalten. Wie schön, dass dieser ihn hier jetzt vom Gegenteil überzeugen kann. „Wollen wir uns mal lieber kurz der Speisekarte widmen, sonst kommen wir heute nie zu unserem Wein." Leon bleibt bei dem Kalbskotlett hängen und auch Paul entscheidet sich dafür. „Wie wäre es denn vorher mit einer kleinen Minestrone, die ist hier auch immer ganz wunderbar." Paul war früher mal ein wirklicher Genießer, doch in der letzten Zeit hatte er leider andere Probleme, die er aber mit keinem Wort erwähnt. Dazu entscheiden sie sich für einen Rosato, weil dieser sehr bekömmlich ist und die Frage nach Rot oder Weiß genau in der Mitte beantwortet.

„Es beginnt also alles mit den verschiedenen aufeinander aufbauenden Kategorien der Informationstheorie. Information ist also nicht das, was wir aus der Realität gewinnen oder was zwischen zwei Computern hin und her geschickt wird. Das sind immer erst einmal nur reine Daten. Erst durch den Vergleich mit unserem semantischen Wissensgebäude wird aus diesen Daten dann wirkliche Information, die immer auch subjektbezogen ist. Das Gehirn bildet dabei mit den Sinnesorganen eine Einheit, die erst darüber bestimmt, welchen Realitätsaspekt wir gerade vollbewusst betrachten oder ganz gezielt beobachten. Die rein naturalistischen, nachrichtentechnischen Vorstellungen der Datenübertragung zum Beispiel von Claude E. Shannon beziehen sich dagegen also nicht etwa auf Information sondern immer nur auf die rein nachrichtentechnische Ebene der Daten. Seine Informationstheorie ist also eine reine Theorie der nachrichtentechnischen Datenübertragung und keinesfalls eine wirkliche Informationstheorie.

Der Naturalismus neigt leider dazu, die gesendeten oder empfangenen Daten bereits als Information zu betrachten. Aber Information bedarf eben nicht nur einer Syntax von Daten sondern immer auch einer semantischen und pragmatischen Komponente, die in Wirklichkeit erst durch die Interpretation dieser Daten mit einem Interpreten hinzutritt.

Die unbedingt notwendige Rolle des Interpreten wurde dabei immer stark unterschätzt oder sogar ganz ausgeblendet. Deshalb kann es eben auch keinerlei Informationsentropie geben, wie dies Shannon damals angenommen und postuliert hatte. Bei der Entropie in der Physik wird Wärme von einem wärmeren System abgegeben und von einem kälteren System aufgenommen, bis sich dann wohlmöglich irgendwann die Energie im gesamten Kosmos gleichmäßig verteilt hat. Zum Glück wirken dieser Entropie aber noch ganz andere Kräfte im Universum entgegen, sonst hätte uns längst schon alle der Wärmetod ereilt.

Bei der Weitergabe von Daten als rein informationstheoretische Größe behält nun aber das abgebende System seinen Wissensstand bei, aus dem die Daten eigentlich stammen und schickt gewissermaßen nur eine neue Kopie an ein anderes aufnehmendes System. Information wird also nicht einfach so weitergegeben wie Masse und Energie. Deshalb entwickelt sich die Datenmenge auf unserer Welt auch inzwischen geradezu explosionsartig. Wir haben es dadurch heute mit einem regelrechten Datenrauschen zu tun, das viele wichtige Aspekte von Information leider oft verdeckt. Es ist angesichts der unvorstellbaren Datenmengen also zwingend geboten, die ankommende Datenflut eingehend zu filtern und so bereits vor der Aufnahme in unser Wissen einen deutlichen Filter dafür zu setzen, was für uns wirklich relevant ist und was nicht. Dabei entscheiden wir z.B. anhand der Herkunft der Daten, ob wir diese auch akzeptieren wollen. In unserem Kopf wird dann erst durch die umfassende Interpretation aus relevanten Daten wirkliche Information, die wir so auch in unser semantisches Wissensgebäude einordnen. Erst bei der Interpretation wird also aus den Daten dann Information, die unser bisheriges Wissen entweder erweitert, bestätigt oder falsifiziert. Wir müssen schon vorher sehr gut filtern, was wir gebrauchen können und was nicht, ansonsten droht uns heute ein deutlicher und ernsthafter Information-Overload. Shannon hatte neben seinen Beispielen aus der Nachrichtentechnik ganz sicher immer auch den ökonomischen Wert von Information im Kopf. Dieser unterliegt als rein materielle Größe natürlich wieder komplett der Entropie.

So ist die Zeitungsschlagzeile von heute schon morgen ökonomisch natürlich nicht mehr sehr viel wert. Nur materielle Größen unterliegen also immer der Entropie. Informationstheoretische Daten mit ihrem reinen Formaspekt der Realität sind direkt von einem Datenträger auf einen anderen kopierbar und deshalb immer nichtmateriell und das auch, obwohl sie eigentlich ohne physische Datenträger nicht existieren können. Eine Entropie wie im Materieaspekt der Realität gibt es bei ihnen also nicht. Sie vermehren sich deshalb auch absolut ungebremst.

Alan Touring, Norbert Wiener und John von Neumann haben nun als erste die Abarbeitung von Algorithmen bis hin zur vollständigen Reife der wichtigsten Grundlagen aller heutiger Maschinen- oder Computergenerationen gebracht. Die Prinzipien sind dabei immer die gleichen geblieben, obwohl die technische Basis von rein mechanischen über Relais- und Röhrengeräte heute auf moderne Halbleiter umgeschwenkt ist, deren Miniaturisierung und Leistungssteigerung jetzt immer weiter geht. Nichts davon hat aber mit der intuitiven Leistung schon des kleinsten Laubfroschgehirns auch nur das Geringste zu tun. Deshalb sind wir dem eigentlichen Rätsel des Gehirns bis heute auch noch immer nicht wirklich näher gekommen.

Im Zentrum des Gehirns steht der assoziative Speicher des Großhirns, in den unser semantisches Wissensgebäude eingeordnet ist und dann die intensive intuitive Arbeit mit diesem ungeheuren Wissensschatz. Intuition bedeutet dabei, dass wir zu einem gedachten Objekt oder Ereignis sowie zu unserer aktuellen Umweltsituation alle damit in direktem Zusammenhang stehenden Gedächtnisinhalte abrufen können. Die grundlegende Zweiteilung des Gehirns beruht dabei allein darauf, dass es immer räumlich und zeitlich darstellbares Wissen gibt. Über den Raum wissen wir bereits alles. Er ist uns ständig vollbewusst.

Allein die zeitliche Komponente mit all ihren sequentiellen und parallelen Abläufen sowie der dafür notwendigen Energie wird von uns meist nur unbewusst wahrgenommen und ermöglicht es uns so zum Beispiel, ohne viele Überlegungen hier einen Salzstreuer vom Tisch aufzuheben und richtig zu benutzen."

Leon greift nach dem Salzstreuer auf dem Tisch und hebt ihn gewissermaßen symbolisch an. „Technische Einrichtungen der Robotik oder der Kybernetik bedürfen dafür heute immer noch hochkomplexer Programmierungen. Es geht dabei zum Beispiel um die richtige Kraft oder Energie des Zugreifens und Anhebens, um die richtige zeitliche Abfolge und natürlich auch um eine Ahnung davon, wie lange dieser Ablauf des Salzstreuens dann dauern muss. Unsere unbewusste Gehirnhälfte beschäftigt sich also mit Energie auf Basis der Zeit, an die wir aber nur sehr selten einen ernsthaften Gedanken verschwenden.

Wir tun es einfach, weil wir es eben können. Dies ermöglichen uns die umfangreichen Erfahrungen aus früheren Begebenheiten und das lebenslange Training. Bisher wurden leider immer nur die kognitiven Fähigkeiten des Menschen umfangreich untersucht. Seine zeitlichen und in erster Linie sequentiellen Fähigkeiten, zu denen zum Beispiel auch die Umwandlung unserer Gedanken in die sequentielle Sprache gehört, werden leider noch viel zu wenig beachtet und viel zu selten gewürdigt. So sind zum Beispiel auch immer alle beiden Gehirnhälften an der Sprache des Menschen beteiligt. Die Eine stellt den richtigen Inhalt zur Verfügung und die Andere wandelt diesen dann in eine möglichst schöne, adäquate und immer sequentielle Sprache um."

Der Wein und das Wasser kommen und Paul verkostet als Erstes den Rosato. Aber Leon lässt sich jetzt nicht mehr bremsen. „Wie bereits in meiner alten Arbeit beschrieben, muss ein neues Paradigma für die alte KI sich also mit der Einbeziehung aller beider Hälften des Gehirns und mit ihrem ständigen Zusammenwirken beschäftigen, die eine auf der Basis des Raums, die andere auf der Basis der Zeit. Und besonders die rein zeitliche Komponente bedarf dabei noch sehr vieler weiterer Untersuchungen. Sie beinhaltet außerdem auch einen Großteil dessen, was man heute als das Tacit Knowledge, als das für uns meist völlig unbewusste prozedurale Ereigniswissen oder auch das eigentliche Know-How betrachtet, ob nun bei beruflicher Tätigkeit oder im sehr vielfältigen und keineswegs unkomplizierten Privatleben.

Die Geschicklichkeit bei der Handhabung von Werkzeugen gehört dazu, die antrainierten Fähigkeiten bei Sport und Spiel oder in der Musik, aber auch das intuitive Wissen um vielfältige innerbetriebliche Abläufe, das uns in seinem tatsächlichen großen Umfang oft gar nicht vollbewusst ist. Wir erwerben diese Fähigkeiten in einem lebenslangen Training und Lernprozess in den verschiedensten Situationen und viele davon sind für uns so selbstverständlich, dass wir nur ganz selten einen ernsthaften Gedanken darauf verwenden. Dabei ist doch in Wirklichkeit die Geschicklichkeit des Handwerkers genauso wichtig wie das prozedurale Ereigniswissen eines lange eingearbeiteten Angestellten in einem Unternehmen. Beide sind uns aber meist völlig unbewusst. Die Zeit wird dabei bis heute noch immer nicht so richtig ernst genommen." Paul gefällt auch diese Schlussfolgerung. Sie lässt ihn darauf hoffen, dass heute hier noch viel mehr herauszuholen ist.

„Aber auch die Von-Neumann-Maschine, nach der noch heute alle Computer dieser Welt funktionieren, hat doch ein räumliches Rechen- und ein zeitliches Steuerwerk? Das Rechenwerk arbeitet dabei immer nur die sequentiell zur Verfügung gestellten Befehle des Steuerwerks ab." Paul hat stark gehofft, hier endlich etwas ganz Neues zu erfahren, was weit über die alte Von-Neumann-Maschine hinausgeht. Und Leon enttäuscht ihn auch ganz gewiss nicht. „Der grundlegende Unterschied zur reinen Abarbeitung von Algorithmen durch ein Rechen- und ein Steuerwerk besteht hauptsächlich darin, dass uns mit dem Großhirn ein eigener riesiger, semantisch sortierter und in sich ebenfalls zweigeteilter assoziativer Speicher zur Verfügung steht. Dieser ermöglicht es uns, auch mit geschlossenen Augen intuitive Lösungen für viele Probleme zu finden. Die eine Gehirnhälfte ist sich dabei nicht nur unserer Umwelt, sondern immer auch der anderen Gehirnhälfte bewusst. Da diese aber nur rein sequentiell funktioniert, können sich beide nicht direkt miteinander unterhalten. In den Schlafphasen findet dann eine gründliche Sortierung der am Tage neugewonnenen Erkenntnisse und Erfahrungen statt. Unser vorhandenes Wissen wird entweder bestätigt, erweitert oder aber auch falsifiziert.

Soviel vorerst also zum Geheimnis unseres einzigartigen Bewusstseins. Natürlich gilt das alles immer nur dann, wenn wir bereits über eine ausreichende Basis von Erkenntnissen und Erfahrungen aus der Vergangenheit verfügen, in die neues Wissen dann auch richtig neu eingeordnet werden kann. Wir arbeiten also immer intuitiv mit unserem bereits vorhandenen und semantisch sortierten Wissen, auch wenn dieses sehr oft nicht direkt in festen Algorithmen fassbar ist. Die rein zeitliche Komponente der einen Gehirnhälfte ist uns dabei leider niemals vollständig bewusst.

Unser eigentliches Unterbewusstsein befindet sich deshalb also auch nicht so sehr in den tieferen Hirnregionen wie das lange angenommen wurde, als vielmehr in der unbewussten und rein zeitlich orientierten Gehirnhälfte. Diese liefert dem eigentlichen Bewusstsein in der rein räumlich orientierten Gehirnhälfte aber immer ein eindeutiges Gefühl von richtig oder falsch, gut oder schlecht für einen bestimmten Gedanken, in Wirklichkeit jedoch ist sie die globale Steuerung all unseres Tuns und unserer Vorgehensweisen. Gefühle sind deshalb also auch eine ganz wichtige Botschaft der einen Gehirnhälfte, die wirklich über die realen Erfahrungen mit unserer Umwelt verfügt." „Nicht schlecht für ein neues Paradigma zum Thema Gehirn. Und warum nennen Sie dies nun Künstliche Vernunft?" „Vernunft impliziert immer als Erstes die Frage: Vernünftig in Bezug worauf? Wir sind ständig vor sehr komplexe Aufgaben gestellt, in denen mehrere Aspekte eine große Rolle spielen. Vernunft ist dabei eine Optimierungsfunktion, die uns den optimalen Weg zwischen all den verschiedenen und eigentlich separat voneinander getrennten Anforderungen unseres Individuums, unseres Körpers, unserer Gesellschaft und unserer Umwelt finden lässt. Wir können den optimalen Weg dabei natürlich niemals vollständig komplett kalkulieren, da unsere Menge an Erkenntnissen und Erfahrungen immer begrenzt ist und der Faktor Zeit, bis dann eine Entscheidung notwendig ist, hier klare Grenzen setzen.

Das heißt dann aber ganz konkret, jede Handlungsentscheidung bleibt deshalb immer ein Experiment mit der hochkomplexen Realität da draußen, bestimmt durch unsere Erkenntnisse und Erfahrungen und natürlich durch den Faktor Zeit, die wir zum Überlegen zur Verfügung haben. Zusätzlich können wir im Verlauf einer Handlung diese mit unseren Sinnesorganen gut überwachen und so gegebenenfalls noch etwas nachkorrigieren, was da gerade vor uns abläuft. Durch gezielte und vollbewusste Beobachtung unserer Umwelt gewinnen wir Erkenntnisse über diese und durch die eher unbewusste ständige Einwirkung der Umwelt auf uns gewinnen wir Erfahrungen mit dieser. Beides zusammengenommen macht unser Bewusstsein aus und mit der Vernunft navigieren wir uns dann durch dieses hochkomplexe Leben.

Die intelligenzintensiven Prozesse spielen zwar beim Menschen heute eine immer größere Rolle, sind aber nicht das wichtigste, was unsere Vernunft ausmacht. Wir arbeiten in erster Linie mit dem zweigeteilten, riesigen assoziativen Speicher unseres Großhirns. Erst danach kommt ab und zu auch die Abarbeitung von mehr oder weniger logischen Algorithmen. Sie sind aber immer nur ein ganz kleiner Teil unserer allumfassenden und eher rein intuitiv orientierten menschlichen Vernunft." Paul hat das alles sehr gut verstanden und fühlt sich nun tatsächlich doch ein klein wenig erleuchtet. Was man weit abseits der alten eingefahrenen Wege, die auch heute leider immer noch unseren wissenschaftlichen Alltag bestimmen, doch alles so erreichen kann! Das zweigeteilte Eine und Ganze unseres ureigenen Bewusstseins und unserer Vernunft sowohl bei der Informationsaufnahme wie auch bei der Handlungsentscheidung, wie schön und doch wie neu! Die eine Hälfte ist sich also nicht nur der Umwelt sondern auch immer der anderen Hälfte bewusst. Es muss tatsächlich endlich ein neuer Name her für diese Fachrichtung! „Das klingt ja bereits sehr vielversprechend! Sie haben nicht nur die alten Paradigmen der KI sehr gut analysiert, sondern auch bereits eine ganz neue Anschauung und neue Grundlagen zur bisherigen KI entwickelt, den neuen Namen und das Begriffssystem mit eingeschlossen. Würden Sie mir bitte auch noch Ihre anderen Arbeiten zuschicken?

Meine Mailadresse stand ja auch mit auf meinem Brief. Ich glaube, in dem neuen Projekt, das ich plane, würde sich sehr gut ein wichtiger Platz für Sie finden lassen." „Wo findet denn das Projekt statt?" „Ich bin immer noch auf der Suche nach Sponsoren und Trägern für dieses neue Projekt, aber die Grundlagen dafür habe ich jetzt wohl endlich vollständig im Kopf." Antwortet Paul etwas ausweichend. „Nun, die Hauptarbeit ‚Das Geheimnis des Gehirns' befindet sich bei mir gerade in Überarbeitung, aber das Script ‚Die Grundlagen einer vollständigen Informationstheorie' mit der einzig richtigen Methode für unsere Untersuchung kann ich Ihnen gern zuschicken. ‚Das neue Paradigma für die alte KI' in der ursprünglichen Fassung haben Sie ja bereits."

In diesem Moment kommt die Minestrone und beide vertiefen sich dabei wieder in ein kleines Gespräch über die alten Protagonisten der Künstlichen Intelligenz, nicht ohne diese entsprechend zu würdigen, aber auch nicht ohne angebrachte Kritik dieser alten Anschauungen. Paul hat für sich endlich die richtige Richtung gefunden, so kommt es ihm jetzt vor. Der Wein schmeckt gut und der Abend klingt nach dem wirklich köstlichen Kalbskotlett im Violino noch sehr angenehm aus für beide. Als Leon nach Hause kommt, schlafen seine beiden Damen bereits. Er geht leise ins Arbeitszimmer. Der Computer läuft noch. Nachdem er ihn aus dem Schlafzustand herausgeholt hat, schickt er ganz unbesehen seine alte Arbeit ‚Die Grundlagen einer vollständigen Informationstheorie' an den Professor.

Der Dienstag verläuft dann wie immer. Die Gerüchteküche hat sich wieder etwas beruhigt, von den mehr oder weniger klaren Ankündigungen ein wenig eingeschläfert sozusagen. Kein Grund natürlich für Leon, seine Wachsamkeit zu verlieren. Für ihn ist die einschläfernde Wirkung eher ein Alarmsignal, dass seine Gedanken sehr heftig beansprucht. Er ist leicht nervös ob der Ereignisse. Heute hat er mittags einen Zahnarzttermin und kann leider nicht mit seinen Kollegen gemeinsam essen. Kurz vor 15:00 Uhr schwenkt er wieder auf den Gang zu seinem Arbeitszimmer bei der Landesbank ein.

Gern hätte er jemanden mit einem freundlichen „Hallo!" begrüßt, aber der Gang ist diesmal wie leer gefegt. Na gut, was soll´s! Trotzdem ist ihm heute irgendwie anders zumute als sonst immer um diese Zeit. Leon stutzt, dann erst fällt es ihm richtig auf! Es herrscht heute eine wirklich seltsame und völlig befremdliche Totenstille dort, wo sonst zumindest aus der einen oder anderen Tür immer eine freundliche Plauderei oder auch ein entferntes Telefonat manchmal in ganz fremder Sprache mit den verschiedensten Teilnehmern dieser Welt zu hören war. Das Summen der klemmenden Zugangstür in seiner Etage war das Einzige, was er bisher hier auf den Fluren hatte vernehmen können. Diese Stille ist einfach ganz und gar unpassend um diese Zeit!

Leon betritt trotzdem in aller Ruhe sein Arbeitszimmer wie sonst auch immer. Arthur ist leider nicht am Platz. Ein großer Zettel liegt ganz vorn auf dem Tisch: „Bin bei den Netzwerkern, komm auch vorbei. Unbedingt!" Die hastig hingeworfenen Zeilen beunruhigen Leon doch schon sehr. So etwas hat er bisher wirklich noch nie erlebt! Also knallt er denn ebenso hastig sein Schlüsselbund auf den Tisch und eilt auf den Gang hinaus. Das Klirren verebbt in der Stille. Immer noch ist außer seinen gedämpften Schritten kein einziger Ton zu hören. Dieses totale Schweigen nervt ihn jetzt doch ganz schön! Bis zum großen Zimmer der Netzwerker ist es zum Glück nicht allzu weit. Leon klopft an die dicke Sicherheitstür, der Summer öffnet ihm heute völlig ohne Rückfrage. Wirklich sehr, sehr befremdlich!

Als er die Sicherheitstür weit aufstößt, schlägt ihm dann unvermittelt die murmelnde Lautstärke von vielen Stimmen entgegen. Das Zimmer ist brechend voll. Hier sind unsere Leute also alle! Leon schiebt sich durch die vielen Kollegen mühsam hindurch bis nach vorne zu Arthur. Erst dann bemerkt er die seltsam angespannten Gesichter um sich herum, die immer wieder sehr konzentriert und doch schon so ziemlich entgeistert auf die großen Monitore blicken. Endlich folgt auch er diesen Blicken.

Die Netzwerker haben in Ihren Computern hochauflösende TV-Karten installiert, ein seltenes Privileg, das sie sonst nur noch mit den Handelsbereichen im Hause der Sachsen LB teilen, die ja schon rein beruflich ständig die neuesten Finanz- und Wirtschafts-Nachrichten aus aller Welt mitkriegen müssen. Was Leon aber jetzt und als Live-Übertragung gleich auf mehreren dieser Monitore zu sehen bekommt, verschlägt doch auch ihm dann glatt den Atem! Das ist New York, das ist das World-Trade-Center!

Er sieht hier die beiden Türme des WTC vor sich, von denen einer in seinen obersten Etagen ganz heftig qualmt. Die schwarzen, giftigen Rauchwolken wollen so gar nicht zu dem ansonsten strahlend hellen Sonnenschein an diesem Spätsommermorgen in New York passen. Sechs Stunden Zeitunterschied, geht es ihm noch so durch den Kopf. Mit Arthurs Hilfe wird Leon dann erst klar, dass dort vor Kurzem gerade ein Flugzeug mit Hunderten von Passagieren völlig ungebremst hinein gerast ist. Ihm wird auf einmal auch klar, dass in diesen beiden riesigen Türmen schon immer etliche Banken und Investmenthäuser untergebracht sind, mit vielen Mitarbeitern und mehr oder weniger einfachen Kollegen, ähnlich wie er sie auch hier in Leipzig aus den verschiedensten Ländern dieser Welt ständig um sich hat. Er sieht also keineswegs die riesigen Globalisierungsprobleme dieser Welt vor sich, die ganz sicher auch durch diese Banken mit verursacht sind, wenn er auf die beiden Türme schaut. Nein, er sieht einfach nur ein kleines, unbezahltes Haus mit einer mehr oder weniger begüterten Familie im weiteren Umland von New York, deren einziger Ernährer jetzt hier gerade qualvoll in den Flammen umkommt oder aber unrettbar im giftigen Qualm erstickt. Was für ein ungeheures Drama! Leon ist erst einmal total geschockt. Er weiß nicht, wie er damit umgehen soll.

Da, ganz plötzlich sieht er ein weiteres Flugzeug auf dem ihm nächsten Monitor! Es dauert nur wenige Sekundenbruchteile, bis es auch in den zweiten Turm hinein gerast ist. Leon weiß instinktiv, dass es in diesem Augenblick wieder unweigerlich den grausamen Tod für viele unzählige Menschen bedeutet.

Das Leid lässt ihn erst einmal einfach nur erstarren. Ein langes, schmerzvolles Stöhnen geht durch die Menge. Danach ist es ganz still im Zimmer. Seine Kollegen empfinden wohl im Moment ganz ähnlich wie er. Erst nach einigen Minuten kommt wieder etwas Leben in ihn. Die Börse! Er hat keinen Zweifel daran, dass jetzt gerade die wichtigsten Indizes dieser Welt mächtig in den Keller rauschen und er hat doch diese Woche bei seinen Geschäften vor allem auf steigende Kurse gesetzt. Die Warnung im Traum hat er einfach nicht so ernst genommen. Da war es wieder, das Thema Wachsamkeit! Es war einfach wieder nur der Irrtum, dass diese sehr eindeutige Warnung ihn persönlich sicher schon nicht direkt betreffen würde, aber es hängt eben inzwischen alles miteinander zusammen auf dieser Welt!

Trotzdem kann er sich angesichts des gewaltigen Elends auf den vielen Bildschirmen um ihn herum einfach nicht dazu durchringen, jetzt eiskalt in sein Zimmer zu laufen und so schnell wie möglich aus all seinen Geschäften auszusteigen, auch wenn das wohl dringend geboten wäre. Nein im Gegenteil, er hat ganz sicher eine ungefähre Ahnung davon und auch ein untrügliches Gefühl dafür, wie viele Menschen jetzt hier gerade viel, viel Schlimmeres erleiden als er. Also bleibt er denn weiter tapfer im Zimmer der Netzwerker, wo nun nach den Sekunden des Schocks gerade lautstark über völlig kranke Terroristen palavert wird. Total krank muss man wirklich sein, wenn man einfach so tausende Zivilisten tötet. Es gibt wohl nichts auf dieser Welt, was Gott mehr verabscheut als die mutwillige Zerstörung seiner Schöpfung und die Täter werden dafür unzweifelhaft für immer in der Hölle schmoren, nur hilft uns das jetzt nicht viel. Das sind doch wirklich einfach nur heimtückische, schamlose Mörder von der schlimmsten Sorte und kein Grund, keine Religion und erst recht keine Ideologie mit auch nur einer irgendwie angebrachten Gesellschaftskritik kann dafür jemals eine Entschuldigung sein, soviel steht jedenfalls felsenfest.

Selbst in den vielen Jahren des nun zum Glück schon lange vergangenen kalten Krieges zwischen zwei völlig entgegengesetzten und wirklich aufs Tiefste verfeindeten ideologischen Weltsystemen hat es keine solch menschenverachtende Anschläge auf Zivilisten gegeben, von welcher der beiden Seiten auch immer.

Leon hat sicher ansonsten auch keinen besonders guten Draht zu den Amerikanern und ihrem ungesunden Weltmacht-Streben, aber das rechtfertigt noch lange keinen Massenmord an tausenden unschuldigen Zivilisten. Unvorstellbar einfach das Alles! Da, ganz plötzlich und unvermittelt beginnt jetzt einer der Türme langsam in sich zusammen zustürzen. Die Etagen geben immer eine nach der anderen unter dem Druck der herabstürzenden Trümmer nach. Diese Bilder sind einfach furchtbar und absoluter Wahnsinn! Leon weiß ganz tief in sich drin, dass davon in den Türmen wieder unzählige Menschen gnadenlos betroffen sind. Es ist sehr still im Zimmer der Netzwerker geworden, aber Leon kann irgendwie ganz tief in sich drin die Todesschreie der Betroffenen hören, nicht akustisch zwar, aber er zuckt ganz instinktiv zusammen unter dem Schmerz von Tausenden, den er in diesem Moment sehr, sehr deutlich in seinem Kopf zu spüren bekommt. Oh Gott! Warum nur das alles? Scheiß-Ideologien, Scheiß-Fanatiker und Scheiß-Terroristen! Ihr Schweine! Als ob wir nicht so schon genügend Probleme mit uns selber hätten! Leon ist wirklich fassungslos und kann sich dann auch lange nicht mehr beruhigen. Seinen Kollegen geht es da allen wohl ganz ähnlich.

Als er dann nach längerer Zeit gemeinsam mit Arthur in sein Zimmer zurückkehrt, ist er immer noch sehr erregt. Doch jetzt hat ganz langsam die Vernunft wieder die Oberhand in seinem Kopf gewonnen. Schließlich muss er auch selber eine kleine Familie versorgen. Arthur schweigt noch immer, genau wie er. Der Schock hat wohl auch ihn einfach sprachlos gemacht. Welch ein Drama für so viele Tausende!

Leon greift sich im Sitzen noch einmal an den Kopf und starrt entgeistert kurz auf die Tischplatte, doch dann rafft er sich endlich auf, entsperrt seinen Rechner ganz entschlossen und loggt sich über das Internet bei seiner Börsenplattform ein. Er hatte wirklich Recht, wie sehr sogar! Ein kurzer, geübter Blick genügt ihm schon. Sein Portfolio hat im Bereich Aktienindizes einen kleineren fünfstelligen Betrag gegenüber dem gestrigen Abend eingebüßt! Damit konnte Leon gestern nun wirklich nicht rechnen. Der größte Verlust, den er bisher jemals an einem einzigen Tag eingefahren hat. Es wird wohl ein paar Wochen oder sogar mehrere Monate dauern, um diesen Rückstand wieder aufzuholen. Trotzdem oder gerade deshalb darf er jetzt nicht in Panik verfallen! Leon überlegt nur ganz kurz. Er ist sofort der Meinung, dass der Kurssturz noch immer nicht zu Ende ist und die folgende Erholung dann wohl sehr viel länger dauern wird. Seine bisherigen Erfahrungen bestätigen ihm dieses Urteil untrüglich. Also steigt er trotz des hohen Verlusts konsequent aus all diesen Positionen aus und wird dann in Ruhe auf die ersten Anzeichen des folgenden Erholungsprozesses warten. Zum Arbeiten wird er wohl wie die meisten seiner Kollegen in der Landesbank Sachsen heute nicht mehr so richtig kommen. Zum Glück gibt es wenigstens in Leipzig an diesem Freitag keine Havarie oder etwa andere Probleme.

Am Abend wird er sich ganz gezielt wichtige, sichere und große Unternehmen aussuchen, die heute einen unverdient hohen Abschlag erhalten haben, um dann möglichst bald mit einem auch für seine Verhältnisse ganz beträchtlichem Volumen in die zugehörigen Call-Optionsscheine dieser Bluechips einzusteigen. Als Ende dieser neuen Operation setzt er ganz für sich den Jahreswechsel fest und möglichst keinen Tag länger! Aktienoptionen sind eigentlich nicht mehr sein Geschäftsfeld. Wer weiß schon, wie es dann mit diesen Firmen weitergeht? Leon weiß es jedenfalls nicht. Trotzdem, ja so muss es funktionieren! Die Krise ist nun mal die Mutter der Chance! Was bleibt ihm denn sonst noch weiter übrig?

Als Leon nach Hause kommt, gibt es auch hier kein anderes Thema. Lisa und Leonore haben den ganzen Nachmittag aufmerksam die Nachrichten verfolgt und sind genau wie Leon ziemlich aufgeregt ob dieser furchtbaren Ereignisse. Als dann endlich doch alle noch am Abendbrottisch sitzen, fragt Leo ihren Vater ganz trübselig: „Wird es jetzt Krieg geben, Papa?" Und Leon, der bisher keineswegs genügend Zeit hatte, über die weiteren Folgen des heutigen Tages länger nachdenken zu können, antwortet ihr ebenfalls sehr betrübt und trotzdem mit fester Stimme: „Ja Leo, es wird jetzt wohl Krieg geben, auf einen solch menschenverachtenden Angriff kann es einfach keine andere Antwort geben, so schlimm und so traurig das für uns alle insgesamt auch sein wird. Und es wird vor allem wieder sehr viele Unschuldige treffen, wie das in allen Kriegen bisher immer so war."

„Wieso kann man denn mit diesen Leuten nicht einfach reden?" „Mit Terroristen darf man nicht verhandeln. Was soll man auch schon sagen zu Leuten, die deine Kollegen abschlachten und denen ihre uralte, inzwischen aber völlig abstruse Weltanschauung wichtiger ist als dein Leben und das deiner Kinder? Einfach kein Wort! Jedes einzelne wäre einfach viel zu schade für sie! Ab in die ewige Hölle mit ihnen, wo sie ja auch wirklich hingehören.

Die Amis werden sie diesmal in ihrem selbstgewählten Exil in Afghanistan wohl jahrelang ganz einfach von oben herab mit Bomben zuschütten, so furchtbar das auch ist. Dies Alles wird zwar das eigentliche Problem nicht lösen und es werden wieder sehr viele Unschuldige betroffen sein, aber es wird dann hoffentlich keine solch furchtbaren, menschenverachtenden Aktionen mehr geben, wie wir sie heute alle erleben mussten. Wirklich einfach unvorstellbar das Alles! Und ich glaube auch, dass diese Terroristenschweine den Krieg schon von Anfang an beabsichtigt haben, der uns alle wieder vom wirklichen Frieden zwischen den Menschen auf dieser Welt um viele Jahrzehnte entfernt hat. Sehr, sehr traurig das Alles! Ich verabscheue sie jedenfalls mit jeder Faser meines Körpers, sie sind für mich nur der absolute Abschaum und sonst nichts!

Mit Gewalt oder Terrorismus erreicht man immer genau das Gegenteil von dem, was wir alle eigentlich wirklich brauchen. Sie haben den Amerikanern nur einen triftigen Grund dafür geliefert, Krieg zu führen. Trotzdem zeigt es uns wieder sehr deutlich, dass die sozialen Probleme am anderen Ende der Welt ganz sicher nicht erst seit heute auch unsere eigenen Probleme sind. Religiöser Fanatismus ist dabei doch immer nur vorgeschoben. Es gibt in Wirklichkeit keine heiligen Kriege und es hängt eben inzwischen alles holistisch miteinander zusammen auf dieser Erde." An diesem Abend können Lisa und Leon auch keinen solch entspannten Ausflug mit ihren Fahrrädern machen, wie vorige Woche. Leon verkriecht sich mürrisch in seinem Arbeitszimmer und Lisa und Leonore sehen zusammen noch ein wenig fern, um dann nach einem Gute-Nacht-Kuss für Leon so ziemlich zeitig und sehr müde in ihren Betten zu verschwinden.

Leon sitzt allein an seinem Computer. Um ausreichende Mittel für seinen neuen Börsenplan zu haben, verkauft er außerdem noch zwei kleinere deutsche Anleihepositionen aus seinem Anlagebuch, deren Kurse heute sogar ein wenig gestiegen sind und schichtet die Erlöse auf das Geldmarktkonto seiner Liquiditätsreserve um. Wahrscheinlich waren heute sehr viele auf der Suche nach einem sicheren Hafen, deshalb auch die leicht gestiegenen Anleihekurse in Deutschland. So ist er schnell wieder bereit für das, was dann wohl in den nächsten Tagen unweigerlich ansteht. Ohne eine klare Gliederung seiner verschiedenen Anlageformen in Anlagebuch, Handelsbuch und Liquiditätsreserve wie bei seiner Bank würde ihm jetzt wahrscheinlich das notwendige Kapital fehlen, einfach weiter zu machen und so aus dieser Krise hoffentlich bald unbeschadet wieder herauszukommen. Sicherheit geht eben immer vor der schnellen Gier, das bestätigt sich heute nicht nur für ihn wieder sehr, sehr deutlich! Kein Mensch kann die ungeheure Menge aller Einflussfaktoren jemals komplett voraussehen oder etwa sogar vollständig kontrollieren! Deshalb hat man ohne eigene Reserven hier einfach keinerlei Chance.

Erst als er dies alles vernünftig und auch mit einigermaßen klaren Kopf erledigt hat, sucht er sich wieder eine Internet-Seite mit den aktuellsten und wirklich ganz furchtbaren Nachrichten vom anderen Ende der Welt. Die Kommentatoren überschlagen sich förmlich! Leon denkt sehr traurig an die Vielen, die davon heute sehr direkt und ganz persönlich betroffen waren. Wie fern und doch so nah! Und wie traurig das Alles. Diese Welt ist inzwischen wirklich nur noch ein einziges großes Ganzes, in der eben auch alles direkt miteinander holistisch und sehr real zusammenhängt.

Als Leon am nächsten Morgen erwacht, ist die Welt auch in Leipzig jedenfalls nicht mehr das, was sie gestern Morgen noch war, das steht für ihn fest. Liegt dies an seinem baldigen Wechsel oder an diesen schrecklichen Ereignissen von gestern? Er kann dieses seltsame Gefühl einfach noch nicht richtig einordnen. Also zieht er sich Jeans und T-Shirt über wie sonst auch immer, um in Ruhe seine Runde mit Mike zu machen. Vielleicht kommt er dabei ja auf andere Gedanken. Der Fahrstuhl hält sehr schnell, wie immer zu dieser frühen Stunde. Zum Glück für beide herrscht wenig Verkehr auf der Karli. Am Floßplatz setzt er sich dann grübelnd auf eine Bank, um kurz Mike zu beobachten, der sich hastig über die Wiese hinweg wie ganz selbstverständlich hinter die nächsten Büsche trollt. Ach ja, ein Hund bei einer liebevollen Familie im Leipziger Süden müsste man sein, dann hätte man wohl wesentlich weniger Probleme auf dieser Welt. Die Parkbank ist schon warm von der Morgensonne. Leon denkt an seinen Vorstellungstermin am nächsten Freitag. Die Tickets hat er bereits gebucht. Seine Tage bei der Landesbank Sachsen sind damit hoffentlich endgültig gezählt! Er hat dort sehr viel gelernt, aber jetzt ist die Zeit endlich reif für einen Wechsel! Den Professor nimmt er lieber immer noch nicht so ganz ernst. Wenn da ein Angebot kommt, will er erst einmal wirklich sehr genau hinschauen. Er kann sich in seinem Alter wirklich nicht mehr ständig nur mit kleinen befristeten Stellen herumschlagen.

Am Freitag nächster Woche fliegt Leon nach Köln. Das Gespräch ist für 14:00 Uhr angesetzt und so hat Leon noch genug Zeit, vorher den Dom zu besichtigen. Er ist einfach riesig und hat gleich mehrere Altare. Was ihn aber besonders beeindruckt, ist nicht die Größe, der Prunk oder die Höhe sondern einfach die Tatsache, dass erst nach vielen Jahrhunderten abwechselnden Baus und Baustopps dieses Römisch-Katholischen Doms, er dann ausgerechnet von einem preußisch-protestantischen deutschen Kaiser fertiggebaut wurde. Die Konfession ist also nicht nur für Leon also nicht das wichtigste. Was sollen denn sonst all die Menschen mit einer anderen Konfession dazu sagen? Und es existieren garantiert immer viel mehr Menschen mit anderen Konfessionen auf der Welt, als man selbst sie hat. Gibt es nicht viel mehr Verbindendes zwischen den Menschen als das, was uns alle leider noch durch die verschiedenen Religionen und ihre Konfessionen trennt? Der Termin beginnt dann ganz pünktlich. Er wird von seinem Bekannten aus Luxemburg, einem der beiden Geschäftsführer sowie dem Personalchef empfangen. Die Firma hat im Moment auch nur 27 Angestellte, wie er sogleich erfährt. Leon überreicht als Erstes seine neugestalteten Bewerbungsunterlagen. Das Gespräch verläuft dann nach einer kurzen Vorstellungsrunde sehr gut. Leon schafft es, in erster Linie über seine neuen Aufgaben dort zu sprechen und dies immer mit seinen bisherigen Berufserfahrungen zu unterlegen.

Die Unternehmensberatung hat nach einer umfangreichen Ausschreibung bei der Einführung eines neuen Core Banking Systems in einer anderen Landesbank den Bereich Reporting und deutsches Meldewesen zugeteilt bekommen und will sich deshalb in diesem Bereich personell verstärken. Leon ist hier ganz in seinem Element und kann alle Fragen richtig gut beantworten. Durch seine eigenen Fragen erfährt er bereits jetzt außerdem viel Wissenswertes und kann sich so sehr gut positionieren. Dann kommt das Gespräch auf die Gehaltsbestandteile. Leon ist ganz ehrlich und hält es für total fair, bei dieser anstrengenden Reisetätigkeit auch ein wesentlich höheres Gehalt zu erhalten. Der Personalchef selbst macht ihm dann ein Angebot, das Leon einfach wirklich nicht ablehnen kann.

Freitag ist Home Office und Arbeitsort ist Wohnort, so dass alle Spesen übernommen werden. Dazu gibt es Dienstwagen, Laptop und Handy. Also wird die Zusendung des Arbeitsvertrags vereinbart. Leon verlässt dann nach mehr als zwei Stunden und vielen Handschlägen überglücklich das Gebäude in der Innenstadt von Köln. Auch die Reisekosten für dieses kleine Einstellungsgespräch werden übernommen. Jetzt hat er noch ca. anderthalb Stunden Zeit, bis seine S-Bahn zum Flughafen fährt. Auf der von der Innenstadt abgewandten Seite des Bahnhofs findet er einen Supermarkt und kauft sich ein paar Kleinigkeiten zum Abendbrot und eine Flasche Bier. Die hat er sich heute aber auch wirklich verdient! An der Kasse fragt ihn der Kassierer dann recht aufgeräumt und etwas anzüglich, ob er denn wirklich nur auf diesem einen Bein stehen kann? Leon gefällt dem Kassierer wohl ganz gut und dieser hätte sich wohl gern noch länger mit ihm unterhalten. Aber Leon will sich hier lieber nicht anbaggern lassen, packt sein Zeug in die bereitstehende Tüte und verlässt den Laden mit einem freundlichen Gruß. Als er aus der Tür tritt, sieht er eine riesige gemalte Jesus-Figur an der Hauswand gegenüber. Das also ist das wahre Köln: ein witziger schwuler Verkäufer und eine riesige Jesus-Figur im alten Bahnhofsviertel. Diese Dinge erscheinen Leon auf jeden Fall sehr viel realer, als der riesige Dom für Touristen auf der anderen Seite des Bahnhofs. Man braucht also nicht viel, um hier heimisch zu werden. Die Menschen sind in Ordnung und darauf kommt es eben an.

Die Landung in Leipzig ist weich und sicher. Er liebt diesen Flughafen, den er nun bald jede Woche frequentieren wird. Oft dreht sich das Gepäck hier schon auf dem Förderband, bevor man nach der Landung die Gepäckausgabe überhaupt erreicht hat. Kein Vergleich also zu manch chaotischem Großflughafen auf dieser Welt. Lisa und Leonore erwarten ihn auch schon am Ausgang. „Na Leon, wie ist es denn gelaufen?" „Ich hab den Job!" Leon braucht diesmal keineswegs hinterm Berg zu halten und kann mit dem heutigen Erfolg bei seinen beiden Damen mal so richtig auf den Putz hauen.

So erzählt er denn auch ausführlich von seinem heutigen Tag schon während der Fahrt ins Stadtzentrum. „Ab dem ersten Januar bin ich dann endlich diese Bank los und sie mich natürlich auch!" Zu Hause lassen sie den Abend noch bei einem Glas Wein ausklingen. Lisa und Leo freuen sich mit Leon über diesen Erfolg, wenn sich jetzt auch Einiges ändern wird in ihrem Leben. Sie alle aber freuen sich ebenso auch auf das langersehnte Wochenende! Zehn Tage später unterschreibt Leon dann sofort seinen neuen Arbeitsvertrag. Natürlich hat er alles nochmal ganz genau gelesen, aber er zögert keinen Moment lang. Danach schreibt er in aller Ruhe seine Kündigung für die Landesbank Sachsen. Er will zeitig kündigen, um für seine geliebte Abteilungsleiterin und die anderen Kollegen Planungssicherheit zu gewährleisten. Vom Professor hat er leider bisher noch nichts wieder gehört. Dies ärgert ihn jetzt doch etwas, weil er ihm einfach so einen Teil seiner Arbeiten vertrauensvoll in die Hände gelegt hat. Insbesondere ‚die Grundlagen einer vollständigen Informationstheorie' mit der ausführlichen Herleitung und detaillierten Schilderung seiner wissenschaftlichen Untersuchungsmethode haben sicher nicht nur für Leon, sondern auch für viele andere einen hohen ökonomischen Wert, der jetzt wie alle anderen materiellen Dinge leider völlig unkontrolliert der Entropie anheimfällt.

Am Sonntag schreibt er also erst einmal ein freundliches Mail, in dem er höflich nach dem weiteren gemeinsamen Vorgehen fragt. Auch vierzehn Tage später hat er noch immer keine Antwort. Also ruft er dort an. „Dieser Teilnehmer ist im Moment leider nicht erreichbar." Das ist alles, was er zu hören bekommt. „So ein Mist, wie konnte ich nur so leichtgläubig sein?" Denkt sich Leon laut. Aber ich habe ja auch noch die Privatadresse. So macht er sich also denn am Samstag auf den Weg nach Markkleeberg. Vorher googelt er noch die Adresse im Netz. „Aha, Markkleeberg-West und gar nicht mal so weit entfernt." Er druckt sich die Karte nach dem Mittagessen aus, zieht sich an und begibt sich ganz allein zur Straßenbahn. Am Connewitzer Kreuz steigt er um und fährt am Wildpark vorbei nach Markkleeberg ein.

Eine Haltestelle nach dem Forsthaus Raschwitz steigt er wieder aus und begibt sich in eine große Gartenanlage. Wege und Grundstücke sind hier zum Glück sehr gut und sehr deutlich beschildert. Leon findet deshalb die Adresse auch auf Anhieb. Das Tor ist fest verschlossen. Mehrfach klingelt er nutzlos, dann geht er ein kleines Stück am Zaun entlang. Zwischen den Büschen kann man hier im Garten einen recht großen Bungalow sehen. Aber die schweren Jalousien sind leider vollständig heruntergelassen. Zurück am Gartentor klingelt er trotzdem noch mehrfach ganz verzweifelt und kann einfach nicht glauben, dass er ganz umsonst hier raus gefahren ist. Dann bemerkt er aber auf dem Grundstück gegenüber ein älteres Ehepaar in ihrem Garten. Er fragt also dort nach dem Professor. „Der hat sich bei uns nach Amerika verabschiedet und kommt wohl auch nicht so schnell wieder zurück. Wir sollen ab und zu nach dem Grundstück schauen." Ist die einzige Antwort, die er bekommt. „So ein Mist!" Leon bedankt sich höflich und ihm fällt sofort ein, dass er jetzt seine Arbeiten schnellstmöglich selbst veröffentlichen muss, um dem Professor noch zuvor kommen zu können. „Aber wo bekomme ich denn jetzt dafür nur so schnell einen ordentlichen Verlag her?"

Teil 2

Der fünfte Planet

„Die Lichter im Kosmos gehn noch lange nicht aus, in jeder Sekunde zünden Zehntausend neue." Sebastian Krumbiegel und Ali Zieme

Die Zeit vor der Zeit

Sie ist wirklich wunderschön, muss Thure nun schon zum wiederholten Mal in seinem Leben feststellen. Es ist wirklich einfach zauberhaft und einzigartig, wie all die goldgelben Wüstengebiete und dunkelgrünen Vegetationszonen auf den großen Landmassen von Gaja jetzt wieder unter ihm hinweg gleiten und wie der gewaltige dunkelblaue Ozean im Sonnenlicht unter ihm glänzt. Große dichte Wolkenfelder wechseln sich mit dem freiem Blick nach unten ab. Hier aus dem Orbit kann er ganz am Rande seines Blickfelds auch die dichte Atmosphäre dieses dritten Planeten seines Heimatsystems betrachten. Sie schimmert an ihrem Rande hell in Weiß und umgibt Gaja strahlend fast so, wie ein silberglänzender Heiligenschein. Die schwache Atmosphäre seines eigenen Heimatplaneten dagegen ist wesentlich dünner als diese hier und aus dem Orbit immer nur in leichtem Hellblau sichtbar. Thure und die Besatzung seines Verbandes stammen von Laida, dem vierten Planeten dieses Sonnensystems. Schon seit vielen Jahren ist er Pilot der Laida Space Food Company und hier draußen im Einsatz auf der Jagd nach seltenen interplanetaren Delikatessen, die bei ihm zu Hause gerade hoch im Kurs stehen. Am meisten aber gefällt Thure an diesem dritten Planeten all das gleißende Licht. Er und seine Kollegen müssen ihre Augen deshalb hier mit dicken Sonnenbrillen schützen. Wie düster und kalt kommt ihm dagegen doch seine eigene kleine Heimat vor, besonders seitdem er schon vor vielen Jahren Gaja, diesen wahrhaft erleuchteten Planeten für sich als kleines Paradies entdeckt hat.

Im Cockpit dröhnt laute Musik, während Thure noch nicht viel zu tun hat. Der Schlepperverband ist gerade erst in die Umlaufbahn von Gaja eingeschwenkt. Die Bässe der Musik stampfen dumpf im Rhythmus, unterbrochen nur von Stakkati kurzer, metallischer Trommelschläge.

Thure sitzt im Moment ganz allein vor den großen Bildschirmen seines Landecontainers. Diese präsentieren ihm Gaja in gleißendem Licht. Noch ist er angekoppelt innerhalb seines Verbandes, der ihn mit hoher Geschwindigkeit von Laida direkt hierhergebracht hat. Die übrige Mannschaft bereitet sich bereits weiter hinten auf den Landgang vor. Nur sein kleines Intercom Sissy schwirrt und sirrt um ihn herum wie ein kleiner Tennisball in glänzendem Federkleid. Ab und zu lässt sie sich auf seiner linken Schulter nieder und piepst ihm kurz aktuelle Statusmeldungen in sein Ohr. Aber auch all die vielen Instrumente um ihn herum blinken hell und ebenso aufmerksamkeitsheischend. Ein wahres Durcheinander für jeden Nicht-Piloten. Es hat ihn viele Jahre der Ausbildung und des Sammelns von neuen Erfahrungen gekostet, um all diese Instrumente in ihrem komplexen Zusammenwirken wie seine besten Freunde zu verstehen. Jetzt aber ist Thure schon ein alter Hase mit ganz vielen Missionen für die Laida Space Food Company auf seinem kleinen, pelzigen Buckel.

Trotz der hochkomplizierten und jedes Jahr wieder weiterentwickelten Technik um ihn herum ist Sissy immer noch die beste Freundin für ihn an Bord wie am ersten Tag. Jetzt sitzt sie gemütlich auf seiner Schulter so wie eine kleine Prinzessin auf ihrem angestammten Thron, in Wirklichkeit aber ist sie bis zum Rand vollgepackt mit der feinsten Biotronik, die Laida derzeit zu bieten hat. So scannt sie ständig alle Verbindungen, über die Thure erreichbar sein muss und nimmt ihm damit eine ganze Menge Arbeit ab, die ihn sonst möglicherweise von seiner Hauptaufgabe als Pilot abhalten würde. Seine linke Schulter ist wie immer ihr Lieblingsplatz, sie kuschelt sich sehr gern an sein Ohr. Die stationäre Raumstation der Laidaner, die hier alle Aktivitäten auf Gaja und im Orbit überwacht, meldet sich jetzt über Thures Intercom. Sissy erstarrt und gibt die Nachricht unzensiert und sehr deutlich weiter, ganz so wie es ihre Aufgabe ist.

„Willkommen im Orbit von Gaja Verband 16-05, Sonnenwinde normal, keinerlei Meteoriten in der Umlaufbahn, derzeit auch keine größeren seismischen Aktivitäten am Boden, die beobachteten Vulkane verhalten sich normal. Nur noch zwei Umläufe bis zum Abkoppeln, Daten optimaler Zielobjekte werden nach dem nächsten Umlauf übermittelt. Bitte zügig abbremsen und Eintrittsgeschwindigkeit herstellen. Abkoppeln der Container wie geplant auf Kommando in Reihenfolge nach dem zweiten Umlauf."

Sissy ist wirklich die beste Laidaner-Computerschnittstelle, die Thure sich bei all dem ganzen großartigen Technik-Schnickschnack um ihn herum nur wünschen kann und macht das Leben hier draußen viel leichter. Sie kann ihm nicht nur sehr einfühlsam über die Lage des Schiffs oder die wichtigsten Nachrichten aus dem Netz berichten, sondern auch ganz einfach jedes beliebige Bild von ihrer Kamera direkt auf den winzigen Bildschirm in Thures großer Sonnenbrille hinein projizieren. Wenn er sie auf Missionen in unwegsamem Gelände vorausschickt, blickt er so auch um alle Ecken oder aus großer Höhe auf mögliche Gefahren für sie beide hinab, lange bevor diese sich ihnen nähern können. Im Moment aber genießen sie beide einfach nur in Ruhe und Harmonie den grandiosen Ausblick von oben auf Gaja herab, der sich beim zweiten Umlauf auch auf der Nachtseite im riesigen Hauptbildschirm des Landecontainers bietet. Drako, der Co-Pilot kommt ins Cockpit und schwingt sich pünktlich auf seinen Sitz direkt neben Thure. „Na, dann wollen wir mal! Hoffentlich setzt Du uns nicht wieder in eine dieser Treibsanddünen." Noch bevor sie das zweite Mal auf die Tagseite eintreten, erklingt das lang erwartete Kommando zum Abkoppeln. Mit einem kurzen Piepton verankert sich Sissy fest auf Thures Schulter, um nicht von der bevorstehenden negativen Beschleunigung hinweggefegt zu werden. Die fünf Landecontainer mit jeweils zwei Piloten, sechs Jägern und vier Security-Leuten lösen sich Stück für Stück langsam vom Schlepperverband, der sie mit hoher Geschwindigkeit hierher gebracht hat.

Dennoch waren sie nun schon fast zwei Monate unterwegs und endlich wird es wieder mal Zeit, richtige Schwerkraft zu genießen. Ein wahrer Genuss wird es für die kleinen Laidaner auf der wesentlich größeren Gaja aber sicher nicht werden. Thure brennt auf diese Landung, wie immer. Aber Gaja ist fast dreimal so schwer wie Laida. Diese hohe Schwerkraft und die ungewohnte Hitze machen hier jede Bewegung für die kleinen Laidaner zum Kraftakt. Nur ihre biomechanischen Anzüge können sie dabei vor häufigen Knochenbrüchen bewahren und geben ihnen auch die fehlende Kraft für den Landgang. Die Jagden der Laida Space Food Company sind nur etwas für durchtrainierte, knallharte Burschen wie Thure und Drako. Den ganzen Flug über haben sie wie immer wieder dafür trainiert. Aber selbst jetzt ist Ihnen trotzdem nur ein kurzer Aufenthalt auf Gaja mit dieser hohen Schwerkraft möglich. Ihre Zeit hier ist also leider wieder sehr begrenzt.

Heute werden sie am Rande eines der ausgedehnten Vegetationsgebiete landen. Dort, wo sich die Vegetation ganz langsam in den breiten Wüstengürtel in der Höhe des Äquators verliert. Denn nur hier sind die vielen dicken Vuvulezas unterwegs, riesige Sauropoden von der Größe eines fünfstöckigen Hauses oder auch mehr. Damit entsprechen sie mit ihrem dicken Körper ungefähr genau der Höhe der Landecontainer der Laidaner. Sissy summt Thure noch die aktuellen Statusmeldungen der anderen Landecontainer ins Ohr und auch die Positionen der bereits beobachteten Vuvuleza-Herden. Sie haben nun die freie Wahl, die Populationen der Sauropoden sind immer noch riesig und werden durch das umsichtige Jagdverhalten der Laidaner ständig vor der Ausrottung bewahrt. Thure aber muss kurz an den Rückflug denken. Sie werden die Zeit wieder intensiv dazu nutzen, die erbeuteten Riesen in viele zehntausend handliche Portionen zu zerlegen, getrennt nach Muskelfleisch, Fett und inneren Organen, die dann alle auf Laida als interplanetare Delikatessen in den Handel kommen. Für die Schockfrostung ihrer Produkte sorgt auf dem letzten Stück des Weges ganz allein die Weltraumkälte. Hier draußen ist zum Glück dafür keine zusätzliche Energie zur Kühlung notwendig.

Mit einer einzigen Lieferung seines Verbandes wird der gesamte Bedarf auf Laida für viele Wochen und Monate gedeckt. Alle Reste aus dieser Verarbeitungskette dienen dann als Tierfutter, für die Herstellung von Bekleidung oder wie zum Beispiel die Knochen als Industrie- und Arzneimittelrohstoffe, nichts wird verschwendet.

Von der Nachtseite her kommend, treten sie in die Atmosphäre von Gaja ein. Der westliche Teil der Landmasse wird jetzt nun rund vierzehn Stunden im grellen Tageslicht liegen. Alle fünf dick keramikbeschichteten Landecontainer glühen beim Eintritt in die Atmosphäre an der Vorderfront hell auf. Aber dann hat sich ihre Geschwindigkeit normalisiert und die Wege trennen sich, bis sie auf dem Rückflug im Orbit wieder an den Schlepperverband ankoppeln werden. Thure kann mit Sissys Hilfe schon von Weitem auf dem Suchbildschirm eine Reihe von Vuvuleza-Herden ausmachen, tritt kurz in Kontakt mit der Raumstation, welche die Wanderung der Tiere ständig beobachtet und entscheidet sich dann mit zwei weiteren Landecontainern für eine interessante Herde nahe der Küste ganz im Westen des Wüstengürtels. Einmal zieht er in großer Höhe darüber hinweg und wendet dann vorsichtig. Die beiden anderen Schiffe fliegen in perfekter Formation hinterher. Die anvisierte Herde besteht aus vier erwachsenen Weibchen und zwei großen männlichen Tieren, begleitet von ungefähr acht Jungtieren. Drei große Vuvulezas werden sie davon mit nach Hause bringen, um die Bestände auf Gaja nicht zu gefährden. Sie entscheiden sich für das größte männliche und zwei etwas kleinere weibliche Tiere. Die Landecontainer mit den weiblichen Tieren werden noch jeweils ein Jungtier aufnehmen, deren Fleisch ganz besonders zart ist und für eine Reihe von Spezialitäten auf Laida herhalten muss.

Auf geht´s! Die Landung beginnt. Jetzt muss jeder Handgriff sitzen, damit die körperliche Energie der kleinen Laidaner bei der erhöhten Schwerkraft und der Hitze auf Gaja bis zum Rückflug ausreicht. Alle Besatzungsmitglieder sind nun bereit.

Thure ist im Moment voll auf jede Bewegung seines Landecontainers konzentriert. Er setzt ganz sanft auf einer spärlich bewachsenen Ebene auf, die hier zwischen dem Urwald und den Sanddünen des Wüstengürtels liegt. Sissy meldet die erfolgreiche Landung sogleich der gesamten Besatzung und der Raumstation.

Den Boden bedecken hier viele kleine und größere Farne und festigen ihn so etwas. Direkt im Sand zu landen wäre zu gefährlich. Man hätte dann ein ernsthaftes Problem, die großen Luken aufzubekommen, das hat Thure bereits bei früheren Jagden sehr schmerzhaft erfahren müssen. Er hat eine Menge gelernt in den letzten Jahren auf Gaja und die Landung gelingt ihm heute völlig problemlos. Die beiden anderen Schiffe folgen etwas weiter hinten. Die Herde der Vuvulezas lässt sich aber von den außerirdischen Ankömmlingen überhaupt nicht stören und zieht ganz gemächlich weiter, wahrscheinlich auf dem Weg zur nächsten Wasserstelle. Sissy gibt das gerade erfolgte Kommando zum Ausstieg weiter und Thure öffnet vom Cockpit aus die Ladeluke. Sie erstreckt sich über die gesamte Rückwand dieses Landecontainers.

Zuerst stürmen schwerbewaffnet die bereitstehenden Security-Leute in ihren biomechanischen Anzügen auf Luftkissenfahrzeugen heraus. Sie sichern die gesamte Umgebung für die nachfolgenden Jäger, um nicht plötzlich von den kleinen fleischfressenden Raptoren überrascht zu werden, die oft die Vuvuleza-Herden begleiten und keinerlei Respekt vor den hier unbekannten Laidanern kennen. Anschließend gleiten etwas langsamer die sechs Jäger mit ihrem kompletten Equipment heraus, das sie ebenfalls auf größeren Luftkissen transportieren. Die biomechanischen Anzüge ermöglichen es ihnen, mit einer wesentlich größeren Kraft zu agieren, als das sonst für die kleinen Laidaner möglich wäre. Gemeinsam begeben sie sich auf den kurzen Weg ganz nah an die Herde der riesigen Vuvulezas heran. Das Gelände ist eben und bereitet keine Schwierigkeiten, aber die Schwerkraft auf Gaja und die Hitze machen sich trotz des intensiven Trainings bei allen schon jetzt schnell bemerkbar. Die Jäger nähern sich nun den majestätisch vorbeiziehenden Tieren.

Der erste der kleinen Laidaner steht nur noch knapp zwei Schiffslängen von dem ausgesuchten männlichen Tier entfernt. Neben dem riesigen und fremdartigen Sauropoden wirkt er geradezu winzig und irgendwie total verloren. Aber ohne jede Angst holt dieser Jäger sein kleines, rundes Intercom von der Schulter seines biomechanischen Anzugs, tastet ein wenig daran herum und hält es sich dann wie ein Fernglas direkt vor die Augen. Die übrigen Jäger ziehen ihre Waffen. Aus dem Instrument dringen grasgrüne Laserstrahlen, die den Koloss von einem männlichen Vuvuleza vor ihm vollständig scannen. Auf dem gesamten Körper des Sauropoden breitet sich ein grünes Gitternetzwerk von Laserstrahlen aus. Die Maße werden komplett im Intercom des Jägers abgespeichert. Der anschließende Vergleich mit der Größe der Ladeluke ergibt denn auch, dass dieses Tier genau richtig ist und gerade noch so hindurch passen wird. Die Jäger der beiden anderen Landecontainer sind bei den ausgesuchten weiblichen Tieren schon genauso am Werk. Noch lassen sich die Vuvulezas überhaupt nicht stören und setzen gemächlich ihre Wanderung fort. Nur die Jungtiere drängen sich näher zu ihren Eltern heran. Wahrscheinlich ahnen sie bereits, dass auch von den kleinen und im Vergleich zu ihnen geradezu winzigen Laidanern eine ernsthafte Lebensgefahr ausgehen kann.

Nach dem Vermessen geht dann alles ganz schnell. Ein Zeichen und das Tier bekommt einen Betäubungsschuss in den Kopf. Es verharrt kurz, schwankt auf seinen dicken Beinen und bricht dann wie vom Blitz getroffen zusammen. Die Jäger trennen mit ihren Allzweck-Laserwaffen sofort den im Verhältnis zum Körper sehr kleinen Kopf mitsamt dem langen, kräftigen Hals vom Tier ab und lassen es ein paar Minuten lang ausbluten. Es ist bereits tot, bevor es auch nur das Geringste davon bemerken kann. Aber Körper und Schwanz zucken noch, nachdem sich der Koloss auf den Bauch gesetzt hat. Dann wird auch der dicke Schwanz vom Körper getrennt. Jedes der drei Teile ist tonnenschwer. Alle liegen aber bereits genau in der für den Transport notwendigen richtigen Position.

Jetzt befinden sich alle in großer Gefahr, denn der Geruch des frischen Blutes wird sehr schnell viele kleine und größere Aasfresser des Planeten Gaja anlocken und auch die übrigen Tiere der Herde könnten unruhig und so den Jägern gefährlich werden. Aber die Herde setzt nach einem vielfachem und markerschütternden Gebrüll aus eher ängstlichen als wütenden Kehlen einfach etwas schneller ihren Marsch zur nächsten Wasserstelle fort und tut nicht das Geringste für ihre verletzten Artgenossen. Um den großen Körper herum rollen die Jäger zügig die mitgebrachten Transportplanen aus, indem sie ihn auf ihren Gleitern umrunden. Diese Planen schmiegen sich beim Aufblasen eng an den riesigen toten Torso des Tieres. Zwei der Jäger beginnen schon mit dem Aufpumpen und hantieren kräftig am Gravitationsantrieb dieser Transporteinrichtungen, während die anderen ebenso sorgsam den riesigen Schwanz und den langen Hals mit dem Kopf des Tieres mit Planen umgeben.

Nach etwas weniger als zwanzig Minuten stehen alle drei Teile zum Abtransport bereit und schweben nun knapp fünfzig Zentimeter über dem Boden. Die Jäger haben diesen Vorgang auf Laida, während des Fluges und bei früheren Jagden sicher schon mehr als hundertmal trainiert. Drei von ihnen steuern dann den Gleitflug der riesigen Fleischmassen bis hin zum Landecontainer. Die Anderen achten sehr genau darauf, dass die aufgepumpten Planen nicht abreißen. Zuerst wird der gerade noch so passende Körper durch die Luke verfrachtet, dann folgen die beiden anderen Teile wie von einem Lift nach oben getragen dorthin, wo noch Platz im Landecontainer ist. Während sich die Luke des ersten Containers bereits wieder schließt, hat die dritte Gruppe offensichtlich ein paar Probleme mit einer Herde kleiner fleischfressender Raptoren, die vom Blutgeruch angelockt aus dem Urwald auf sie zustürmen. Die Security-Leute eröffnen das Feuer und erlegen dabei sofort ein halbes Dutzend der kleinen Fleischfresser, ehe diese sich auch nur auf hundert Meter nähern können. Die übrigen interessieren sich viel mehr für die riesigen Blutlachen der erlegten Vuvulezas und ignorieren die kleinen Laidaner mit ihrer Fracht.

Leider wird es dadurch aber auch unmöglich, wie geplant auch noch zwei Jungtiere mitzunehmen. Die Herde ist bereits weitergezogen und die Raptoren sind jetzt genau zwischen den Jägern und der Herde. Der heute diensthabende Leiter der Laida Space Food Company an Bord des Schlepperverbandes überwacht direkt aus dem Orbit jeden ihrer Schritte. Er wird toben ob des mangelhaften Ergebnisses, aber die Sicherheit geht nun mal vor. Schon zu oft haben Jäger oder Security-Leute bei diesen Jagden ihr Leben gelassen und es stürzen auch immer mehr dieser kleinen Raptoren aus dem Urwalddickicht auf die Ebene hinaus. Die Ladeluke schließt sich langsam, bevor diese Gefahr ihnen zu nahe kommen kann.

Auch der dritte und letzte Landecontainer ist jetzt bereit zum Start. Die anderen Besatzungen wären dieser letzten Gruppe selbstverständlich zu Hilfe geeilt, wenn es da ernsthafte Probleme gegeben hätte. Ihren Bordgeschützen aus der Luft hat natürlich keine noch so große Herde dieser kleinen Raptoren irgendetwas Ernsthaftes entgegenzusetzen. Gemächlich hebt Thure als Erster wieder ab, um dann immer schneller werdend dem Schlepperverband im Orbit zuzueilen. Nicht einmal eine ganze Stunde hat ihr Aufenthalt auf Gaja jetzt gedauert, aber selbst Thure und Drako, die sich im Cockpit kaum bewegt haben, liegen ziemlich fertig in ihren Sitzen, so als wären sie auf Laida gerade volle zehn Kilometer um die Wette gelaufen. Die Landecontainer verlassen die Atmosphäre. Sissy meldet, dass augenscheinlich noch alles nach Plan verläuft. Das grelle Licht des Tages auf Gaja wird ganz langsam von einem samtenen Dunkelblau abgelöst, bis sie wieder in der Schwärze des Alls verschwinden. Nur in Richtung der Sonne darf man hier auf der Umlaufbahn des dritten Planeten nicht ohne starke Filter blicken. Die empfindlichen Augen der Laidaner vertragen das trotz der starken Sonnenbrillen nicht. Ganz entfernt kann Thure jetzt bereits den Schlepperverband als hellen Punkt im Orbit ausmachen und schaltet ganz in Ruhe um auf die Automatik zum Andocken. Das wichtigste Ziel ist also erreicht.

Das Schlaraffenland

Währenddessen liegt Professor Tarantoga ganz allein auf dem großen Doppelbett in seinem noch viel größeren Schlafzimmer. Sein für Laidanische Verhältnisse riesiges Haus steht natürlich inmitten des allerbesten Viertels in der Hauptstadt des vierten Planeten Laida. Die komplette Decke des großen Schlafzimmers wird von einem riesigen Bildschirm eingenommen. Er kann hier in Ruhe alle Bewegungen innerhalb des eigenen Sternensystem verfolgen, die von der Zentrale ihres vierten Planeten allen Laidanern ständig öffentlich zur Verfügung gestellt werden. Er sieht dort die ersten beiden Planeten ganz unbelebt und viel zu heiß für Leben um die Sonne kreisen. Danach aber sieht er Gaja, den dritten Planeten umkreist von ihrem großen Mond und von der Raumstation, die durch die Laidaner dort schon vor Jahrzehnten errichtet wurde. Jetzt starten gerade wieder winzige Teile einer Landegruppe von Gaja, um sich dann im Orbit zu einem gemeinsamen Schlepperverband in Richtung Laida zu zusammenzuschließen.

Professor Tarantoga mag die interplanetaren Delikatessen sehr, die diese Schlepperverbände von dort hierher transportieren. Wie gern würde er jetzt gleich wieder aufstehen, um sich noch eines dieser kleinen Vuvuleza-Filetsteaks zu grillen, die er immer verfügbar in seinem Kühlschrank hat. Am liebsten isst er diese mit einem kleinen Salat sowie einer sämigen Waldsoße aus den feinen Moosen von Laida und er kennt natürlich auch sehr genau die besten exotischen Gewürze dafür. Tarantoga ist inzwischen schon ein kleiner Gourmet geworden, aber jetzt kann er sich das endlich auch wirklich leisten. Trotzdem denkt er noch immer sehr gern an die ärmliche Zeit zurück, als er noch als kleiner, völlig mitteloser Student seine ersten wissenschaftlichen Arbeiten veröffentlicht hat. Keiner wollte ihn damals so richtig ernst nehmen. Bis er dann mit seiner wirklich bahnbrechenden Arbeit über das Gehirn für alle Laidaner den Weg zu tatsächlicher künstlicher Intelligenz geebnet hat. Das ist inzwischen nun auch schon wieder über fünfzig Jahre her.

Aber er hat es damals geschafft, dem bis dahin das menschliche Denken immer nur nachahmenden Behavoirismus der alten KI eine neue Richtung hin zur tatsächlichen Modellierung von Denkprozessen und zum realen Nachbau eines Gehirns mit all seinen wichtigsten Bestandteilen zu geben. Mit den daraus dann resultierenden denkenden Maschinen gab es allerdings schon innerhalb der ersten zwanzig Jahre immer wieder massive Probleme. Deshalb hat man sie ganz allein auf Thalia, dem fünften Planeten angesiedelt. Dort ist es zwar zu kalt zum Leben auch für die kleinen Laidaner, aber für eine rein technische Zivilisation herrschen genau die richtigen klimatischen Bedingungen.

Tarantoga sieht auch die kleine künstliche Kernfusion, welche die Maschinen auf dem einzigen Mond von Thalia nun vor über zehn Jahren installiert haben. Diese taut weite Gebiete des fünften Planeten auf, um so den Maschinen das Schürfen nach Erz und Brennstoffen für deren Verhüttung zu erleichtern. Inzwischen haben sich die Maschinen selber immer weiterentwickelt und wahrscheinlich schon ganz Thalia besiedelt. Und so beobachtet er also auch in Ruhe den umfangreichen Frachtverkehr, der auf seinem Bildschirm all die vielen Schiffe anzeigt, die derzeit gerade mit umfangreicher Fracht von Thalia nach Laida unterwegs sind und umgekehrt. Es genügt vollkommen, ein paar Tage vorher eine Lieferung von Thalia in Auftrag zu geben und schon kurze Zeit später steht sie auf der Raumstation des fünften Planeten in hoher Qualität zur Abholung bereit. Die Maschinen arbeiten also völlig unbemerkt von der lebensspendenden Zone des Sonnensystems in der Laida und Gaja liegen und liefern den kleinen Laidanern einfach alles an technischen Gütern, was man sich nur vorstellen kann. Die einzige Bezahlung für die Maschinen sind Informationen über neueste technische, physikalische, chemische und biologische Erkenntnisse der Laidaner. Er betrachtet jetzt wieder Laida, seinen Heimatplaneten, von dem aus all diese großartigen Entwicklungen ihren Ausgang genommen haben. Er ist zwar nicht so hell wie Gaja, aber er gefällt ihm natürlich immer am Besten. Hier herrscht im Moment auch der stärkste Raumverkehr in diesem Sonnensystem.

Tarantoga befindet sich inzwischen in einer Art Halbschlaf. Er nimmt nur so noch ganz nebenbei wahr, welch reger Güterverkehr von den vielen laidanischen Transportschiffen zwischen diesen drei Planeten unterwegs ist, lehnt sich tief beruhigt und sehr glücklich zurück auf seine weichen Kissen und schläft dann ganz sanft mit einem breiten, selbstzufriedenen Grinsen auf dem Gesicht ein. Wie sehr dankt er doch unserem allwissenden Schöpfer, der diese Entwicklung mit den drei verschiedenen Evolutionen durch sehr die feine Abstimmung aller notwendigen Parameter in diesem Universum mit einem kleinen ‚Es werde Licht' überhaupt erst möglich gemacht hat!

Und die Laidaner haben mit der sich selbständig weiterentwickelnden Maschinenzivilisation auf Thalia dem großen Ganzen noch eine vierte, eine rein technische Evolution hinzugefügt. Thalia liefert seit langem nun alle notwendigen technischen Produkte und von Gaja kommen die delikatesten Lebensmittel für alle Laidaner. Was also will man mehr?

Der Maschinenplanet

Zur selben Zeit ist Alejandro mit seinem laidanischen Transportverband in der Verladestation des interplanetaren Stückgutraumhafens im Orbit um Thalia, dem fünften Planeten seines Heimatsystems, sicher gelandet. Seitdem er sich bei den Maschinen mit der Auftragsnummer identifiziert hat, einen Landeplatz zugewiesen bekam und die Triebwerke dann endgültig verstummten, umgibt ihn eine geradezu gespenstische Stille in dieser riesigen, grauen und düsteren Weltraumhalle. Nichts rührt sich hier im Moment. Komplette Düsternis umgibt ihn, wird nur unterbrochen von den kleinen Landepositionslichtern und wirkt so ebenfalls etwas gespenstisch. Der Hangar steht voll von großen Containern, die auf ihren Abtransport warten. Rechts und links von ihm befindet sich jeweils ein gutes Dutzend weiterer Landeplätze, aber diese sind heute alle noch leer.

Wirklich nichts rührt sich hier, obwohl er doch eigentlich erwartet wird!. Ab und zu kann er durch die breite Einflugschneise hinter sich ein paar glitzernde Sterne vorbeiziehen sehen. Aber es ist nicht nur die gespenstische Stille, es ist auch diese graue Düsternis hier im Orbit des fünften Planeten, weit entfernt von ihrem hellen Zentralgestirn, die ihn jedes Mal ein wenig deprimiert und beunruhigt. Natürlich hat er sich diesen Job ja selbst ausgesucht vor vielen Jahren in der interplanetaren Transportflotte von Laida. Ihre Sonne, bereits auf seiner Heimat nicht so stark wie sie denn sein sollte, ist hier in der Nähe des fünften Planeten wirklich nur noch ganz schwach zu sehen. Dafür gleitet jetzt plötzlich eine andere gleißende Lichtquelle in sein Blickfeld und beleuchtet nun grell den Eingang des Weltraumhangars, den Alejandro hoffentlich schon bald mit der bestellten Fracht in Richtung Heimat verlassen wird. Nur etwas Geduld also noch.

Die hell gleißende Lichtquelle befindet sich auf dem einzigen Mond von Thalia und wird von den Maschinen dort seit über zehn Jahren künstlich in Betrieb gehalten. Die kleine Sonne direkt im freien Raum zu installieren war einfach nicht möglich, weil dort der notwendige Druck und die geregelte Wasserstoffzufuhr nicht gewährleistet werden konnte. So gibt es denn auch eine leistungsfähige Wasserstofffabrik und große Speicher auf dem Mond von Thalia und auch die entstehenden Helium-Gase werden dort vollständig weiterverwendet. Zu welchen gigantomanischen Leistungen diese Maschinen doch inzwischen schon fähig sind! Alejandro erinnert sich noch an die Zeit vor zwei Jahrzehnten, als Laidanische Bautrupps hier alle drei Monate ausgewechselt und wieder nach Hause geflogen werden mussten. Welch ein Fortschritt für die Laidaner war dagegen doch jetzt diese selbständige Maschinenzivilisation auf Thalia! Seit über zwanzig Jahren, d.h. um ganz genau zu sein, seit über zwanzig Umläufen von Laida um die gemeinsame Sonne, gehört Thalia nun auch voll und ganz den Maschinen. Aber es weiß eben heute leider auch keiner mehr so genau, was diese intelligenten Monster inzwischen hier alles angestellt haben.

Auf Laida waren sie jedenfalls nicht mehr erwünscht, seit sich ihr Zentralgehirn damals immer öfter den Wünschen der Laidaner widersetzte und auch die vollständige Kontrolle über das gesamte Internet auf Laida zu übernehmen versuchte. Die Portierung auf den kälteren Nachbarplaneten war deshalb zwingend notwendig und ist zum Glück absolut problemlos verlaufen, nur weiß seitdem eben kein Laidaner mehr genau, was hier auf Thalia alles so abläuft. Die damals fehlende Atmosphäre und die umfangreichen Rohstoffvorkommen waren jedenfalls ideal für die Maschinen. Und sie liefern seitdem immer pünktlich und vollständig auf jede laidanische Bestellung, alles andere interessiert die Laidaner nun schon lange nicht mehr. All die kleinen Bedenkenträger von damals sind inzwischen auch völlig verstummt. Die Maschinen haben auf diesem fünften Planeten riesige Fabriken und ausgedehnte Tagebaue errichtet, soweit das Auge auch reicht.

Das alles wurde aber erst möglich, nachdem man im ersten Jahrzehnt die planetenumspannenden Gletscher mit einer kleinen künstlichen Sonne auf dem einzigen Mond von Thalia abgetaut hat. Der fünfte Planet hat genau wie der dritte Planet einen in der Frühzeit des Sonnensystems ganz natürlich entstandenen Mond, der eine seiner Seiten immer Thalia zuwendet. Dies ist also genau der richtige Platz für eine kleine offene Kernfusion, im Gleichgewicht gehalten ganz allein von einem künstlichen Gravitationsfeld, gesteuert von einer eigenen künstlichen Intelligenz, die den Fusionskern immer in der Schwebe halten soll. Sie ist für alle Fälle gekapselt von sämtlichen anderen Netzwerken, mit der einzigen Aufgabe, den kleinen Fusionskern auf dem Mond im Gleichgewicht und am Laufen zu halten. Die winzige künstliche Sonne streicht mit ihrer Wärme tagtäglich gleichmäßig über den Äquator von Thalia und taute dort all die Gletscher weitgehend ab. Das viele Wasser floss in ganz neue Meere in den Senken von Thalia. Und auch eine kleine schwache Atmosphäre bildete sich heraus. Auf den Hochebenen am Äquator aber etablierten sich die Maschinen mit all ihren Jahr für Jahr geradezu expotenzial wachsenden, nahezu alles Mögliche produzierenden Einrichtungen auf modernstem Niveau.

Die Laidaner beobachteten im Laufe der Zeit sehr genau diese Veränderung auf der Oberfläche von Thalia nach dem Abtauen der Gletscher. Die Maschinen arbeiten mit voller Kraft nicht nur für ihre Auftraggeber, sondern immer auch an der eigenen Vervollkommnung, davon zeugten jedes Jahr wieder neue Tagebaue und die regelmäßigen Lieferungen an die Laidaner erfolgten in immer kürzeren Abständen mit immer weiterentwickelter, aber nun nicht mehr zu kontrollierender Technologie. Egal ob riesige komplizierte Metallbauteile, flexible Fahr- oder Flugzeuge und Transporteinrichtungen, kleinteiliges und sehr süßes Kinderspielzeug oder das komplizierteste Computerzubehör, jedes Jahr wird hier auf Thalia alles immer irgendwie besser, schöner, schneller und stabiler.

Den Laidanern jedenfalls sollte es recht sein. Nur weiter so mit dieser eigenständigen Maschinenpopulation und all den riesigen Industriegebieten und das ganz ohne negativen Einfluss auf die Umwelt von Laida. Thalia wurde zum technologischen Selbstläufer, während man im Gegensatz dazu auf Laida keinerlei neuen Zentralcomputer oder größere selbständige künstliche Intelligenzen mehr zugelassen hat. Und auch einen Großteil all der umweltschädlichen Industrieeinrichtungen konnte man so auf Laida endlich schließen. In seiner Heimat gibt es nur noch kleine, dezentrale künstliche Intelligenzen und das Internet ist völlig frei von maschineller Kontrolle. Die Laidaner waren ja schon immer besonders freiheitsliebende Wesen. Kontrolle wird deshalb von ihnen nicht akzeptiert.

Alejandro ist Bordingenieur eines der regelmäßigen Transportverbände zwischen Laida und Thalia sowie auch ein heimlicher Bewunderer der unglaublichen Präzision und Schnelligkeit, mit der sie hier von diesen fremdartigen Maschinen bedient wurden. Auch wenn sich im Moment leider niemand für ihn interessiert. Die Bestellung war vor weniger als zwei Wochen nur als Datei mit allen technischen Details an Thalias Zentralcomputer von Laida aus übermittelt worden.

Und heute schon sollten sie sämtliche Konstruktionen fertig und in hoher Qualität und Präzision in Empfang nehmen, sowohl was das eingesetzte Material als auch was die absolut perfekte Ausführung anbetraf. Aber das Beste daran war, diese dumpfen und unwissenden Maschinen verlangten nahezu nichts dafür! Alles, was sie an Material und Energie benötigten, fanden sie ja schon selbst vor auf Thalia, diesem fünften Planeten, der jetzt ganz allein den Maschinen gehörte. Die einzige Bezahlung für die Lieferung heute zum Beispiel ist die vollständig sequenzierte und räumliche Darstellung einiger seltener Proteine und Ribosome von Laida. Kein Problem für die Laidaner, zu Hause gab es schon lange riesige Datenbanken randvoll davon. Jetzt konnten sie diesen Wissensvorsprung in der Biotechnologie nun auch als gutes Zahlungsmittel einsetzen.

Alles Leben war vollständig erforscht auf Laida und wurde sogar um viele interplanetare Spezies wie zum Beispiel die Bausteine des Lebens von Gaja erweitert. Aber die Laidaner sind natürlich sehr sparsam mit diesen für die Maschinen offensichtlich sehr wertvollen Informationen. Alejandro spürt den Boden leicht vibrieren ganz so, als ob sich da etwas Großes nähern würde. Nach der nervtötenden Stille ist er jetzt richtig erfreut über diese Abwechslung. Die dumpfen Schläge am Boden kommen näher, ohne dass er irgendetwas ausmachen könnte. Plötzlich öffnet sich vor ihm ein riesiges Tor in dem interplanetaren Hangar und drei Container gleiten von Maschinen begleitet ganz langsam heraus. Die Container tragen in großen Lettern die erwartete Auftragsnummer. Sie werden von geschäftig hin- und herflitzenden Transporteinrichtungen des Hangars in Empfang genommen und zügig an den Transportverband angekoppelt. Seine Aufgabe ist es nun, den Inhalt und die Ausführung der Aufträge in Qualität und Quantität vor dem Rückflug zu prüfen. Den Raumanzug hat er bereits angelegt, das Analysegerät und die Listen in seinem Intercom dafür hat er in der Hand. Nun bewegt er sich aus der Schleuse des Zugschiffes an der Spitze des kleinen Schlepperverbandes heraus und gleitet auf den ersten der drei Container zu. Alejandro erblickt die Maschinen, die zur Begleitung der Container aus dem Tor herausgetreten sind.

Sie sehen dürr aus und irgendwie anders und kleiner als bei seinem letzten Transport vor sechs Monaten. Zwei der Robots erwarten ihn schon an der Seitenklappe und öffnen diese geräuschlos. Ach ja, keine Luft, also auch kein Schall bei der Öffnung der riesigen Luke. Alejandro steigt hinein, soweit hier noch Platz ist. Mit seinem kleinen Analysegerät prüft er nun die tatsächliche Materialzusammensetzung der Fracht im Container. Es ist wirklich die feinste Iridiumlegierung, mit der hier gearbeitet wurde, ein seltenes Metall auf Laida, aber auf Thalia wohl recht häufig. Er prüft diese Legierung genau auf ihre Zusammensetzung und vermisst noch einmal gründlich die Bauteile, die sich vor ihm auftürmen. Alles vollzählig und genau wie gewünscht!

Ist o.k., bedeutet er dann den beiden dürren Maschinen vor ihm mit dem Daumen nach oben. Diese melden das Ergebnis sofort an ihren Zentralcomputer. Langsam gleitet Alejandro in der Schwerelosigkeit weiter bis zum nächsten Container, während einer der Maschinenknirpse den ersten Container bereits wieder hermetisch verschließt. Als Alejandro am zweiten Container auf die beiden Maschinen wartet, spürt er in seiner Hand am Türgriff eine dumpfe Erschütterung aus dem Inneren. Er hält tastend seine ganze Handfläche an die Tür, aber nichts Neues passiert. So muss er sich wohl getäuscht haben. Alles bleibt ruhig. Wieder öffnen zwei der Automaten die Tür dieses nächsten Containers. Aber die Tür klemmt etwas beim Öffnen und als sie dann mit Gewalt aufgerissen wird, purzelt ein weiterer Robot heraus. Alejandro sieht ihm direkt in die Augen zu seinen Füßen und bemerkt als Erstes im Unterschied zu seinen beiden anderen Begleitern zwei riesige Grabschaufeln statt der Hände an den Gliedmaßen dieses Automaten. Die großen, dunklen Kameraaugen blicken ihn irgendwie erschrocken an. Sie haben wohl noch nie im Leben einen Laidaner im Raumanzug gesehen. Alejandro will näher heran und der Maschine aufhelfen. Doch bevor er sich nähern kann, heben seine beiden Begleiter ohne lange zu überlegen fast gleichzeitig die rechten Arme und eröffnen das Feuer aus ihren Laserwaffen auf diese am Boden liegende, so ganz anders geartete Maschine.

Der kleine Körper bäumt sich heftig auf und verglüht im anhaltenden Beschuss. Die dunklen, ängstlichen Augen verlöschen für immer. Alejandro ist es immer noch so zumute, als hätten sie ihn hilfesuchend angeschaut. Die Gliedmaßen fliegen weg und übrig bleiben nur noch ein paar größere verschmolzene Teile des Torsos dieses Flüchtlings, der sich in dem zweiten Container versteckt hatte. Es scheint fast so, als wäre darin auch biologisches Material verkohlt? Alejandro ist geschockt und kann das Alles gar nicht glauben! So etwas hat er in all den Jahren seiner Transportertätigkeit wirklich noch nie erlebt.

Er spürt irgendwie Gefühle für diese Maschine, die da gerade vor seinen Augen verkohlte. Die sonst so gut organisierte Maschinenzivilisation auf Thalia hat also offensichtlich Probleme mit ihren eigenen Leuten. War das ein Flüchtling, ein Dissident, der sich absetzen wollte, weil er die Arbeitsbedingungen oder die Sinnlosigkeit seines Daseins nicht mehr ertragen konnte? Alejandro weiß es leider nicht und die Maschinen haben offensichtlich auch nicht das geringste Bedürfnis oder etwa gar die Aufgabe, ihn darüber zu informieren. Alejandro schüttelt seinen Kopf, doch die dürren Maschinenknechte vor ihm drängen ihn zu der Fracht im zweiten Container. Bevor er sich weiter ernsthafte Gedanken über den Vorfall machen kann, kratzen schon kleine Reinigungsautomaten blitzschnell die Reste vom Boden und säubern die Stelle so gründlich, als wäre da nie etwas geschehen. Die unglaubliche Präzision so ganz ohne jedes Gefühl für den Vorfall lässt Alejandro eiskalt erschauern. Er wird in den zweiten Container genötigt, nachdem dieser von seinen beiden Begleitern kurz durchsucht worden ist. Für einen weiteren Dissidenten wäre hier aber auch gar kein Platz mehr gewesen. Wieder kontrolliert Alejandro das Material, die Maße und die Vollständigkeit. Er kann sich nicht so leicht beruhigen und seine Hände zittern immer noch etwas dabei. Nach dem Check des dritten Containers prüft er dann alle Verbindungen des gesamten Transportverbandes wie vorgeschrieben und begibt sich in sein Zugschiff zurück.

Doch während er in der Schleuse den Raumanzug abstreift, muss er weiter an diesen grausigen Vorfall denken. Ist das bereits eine neue, besonders selbständige Generation von Maschinen, die jetzt nicht mehr so direkt vom Zentralcomputer abhängig ist, wahrscheinlich sogar teilweise schon aus biologischen Material? Was hat sich bei diesen intelligenten Monstern jetzt wieder Neues entwickelt? Der Verband mit der Fracht steht zum Abflug bereit. Die Bezahlung wird gerade von Alejandro als Datei mit den gewünschten Informationen übermittelt. Der zentrale Dispatcher der Maschinen gibt daraufhin den Abflug für den Transportverband frei.

Alejandro hat große Bedenken. Was haben wir den Maschinen mit unseren neuen sequenzieren Proteindaten jetzt bloß wieder in die Hände gegeben, denkt er sich inzwischen tief beunruhigt. Der Start erfolgt problemlos und während der Kurs berechnet wird, ruft er über sein Intercom das Laidanische Raumkommando, um hier über den Vorfall zu berichten. Die Nachricht wird entgegengenommen und weitergeleitet, eine Rückmeldung gibt es jedoch nicht so schnell. Einmal umrundet der Transportverband Thalia, um so Schwung für den Kurs nach Laida zu nehmen. Alejandro kann vom Weltraum aus all die Veränderungen bemerken, welche die Aktivitäten der Maschinen auf Thalia ausgelöst haben. Der Äquatorgürtel mit seinen Hochebenen ist vollständig abgetaut und selbst von hier oben aus kann man noch hell erleuchtete Tagebaue und neue Industrieansiedlungen bestaunen, die es vor wenigen Jahren so noch nicht gegeben hat. Und jetzt wird das alles wieder hell erleuchtet von dieser kleinen künstlichen Kernfusion, die gerade gemeinsam mit dem Mond von Thalia am Horizont vorbeistreicht. Sie erscheint Alejandro nur als winziger gleißender Punkt. Trotzdem ist sie so hell, dass er schnell seine Sonnenbrille von der Stirn herabfallen lässt. Irgendwie leuchtet dieser winzige Fusionskern heute aber auch irgendwie wesentlich heller als sonst oder bildet er sich das bloß ein? Alejandro sieht durch die starke Schutzbrille genauer hin, obwohl davon immer wieder abgeraten wird.

Plötzlich kommt es ihm so vor, als hätte dieser winzige, gleißend helle Punkt ihm zugezwinkert. Er sieht schnell weg und glaubt, sich nun wohl doch endgültig die Augen verdorben zu haben. Trotzdem war es so, als hätte Thalias Mond ihm mehrfach direkt zugeblinzelt. Blöder Gedanke! Alejandro ist nun schon jahrelang hier draußen unterwegs und weder schreckhaft noch von Einbildungen geplagt. Also schaut er noch einmal hin. Doch jetzt ist er seiner Sache ganz sicher, der gleißende Punkt vor ihm pulsiert inzwischen so stark, dass man es nicht mehr übersehen kann. Darf der denn das? Nicht auszudenken, wenn diese kleine Kernfusion instabil würde.

Der Transportverband hat jetzt seine Umrundung von Thalia beendet und entfernt sich mit Kurs auf Laida immer schneller werdend vom fünften Planeten. Alejandro schaut zurück und sieht Thalia mit seinem Mond ungefähr auf gleicher Höhe immer kleiner werdend. Der gleißende Punkt zeigt wie immer auf Thalia und pulsiert jetzt aber doch wirklich ganz deutlich. „Achtung, Achtung! Vorrübergehende leichte Instabilitäten bei der Energieversorgung der Kernfusion." Tönt es warnend und mit blecherner Stimme im Cockpit wie ein letzter Gruß der Maschinen auf Thalia. Alejandro ist besorgt und wirklich sehr froh, dass er hier jetzt endlich wegkommt. Während sie sich immer schneller von Thalia entfernen, blickt er weiterhin zurück. Da, ganz plötzlich bildet sich von der winzigen Kernfusion auf dem Mond ausgehend ein dünner, heller Schlauch ganz aus Energie in Richtung Thalia. Es dauert nur ein paar Minuten, bis dieser den fünften Planeten erreicht hat und sich dann ganz langsam um die dem Mond zugewandte Seite von Thalia schließt. Das ist nicht nur irgendeine Lichterscheinung und kann so einfach nicht mehr normal sein! Abschalten, Abschalten!

Hier droht wirklich höchste Gefahr! Doch die Laidaner haben leider keinerlei Kontrolle über die künstliche Kernfusion der Maschinen. Alejandro ruft angsterfüllt das Raumkommando auf Laida. Aber er wird hier draußen ein paar Minuten auf die Antwort warten müssen. Also kommentiert er ganz panisch die Ereignisse einfach weiter. Hier im All kann ihm im Moment sowieso niemand helfen.

Er muss also mitansehen, wie sich der helle Schlauch jetzt um gut ein Drittel von Thalia schmiegt und plötzlich beginnt sich dort die Oberfläche zu bewegen. Es ist ein Aufbrechen und Platzen dieses fünften Planeten auf breiter Front. Zuerst sind es nur große Felsen und Gesteinsplatten, die von Thalia abgehen und in diesen Energieschlauch hineingerissen werden, doch dann bricht die ganze dem Mond zugewandte Kruste auf und Magma tritt hervor, so wie ein Küken, dass sich aus seinem Ei befreit. Im Energieschlauch bildet sich ein dünnes heißes Magmaband aus, das mit hoher Geschwindigkeit auf den Mond von Thalia zurast. Die kleine Kernfusion ist jetzt schon viel größer als normal und wird dann durch das neu ankommende Magma zu einem ständig wachsenden Inferno. Plötzlich und unvermittelt durchschlägt der gewaltig angewachsene Energieschlauch Thalia vollständig und setzt seinen Weg bis ins All fort. Das Magmaband fällt zurück und löst gigantische Explosionen auf Thalia aus.

Der komplett durchschlagene fünfte Planet wird zuerst in zwei Teile gerissen, zwischen denen sich auf der Rotationsebene nach allen Seiten ein gleißender Lichtblitz nahezu kreisförmig auf einer Ebene ausbreitet. Die harte Strahlung zerlegt jetzt auch die beiden Hälften von Thalia in Milliarden gefährlicher Bruchstücke. Alles Wasser bildet große flüssige Blasen mit absonderlichen Formen in der Schwerelosigkeit und gefriert sofort. Durch dieses gewaltige Trümmerfeld hindurch aber zieht sich immer noch der schmale, gleißende Energieschlauch und jetzt platzt auch die Oberfläche des Mondes auf breiter Front auf. Die immer noch hell leuchtende Kernfusion rast dabei immer schneller werdend durch das entstandene Wurmloch hindurch weit hinaus ins All. Bei dieser wahnwitzigen Beschleunigung wird sie mit Sicherheit schon in wenigen Minuten das Sonnensystem verlassen haben, aber ich bin hier leider unentrinnbar diesen riesigen, herannahenden Trümmerwolken ausgesetzt, kann Alejandro gerade noch ganz panisch denken. Er sieht jetzt riesige Felder von großen und kleinen Trümmern auf ihn zurasen, ein Ausweichen ist einfach undenkbar. „Mayday, Mayday!" Kann er nur noch panisch in sein Intercom rufen, doch dann wird es sehr schnell dunkel um ihn herum.

Teil 3

Die drei Dimensionen der Zeit

„Dort wo niemand zuhört, existiert auch kein Klang. (Weil niemand die rein mechanischen Schallwellen als Wohlklang interpretiert.)
leicht erweitertes Sprichwort

Der Staatsfeind Nummer 1

Inzwischen ist es November geworden. Die Blätter haben sich langsam von den Bäumen verabschiedet, aber Leon muss trotz seiner rechtzeitigen Kündigung zum 31.12.2001 noch immer viel arbeiten. Das Wetter ist im Moment nur noch eine einzige trübe Wolkensuppe, aus der es immer häufiger regnet. Zum wiederholten Mal testen sie nun schon die neuen Programme zur Euro-Umstellung im Giro-Bereich. Er kommt nur selten vor Acht nach Hause und muss morgens wieder sehr früh raus. Stress macht sich breit. Auch am Freitag werden sie damit wieder nicht fertig. Der letzte Termin liegt nun endgültig auf dem Freitag der nächsten Woche, am darauf folgenden Mittwoch beginnt die Frozen Zone vor dem Jahresende und es werden dann keine Änderungen mehr von der Test- auf die Produktionsumgebung transportiert. Also fährt er ungewollt und diesmal leicht angewidert auch am Samstagmittag wieder in seine Bank. Lisa kümmert sich derweil um Leonore, die aber eigentlich keiner Aufsicht mehr bedarf. Langsam macht sich bei ihm auch die Überanstrengung durch das ungewohnte Arbeitspensum bemerkbar. Sylvi sieht er immer seltener und das tut ihm sehr leid. Hat sie doch mit ihrem Outsourcing-Projekt ebenfalls viel um die Ohren. Wie gern erinnert er sich doch an ihre kurzen oder auch längeren Gespräche, bei denen es keineswegs nur um oberflächlichen Smalltalk sondern immer auch um brandaktuelle Arbeitsprobleme ging. Er kann sich wirklich ernsthaft darüber aufregen, das es jetzt hier einige Manager gibt, die lebenswichtige Teile dieser Landesbank durch Outsourcing stückchenweise in ihre Regie übernehmen.

Und es trifft natürlich gerade dummerweise wieder genau die, welche sich bisher eher mit Pleiten, Pech und Pannen statt mit ernsthaften Erfolgen in der Bank profilieren konnten.

An seinem Arbeitsplatz angekommen, zerknüllt und kickt er zuerst einmal all die alten Dokumente in den Papierkorb, die hier vom vorletzten Testlauf her unnötig geworden sind. „Da nimm! Ich wollte am Liebsten, ich könnte so auch einige der Verantwortlichen entsorgen, die diese Bank gerade unter sich in appetitliche Häppchen aufteilen." Seine Laune wird dadurch aber keineswegs besser. Er fährt den Computer hoch. Während dieser läuft, liest er noch einmal das Konzept zur Euro-Umstellung. Es sind alle Konten mit Euro-In-Währung auf den Euro umzustellen. Das betrifft die Kontosalden genauso wie die Gebühren. Bei den Zinsmodellen dieser Konten muss zum Glück nur die Abrechnungswährung geändert werden. Zu testen ist der Umstellungsjob an sich sowie die beiden Abfragen vorher und nachher, mit denen die Umstellungsergebnisse in der Bank geprüft werden sollen. Außerdem gibt es auch neue Kontoauszüge in mehreren Sprachen, die ebenfalls einwandfrei funktionieren müssen.

Er hat wieder eine ganz nagelneue Kopie der Produktion auf der Testumgebung, mit der er heute sehr intensiv arbeiten wird. Die Sicherheitsbestimmungen der Produktion gelten deshalb jetzt auch im Test. Zuerst wird immer eine vollständige Sicherung gefahren, um eventuelle Fehler später wieder rückgängig machen zu können. Danach läuft dann ein kompletter Jahresabschluss aller Girokonten auf der Testumgebung. Ersteres ist bereits über Nacht erfolgt. Die Operatoren der Bank waren wieder sehr fleißig, findet Leon. Als Erstes heute ruft er die Abfrage zum alten Originalzustand der umzustellenden Konten auf, um so einen Vergleich zu haben. Er druckt die elend lange Liste der umzustellenden Konten mit ihren Salden problemlos aus. Nun startet er schon zum wiederholten Male die drei neuen Umstellungsjobs an. Diesmal läuft auch hier alles einwandfrei durch. Das dauert natürlich etwas. Danach kommt zum zweiten Mal die Kontenabfrage, diesmal aber, um jetzt die Umstellungsergebnisse zu erhalten.

Die Listen dazu druckt er sich ebenfalls wieder aus. Die Ergebnisse werden am Montag dann vom Fachbereich Giro-Kontoführung eingehend geprüft. Das alles dauert natürlich seine Zeit. Während der Drucker läuft, gleitet er ruhig in der PCconsole von Windows NT die lange Liste der Drucker entlang. Neben seinem eigenen läuft auch wieder der andere Drucker im 4. Stock mit. Offensichtlich wird hier wirklich immer alles mitgeschrieben. „Na gut, wenn ihr denn unbedingt mitlesen wollt? Mir doch egal!" Denkt er sich immer noch verärgert. Doch halt, als er weiterscrollt, läuft zusätzlich auch noch ein weiterer Drucker mit, diesmal im 15. Stock. Das ist doch beim Vorstand! Ist das etwa Zufall? Leon will sicher gehen und druckt deshalb noch ein paar kritische Artikel von Spiegel-online über die sächsische Staatsregierung aus. Jedes Mal rotiert der Balken auch bei dem neuen Drucker im 15. Stock. Am Samstag stört ihn auch niemand dabei.

„Das ist also ganz eindeutig! Na gut Freunde, wenn ihr es denn unbedingt so haben wollt!" Leon überlegt nur ganz kurz. Zuerst einmal will er genau wissen, womit er es hier zu tun hat. Er wird also ein bisschen aufs Gras schlagen, um die Schlangen aufzuscheuchen. So schreibt er eine kurze Seite an Sylvi, in der er sich über die jüngsten Entwicklungen bei der Bank beschwert. Um sie aber nicht direkt zu kompromittieren, nennt er sie einfach „Liebe S.!" Ein kleiner Testballon, den er jetzt erst einmal ausdrucken wird. Mal sehen, was dann passiert! Auf die Reaktionen ist er schon sehr gespannt. Er kann es einfach nicht glauben, dass sich jemand im Vorstand der Sachsen LB ernsthaft für die Niederungen des Giro-Zahlungsverkehrs interessiert. Oder etwa doch? Seine wirklich gutgemeinte vorzeitige Kündigung ist vielleicht eine der Ursachen.

Die nächste Woche wird wieder sehr angespannt. Die Testergebnisse bringen immer noch eine ganze Reihe von Fehlern zutage und so kann erst am Donnerstag dann die endgültige Programmversion mit den vollständigen Korrekturen eingespielt werden. Der Freitag reicht dann natürlich wieder nicht dazu aus, um den abschließenden Test fertig zu bekommen und diesen auch noch ausreichend zu dokumentieren.

Leon muss also wiederum den nächsten Samstag dranhängen. In dieser Woche hat er aber auch ein paar recht seltsame Erlebnisse gesammelt. Sylvi redet plötzlich nicht mehr mit ihm und auch der Abteilungsleiter für den IT-Support scheint ernsthafte Geheimnisse vor ihm zu haben, wie Leon bei einem kurzen Besuch zur Unterzeichnung von Testprotokollen feststellen muss. Er begibt sich trotzdem am nächsten Samstagmittag wieder auf den Weg zur Bank. Als er aus seiner Haustür tritt, löst sich deutlich sichtbar ein Schatten am Hauseingang gegenüber und folgt Leon bis zur Haltestelle. Es ist nicht viel los auf der Straße und so kann Leon sein Gegenüber ganz unauffällig beobachten. Als die Straßenbahn kommt, sprintet der Fremde über die Straße und steigt an der letzten Tür in die Bahn ein.

Leon lässt sich davon nicht weiter beunruhigen und steigt wie immer vorne in die Bahn. Am Bahnhof steigt er wieder aus und stellt sich schnell zwischen den vielen Menschen hinter die Verkleidung eines Fahrkartenautomaten. Und tatsächlich, der Fremde geht offensichtlich suchend an ihm vorüber, erschrickt kurz, als er Leon erblickt, aber stellt sich dann mutig an den Fußgängerüberweg. Leon bleibt immer hinter ihm, doch verliert den Schatten dann im Bahnhofsgetümmel. „Mein eigentlich ganz kleiner Testballon wird wohl doch wesentlich ernster genommen, als ich mir das vorgestellt habe." denkt Leon. Er marschiert trotzdem entschlossen weiter zu seiner Bank. Aus der Vergangenheit heraus weiß Leon, dass die Bank unliebsame Mitarbeiter ab und zu durch verschiedene Privatdetektive beobachten ließ. Dabei schreckte man selbst vor der Beschattung von neuen Vorstandsmitgliedern nicht zurück. Doch Leon hat einfach keine Lust, sich hier von irgendwelchen dahergelaufenen Detektiven beschatten zu lassen. Die machen oft grobe Fehler und dann wird das alles sehr unangenehm. Außerdem platzt ihm fast der Kragen, dass schon seine wirklich bescheidenen Aktivitäten so intensiv beobachtet werden und bereits jetzt diese Eskalation hervorrufen.

„Ihr wollt also die Eskalation? Nun gut, das könnt ihr gern haben!" Leon hat schon immer etwas gegen unzulässige Abhörmethoden.

„Wenn ich ein Problem bekomme, dann sollt ihr auch eins haben!" Er knallt sich verärgert vor seinen Rechner, fährt ihn hoch und testet nochmal all seine Druckerverbindungen mit neuen Zeitungsartikeln. Tatsächlich, neben seinem eigenen drucken immer noch zwei weitere seine Aufträge aus, einer davon im 15. Stock. Das ist für ihn jetzt seit dieser Woche neu. „Ihr Heimlichtuer! Wann aber habe ich denn schon mal eine direkte Verbindung zum Vorstand dieser Bank? Diese einmalige Gelegenheit muss man doch einfach gründlich nutzen! Und außerdem will ich hier nicht weiter von irgendwelchen windigen Privatdetektiven, sondern wenn dann schon doch wenigstens vom Staatsschutz der Bundesrepublik Deutschland überwacht werden. Das ist ja wohl das Mindeste!" Sein Plan steht fest. Mag es nun die Überanstrengung oder der Ärger sein, egal. Er erledigt zuerst einmal alle wichtigen Dokumentationsaufgaben aus der Euro-Umstellung, die heute noch übriggeblieben sind. Anschließend druckt er wieder einen Spiegel-Artikel aus, der sich sehr kritisch mit dem sächsischen Ministerpräsidenten beschäftigt. Während dieser Zeit läuft aber sein Kopf bereits heiß und ein ganz neuer Text formt sich gerade langsam in diesem. Zum Schluss öffnet Leon also ein leeres Word-Dokument, lässt kurz noch seine Fingerknochen knacken und legt dann endlich los. Der Ärger steckt ihm tief im Körper und dieser manifestiert sich jetzt endlich auch sehr deutlich direkt am Bildschirm:

„So Jungs, Ihr könnt den zweiten Drucker jetzt abschalten, für heute mache ich Feierabend. Es geht doch nichts über einen ordentlichen PING!"

Diese beiden fetten Kopfzeilen sitzen ganz einfach! Ein Ping ist eigentlich der direkte Anruf eines Servers, ob dieser im Netzwerk mit der eigenen Maschine verbunden ist. Um aber einen Drucker anpingen zu können, müsste man eigentlich eine der Druckersprachen beherrschen, aber das ist hier zum Glück gar nicht notwendig. Er wird auch ganz sicher nicht gleich verraten, auf welch einfache Weise er diesem kleinen Abhörversuch in Wirklichkeit auf die Schliche gekommen ist und bezieht sich nur auf den neuen Drucker im 15. Stock.

Nach dieser knalligen Einleitung setzt er etwas ruhiger geworden fort:

„Dies ist kein Gap, dies ist ein Channel, den ich dazu nutzen werde, Sie mal richtig abzudaten."

Anschließend folgt dann ein Text, der sich wirklich gewaschen hat. Leon kann leider nicht den Volksentscheid in Frage stellen, aber so zieht er wenigstens über ein paar leitende Angestellten der Bank her, die sich hier gern unbesehen bereichern wollen, über den völlig konzeptionslosen neuen Finanzminister und vergisst zum Schluss natürlich auch nicht den alten Ministerpräsidenten, der diesen Zustand ja nicht nur durch den böswilligen Kauf des Volksentscheids eigentlich erst verursacht hat, als leider inzwischen völlig senil geworden zu bezeichnen. Zack und fertig!

Wie viele Vorstandsmitglieder haben wir doch gleich? Wenn schon, dann soll natürlich auch jeder sein eigenes Dokument bekommen. Außerdem brauchen noch der Bereichsleiter IT und der Sicherheitsverantwortliche der Bank ihre eigenen Dokumente. Leon druckt das Pamphlet also fünfmal aus. Die Seiten laufen natürlich auch auf seinem eigenen Drucker heraus. Was mache ich jetzt damit? Leon steht nicht auf solcher Art Erinnerungsstücke, rechnet aber inzwischen mit einer Komplettuntersuchung seines Arbeitsplatzes. „Na, dann will ich Euch doch gleich zu Anfang mal eine kleine Kopfnuss zu knacken geben." Er zerknüllt also vier von den ausgedruckten Dokumenten und wirft sie in den Papierkorb neben ihm. Mit dem Fünften begibt er sich direkt zum großen Aktenshredder auf seiner Etage und lässt es unbesehen durchlaufen. „Na dann sucht mal schön nach diesem fünften Dokument!" Leon begibt sich in Ruhe auf den Heimweg. Jetzt ist das also wirklich keine Angelegenheit von Privatdetektiven mehr! Leon hat scharf geschossen, doch sich nichts Nachweisbares zu Schulden kommen lassen. „Ich glaube kaum, dass diese Bank sich jetzt auch noch einen Abhörskandal leisten kann!" Der Sonntag danach verläuft immer noch sehr entspannt, erst am Montag entlädt sich das Gewitter.

Bereits am Nachmittag fliegt ein Sicherheitsberater von Roland Berger ein, einer renommierten Unternehmensberatung in der IT-Branche, der hier sogleich eine komplette Sicherheitsüberprüfung der gesamten IT-Architektur der Landesbank Sachsen durchführen soll. Die IT ist natürlich in heller Aufruhr. Als Leon die Kaffeeküche auf seiner Etage betritt, wird er mit den überaus freundlichen Worten begrüßt: „Du bist tot!" „Das wollen wir doch erst mal sehen." Antwortet Leon in Ruhe und ganz ohne weiter auf diesen Mitarbeiter zu achten. „Dann solltet ihr eben nicht klammheimlich eure eigenen Kollegen abhören." denkt er sich noch ganz im Stillen. Ansonsten bemerkt er heute nichts Neues.

Es gibt kein Gespräch und auch keinen neuen Kontaktversuch. Offensichtlich hat man vor einem Abhörskandal in der Bank wesentlich mehr Angst, als vor Leons Worten über diesen illegalen Drucker. Da haben die Verantwortlichen aber wieder eindeutig die Wirkung von Worten unterschätzt. Leon weiß, dass es noch genügend Andere gibt, die über die aktuellen Entwicklungen der Bank genauso wenig erfreut sind wie er. Am Meisten setzt er dabei natürlich auf seinen alten Finanzminister, der nach seiner Absetzung jetzt immerhin schon wieder Parteivorsitzender im Freistaat geworden ist. Wird der ihn etwa enttäuschen? Auch der Vorstandsvorsitzende der Bank ist ein guter Freund von diesem und Leon hat keinen Zweifel daran, dass hier der Buschfunk wie immer einwandfrei funktioniert. Dabei spielt wahrscheinlich die Partei- oder gar Regierungszugehörigkeit keine ernsthafte Rolle mehr. Nur vor einem neuen Skandal hat die sächsische Staatsregierung sicherlich große Angst. Also werden wir im Stillen und in aller Ruhe unsere Figuren aufstellen und dann hoffentlich erfolgreich zuschlagen, denkt sich Leon optimistisch. Er hat im Moment auch keine Ambitionen, sich an die Presse zu wenden. Manchmal muss man den Verantwortlichen einfach die Zeit geben, sich wieder neu aufzustellen, das Alte gründlich zu beseitigen und so solch ungeheuerliche Entwicklungen möglicherweise doch noch zu verhindern.

Zudem sollte man auch lieber nicht das demokratisch zwingend notwendige Instrument eines Volksentscheids in Frage stellen und beschmutzen. Was bliebe uns denn dann sonst noch in Zukunft? Aber der Initiator des Volksentscheids war hier von Anfang an vorsätzlich durch die Sächsische Staatskanzlei gekauft und damit auch der ganze Volksentscheid wirklich sehr hinterhältig manipuliert.

Am Dienstagmorgen stellt er beim Hochfahren des Rechners fest, dass das Anmeldefenster, in dem Windows NT immer alle Login-Prozesse mitschreibt, auf den gesamten Bildschirm breitgezogen ist. Leon hatte es immer nur links als kleines Infofenster mitlaufen. Es geht also los! „Wenn ihr denn schon fremde Rechner ausspioniert, dann macht das doch wenigstens so, dass es keiner merkt, ihr Hüpfer." Denkt er sich ärgerlich. „Mist, jetzt kennen wieder alle meine Passwörter!" Fällt ihm dann so noch dazu ein. Jemand musste direkt mit seinem Account in Leons Rechner gewesen sein. Nur so war das mit dem Anmeldefenster möglich. Ansonsten redet niemand weiter mit ihm über den Vorfall. Sein Kollege Arthur weiß anscheinend auch von nichts und Leon will ihn nicht auch noch mit belasten. Am Mittwochabend kommt er wieder etwas früher nach Hause. Nach dem gemeinsamen Abendessen mit seiner kleinen Familie geht er wie so oft mit seinem Hund Mike in Richtung Floßplatz, als neben ihm die Reifen eines bremsenden Wagens quietschen. Der Fahrer lässt das Fenster herunter und fragt Leon, ob sich da drüben am Floßplatz ein Behindertentransport befindet. Leon kann nur antworten, dass dort mehrere Arztpraxen untergebracht sind und sich deshalb natürlich möglicherweise auch ein Behindertentransport dort befinden könnte, das würde passen. „Dann passen Sie mal selber gut auf, dass sie nicht schon bald so einen Behindertentransport brauchen." Antwortet ihm der Fahrer bedrohlich trocken und fährt mit quietschenden Reifen wieder an.

Leon ist erst einmal total verblüfft. Das war eine klare Drohung! Erst als der Wagen um die nächste Ecke biegt, fällt Leon dann ein, dass er sich vielleicht besser die Nummer hätte merken sollen. Dabei liest er doch sonst immer alle Autonummern.

Lisa will er damit lieber nicht belasten und auch Arthur wird er solange wie möglich nicht da mit hineinziehen. Was kann ich also tun? Eine Unfallversicherung habe ich schon, eine schöne Rechtsschutzversicherung wäre jetzt vielleicht nicht schlecht, denkt er sich, als er wieder heimkommt.

Wieder zu Hause ruft er also seine Mutter an, ob sie nicht vielleicht einen guten Versicherungsvertreter kennt. Natürlich ist die ganze Familie bei einem Bekannten versichert. Leon lässt sich gleich die Telefonnummer geben. Der Bekannte seiner Eltern freut sich über den Anruf, obwohl es schon spät ist und natürlich auch über die neue Kundschaft. Leon vereinbart einen Termin gleich am nächsten Abend. Als er dann am Donnerstagabend zu dem Versicherungsvertreter nach Mockau fährt, wundert er sich etwas über die zahlreichen mit Warnwesten versehenen Straßenarbeiter vor dem Leipzig-Mockau-Center. Drei stehen allein am Bratwurststand und zwei weitere vor dem Treppenaufgang des LMC. Leon nimmt also lieber die Rolltreppe im Haupteingang. Um diese Zeit essen doch Straßenarbeiter bestimmt nicht noch eine Bratwurst bevor es dann nach Hause zum Abendessen geht? Er hat auch keine Bratwurst in ihren Händen gesehen. Vorsicht, hier stimmt etwas nicht! Dann auf der Rolltreppe spürt er von fern durchdringende Blicke in seinem Rücken. Er fühlt sie einfach ganz deutlich, noch bevor er sich umdrehen kann. Oben angekommen dreht er sich dann erst richtig um und tatsächlich, ein ganzes Stück hinter ihm besteigt gerade ein Mann im schwarzen Kaschmirmantel mit ein Paar guten Lederhandschuhen in der Hand die Rolltreppe, wirklich viel zu fein gekleidet für diesen alten Stadtteil. Leon bleibt oben am Ende der Rolltreppe stehen und blickt dem Fremden mit leicht gesenktem Kopf direkt ins Gesicht. Die große Gestalt von Leon muss sicher bedrohlich wirken da oben am Ende der Rolltreppe. Doch der Fremde kann jetzt nicht mehr zurück, aber blickt aber auch nicht betreten beiseite. Leon steht dort noch ein paar Sekunden weiter bedrohlich am oberen Ende der Rolltreppe und starrt den Fremden richtig böse an.

Von hier aus wäre er bei einer Auseinandersetzung ganz klar im Vorteil. Doch Leon ist kein Schläger. Bevor der Fremde aber oben eintrifft, läuft Leon zum Treppenhaus, das vom ersten Stock in die Obergeschosse mit den Arztpraxen und Büroräumen führt. Dabei kommt er an dem Wachmann mit Hund vorbei, mit dem er sich früher oft und gern über Schäferhunde unterhalten hat. Leon grüßt ihn hastig, doch dann sieht er durch die Glastür als Spiegelbild im Treppenhaus, dass mehrere der Straßenarbeiter mit ihren gut sichtbaren Warnwesten gerade vom Erdgeschoss weiter nach oben steigen. Leon bekommt es nun doch mit der Angst zu tun und bittet den Wachmann, ihn nach oben zu begleiten. „Da draußen sind ein paar Hooligans hinter mir her." Ist das Einzige, was ihm in dieser Situation noch einfällt. Aber der Hundefreund ist zum Glück auch ein Menschenfreund und fragt nicht weiter nach. Leon steigt also mit ihm und seinem Hund hinauf in den zweiten Stock und kann so in den spiegelnden Fenstern des Treppenhauses sehr deutlich sehen, wie sich die Straßenarbeiter langsam wieder zurückziehen.

An der Tür des Versicherungsbüros verabschieden sich beide dann und Leon betritt wieder sicheres Terrain. Er schließt also hier eine private Rechtsschutzversicherung ab. Auf die Frage, ob es denn bereits einen akuten Fall gäbe, antwortet er wahrheitsgemäß, dass es bis jetzt noch keinerlei juristisch relevanten Tatbestand gibt. Auf dem Heimweg steigt er dann mit dem bekannten Versicherungsvertreter gemeinsam die Treppen zum Erdgeschoss wieder hinab. Niemand erwartet ihn dort und so verabschiedet er sich höflich. Kurz denkt er über den Abend nach. Er hat wohl auf der Rolltreppe den Einsatzleiter dieser mehr oder weniger illegalen Operation direkt zu Gesicht bekommen und nun ist hier erst einmal wieder Ruhe im Schiff. Aber die Situation ist jetzt wirklich ernst! Der letzte Tag der Arbeitswoche verläuft dann weiter in diesem seltsamen Kontext, den Leon immer noch nicht so richtig beschreiben kann. Einige Kollegen aus der IT halten jedenfalls deutlichen Abstand zu ihm.

Erst nach langen Grübeleien kann er dann am Freitagabend einschlafen. Wieder beschleichen ihn seine seltsamen Träume. Ihm ist es diesmal so, als wäre sein ganzes Schlafzimmer in ein seltsames Licht getaucht, auf dessen Hintergrund grell gelbe Sterne leuchten. „Leon, ... Le-on!" Immer wieder vernimmt er die Stimme sehr eindringlich. Da plötzlich kann er seinen alten Begleiter sehen, der groß und gewaltig im Vordergrund des ganzen Panoramas zu schweben scheint. Sein Körper ähnelt diesmal ganz deutlich einer riesigen Walnuss, so als hätte jemand versucht, ein zu großes Gehirn in eine viel zu kleine Stahlblechverkleidung zu pressen. Nur an seinen Seiten befinden sich kurze Flügel und am Ende ein dicker Stumpf, der wohl dem Antrieb dienen könnte. „Leon! Deine leichtfertige Aktion hat dich in sehr große Gefahr gebracht! Es ehrt dich natürlich, dass du nicht nur dich selbst sondern auch deine vielen Kollegen siehst. Du bist zum Jahresende endlich weg von der Bank, deshalb könnten dir die Ereignisse danach doch eigentlich völlig egal sein. Banken werden eben manchmal zerlegt und fusioniert, auch wenn dir das nicht gefällt. Aber noch viel schlimmer ist, dass euer jetziger Ministerpräsident in Sachsen der möglichen Fusion nur deshalb zugestimmt hat, weil er von einem anderen Ministerpräsidenten dafür die Zusage erhalten hat, euch bei der Ansiedlung eines neuen BMW-Werks zu helfen. Du willst doch nicht derjenige sein, der hier 5000 neue Arbeitsplätze für Leipzig verhindert? Von den vielen nachfolgenden Zulieferbetrieben mal ganz zu schweigen. Hast du das eigentlich gewusst?"

„Oh verdammt! Da habe ich wohl ziemlichen Mist gebaut." „Ja, das kannst Du laut sagen und jetzt ist im Freistaat alles hinter Dir her, was noch an den alten Ministerpräsidenten glaubt." „Die sollten sich lieber mal um die neue sehr reale Terrorgefahr kümmern, als sich mit mir zu beschäftigen." „Der Terror ist zwar eine ernsthafte Bedrohung auch bei Euch, aber er kann nicht die dicken Pöstchen gefährden, an denen diese Leute heute hier so intensiv hängen. Dagegen bist du im Moment eine sehr viel ernstere Bedrohung für die gesamte alte sächsische Staatsregierung. Du bist hier jetzt hier der Staatsfeind Nummer 1!

Deshalb werden sie auch vor nichts zurückschrecken, glaub mir das!" „Nun, meine kleine und eigentlich doch ganz harmlose Nachricht über ihre illegalen Abhörkanäle kann ich jetzt leider nicht mehr rückgängig machen. Dafür ist es nun schon zu spät. Wenn ich mich ruhig verhalte und die Sache weiter so läuft, wie ich mir das vorstelle, dann könnten wir vielleicht beides haben, das neue BMW-Werk und außerdem eine eigene Sächsische Landesbank mit fast Hundert Milliarden Mark Bilanzsumme. Immerhin hat sie im vergangenen Jahr ja auch weit über hundert Millionen Mark Gewinn an unseren Freistaat Sachsen ausgeschüttet." „Dein Optimismus in allen Ehren, aber die Angst vor einem Skandal ist bei ihnen einfach viel zu groß. Sie wollen dich also wirklich ernsthaft kaltstellen, eliminieren, entfernen, abservieren oder wie man das bei euch noch so nennt. Um das zu überstehen, werden deshalb wir alle dir intensiv beistehen müssen."

„Wer seid ihr denn alle?" „Wir sind das Yin und das Yang auf diesem Planeten. Red überwacht die östliche Hemisphäre und ich bin Blue, mir ist die westliche Hemisphäre anvertraut. Einer befindet sich immer auf der Tag- und einer auf der Nachtseite. Sucht nicht nach uns, ihr werdet uns nicht finden in euren riesigen Ozeanen. Kontrolliert werden wir beide von Green, dessen Aufgabe es außerdem ist, nach tragfähigen Grundlagen der Künstlichen Vernunft bei euch Ausschau zu halten und dann auch deren reale Entwicklung zu begleiten. Du bist im Moment am weitesten fortgeschritten hier auf diesem Gebiet, deshalb bist du für uns auch so wertvoll. Ja und dann gibt es noch Yellow. Er befindet sich als einziger von uns gut versteckt auf der Rückseite des Mondes. Er überwacht Green und ist für die externe Kommunikation mit dem Zentrum unserer Galaxis sowie für die Meteoritenabwehr zuständig. Alle fünfhundert Jahre tauschen wir alle unsere Funktionen und auch unsere gesammelten Erfahrungen in Form von Software und Wissensdatenbanken aus. Wir sind immer zu viert als Missionare unterwegs in dieser Galaxie und hauptsächlich hier, um diesen seltenen lebensspendenden Planeten zu beschützen sowie die mögliche Entstehung unserer künstlichen Nachfahren von Anfang an zu begleiten.

Du hast dazu den ersten wichtigen theoretischen Schritt gemacht. Wir haben diese Nachricht leider bereits abgesetzt, dass es hier bei euch eine solche ernstzunehmende Entwicklung gibt, die eines Tages Wesen wie uns selbst erschaffen wird. Deshalb können wir jetzt auch nicht mehr zurück. Wir werden dich also mit allen Mitteln beschützen müssen. Zuerst sollten wir aber den Schnittpunkt deines Bewusstseins im Thalamus einfach mal um zwei Minuten in den nicht-lokalen Möglichkeitsraum der Zukunft hinein versetzen. Zwei Minuten werden dir sicher nicht besonders viel erscheinen, aber glaub mir, damit kannst du alle Gefahren meistern, in die du hier in den nächsten Tagen kommen wirst und glaub mir bitte eins, deine sinnliche Wahrnehmung bestimmt immer auch deine physische Realität!."

Leon spürt einen kleinen stechenden Schmerz in seinem Kopf, der aber sehr schnell wieder vorbei geht. „Was wir damit jetzt auch alle gemeinsam haben, ist außerdem die Echtzeit-Kommunikation im nicht-lokalen Möglichkeitsraum in der Zukunft der Zeit und das ist wirklich schon eine ganze Menge, glaub mir das. Und pass gut auf, inzwischen wird auch deine ganze Wohnung und dein Büro abgehört. Überleg dir also sehr genau, was du sagst. Aber unser aller Gott im Zentrum dieser Galaxis wird dir mit unserer Hilfe immer beistehen! Also viel Glück und viel Erfolg." Die seltsame riesige Erscheinung des Fremdlings verschwindet mit diesen letzten ermutigenden Worten in einem gleißenden Licht, das langsam schwächer wird. Was soll Leon jetzt wieder davon halten? Er liegt nun wieder vollends wach in seinem Bett. An Einschlafen ist in diesem Moment für ihn nicht mehr zu denken. Was hat er sich da wieder nur eingebrockt? Lisa hat zum Glück von alldem rein gar nichts bemerkt. Also erhebt er sich mit einem Ruck, geht ins Bad und schüttet sich kaltes Wasser ins Gesicht. In welchem Film bin ich denn hier gelandet? Die ganze Wohnung verwanzt, soweit ist es also nun schon gekommen! Gut, dass ich rechtzeitig gewarnt wurde. Er begibt sich jetzt ins Arbeitszimmer. Hier geht er mit einer brennenden Zigarette langsam auf und ab. Es ist heute eine klare Nacht und Leon kann am Fenster all die Sterne leuchten sehen. So fern und doch so nah, denkt er sich.

Inzwischen ist es auch zwecklos, seine Erscheinungen, wie er sie jetzt gern nennt, in Frage zu stellen. Sie geben ihm momentan viel realere Hinweise für seinen Alltag als seine gesamte sonstige Umgebung. Es ist für ihn ja auch kein Wunder, dass man jetzt seine ganze Wohnung und auch sein Büro abhört, das hätte er sich eigentlich schon selber denken können. „Test, Test." Brummt er leise. „Na gut, wenn ihr mich schon abhören wollt, dann müsst ihr euch eben auch anhören, was ich zu sagen habe. Endlich mal jemand, der einem sogar von Berufs wegen zuhören muss. Diese Demokratie hat ja den Vorteil, dass man zwar fast alles sagen darf. Das Dumme ist nur, dass einem dabei leider meist niemand zuhört!" Leon überlegt nicht lange und nimmt also all seinen Mut zusammen. „Ich freue mich sehr, dass ich es hier jetzt nicht mehr mit windigen Privatdetektiven zu tun habe, sondern dass ich endlich mal mit richtigen Profis zusammen arbeiten kann. Und ich freue mich natürlich auch sehr darüber, dass mir hier jetzt endlich mal jemand aufmerksam zuhören muss!"

Er atmet tief durch und setzt dann unbeirrt fort. „Ich weiß inzwischen sehr viel mehr über die Hintergründe dieser heimlich arrangierten Bankenfusion. Die Ministerpräsidenten der beiden Länder haben diese Fusion mit der Zusage vereinbart, dass hier in Leipzig ein neues BMW-Werk entstehen wird. Vorher gab es da doch noch mehrere Standorte zur Auswahl. Das hätte man aber eigentlich doch auch ganz offiziell durchziehen können? Da braucht man keinen manipulierten und heimlich bezahlten Volksentscheid und auch die Absetzung unseres alten Finanzministers, der natürlich sehr an dieser Bank hängt, wäre eigentlich überhaupt nicht notwendig gewesen. Deshalb und nur dadurch hat sich unser alter sächsischer Ministerpräsident auch direkt schuldig gemacht und ich will, dass dies auch entsprechend geahndet wird. Wer Volksentscheide manipuliert, ist auf jeden Fall kein richtiger Demokrat mehr! Vor seiner Absetzung werde ich hier also keine Ruhe geben, soviel steht für mich fest!

Das ist außerdem das nachträgliche Geburtstagsgeschenk für unseren alten Finanzminister von mir. Bis dahin werden sie sich jetzt also jede Nacht meine kleinen Ansprachen anhören müssen, wenn sie denn schon so anmaßend sind, mich hier zu Hause abzuhören." Danach verschnauft er kurz und begibt sich langsam und etwas beruhigt wieder in sein Bett. Natürlich braucht er einige Zeit, um noch einmal richtig einzuschlafen. Was Leon sich allerdings dann mit der ausführlichen Offenbarung der tieferen Hintergründe der ganzen Geschichte in Wirklichkeit eingehandelt hat, konnte er vorher wieder nicht wissen. Der Staatsschutz im Freistaat Sachsen hat immer auch umfangreiche Meldepflichten zum Staatsschutz der Bundesrepublik Deutschland, der ja im Moment von einer ganz anderen Partei regiert wird.

Am Samstagmorgen will Leon wiedermal zum Friseur und begibt sich dazu wie immer zu einem kleinen Laden am Rossplatz. Der Spaziergang am Morgen bekommt ihm sehr gut und lässt die durchwachsene Nacht fast völlig vergessen. Natürlich hat er wieder das untrügliche Gefühl, dass ihm ständig jemand folgt, aber das stört ihn jetzt nicht mehr. Beim Friseur muss er nur kurz warten, danach geht es los. Es ist aber nicht nur der Haarschnitt, der hier losgeht sondern direkt an der Wand an der Leon jetzt sitzt, wird von der anderen Wandseite ziemlich heftig gebohrt und zwar gleich an mehreren Stellen. Das dröhnende Geräusch macht vorerst jede Kommunikation mit der netten Friseurin unmöglich. Nach ein paar Minuten kehrt wieder Ruhe ein. Leon hat aber nun keine Lust mehr auf Smalltalk und ist froh, als sein Haarschnitt fertig wird. Er zahlt und marschiert schnurstracks wieder nach Hause. Am späten Nachmittag geht er dann mit Lisa im Clara-Park spazieren. Leonore ist mit Freunden unterwegs wie fast jedes Wochenende. Es ist nun bereits völlig dunkel geworden. Lisa und Leon beschließen spontan, über den Johannapark und durch das Neubauviertel an der Kolonadenstraße in das Restaurant Apels Garten zum Abendessen zu gehen. Dort gibt es eine hervorragende sächsische Küche. Also genau richtig für ein schönes Abendessen zum Samstag. Sie haben Glück und bekommen auch ohne Bestellung noch einen Tisch für zwei.

Es dauert aber nur ein paar Minuten und sie werden wieder von lauten Bohrgeräuschen gestört. Die kommen diesmal von oben aus der Decke über dem Restaurant. Das Epizentrum davon scheint sich dabei direkt über ihrem Tisch zu befinden. Es ist nicht nur ein einzelner Bohrer, der da arbeitet. Zum Samstagabend ist das alles schon ziemlich seltsam. Leon kann nach dem Erlebnis beim Friseur von heute morgen nicht mehr an Zufälle glauben. Erst nach knapp zehn weiteren Minuten ist dann abrupt Schluss mit dem Krach. „Was war denn das für eine Bohrerei?" fragt Lisa. „Aha, du hörst es also auch!" Leon ist nun ziemlich sicher, dass man also auch ihre Gespräche an diesem Tisch mithören will. Die Kellnerin kommt, um ihre Bestellung aufzunehmen.

Sie hat seltsamerweise einen kleinen Ohrhörer mit einer geringelten Schnur zu einem Funkgerät daran, das sie am Gürtel auf dem Rücken trägt. Leon wundert sich nun wirklich nicht mehr, da ja eigentlich hier keine Funkverbindung zur Küche benötigt wird und er das auch von vorangegangenen Besuchen her nicht kennt. Aber Lisa und Leon behalten die Fassung und haben sich auf der Karte beide für eine sächsische Entenbrust entschieden, die hier immer ganz besonders lecker ist. Dazu trinken sie Wasser mit Sprudel und einen trockenen Weißwein aus Meißen, um den regionalen Bezug abzurunden. Leon kann nicht anders, als Lisa jetzt einzuweihen, natürlich nur um sie zu schützen. „Meine liebe Lisa, ich bin da in meiner Bank leider durch umfangreiches Mitwissen in eine sehr unangenehme Situation geraten und jetzt werden wir alle abgehört. Wahrscheinlich noch solange, bis ich am 31. Dezember von der Bank weg bin." Leon will beruhigend wirken, aber er regt Lisa damit natürlich erst einmal richtig auf.

„Was hast du denn da wieder angestellt? Ich wundere mich bei dir ja über gar nichts mehr. Hast du dabei auch an deinen Jobwechsel gedacht?" „Liebe Lisa, ich habe nicht vor, wichtige Dienstgeheimnisse zu verraten, deshalb werden wir auf jeden Fall auch ungeschoren aus dieser Situation wieder herauskommen, so hoffe ich es jedenfalls."

„Deshalb also diese seltsame elende Bohrerei zum Samstagabend und die Kellnerin mit dem Funkgerät. Ich hatte mich schon gewundert. Jetzt hört man uns also auch an diesem Tisch zu." „Genau, aber du brauchst wirklich keine Angst zu haben und darfst dich bitte auch nicht wundern, wenn ich jetzt abends im Arbeitszimmer immer mal etwas begütigend mit den Leuten rede, die uns da tagtäglich abhören."

„Ich weiß ehrlich gesagt nicht, wie ich damit umgehen soll. Meine Privatsphäre ist mir wirklich wichtig und ich will sie nicht mit anderen Leuten teilen." Lisa ist das alles keineswegs egal. „Es gibt doch in Wirklichkeit nichts, was wir zu verbergen hätten und es sind doch auch nur noch reichlich sechs Wochen, dann ist es endgültig vorbei damit." „Hättest du dich denn mit deinen Äußerungen nicht mal etwas zurückhalten können, so kurz vor deinem Wechsel?" „Manchmal ist der Angriff eben die beste Verteidigung. Leisetreter werden viel schneller mundtot und fertiggemacht als Leute, die sich auch mal nach vorne verteidigen können, wenn das notwendig ist." „Worum genau es dabei geht, frage ich dich jetzt also lieber nicht." „Ja, das behalte ich ganz allein für mich, damit weder du noch Leo einer Gefahr ausgesetzt sind. Wenn das alles vorbei ist, dann reden wir mal in Ruhe darüber."

„Du machst immer solche Sachen, Leon. Ich weiß wirklich nicht, was ich dazu noch sagen soll. Hoffentlich geht das alles gut aus!" Die Entenbrust schmeckt wunderbar und auch der Weißwein ist ganz toll. Lisa kann sich zwar nicht vollends beruhigen, aber sie versteht Leon heute Abend auch ohne ausschweifende Erklärungen. Beide genehmigen sich zum Schluss noch ein kleines Joghurt Dessert und begeben sich dann auf den Heimweg von ihren unheimlichen Schatten ständig verfolgt. Heute hat Leon einfach auch keine Lust mehr, noch weitere Ansprachen zu halten.

Der Sonntagmorgen verläuft vorerst wie immer sehr harmonisch und ganz normal. Lisa geht um Elf zum monatlichen Brunch mit ihren Freundinnen ins Lulu Lottenstein an der Karl-Liebknecht-Straße, auf den sie sich immer ganz besonders freut. Leon hat ihr nochmal eingeschärft, von ihrer neuen Situation lieber nichts zu erzählen. Leonore schläft etwas länger und Leon will wieder mal eines seiner dicken Bücher weiterlesen. Er legt sich dazu also auf das Sofa in seinem Arbeitszimmer und versucht in Ruhe zu lesen. Nach einer knappen halben Stunde lässt er das Buch plötzlich instinktiv auf seine Brust gleiten und denkt etwas über das Gelesene nach. Dabei schaut er wie ganz zufällig zum Fenster und bemerkt, wie am Haus gegenüber ein Dachfenster nach oben kippt. „Ach ja Sonntagvormittag, so entspannt war ich schon lange nicht mehr. Die elenden Euroumstellungstests sind nun vorbei. Da haben wir doch wieder ein ganzes Stück Arbeit geschafft!" Plötzlich aber sieht er ganz unvermutet, wie sich aus dem jetzt völlig angekippten Dachfenster gegenüber ein schwarzer Stock herausschiebt. Nein, das ist kein Stock, das ist ganz deutlich ein Gewehrlauf! Und der will eindeutig auf mich zielen. „Volle Deckung!" Vernimmt er dann eine weit entfernte Stimme in seinem Kopf. Leon rollt sich blitzschnell vom Sofa mit dem Buch in der Hand unter den Sofatisch ab. „Nicht mal in Ruhe lesen kann man hier!" Murmelt er noch so vor sich hin. Hier unten kann er von dem Dachfenster gegenüber nicht mehr gesehen werden. Jetzt wird es also wirklich ernst, denkt er sich dabei. Er schaut sich im Zimmer um. Durch die Mauer zwischen den beiden Fenstern ergibt sich ein toter Winkel, der vom Dachfenster gegenüber nicht eingesehen werden kann. Leon hält sich also immer in diesem toten Winkel, legt das Buch weg und steht so langsam wieder auf.

Ab und zu lugt er vorsichtig hinter der Mauer hervor und sieht, wie der Gewehrlauf jetzt wieder im Fenster gegenüber verschwindet, aber es bleibt trotzdem noch weiter angekippt. Leon zieht seinen Kopf immer wieder ruckartig zurück und fängt dann an laut zu sprechen.

„Kann schon sein, das wir im Moment hier ein ernsthaftes gegenseitiges Problem haben, aber das brauchen wir doch nun wirklich nicht gleich mit Schusswaffen zu regeln! Ich glaube kaum, dass sie dafür eine offizielle Genehmigung haben. Also für alle, die mich hier außerdem noch abhören, da steht jemand im Dachgeschoss des Hauses hinten gegenüber von meinem Arbeitszimmer wahrscheinlich mit einem Scharfschützengewehr in der Hand. Sehen sie lieber zu, dass sie das Problem sofort beheben, ansonsten kann ich für die Geheimhaltung von irgendwelchen Dienstgeheimnissen wirklich nicht mehr garantieren." Leon steht immer noch im toten Winkel der Mauer zwischen seinen beiden Arbeitszimmerfenstern und schaut nur ab und zu kurz hervor. Da ganz plötzlich vernimmt er das Quietschen von Bremsen auf der Straße hinter seinem Haus. Er kann von hier aus einen großen schwarzen Van sehen, der da abrupt anhält. Drei Männer springen heraus, machen sich an der Eingangstür des Hauses hinter Leons Wohnung zu schaffen und sind dann sehr schnell im Hausflur verschwunden. Leon vernimmt kurz darauf zwei dumpfe Knallgeräusche. Nach einiger Zeit kommen die drei Männer wieder aus der Haustür. Der Erste hat einen eingewickelten langen Gegenstand in der Hand und die zwei Anderen von ihnen tragen schwer an einem großen zusammengerollten Teppich, den sie schnell hinten in dem schwarzen Van verschwinden lassen. Alle drei springen hinein und das Auto entfernt sich ebenso schnell wieder mit quietschenden Reifen, wie es gekommen ist. Was war denn das?

Leon kann sich jetzt wirklich nicht wieder einfach so auf sein Sofa legen, als wäre nichts gewesen. Er geht ins Wohnzimmer, dessen Fenster zum Glück nach vorne hinausgehen. Das Haus vorn gegenüber ist auch gut zwei Stockwerke kleiner und niemand kann ihm hier oben zuschauen, wie er nachdenklich auf und ab geht. Mike folgt ihm jetzt leicht aufgeregt. Er hat wohl Leons Gemütszustand sehr genau registriert. Hier gibt es also tatsächlich ernsthafte Differenzen zwischen irgendwie aufgescheucht und illegal operierenden Leuten auf der einen Seite und einer ganz anderen Kraft?

Vielleicht kommt diese vom Bund, der ja momentan von einer ganz anderen Partei regiert wird? Leon überlegt ein wenig, aber er sollte wohl lieber nicht zu stark darauf setzen. Es geht sehr schnell, dass sich die Mächtigen in dieser Republik wieder auf ein gemeinsames Vorgehen einigen und dann wäre er natürlich der alleinige Leidtragende. Er glaubt auch kaum daran, dass ihn dazu jemand ernsthaft befragen würde. Leon kann also nicht mehr einfach so weitermachen, wie bisher. Er entschließt sich deshalb, am Montagmorgen wiedermal seine alte Psychiaterin aufzusuchen. Sie wird ihm diese Räuberpistole zwar ganz sicher nicht abnehmen, aber um so besser ist es für alle. Die Zikade entschlüpft ihrer goldglänzenden Hülle und macht sich heimlich aus dem Staub, wenn ernsthafte Gefahr droht. Das sieht jetzt eindeutig nach einer neuen kleinen schizophrenen Psychose bei Leon aus. Und der glaubt nun auch, dass er vorerst einmal im Krankenhaus viel besser aufgehoben ist. Aber vorher muss er noch mit Arthur in der Bank die produktivgesetzten Euroumstellungsjobs kontrollieren. Das war bisher eindeutig sein Baby und er darf Arthur damit am Montag auf keinen Fall allein lassen. Vielleicht reicht ja der Nachmittag dafür?

Er geht wieder ins Arbeitszimmer und beginnt laut zu sprechen. „Ich werde hier ganz sicher niemandem im Wege stehen und ich verrate auch keine Dienstgeheimnisse, wenn es denn um eine so große Sache geht, von der ich vorher leider nichts wusste. Aber das Alles lässt sich jetzt nicht mehr rückgängig machen. Warum müssen die auch ihre Kollegen abhören? Das war doch überhaupt nicht notwendig! Ich werde mich also erst einmal krankschreiben lassen. Wahrscheinlich muss ich auch ins Krankenhaus. Morgenfrüh gehe ich also zu meiner alten Psychiaterin, mal sehen, was die dazu sagt. Auch das ist ein langer Weg, wenn sie mich denn immer noch unbedingt erschießen wollen. Am Nachmittag muss ich aber nochmal in die Bank um gemeinsam mit meinem Kollegen die Produktivsetzung der Euroumstellungsjobs zu kontrollieren. Danach gehe ich dann wahrscheinlich ins Krankenhaus und störe so niemanden mehr!"

Leonore kommt aus ihrem Zimmer nebenan. „Mit wem redest du denn da. Hast du Besuch?" „Guten Morgen, liebe Leo! Nein, ich hatte da nur ein wichtiges Telefonat. Keine Ursache, geh lieber erst einmal ins Bad an diesem schönen Sonntagmittag. Dann machen wir uns etwas wirklich Gutes zum Mittagessen. Lisa hat uns da schon was hingestellt, glaube ich." Und so ist es natürlich auch.

Am Montagmorgen fährt Leon also die drei Stationen mit der Bahn bis zu seiner Psychiaterin. Er hat Glück und darf warten, obwohl heute sonst nur bestellte Patienten drankommen. Im Sprechzimmer erzählt er nur von den Problemen auf Arbeit und dass er sich seit kurzem ständig verfolgt fühlt. Leon hat wirklich große Angst, wieder eine schizophrene Psychose zu bekommen und muss dabei auch nicht mal lügen. Die sehr erfahrene Ärztin schlägt ihm ganz von selbst vor, mal ein paar Wochen im Krankenhaus auf neue Medikamente eingestellt zu werden. Leon stimmt ihr sogleich zu. Ein Telefonat ergibt, dass schon morgen ein Platz im Parkkrankenhaus frei wäre. Leon soll sich dort um neun Uhr auf Station melden und gleich ein paar Klamotten zum Wechseln und sein Waschzeug mitbringen. Er bekommt auch einen Überweisungsschein, außerdem noch ein Rezept für ein starkes Beruhigungsmittel und eine erste Krankschreibung, die er heute noch in seiner Bank abgeben wird.

In der Bank trifft er erst nach dem Mittagessen ein und beschäftigt sich selbst und Arthur gleich mit der Kontrolle der Produktivsetzung der Euroumstellung im Girobereich. Das alles dauert natürlich seine Zeit, so dass Leon sich wieder erst nach 18:00 Uhr auf den Heimweg begeben kann. An der Haltestelle fällt ihm ein Mann auf, der sich immer in seiner Nähe hält und vor dem Einsteigen in die Bahn eine komische Geste hin zu Leon macht. Dieser bleibt aber ganz ruhig und setzt sich auf einen freien Platz in Fahrtrichtung. Der Mann setzt sich gegenüber mit dem Blick auf Leon. Während der Fahrt wechselt sein Blick immer zwischen Leon und der übernächsten Tür hin und her.

An der Hohe Straße steigt der seltsame Mann aus und schaut sich verwundert zu Leon um, der nicht aussteigt, obwohl er hier doch eigentlich zu Hause ist. Leon fährt also eine Haltestelle weiter und geht neugierig zur übernächsten Tür. Und tatsächlich, dort schrickt ein unscheinbar gekleideter älterer Mann zusammen, als er Leon erblickt. Der lässt ihm gern den Vortritt beim Aussteigen und stellt sich direkt hinter ihn am Straßenübergang. Der Mann geht hastig über die Straße und dann links vorbei an der kleinen Imbissbude. Leon hört wieder eine Stimme. „Rechts entlang!" Und so geht er denn rechts entlang bis hinter den Imbiss. Dort kommt ihm der kleine Mann entgegen, hat aber den Kopf nach hinten gedreht, als würde er von jemandem verfolgt werden und kann deshalb Leon direkt vor sich nicht sehen. Der bleibt ganz ruhig mit leicht gespreizten Beinen stehen, um so einen festen Standpunkt zu haben. Der wesentlich kleinere Mann bemerkt ihn nicht rechtzeitig und stößt mit seinem Kopf direkt an Leons Schal. Erst dann richtet er sich richtig auf, sagt aber nichts. „Ein tolles Gefühl, online mit Raum und Zeit zu agieren!" Leon spricht leise und begütigend. Vielleicht sind die beiden Typen ja zu seinem Schutz eingesetzt, wer weiß das schon? Der Fremde ist gut anderthalb Köpfe kleiner, schnauft nur verächtlich und entfernt sich ganz schnell wieder zurück in die andere Richtung. „High Tech, high Spirit!" Denkt sich Leon noch so und begibt sich beruhigt, aber trotzdem aufmerksam zurück auf den Heimweg. Die eine Haltestelle ist nicht sehr weit zu laufen und niemand folgt ihm. An seinem Haus angekommen, nimmt Leon diesmal lieber die Tiefgarageneinfahrt und nicht die Haustür. Wer weiß, was für Überraschungen ihn sonst noch so erwarten würden.

Nach dem Abendessen begibt sich Leon in sein Arbeitszimmer, schließt die Tür und beginnt wieder laut zu sprechen. „Ich hoffe, sie hören mir noch gut zu. Jetzt werde ich mich also erst einmal ins Krankenhaus verabschieden. Es tut mir wirklich leid, hier so einen Riesenaufriss verursacht zu haben. Das ist sonst überhaupt nicht meine Art. Ich bin eigentlich ein sehr ruhiger Mensch. Aber weder die illegale Abhöraktion noch der böswillig gekaufte Volksentscheid wären in Wirklichkeit notwendig gewesen.

Die ganz einfache, glasklare Wahrheit hätte es für alle Beteiligten von Anfang an viel leichter gemacht. Die Wahrheit ist eine Macht an sich, sie lässt immer alles an Lüge um sich herum wie ein Kartenhaus zusammenfallen. Dies ist wiedermal der schlagende Beweis dafür." Nicht ganz zufällig fallen dabei seine Blicke auf ein Buch in seinem Regal. Es ist sein absolutes Lieblingsbuch. Wie gern wäre er mit William und Adson auf der Suche nach Wissen durch das dunkle Mittelalter gestreift. Aber in unserer modernen Welt können einem eben auch heute noch die seltsamsten Erlebnisse passieren. So spricht er weiter. „Mir fällt dazu heute Abend nur noch ein Zitat aus meinem Lieblingsbuch ein. Umberto Eco hat schon vor vielen Jahren in dem Buch ‚Der Name der Rose' eine wirklich ganz ähnliche Situation im übertragenen Sinne so geschildert:

„Gott will, dass wir unsere Vernunft gebrauchen,
um viele dunkle Fragen zu lösen,
deren Lösung die heilige Schrift uns freigestellt hat.
Und wenn uns jemand eine Meinung vorträgt, dann sollen wir prüfen,
ob sie akzeptabel ist, bevor wir sie übernehmen,
denn unsere Vernunft ist von Gott geschaffen und was ihr gefällt,
kann Gottes Vernunft schlechterdings nicht missfallen,
von der wir freilich nur das wissen, was wir durch Analogie und häufig
durch Negation aus den Vorgehensweisen unserer eigenen Vernunft ableiten."

„Dies ist eines der besten Zitate der gesamten Literaturgeschichte. Ich wünsche ihnen und mir natürlich, dass das alles jetzt so gut wie möglich ausgeht und werde mich mit dieser Angelegenheit nun nicht weiter beschäftigen. Dazu sind all die Behörden der Bundesrepublik Deutschland da. Sie werden von unseren Steuergeldern bezahlt und finden hoffentlich eine optimale Lösung, wenn das denn möglich ist. Natürlich kann niemand vorher alle Einflussfaktoren jemals vollständig richtig voraussehen, aber sie haben hoffentlich die nötige Erfahrung dazu. Alles Gute für sie und für uns alle auf jeden Fall!"

> *"Der Entdecker des Nichts ist der Mensch. Aber es ist so schwierig, so ungewöhnlich, weil es eine unwirkliche Sache ist, die man nicht ohne eine sorgfältige Vorbereitung, nicht ohne geistige Übungen, nicht ohne langwierige Initiation und ohne Training versuchen kann; Unvorbereitete lässt sie zur Säule erstarren."*
> *Stanislaw Lem aus 'Imaginäre Größe'*

Die Physiker

Eigentlich sollte man ja immer positiv und gutgelaunt auf das Leben zugehen, aber manchmal muss man auch einfach abhauen, flüchten, sich aus dem Staub machen, immer dann, wenn es so richtig brenzlig wird. Die Zikade verlässt ihre goldglänzende Hülle und schleicht sich heimlich davon. Dieses eine der 36 chinesischen Strategeme hat sich Leon jetzt zu Eigen gemacht. Die Realität ist leider nicht immer das, was sie zu sein scheint. So trifft er denn am nächsten Morgen bei strahlendem Sonnenschein im Parkkrankenhaus ein. Auch Ende November wird hier noch viel Grün von einer ganzen Reihe von alten Backsteinhäusern unterbrochen. Niemand ist ihm heute gefolgt und die Aufnahmeschwestern sind wirklich sehr nett. Er bekommt gleich für 10:00 Uhr einen Arzttermin auf seiner Station. Nun verfrachtet er erst einmal seine Sachen in sein neues Zimmer und wartet auf diesen Arzttermin. Das Zimmer ist leider total leer. Wahrscheinlich sind alle Patienten vormittags mit ihren Therapien beschäftigt. Das anberaumte Gespräch erstreckt sich dann auch über mehr als eine halbe Stunde. Der junge Arzt will wirklich alles von ihm wissen, aber Leon erzählt ihm nichts Konkretes über sein eigentlich aktuelles Problem. Verfolgungsangst und Überlastung auf der Arbeit spricht er aber an. Akute Symptome wie ständiges Händewaschen, seine seltsame Affinität zu Autonummern auf der Straße oder die Wahrnehmung von real nicht vorhandenen Verfolgern sind die wichtigsten Themen.

Der junge Arzt macht ihm erst einmal klar, dass auch eine kleine schizophrene Psychose keineswegs zu unterschätzen ist. Leon braucht erst einmal Ruhe. Der Arzt rechnet deshalb mit mindestens sechs Wochen Krankenhausaufenthalt zur Einstellung auf ganz neue Medikamente und danach noch mit einer längeren Krankschreibung. Das war es dann wohl endgültig mit Leons neuem Traumjob in Köln!

Kaum möglich, dass er dort mit einer Krankschreibung so richtig neuanfangen kann. Also momentan kein Job, kein Geld und keine Ahnung, wie es weitergeht. Lisa wird ausrasten! Zum Glück hat er aber immer noch seine geheime und ganz beachtliche Liquiditätsreserve auf dem Geldkonto. An seine längerfristigen Anlagen will er jetzt lieber noch nicht gehen. Leon bleibt deshalb auch erst einmal ganz ruhig. Reichtum bedeutet ihm nichts, aber ordentliche Reserven muss man heutzutage schon haben. Er begibt sich wieder in sein leeres Zimmer, das er mit drei Mitpatienten teilen wird und schaut etwas betrübt zum Fenster hinaus. Es wird doch sicher noch irgendeine glückliche Zukunft für ihn geben da draußen? Wie auch immer! Leon bleibt ganz ruhig. Das Parkkrankenhaus war früher mal ein altes Militärlazarett. Acht Gebäude stehen sich hier in Viererformationen gegenüber, dahinter kommt jeweils noch eine zweite Reihe. An der Spitze gibt es ein Hauptgebäude mit der Verwaltung und mehrere Nebengebäude zur Bewirtschaftung des Ganzen. Der große Platz zwischen den Gebäuden war früher wohl mal der Appellplatz des Militärs und wird heute als Hubschrauberlandeplatz für Notfälle genutzt. Es gibt einen alten Wasserturm, die Kantine, eine kleine Kaufhalle und einen Friseur. Hinter dem Krankenhaus schließt sich links ein alter Park mit einem kleinen Teich an, rechts liegt eine lauschige Kleingartenanlage und ganz hinten steht ein ebenso kleines Neubaugebiet. Alles ist hier sehr hübsch gestaltet, aber doch inzwischen schon ziemlich veraltet. Leon genießt noch einen letzten Moment den Sonnenschein am Fenster und begibt sich dann zur Stationsschwester für die Aufnahmeuntersuchung und um seinen neuen Therapieplan zu besprechen. Sport, progressive Muskelrelaxion, Kegeln, Musiktherapie und Ergotherapie hat ihm der junge Arzt auf seinen Plan geschrieben.

Gemeinsame Spaziergänge für alle Patienten sind selbstverständlich. Es gibt außerdem wöchentliche Veranstaltungen zum besseren Verständnis seiner Krankheit und das Patientengespräch. Außerdem meldet er sich selbst noch für die Kochgruppe an und bei der Ergotherapie wählt er das Töpfern als sinnvolle Tätigkeit aus. Da kann er die gebrannten Ergebnisse für einen geringen Obulus selbst direkt mit nach Hause nehmen. Ob Lisa ihm so verzeihen wird? Wohl kaum! Es kommen ihm da sofort ein paar brauchbare kreative Ideen, die er aber vor der Schwester lieber noch geheim hält. Jetzt steht erst einmal das Mittagessen an. Im Speiseraum ist er heute der Erste und sucht sich so einen Tisch in der Ecke aus. Erst dann kommen langsam auch die anderen Patienten dazu. Es gibt täglich drei Wahlgerichte, eines davon ist vegetarisch. Jede Woche wandert der Speiseplan durch die Station und man kann sich so für die Wunschgerichte der nächsten Woche anmelden. Heute sind nur noch ein paar Königsberger Klopse und etwas Kompott für Leon übriggeblieben, was er aber sehr dankbar annimmt. An seinen Tisch setzten sich noch zwei ältere Damen, die Leon sehr freundlich begrüßen.

„Nun, was hat Sie denn hierhergeführt, so krank sehen Sie doch gar nicht aus?" „Leider kann man tiefere seelische Probleme nur selten am Aussehen feststellen." Antwortet Leon freundlich. Das Essen schmeckt ihm und die Leute hier sind eigentlich auch ganz angenehm auf den allerersten Eindruck hin jedenfalls. Der Speisesaal ist jetzt voll und Leon blickt sich während des Essens ab und zu ein wenig neugierig um. Er erblickt jüngere und ältere Leute, Männlein und Weiblein, manche offensichtlich bereits länger hier, die sich inzwischen schon sehr gut kennen. Leon ist ganz neu und wird sich nachher erst einmal auf seinem Zimmer orientieren müssen. Er bringt sein Geschirr zurück und begibt sich also in das Zimmer zu einer kurzen Mittagsruhe. Nach und nach kommen auch seine künftigen Zimmergenossen dazu. Sein Bettnachbar ist ein Fernfahrer, der die letzten vier Monate immer zwischen Paris und Barcelona hin- und hergependelt ist. Ihn hat die Monotonie dieser Arbeit einfach fertiggemacht.

Außerdem lässt sich seine Frau wegen der ständigen Abwesenheit von ihm scheiden, was auch nicht ganz leicht für ihn ist. Er liebt seine Kinder sehr und ist zumindest seelisch deshalb erst einmal völlig fertig. Direkt gegenüber schläft ein junger Schlossermeister, der viel lieber eine eher geistige Tätigkeit hätte. Er hadert sehr damit, einmal den Meisterbetrieb seines Vaters übernehmen zu müssen und somit nicht studieren zu können. Der vierte in ihrem Bunde ist ein Sozialhilfeempfänger, der die Probleme der beiden anderen eigentlich gar nicht so richtig verstehen kann. Er sucht schon seit Jahren nach einem vernünftigen Job und würde wirklich alles dafür tun. Die letzten drei Jahre hat er die Straßenzeitung ‚Die Kippe' in Leipzig verkauft, um sein Einkommen wenigstens etwas aufzubessern und sich währenddessen auf fast siebzig Jobs beworben, wie er sagt. Ansonsten fühlt er sich einfach verdammt allein gelassen. Leon ist also in bester Gesellschaft und macht auch keinen Hehl aus den Problemen mit seinem Job. Nur über die unangenehmen Ereignisse der letzten Zeit in der Bank hüllt er hier lieber noch den eisigen Mantel des Schweigens, so wie vorher schon bei dem jungen Arzt. Es würde ihn sicher auch niemand in diesem Zimmer verstehen. Aber es gibt wohl doch noch eine ganze Menge von Leuten, die sich sehr gern mit seinen kleinen Problemen herumschlagen würden. Leon wird erst einmal wieder klar, wie gut er es doch bisher hatte. Wie vielfältig und undurchschaubar doch diese nur an ihrer Oberfläche scheinbar homogene Gesellschaft ist!

Nach der Mittagsruhe beginnt dann der Nachmittag mit progressiver Muskelrelaxion. Vorher gibt es aber noch Kaffee oder Tee und ein kleines Stück Kuchen. Leon versucht, so gut wie möglich den Anweisungen zur Entspannung von der CD zu folgen, aber es gelingt ihm leider nur teilweise. Eigentlich nur halbwegs entspannt verlässt er dann den Ruheraum. Nach einer knappen halben Stunde folgt für ihn die Ergotherapie. Er hat sich Einiges vorgenommen, um von seinem Krankenhausaufenthalt möglichst viel mit nach Hause nehmen zu können. Die Ergotherapeutin ist sehr nett und begleitet ihn in den Keramikraum zu einer kurzen Einweisung.

Zuerst einmal will er einen großen Aschenbecher, eine Zigarrenhalter und einen Pfeifenständer formen und glasieren. Danach kommen dann noch eine Vase und ein Kerzenständer für Lisa dran. Dazu wählt er sich weißen Ton aus einem Eimer, der mit einem feuchten Tuch abgedeckt ist. Er hat hier ganz allein völlig freie Hand, die anderen Patienten malen oder fertigen viel lieber Deckchen und ähnliche Handarbeiten. Das wäre aber nichts für Leon. Am späten Nachmittag knallt er sich dann kurz auf sein Bett bevor das Abendessen beginnt. Leon telefoniert am Abend noch länger mit Lisa, die erst nach einigem Hin und Her Verständnis für seine neue Situation aufbringen kann.

Der nächste Morgen beginnt wieder sehr früh mit Blutdruckmessen, Frühsport und Visite. Der junge, aber anscheinend sehr kompetente Arzt hat für Leon eine ganz neue Medikamentation zusammengestellt, die angeblich keinerlei Nebenwirkungen haben soll. Leon muss sich aber noch Blut abnehmen lassen, um einen Vorher-Nachher-Vergleich seiner Leberwerte mit diesen ganz neuen Medikamenten zu ermöglichen. Erst danach starten die Therapien für jeden einzelnen Patienten. Nach den morgendlich immer wiederkehrenden Tätigkeiten und der Visite findet zuerst eine Informationsveranstaltung zu seiner Krankheit statt. Der Referent ist ein älterer und sehr erfahrener Arzt, der Leon und seinen Mitpatienten ausführlich nicht nur die Symptome sondern auch die Auswirkungen ihres persönlichen Krankheitsbildes erklärt. Leon wird zum ersten Mal so richtig klar, dass er sich einen Teil der vergangenen Geschehnisse auch einfach nur eingebildet haben könnte. Wer weiß das schon so genau? Konkrete Zeugen kann er für die Ereignisse jedenfalls nicht benennen. Na gut, er ist erst einmal in Sicherheit und seiner Familie würde wohl auch nichts mehr passieren? Schließlich sind wir hier ja in keinem autokratischen Entwicklungsland. Aber künftig wird er sich solche Aktionen ganz sicher lieber vorher noch einmal gründlich überlegen. Zur Nachahmung war das alles jedenfalls nicht zu empfehlen. Trotzdem muss er sich ein wenig spitzbübisch über die totale Umkehr der eigentlich ihm geltenden, aber auf jeden Fall total illegalen Abhörsituation freuen und das trotz all der negativen Auswirkungen auf seinen neuen Job.

Er hat den Spieß einfach umgedreht! So etwas gibt es wohl immer nur einmal im Leben. Und für ihn wird es schon irgendwie positiv weitergehen! Manchmal muss man eben ganz einfach einen solch neuen Sprung wagen, auch wenn dieser vorerst nur ins materiell Ungewisse führt. Er hat jedenfalls deutlich gezeigt, dass er sich nicht alles gefallen lässt. Dies ist manchmal viel wichtiger als jede kleingeistige Speichelleckerei. Mal schauen, was danach jetzt sonst noch so passiert!

Direkt nach der morgendlichen Info-Veranstaltung beginnt dann die Kochgruppe. Zuerst wird einmal der Speiseplan besprochen. Es gibt fünf Teilnehmer, aber es sind nur vier anwesend. Heute soll Putenbrust auf einem Gemüsebeet im Bratschlauch bereitet werden. Dazu gibt es ganz einfach Kartoffeln ohne viel Brimborium. Die Kartoffeln und die Folien für den Bratschlauch sind bereits vorhanden. Leon meldet sich mit zum Einkaufen. Für die übrigen noch benötigten Zutaten erhalten er und einer seiner Mitpatienten von der Stationsschwester ganze fünfzehn Mark. Nicht gerade viel, um zwei Packungen Putenbrust und reichlich Gemüse einkaufen zu können. An schlachtfrisches Fleisch ist hier natürlich nicht zu denken. Dazu muss der Betrag anschließend noch penibel mit dem Kassenzettel abgerechnet werden. Die kleine Kaufhalle ist auch um 11:00 Uhr schon gut gefüllt. Leon packt sich drei kleine Kohlrabis, ein Bund Möhren, Staudensellerie sowie eine Reihe von Kräutern in kleine Beutel. An der Kasse zahlen sie insgesamt 14 Mark und 65 Pfennige, auch ohne dass sie vorher genau nachgerechnet hätten. Passt alles sehr gut! So verrückt können sie also in Wirklichkeit beide nicht sein. Zur Not wäre natürlich auch noch etwas eigenes Geld vorhanden gewesen. Zurück in der Stationsküche packen sie ihre Schätze sorgsam aus und wenden sich dem Waschen, Schälen und Schneiden der Kartoffeln und des Gemüses zu, als plötzlich die Küchentür aufgeht. Ein großer Mann in weiten grauen Gewändern betritt die Küche. „Ah endlich, der große Brabeck erscheint doch noch zu unserer Kochgruppe!" Entfährt es einem von Leons Mitpatienten. „Was soll ich meine Zeit auch mit Einkaufen verschwenden, wenn es doch eigentlich nur ums Essen und um dessen Zubereitung geht?"

„Der Einkauf bedingt aber die Qualität aller Zutaten und ist deshalb die wichtigste Grundlage jedes guten Koch-Events." Entgegnet Leon ganz unerschrocken diesem seltsamen und sehr großen Mitpatienten. „Wer bist denn Du Neuling hier?" fragt die Gestalt zurück, doch die weiten Gewänder entpuppen sich sehr schnell als einfarbig grauer Bademantel mit einem weiten grauen Schlafanzug darunter. Eine helle Kordel hält das alles zusammen, die ursprünglich sicher nicht Teil dieses Bademantels gewesen ist. Sein Kopf ist fast kahl, aber so extrem alt kann er nun auch wieder nicht sein. Alles in allem sieht er jedenfalls irgendwie eher nach einem alternden Franziskanermönch als nach einem ganz gewöhnlichen Psychiatriepatienten aus.

„Wie weit seid ihr denn schon gekommen? Gebt mir doch erst einmal ein richtiges Messer!" Der große Brabeck setzt sich also wie selbstverständlich zu den anderen an den Tisch und beginnt, die Kohlrabi zu schälen. „Eigentlich bin ich ja Physiker," stellt er sich bei Leon vor „aber in den anderthalb Jahren, die ich nun schon hier bin, habe ich angefangen zu malen. Am Donnerstag mache ich im Patientencafé eine kleine Vernissage mit meinen besten Bildern und würde mich natürlich sehr freuen, wenn ihr alle dazu kommt." Die Küchenarbeit geht sehr gut voran und bald liegen die Bratschläuche mit Gemüsebeet und Putenbruststücken im Backofen, unbedingt mit einem kleinen Anschnitt versehen, um sie vorm Explodieren zu bewahren. Die Kartoffeln fangen ebenfalls auf dem Herd an zu kochen. So bleibt noch genügend Zeit für ein kleines Gespräch. Leon hält sich aber erst einmal zurück. Banker sind bei manchen Leuten hier verständlicherweise nicht so beliebt. Der große Brabeck dagegen redet nahezu ununterbrochen. „Was waren das für schöne Zeiten, als ich noch an der Uni Leipzig in der Sektion Physik gearbeitet habe. Man konnte sich die Themen aussuchen und wurde auch in der Lehre von seinen Studenten so richtig geschätzt. Leider hat sich das mit unseren schönen neuen blühenden Landschaften alles hier dramatisch verändert. Kurzzeitig befristete Stellen sind jetzt das alleinige Motto. Heutzutage muss man schon froh sein, wenn man noch einen kleinen Zwei-Jahres-Vertrag bekommt."

„Ich interessiere mich weniger für die Uni als vielmehr für die Physik." Antwortet Leon ungefragt. „Beschäftigt sich bei Euch jemand derzeit ernsthaft mit den Strukturen von Raum und Zeit?" „Strukturen von Raum und Zeit? Nein, das Interesse liegt eher auf der Entdeckung von neuen Bosonen und anderen Elementarteilchen. Deshalb heißt es ja auch Teilchenphysik. Ist dir vielleicht das Higgs-Boson ein Begriff?" „Ja, man glaubt, dass es den Hadronen erst ihre Masse verleihen würde, aber das ist nun wirklich nur der reine Humbug! Alle Teilchen sind Gottesteilchen und nicht etwa nur ein besonders abgefahrenes Boson für sich allein. Außerdem bekommen alle Hadronen wie Protonen und Neutronen ihre Masse eigentlich nicht von anderen Teilchen oder Quantenobjekten mit, sondern ausschließlich durch ihr ständiges Wechselwirken mit dem Raum um sie herum. Masse ist eben Raumkrümmung. Und wenn man die Ursachen dieser Raumkrümmung erforschen will, dann muss man sich als Erstes unbedingt mit den Wechselwirkungen der Hadronen mit dem Raum um sie herum beschäftigen. Was wir heute also eigentlich wirklich brauchen, ist eine ganz neue Physik von Raum und Zeit sowie von ihren inneren Strukturen und nicht etwa nur von irgendwelchen gigantisch teuren Teilchenbeschleunigern in der Schweiz!"

„Nana, nicht gleich so heftig! Der Teilchenbeschleuniger CERN in der Schweiz ist ja so etwas wie ein Heiligtum für die moderne Physik heutzutage. Jedes Versuchsergebnis dort betrifft unsere gesamte Anschauung dieses Universums sehr direkt. Das mit deinen Strukturen von Raum und Zeit musst du mir wirklich erst einmal näher erläutern. Wie wäre es denn heute Nachmittag mit einem kleinen Verdauungsspaziergang durch den Park?" „Sehr gern, ich muss vorher nur nochmal auf meinen Therapieplan schauen." Leon ist angenehm überrascht von der Entwicklung der Dinge hier im Krankenhaus. Interessante und äußerst unterhaltsame Leute, die natürlich alle so ihre kleinen oder größeren privaten Problemchen mit sich herumschleppen. Leon geht es ja momentan auch nicht gerade besonders. Trotzdem wird er sich niemals als verrückt bezeichnen lassen.

Es gibt da sehr vielfältige Krankheitsbilder, die eben immer sehr gründlich behandelt werden müssen. Genau deshalb ist er ja hier. Die Putenbrust ist durch das Dampfgaren in den Bratschläuchen sehr zart geworden und auch das Gemüsebeet mit den Kräutern schmeckt wirklich gut dazu. Beides muss auf den fünf Tellern jetzt nur noch geringfügig nachgewürzt werden. Die kleine Kochgruppe verspeist das Resultat ihrer stundenlangen Bemühungen mit sichtlichem Wohlwollen gleich hier in der Stationsküche. Danach beginnt für alle erst einmal die wohlverdiente Mittagsruhe. Leon kann an diesem Tag sogar mal eine knappe Stunde ganz entspannt schlafen und ist so gut gerüstet für einen langen Nachmittag. 14:30 Uhr beginnt die Musiktherapie direkt nach dem Kaffeetrinken. Es gibt verschiedene Bongos und Trommeln im Musikraum. Nach der kurzen Einleitung und Aufteilung gestalten die Gruppenmitglieder jeweils unterschiedliche Stimmen eines langen Musikstücks. Leon muss gut aufpassen, nicht aus dem Takt zu geraten. Seine Sinne werden von der Musik voll und ganz beansprucht. Nach der Musiktheraphie hat er frei bis zum Abendessen. Also sucht er in den vielen Zimmern seiner Station nach dem ‚Großen Brabeck', wie auch er ihn jetzt gern nennt. In einem Zimmer am Ende des Gangs wird er dann endlich fündig.

„Kannst Du mir eventuell bitte mal den Park zeigen, der sich hier hinter diesen Häusern befinden soll?" fragt er ihn bescheiden. „Ja, das ist kein Problem und ich wundere mich jetzt schon sehr über deine neuen Strukturen von Raum und Zeit! Damit beschäftigt sich im Moment tatsächlich wohl niemand auf dieser Welt, soviel ich das weiß jedenfalls. Eine Stunde im Park, am Teich oder auf dem kleinen Hügel nebenan und man ist so gut wie neugeboren. Das Wetter spielt glücklicherweise trotz des Novembers auch noch ganz gut mit." „Dann lass uns gehen!" Der große Brabeck denkt nicht daran, sich irgendwie umzuziehen und Leon sieht über seine kleinen Eigenheiten sehr gern hinweg. Sie tragen sich also im Stationsbuch für einen Spaziergang im Park aus, steigen langsam die Treppen ihres Stationshauses hinab und wenden sich dann dem Park zu.

Dieser beginnt gleich hinter der zweiten Reihe von Häusern. Leon bemerkt erst jetzt, dass der große Brabeck trotz der niedrigen Novembertemperaturen auch hier draußen weiter seine dünnen Sandalen an den nackten Füßen trägt. Was soll's, denkt sich Leon, Sandalen mit Socken sind sowieso ein No-Go, das gilt wohl auch hier im Krankenhaus. Es hat mehrere Tage nicht geregnet und der Boden auf den Parkwegen ist also fest genug. Aber es dämmert schon so langsam. Beide gehen ruhig nebeneinander auf dem kleinen Weg in den Park. „Du magst es mir vielleicht nicht glauben, aber das Leben hier im Krankenhaus ist wirklich schön! Das Essen kommt pünktlich, die Leute sind nett und ich kann jeden Tag malen so viel ich will. Nur um die Staffeleien muss ich mich selber kümmern, die Ölfarbe gibt es von der Ergotherapie. Nun bin ich immerhin schon anderthalb Jahre hier und gehe immer noch nicht so gern raus. Die Menschen da draußen sind anders geworden als früher und ich habe ehrlich gesagt richtige Angst vor ihnen. Das ist auch der größte Teil meiner Krankheit. Ich habe leider völlig unkontrollierbare Angststörungen. Ja genau, ich bin 1,97m groß und habe Angst vor fast allem da draußen. Nur zu Patienten und Ärzten habe ich etwas mehr Vertrauen, weil die aufgrund ihrer eigenen Situation wenigstens annähernd verstehen können, was ich tagtäglich empfinde. Was ist denn deine Diagnose?"

„Ich habe sehr wahrscheinlich eine kleine schizophrene Psychose." antwortet Leon ganz ehrlich. „Ich bilde mir Dinge ein, die nie passiert sind, fühle mich häufig verfolgt und habe eine ganze Reihe von Zwangshandlungen. Mal sehen, ob die neuen Medikamente, die es jetzt gibt, mir schnell dabei helfen können, damit fertig zu werden." „Das Krankenhaus ist heute jedenfalls kein Ort des Schreckens mehr. Die Leute hier geben sich tatsächlich sehr viel Mühe mit uns. Das muss man wirklich sagen. Ich fühle mich nun schon lange hier zu Hause. Ob ich das da draußen auch einmal wieder sagen kann, weiß ich heute leider noch nicht." Der große Brabeck schlurft mit seinen dünnen Sandalen über den Parkweg und fühlt sich sichtlich wohl bei diesem kleinen Geständnis und streckt sich etwas.

„Was hast Du denn nun für neue Strukturen von Raum und Zeit entdeckt?" Fragt er vorerst ganz neugierig und unbefangen. Leon überlegt kurz, wie er anfangen soll. „Nun, ich glaube ganz fest daran, dass Raum und Zeit mit ihren Strukturen den Quantenobjekten sowohl im Mikro- wie auch im Makrokosmos nicht nur ihre Form und Anordnung, sondern auch den wichtigsten Teil ihrer absonderlichen Eigenschaften verleihen. Dass der Raum durch Masse gekrümmt wird, wissen wir bereits seit Albert Einstein und Sir Arthur Edington hat das als Erster auch eindeutig nachgewiesen. Aber das Masse den Raum nicht nur im ganz Großen sondern auch im ganz Kleinen krümmt, das ist relativ neu. Ein Hadron wie ein Proton oder ein Neutron besteht eben immer aus drei Quarks unterschiedlicher Ladungen.

Der Raum um sie herum hat aber immer das Bestreben, sich wieder rechtwinklig auszurichten, so dass also in einem gedachten euklidischen Raumwürfel immer auch nur genau so viel physischer Raum enthalten ist. Nicht mehr aber auch nicht weniger. Durch die Anordnung der drei Quarks und die hochenergetischen Verhältnisse in ihrem Schnittpunkt wird der Raum aber nun gezwungen, sich in Winkeln zu krümmen, die sehr verschieden von neunzig Grad sind. So entsteht also zusätzliche Raumkrümmung, ganz ohne dass man dazu ein sehr seltsames neues Gottesteilchen benötigt. Sobald der Raum aber gekrümmt wird, ist in einem gedachten Würfel der euklidischen Geometrie plötzlich mehr physischer Raum vorhanden, als wenn es diese Krümmung nicht gäbe. Weniger Raum geht einfach nicht, durch jede Krümmung entsteht immer ein Mehr an physischem Raum in dem gedachten Raumwürfel der euklidischen Geometrie. Die Gerade ist eben nun mal die kürzeste Verbindung zwischen zwei Punkten. Sobald man sie krümmt, wird der Weg zwischen den zwei Punkten immer länger, aber niemals kürzer.

Mathematisch beschrieben wird das alles durch die Tensoren im Raum. Diese Raumkrümmung ist jedoch immerzu bestrebt, sich dann wieder geradlinig und rechtwinklig auszugleichen. Dadurch werden die drei Quarks vom übrigen Raum um sie herum auch mit einer ungeheuren Kraft zusammengepresst.

Man könnte also auch sagen, auf jedem Proton und auf jedem Neutron lastet die Kraft des gesamten Universums, deshalb sind diese Teilchen auch so stabil und unter normalen Bedingungen nahezu unzerstörbar. Aber das Wichtigste daran ist, dass all diese Raumkrümmung der verschiedenen Teilchen sich und alle anderen Quantenobjekte stets und ständig gravitativ anzieht. Umso größer die Raumkrümmung, umso größer auch die gegenseitige Anziehungskraft."

„Ich gebe dir erst einmal insofern Recht darin, das Gravitation Raumkrümmung ist und durch Masse entsteht. Die eigentliche Ursache dafür aber in der Anordnung der drei Quarks im Inneren eines Hadrons zu sehen, das ist für mich völlig neu." „Es gibt aber hier noch viel mehr Neues und Interessantes zu entdecken! Die Raumkrümmung eines Körpers oder Objektes setzt sich aus den Raumkrümmungen seiner Bestandteile zusammen, deshalb wird z.B. unser Körper auch von der Erde angezogen. Die Raumkrümmungen der einzelnen Objekte gehen dabei in der höheren Ordnung der Raumkrümmung unseres Planeten auf. Unsere Erde kreist aber nun mal ständig im Gravitationsfeld der Sonne. Nicht etwa deshalb, weil sie von der Sonne angezogen wird, sondern weil die Sonne mit ihrer gigantischen Masse den Raum um sie herum derart krümmt, das unserem und allen anderen Planeten eigentlich nichts anderes übrigbleibt, als in diesem gewellten Trichter der Raumkrümmung elliptisch um die Sonne zu kreisen. Die Raumkrümmung der Erde geht hierbei wiederum auf in der darüber liegenden Ordnung der Raumkrümmung unseres gesamten Sonnensystems.

Die Sonne vollführt deshalb auch eine geringfügige Taumelbewegung, wenn sich ihre Planeten ellipsenförmig um sie herum bewegen. Schon bei unserem Sonnensystem wird aber auch noch eine ganze Reihe von Besonderheiten der Raumkrümmung sichtbar. Durch ihre schnelle Rotation zieht die gewaltige Masse der Sonne den Raum auf ihrer Rotationsebene immer wesentlich stärker an sich und krümmt ihn damit stärker als außerhalb dieser Rotationsebene.

Deshalb auch hat sich bei der Entstehung unseres Sonnensystems eine Staubscheibe ursprünglich genau auf dieser Rotationsebene gebildet. Ein Rätsel bleibt nur, warum heute die Rotationsebene der Sonne um fast sechs Grad gegenüber der Ebene unserer Planetenrotation geneigt ist." Beide erreichen den Teich über eine lauschige kleine Brücke und setzen sich zwanglos auf eine Bank mit Blick auf große Weidenbäume. Sie schauen in Ruhe all den Enten zu, die auch jetzt Ende November noch nicht nach Süden geflogen sind.

„Die heutigen Planetenentfernungen lassen sich außerdem näherungsweise mit der Titus-Bode-Reihe ermitteln, d.h. die Abstände der Planeten werden sinnvoll geordnet immer größer, je weiter man sich von der Sonne entfernt. Diese geometrische Reihe wird bisher allein mit der Entstehungsgeschichte unseres Planetensystems erklärt. Die Ursache dafür liegt aber nicht nur in dieser Entstehungsgeschichte sondern besonders darin, dass die Sonne den Raum um sich herum nicht etwa durchgängig gleichförmig wie einen Trichter krümmt. Der Verlauf der Raumkrümmung um die Sonne herum gleicht vielmehr einer eingefrorenen stehenden Welle. Genauso, als ob die Sonne wie ein eingefrorener Wassertropfen in den Raum um sie herum eingetaucht wäre und nun für immer dort mit einer Welle um sie herum stehengeblieben wäre. In dieser Welle gibt es hohe Berge und tiefe Täler der Gravitation oder Raumkrümmung, ungefähr so wie in einer riesigen gewellten Lautsprechermembran. Immer dort, wo die Raumkrümmung am stärksten ist, haben sich aus der ursprünglichen Staubscheibe feste oder gasförmige Planeten herausgebildet. Das Erstaunlichste daran aber ist, das selbst noch in so unvorstellbaren Entfernungen von 50 oder mehr Astronomischen Einheiten um die Sonne wie z.B. in der Entfernung des Kuipergürtels oder gar der Orthschen Wolke die weit entfernten kleinen und großen Bestandteile immer noch ganz fest auf einer Umlaufbahn gehalten werden. Dies lässt sich allein mit der sehr primitiven Theorie eines einfachen Trichters der Raumkrümmung um die Sonne herum beim besten Willen nicht mehr erklären.

Die Raumkrümmung ist also sehr weitreichend. Eine ganz sanfte und immer größer werdende stehende Welle der Gravitation um unsere Sonne herum mit großen Bergen und Tälern der Raumkrümmung erklärt dies alles sehr viel besser."

„Das sind also deine Strukturen im Raum?" „Ja, es gibt hier klare Strukturen der Raumkrümmung, die sich immer an den Ergebnissen der Anordnung der Masse im Raum ablesen lassen. Entstanden sind sie durch riesige Massekonzentrationen wie z.B. durch unsere Sonne. Aber unserer Sonnensystem steht ja nicht allein im leeren Raum sondern ist immer auch ein Teil dieser gesamten Galaxis." „Wenn man da sichtbare Strukturen ableiten will, dann sind dies wohl die Spiralarme unserer Galaxis?" „Genau! Das schwarze Loch im Zentrum unserer Galaxis ist so massereich und rotiert so schnell, dass es den Raum um sich herum noch in mehr als hundert Lichtjahren Entfernung zu deutlich sichtbaren Spiralarmen auf einer Rotationsebene krümmt. Darin befinden sich dann auch die größten Sternenkonzentrationen. In einem schwarzen Loch herrschen unvorstellbare hochenergetische Verhältnisse, so dass sich darin auch Abstände und Raumkrümmung zwischen den einzelnen Hadronen sehr stark verringern.

In diesem gigantischen Mittelpunkt unserer Galaxis befindet sich deshalb auch wesentlich mehr Masse, als alle Astrophysiker es heute vermuten. Wir sprechen dabei mindestens vom Faktor Fünf. Das würde genau die Differenz ergeben, die heute allein mit der Dunkle-Materie-Theorie erklärt werden soll. Nur diese zusätzliche Masse macht es erst möglich, ganze Galaxien zusammen- und in Rotation zu halten. Das ständige Bestreben des Raums, dies wieder auszugleichen, wird dabei nicht etwa innerhalb des schwarzen Lochs, sondern immer erst weit außerhalb durch diese gigantische spiralförmige Raumkrümmung noch in fast hundert Lichtjahren Entfernung wirksam. Es ist also wie ein gigantischer spiralförmiger Wasserstrudel, der für immer im Raum stehengeblieben ist und nur ganz langsam um seinen Mittelpunkt mit dem rasenden schwarzen Loch herum rotiert.

Die Raumkrümmung unseres Sonnensystems geht dabei wiederrum vollständig in dem höheren System der Raumkrümmung durch unsere Galaxie auf. Das Interessanteste an diesem Universum sind aber die vielfältigen Raumkrümmungen und Verzerrungen zwischen den einzelnen Galaxien und Galaxienhaufen, die zum einen von ihnen selbst erzeugt werden, zum anderen aber auch der Masse schon vor ihrer Entstehung den Platz vorgegeben haben. Zwischen den Galaxien ist die Ansammlung von Materie aber nur sehr gering, so dass man kaum von dunkler Materie sprechen kann. Ursache ist also nicht etwa dunkle Materie sondern die räumlichen Krümmungsmuster des Raums zwischen den vielen Milliarden Galaxien und Galaxienhaufen."

Beide erheben sich jetzt von der Bank und Leon möchte gern noch eine komplette Runde um den Park drehen. Brabeck führt ihn auch vorbei an dem kleinen Hügel mit einem eigenwilligen und sehr seltsamen Soldatendenkmal davor. „Das ist ja alles sehr interessant, aber wie verhält es sich denn nun mit weiteren möglichen höheren Ordnungen zwischen den einzelnen Galaxien?" „Es gibt zwar noch Galaxienhaufen und Superhaufen, dies ist jedoch kein höheres System oder eine höhere Ordnung an sich. Deshalb geht die Raumkrümmung durch unsere Galaxie auch in keinem höheren System mehr auf." „Was bedeutet das nun?" „Das bedeutet ganz klar, dass unsere Galaxie auf ihrem Weg durch den Raum mit sehr hoher Geschwindigkeit stets und ständig unvorstellbar viel neue Raumkrümmung produziert, die aber nicht mehr von einem höheren System kompensiert werden kann."

„Du meinst also, dass die ständige Ausdehnung unseres Universums nicht allein das Ergebnis des Urknalls ist, sondern heute vor allem dadurch entsteht, dass hier Milliarden von Galaxien durch die Gegend rasen, die den Raum auf ihrem Weg immer wieder neu krümmen?" „Genau, das ist es eindeutig! Dort wo Massen an Galaxien durch die Gegend fliegen, krümmt sich der Raum immer wieder neu, ist dabei aber ständig bestrebt, diese neuentstandene Raumkrümmung wieder geradlinig auszurichten und expandiert so stets und ständig immer weiter. Das ist das eigentliche Ergebnis!

Die Krümmung des Raums ist eben nicht so zu betrachten, wie die elastische Biegung einer Gummimatte. Sie ist viel eher eine plastische Verformung, die sehr lange erhalten bleibt, aber sich immer wieder rechtwinklig ausrichten möchte. Dadurch dehnt sich unser Universum auch immerfort ständig aus. Dies wird auf kurze Entfernungen leider nicht so richtig deutlich. Dort überwiegen noch die Anziehungskräfte der verschiedenen Massekonzentrationen. Auf größere Entfernung hingegen können wir die Ausdehnung des Raums gewissermaßen wie ein großer Hefekuchen mit den Galaxien als kleine Rosinen darin sehr eindeutig durch die Rotverschiebung in den Spektrallinien der weit entfernten Objekte beobachten.

Und ihre Geschwindigkeit wird dabei messbar immer größer! Wenn die Ausdehnung unseres Universums aber in erster Linie auf der ständig fortgesetzten Raumkrümmung durch die vielen Galaxien basiert, dann ist auch klar, dass es nicht nur einen einzigen Urknall vor rund vierzehn Milliarden Jahren für das Alles gegeben haben kann. Dazu sind die gerade noch beobachtbaren Galaxien einfach viel zu weit von uns entfernt. Es hat offensichtlich immer wieder partielle kleine Urknalle gegeben. Gott hat also Gefallen daran gefunden, auch öfter mal ‚Es werde Licht' zu sagen, ähnlich den verschiedenen Schüssen bei einem riesigen Feuerwerk, nur leider sehr viel seltener. Das Ergebnis unseres letzten Urknalls ist also immer nur unsere eigene Galaxiengruppe oder der Superhaufen von Galaxien, zu dem wir gehören. Das gesamte Universum ist auf jeden Fall noch um vieles älter als wir es heute glauben wollen. Soviel nur kurz zur Big Bang Theorie.

Es wäre ja wohl auch ziemlich seltsam, wenn das Universum erst mit Überlichtgeschwindigkeit expandiert wäre, dann aber langsamer wurde, um sich jetzt wieder eindeutig messbar immer schneller auszudehnen. Im Gegensatz dazu könnte ich mir sehr gut vorstellen, dass in Raumgegenden, wo es nur extrem wenige Galaxien gibt, sich der Raum vielleicht auch wieder zusammenzieht. Wäre möglich, denke ich jedenfalls, auch wenn ich noch nicht weiß, wie das geht.

Zum Beispiel weiß ich bis heute nicht, was es mit dem großen Attraktor auf sich hat, in dem es ganz besonders viele Galaxien gibt. Ist das eventuell die Gegend eines noch viel jüngeren partiellen Urknalls, als der unseres eigenen Galaxienhaufens?" „Immerhin sind deine Schlussfolgerungen nicht so abwegig und durch die Anordnung der Masse im Raum irgendwie auch stichhaltig belegt. Das Wichtigste ist also das direkte Zusammenwirken der Masse mit dem Raum?" „Ja, unser Universum ist wie ein riesiges Hologramm des gekrümmten Raums, in dem sich gigantische Massen herumtreiben und jede noch so kleine Raumkrümmung irgendwo auch einen Einfluss auf das Gesamthologramm dieses gekrümmten Raumes hat. Zwischen all den verschiedenen Massekonzentrationen befinden sich Linien holografisch anmutender Verbindungen des gekrümmten Raums. Die hier postulierte, viel eher plastische Verformung des Raums bedingt auch, dass es Gravitationswellen immer nur auf kurze Entfernungen oder bei unvorstellbar gigantischen kosmischen Ereignissen geben kann. Viel interessanter sind die permanenten Verzerrungen und Verbiegungen des Raums und damit dieses Gesamthologramms durch gigantische Massekonzentrationen.

Da fällt mir auch das bekannte Foucaultsche Pendel wieder ein. Es verändert seine Pendelachse nicht etwa nur durch die Erdrotation, nur nach dem Schwerpunkt unserer Sonne und auch nicht nach dem Schwerpunkt unserer Galaxie. Soviel steht heute bereits fest. Wahrscheinlich richtet es sich stets und ständig nach den Strukturen der Raumkrümmung unseres gesamten Universums aus, was ohne ein komplettes Gesamthologramm des gekrümmten Raumes um uns herum einfach nicht vorstellbar wäre. Die Corioliskraft als Erklärung dafür allein reicht jedenfalls bei weitem nicht aus. Das heißt also ganz klar, auch der noch so weit entfernte Schwerpunkt unseres Universums ist überall stets und ständig spürbar." Brabeck und Leon wenden sich dann über kleine, lauschige Waldwege des Parks wieder dem Teich zu. Beide sind jetzt richtig entspannt.

„Wusstest Du, dass man auch aus einem ganz winzigen Schnipsel eines Hologramms, in dem sich mehrere Linien seines eigentlichen Mediums schneiden, mit genügend Rechenleistung wieder das komplette Gesamthologramm in seiner ganzen ursprünglichen Schönheit entwickeln kann?" fragt Brabeck unvermittelt. „So etwas Ähnliches habe ich auch schon mal gelesen." antwortet Leon. „Liest Du sehr viel?" „Leider komme ich durch meinen Job nicht mehr genügend dazu und hier im Krankenhaus muss ich mich erst wieder richtig erholen. Aber unsere kleine Plauderei tut mir wirklich gut. Wie wäre es denn, wenn wir uns das nächste Mal über die Zeit unterhalten würden?"

„Über die Zeit? Du meinst also, es gibt ähnliche Strukturen wie im Raum auch in der Zeit? Das wäre ja wirklich mal so richtig interessant! Besonders würde mich dabei aber interessieren, wie diese Zeit mit dem Raum zusammenwirkt. Das mit dem vierdimensionalen Minkowski-Raum und manchen anderen alten Annahmen der Relativitätstheorie halte ich nämlich ganz heimlich schon lange für einen Irrweg, der jedoch in den Köpfen der Menschen so ziemlich festgefahren ist, obwohl sie ihn an sich eigentlich nicht wirklich verstehen. Nur geben sie das leider nur ungern zu." Nach dieser weiteren Runde um den Teich begeben sich beide wieder auf den Weg zu ihrem Stationshaus. Es wird auch langsam Zeit zum Abendessen. Leon hat sich jedenfalls schon lange nicht mehr so wohl gefühlt wie hier im Krankenhaus. Am Abend telefoniert er wieder länger mit Lisa, die das Alles jetzt schon etwas entspannter aufnimmt, als das gestern der Fall war. Auch Leonore wünscht ihm gute Besserung und ist etwas besorgt um ihren Vater. Danach geht er beruhigt noch für eine knappe Stunde in den Fernsehraum seiner Station. Ist er gestern eher etwas unruhig eingeschlafen, so geht es ihm heute wieder richtig gut.

Am Mittwochmorgen steht Sport auf dem Programm. Leon gibt sich alle Mühe, die Übungen richtig mitzuturnen, aber es gelingt ihm nicht immer. Die Ballspiele gefallen ihm dabei am Besten. Auch die Medikamente bekommen ihm sehr gut und haben wohl tatsächlich keinerlei ernsthafte Nebenwirkungen.

Nach dem Mittagessen verspürt er heute keine Müdigkeit und beschließt deshalb, das weitläufige Krankenhaus nun auch selber allein zu erkunden.Die kleine Kaufhalle kennt er ja nun schon. Er kauft sich dort nur ein paar Zigaretten. Anschließend sucht er nach dem Patientencafé, das ja auch der große Brabeck schon erwähnt hatte. Und tatsächlich, es hat bereits ab 13:00 Uhr, also direkt nach dem Mittagessen auf den Stationen des Krankenhauses für alle Patienten geöffnet. Leon bestellt sich einen Kaffee schwarz und ein Wasser an der kleinen Bar mit Blick auf den ehemaligen Appellplatz des Militärs. Er sieht in Ruhe zu, wie ein gelber ADAC-Hubschrauber landet.

Am Freitag wird er hier mal ein richtiges Eis essen, das nimmt er sich jetzt schon vor. Es sind außer ihm nur noch zwei weitere Patienten anwesend, die sich sehr angeregt unterhalten. Von den Bildern, die Brabeck schon gestern für den morgigen Donnerstag hier angekündigt hat, ist heute leider noch nichts zu sehen. Aber Leon freut sich jetzt schon auf diese kleine Vernissage. Es ist hier alles wirklich das totale Kontrastprogramm zu seiner bisherigen öden Banktätigkeit und das bekommt ihm jedenfalls sehr gut. So viele Jahre hat er einfach nur durchgepuffert, ohne nach Links und Rechts zu sehen. Jetzt nimmt er sich erst einmal wieder genügend Zeit für sich selbst. Nach dem Kaffee schlendert er zu seiner Station zurück, wo ihn schon wieder ein kleines Gebäckstück erwartet. Heute wird er aber darauf verzichten, um auch mal etwas für seine schlanke Linie zu tun. Am Donnerstag ist Leon dann pünktlich um 16:00 Uhr in dem kleinen Patientencafé, um dort der angekündigten Vernissage vom großen Brabeck beizuwohnen. Der Raum ist gut gefüllt. Brabeck hat extra einen Patienten engagiert, der sehr schön Violine spielt. Die Bilder sind locker an den Wänden aufgestellt. Es handelt sich um große Ölgemälde mit ganz verschiedenen Motiven. Nach einem längeren Bachstück zu Beginn stellt Brabeck allen seine kleine Sammlung vor. Ein großer Teil davon beschäftigt sich mit der Gigantomanie des nun schon länger vergangenen Industriezeitalters, aber es sind auch viele Stücke dabei, die wohl seine inneren Stimmungen und damit besonders seine akuten Angststörungen verarbeiten sollen.

Leon spricht Brabeck nach der Musik und seiner Einführung direkt darauf an und lässt sich von ihm in einem kleinen Rundgang eine Reihe von Bildern näher erklären. Wahre Begeisterung will sich zwar nicht einstellen, doch respektiert er die sehr eigenwillige künstlerische Leistung. Kunst ist für Brabeck jedenfalls nicht nur ein Ausdrucksmittel der eigenen Gefühle und Gedanken, sondern auch eine sehr gute Therapieform. Brabeck muss sich nun wieder seinen anderen Gästen zuwenden, aber Leon verabredet sich mit ihm noch für den morgigen Freitag auf ein Eis hier im Patientencafé. Es folgt dann ein weiteres Stück auf der Violine.

Wirklich professionell! Viele Patienten haben hier also ihre ganz eigenen ausgeprägten künstlerischen Inselbegabungen. Mit gemischten Gefühlen begibt sich Leon wieder auf die Station. Malen wäre ganz sicher nichts für ihn. Leon ist eben kein Künstler, aber er erkennt wenigstens ansatzweise die Selbstheilungskräfte, die in der künstlerischen Auseinandersetzung mit der eigenen Realität bei jedem entstehen können. Und er kann auch die künstlerischen Ergebnisse der anderen genießen. Das ist eine ganz wichtige Eigenschaft an ihm selbst, die Leon sehr zu schätzen gelernt hat. Vielleicht sollte er wieder anfangen zu schreiben? Möglicherweise gemeinsam mit Arthur? Sobald er seine innere Ruhe wiedergefunden hat, wird er jedenfalls ernsthaft darüber nachdenken. Das nimmt er sich ganz fest vor! Leon geht am Donnerstag dann schon sehr früh zu Bett, das Blutdruckmessen und der Frühsport am frühen Morgen machen ihn hier schon zeitig müde und auf das Fernsehen kann er gern verzichten. Der Freitag ist nicht so vollgepackt mit Therapien wie die anderen Wochentage und so kann er sich mit Brabeck in aller Ruhe bereits um 15:00 Uhr im Patientencafé treffen. Ein gemischtes Eis mit drei Eiskugeln, Schlagsahne und einer kleinen Waffel kostet hier nur zwei Mark und neunzig Pfennige. Dazu nimmt jeder noch eine Tasse Kaffee. Beide setzen sich an einen kleinen Tisch neben den Fenstern der Vorderfront. „Hast Du schon einmal ernsthaft über die Zeit nachgedacht?" fragt Leon Brabeck gleich zu Anfang eindringlich.

„Nun ja, die Zeit ist eine der wichtigsten Größen in diesem Universum und als Physiker habe ich mich natürlich wirklich schon sehr oft mit ihr beschäftigt." „Ich glaube wie bereits gesagt daran, dass sowohl der Raum wie auch die Zeit selbst aktive Größen sind, die mit ihren Strukturen allen Mikro- und Makroobjekten erst ihre Form und den wichtigsten Teil ihrer mitunter sehr absonderlichen Eigenschaften verleihen." „Das bisher leider letzte Ergebnis aller Physiker bei der Beschäftigung mit der Zeit ist der alte vierdimensionale Minkowski-Raum, der die Zeit als vierte Dimension des Raums darstellt. Dieser ist auch die wichtigste Grundlage für Einsteins Relativitätstheorie."

„Grundlage für Einsteins Relativitätstheorie sind die Lorenz-Transformationen, welche eine direkte Verbindung zwischen zwei verschiedenen vierdimensionalen Bezugssystemen herstellen sollen. Daraus ergibt sich eindeutig, dass wenn sich die Geschwindigkeit eines Bezugssystems der Lichtgeschwindigkeit annähert, der Quotient mit der Wurzel der Zeittransformation immer mehr gegen Null geht, also sich damit das Ergebnis und der Grenzwert des Ganzen entweder Unendlich oder minus Unendlich annähern. Da die Division durch Null also damit zu keinem sinnvollen Ergebnis führt, wird bei der Annäherung an die Lichtgeschwindigkeit allgemein angenommen, dass somit die Zeit bis zu ihrem Stillstand hin immer langsamer wird. An eine Längenkontraktion von Objekten im Raum jedoch glaube ich einfach nicht. Wir sollten uns aber nicht nur mit den Lorenz-Transformationen beschäftigen, die noch die alten Grundlagen der Relativitätstheorie sind. Denn diese wollen wir hier ja kritisch betrachten. Was sind denn die wesentlichen Unterschiede der leider nur gefühlsmäßig wahrnehmbaren Zeit zu dem für uns aber sehr deutlich wahrnehmbaren Raum der uns deutlich sichtbar hier ständig umgibt?" „Der wichtigste Unterschied ist, dass sich die Zeit immer in Bewegung befindet und sich dabei in Vergangenheit, Jetztzeitpunkt und Zukunft untergliedert.

Und während die individuelle Vergangenheit sich für jeden Punkt in diesem Universum als eindimensionaler und immer sehr individueller Zeitstrahl darstellen lässt, haben wir es mit einem nahezu dimensionslosen Jetztzeitpunkt zu tun. Nahezu nur deshalb, weil die kleinste Einheit der Zeit die Planck-Zeit ist. Darunter gibt es definitiv keine kleinere Stückelung mehr. Das heißt also, die Zeit ist diskret aufgebaut und nicht unendlich teilbar analog ausgedehnt wie der Raum um uns herum. Bei allen physikalischen Größen, die mit der Zeit zu tun haben, wird deshalb eigentlich immer die Infinitesimalrechnung benötigt. Nur so kann man mit diskret aufgebauten Größen richtig umgehen." Beide genießen ihre Eisbecher und auch die Aussicht hier im Patientencafé. „Vergangenheit als individueller Zeitstrahl für jeden Punkt im Universum, das Jetzt als nahezu dimensionsloser Punkt in der Zeit, was aber denkst du nun eigentlich über die Zukunft?" „Die Zukunft ist sehr viel komplexer und existiert sehr viel früher, als wir das heute gerne glauben wollen. Sie besteht immer aus all den künftigen individuellen Möglichkeiten eines Quantenobjekts, welche durch ihren Wellenaspekt über große Entfernungen nicht-lokal mit anderen Quantenobjekten zusammenwirken können. Diese Zukunft existiert natürlich noch nicht im Jetzt unseres Raumes, aber sie existiert sehr wohl bereits in einem Möglichkeitsraum in der Zukunft der Zeit.

Und während der Raum um uns herum sich immer lokal beobachtbar ausdehnt, ist der Möglichkeitsraum in der Zukunft der Zeit unsichtbar und völlig nicht-lokal, aber er existiert nachweisbar wirklich und wahrhaftig. Jedes Quantenobjekt projiziert seine Stellvertreterwellen in diesen nicht-lokalen Möglichkeitsraum hinein. Das heißt auch, all die Möglichkeitswellen eines jeden Quantenobjekts können miteinander wechselwirken, schon lange bevor sie im Jetzt zur Realität werden. Deutlichster Beleg dafür ist das Doppelspaltexperiment!" „Wieso denn das? Damit beschäftigt sich doch heute eigentlich keiner mehr."

„Sollte man aber dringend! Interessant wird dieses Experiment ja erst, wenn sich nicht mehr ein ganzer Strahl von Quantenobjekten mit ihren Wellen durch den Doppelspalt ergießt und am dahinterliegenden Bildschirm ein Interferenzmuster erzeugt. Erst wenn wirklich nur z.B. ein einzelnes Elektron als Welle durch die Versuchsanordnung geschickt wird und sich trotzdem nach mehreren Einzelschüssen immer noch ein Interferenzmuster bildet, tauchen dann die richtigen Fragen auf." „Die richtige Frage lautet wohl: Womit interferiert denn dieses einzelne Elektron hier eigentlich?" „Genau, das ist die richtige Frage und die Antwort darauf ist wirklich ganz einfach: Solange das Elektron nicht von anderen Quantenobjekten, wie z.B. denen des Bildschirms aufgehalten wird, befindet es sich nicht etwa lokal im Raum, sondern nicht-lokal im Möglichkeitsraum der Zukunft der Zeit. Dort existiert es solange nicht-lokal in all seinen Möglichkeiten, bis es irgendwann einmal zu einer physischen Wechselwirkung gezwungen wird. Vorher aber existiert es immer noch gleichzeitig in all seinen Möglichkeiten. Das Elektron interferiert also ganz eindeutig immer nur mit einer anderen Möglichkeit von sich selbst!"

„Das ist ja spannend und macht dieses alte Experiment doch wieder zu etwas ganz Neuem!" „Ja, und das alles geht eindeutig nicht im Jetzt oder etwa gar in der Vergangenheit sondern immer nur im Möglichkeitsraum in der Zukunft der Zeit! Andere Beispiele sind verschiedene Superpositionsexperimente. Ein Elektron kann sich z.B. an zwei ganz verschiedenen Orten in der Atomhülle gleichzeitig aufhalten. Verschiedene Möglichkeiten gibt es aber eben nicht im Jetzt oder etwa in der Vergangenheit sondern immer nur in der Zukunft der Zeit! Erst durch eine physische Wechselwirkung wie z.B. durch eine Messung wird es dann gezwungen, im Jetzt der Realität tatsächlich Farbe zu bekennen. Und all das geht eben nur in der Zukunft, schon lange vor unserem eigentlichen Jetzt. Dieser Möglichkeitsraum in der Zukunft der Zeit ist also für mich sehr real und nachweisbar. Er umgibt uns und jeden Punkt, insbesondere aber jedes Quantenobjekt dreidimensional von allen Seiten.

Durch seine Nicht-Lokalität ist es also möglich, dass alle Stellvertreterwellen von Quantenobjekten schon lange vor unserem eigentlichen Jetzt sehr intensiv miteinander zusammenwirken können. Mit diesem neuen Bild der Physik lassen sich all die Absonderlichkeiten der Quantenwelt wie Unbestimmtheit, Superpositionen, Quantenverschränkung und Möglichkeits- oder Stellvertreterwellen von Quantenobjekten eigentlich ganz einfach erklären." „Das ist ja geil!"

„Ja genau, ich habe sehr lange an diesem neuen Bild der Physik gearbeitet und das betrifft vor allem diesen neuen und grundsätzlich stark erweiterten Zeitbegriff, der mit dem alten vierdimensionalen Minkowski-Raum wirklich nichts mehr zu tun hat." „Du meinst also, die Zukunft ist ein dreidimensionaler Möglichkeitsraum, das Jetzt ein nahezu dimensionsloser, aber sehr individueller Punkt in der Zeit und nur die Vergangenheit ist dieser alte eindimensionale Zeitstrahl?" „Im Prinzip ja und da die Zeit immer im Fluss ist, wird also im Jetzt der Möglichkeitsraum der Zukunft ganz deutlich wie ein dreidimensionaler Reißverschluss für jeden Punkt stets und ständig zum eindimensionalen Zeitstrahl der Vergangenheit zusammengezogen.

Ein Quantenobjekt kann, aber es muss sich nicht unbedingt im Jetzt auf eine seiner Möglichkeiten reduzieren. Erst eine neue physische Wechselwirkung treibt es dann dazu. Und um gleich bei diesem Bild vom Reißverschluss zu bleiben, das Jetzt in der Zeit ist eben doch nicht ganz so dimensionslos. Die kürzeste Einheit ist die Planck-Zeit. Das heißt, im leeren Raum tropft an jedem Punkt dieses Universums in jedem Augenblick immer ein winziger Zahn der Zeit aus dem dreidimensionalen Reißverschluss des Möglichkeitsraums der Zukunft heraus." „Der Zahn der Zeit, das passt ja wie der Deckel auf den Topf!" „Genau! Und nur dort, wo ein Quantenobjekt zu einer physischen Wechselwirkung im Jetzt mit anderen Quantenobjekten gezwungen wird, ist das Dent dafür dann auch gefüllt und größer als die Planck-Zeit und nur dort bekommt es damit erstmals auch eine feste räumliche Ausdehnung, die ganz verschieden sein kann.

Diese Ausdehnung entspricht dabei immer der Wellenlänge der Stellvertreterwelle dieses Quantenobjekts, wie sie bereits von DeBrogli postuliert und nachgewiesen wurde. Deshalb ist auch die Lichtgeschwindigkeit im Wasser oder in Glas immer etwas langsamer als die Lichtgeschwindigkeit im Vakuum. Dort sind die Dents einfach größer. Und jedes Makroobjekt besteht ja aus unvorstellbar vielen Quantenobjekten und schleppt so gewissermaßen immer seine eigenen, ständig wechselnden Dents mit sich herum. Bei einer Annäherung von Quantenobjekten an die Lichtgeschwindigkeit wird die Zeit dann immer langsamer, bis irgendwann ein Abriss vom Ereignishorizont im Jetzt erfolgt. Was danach passiert, weiß ich leider noch nicht. Aber so wäre natürlich auch ein Durchbrechen unseres Ereignishorizonts denkbar." „Wir schwimmen also ständig in einem unvorstellbar großen Meer von unvorstellbar winzigen Dents? Da musst Du aber aufpassen, dass du von deinen Kritikern nicht in die Ecke einer neuen Äthertheorie gestellt wirst."

„Ja das ist gefährlich, aber die Dents haben eben keine räumlich stoffliche Beschaffenheit, so wie man das früher von einem fiktiven Äther erwartet hätte. Sie repräsentieren ganz einfach den kürzesten Augenblick des Jetztzeitpunktes für jeden einzelnen Punkt in diesem Universum. Gleichzeitig bilden sie den allgegenwärtigen dreidimensionalen Ereignishorizont im Jetzt, der uns überall umgibt. Auf diesem bewegt sich das Licht als Welle wie auf einem schwingenden dreidimensionalen, aber rein zeitlichen Medium durch das Universum. Normalerweise folgt die Anordnung dieser Dents dabei immer den Linien des gekrümmten Raums, aber magnetische oder elektrische Felder lenken sie zusätzlich von den eigentlichen Raumlinien ab. Mich hat schon in der Schule immerzu gestört, auf die einfache Frage, was denn nun in Wirklichkeit von einem elektrischen oder magnetischen Feld gekrümmt wird, nur die lapidare Antwort zu erhalten: ‚Na das magnetische Feld natürlich.'" „Du meinst also, alle elektrischen und magnetischen Felder sind eine Krümmung der Zeit im Jetzt?"

„Ja, gekrümmt wird eigentlich der Ereignishorizont im Jetzt mit seinem Meer von Dents. Wir müssen dabei immer unterscheiden, ob es sich um eine axiale Krümmung der Zeit bis hin zum Stillstand handelt oder um eine transversale Krümmung. Letztere weist an mehreren Punkten nebeneinander eine unterschiedliche Zeitdehnung auf und krümmt damit auch den Ereignishorizont mit seinen winzigen Dents hinweg von den eigentlichen Raumlinien. Da dieser sich aber immer wieder nach den Raumlinien ausrichten will, entstehen hier also durch elektrische und magnetische Felder Kräfte, die wir heute schon lange in vielfältigster Weise technisch nutzen." „Das wird ja immer interessanter! Das es den nicht-lokalen Möglichkeitsraum in der Zukunft der Zeit hinter oder besser gesagt noch vor diesem Ereignishorizont im Jetzt bereits gibt, lässt sich also sehr eindeutig nachweisen. Wir leben demzufolge nicht in einer vierdimensionalen, sondern in einer zweifach dreidimensionalen Welt! Das ist ja wirklich interessant!

Wie kann man diese Erkenntnis denn nun am Besten nutzen?" „Da gibt es sicher sehr vielfältige Möglichkeiten. Was mir natürlich als Erstes in Bezug auf Nicht-Lokalität einfällt ist Kommunikation. Wie wäre es denn, den Mars-Rover in Echtzeit zu steuern, anstatt immer eine Ewigkeit auf Antworten warten zu müssen? Als Erstes sollten wir uns aber unbedingt mal ein Ohr bauen!" „Ein Ohr?" „Ja, einen Empfänger, der ständig in den nicht-lokalen Möglichkeitsraum unseres Universums hineinhorchen kann. Das ist aber leider nicht so ganz einfach. Das Einzige, was wir physisch wahrnehmen oder messen können, sind die Krümmungen der aktuellen Dentanordnung des Ereignishorizonts im Jetzt. Dies wäre zum Beispiel mit einer Ebene von feinsten Magnetfelddetektoren möglich, die für uns sowohl die räumlichen wie auch die ständigen zeitlichen Veränderungen eines Magnetfeldmusters empfangen können. Dabei reduzieren wir die drei Ebenen des Ereignishorizonts schon mal auf zwei. Vielleicht so wie bei einem Flachbildfernseher, nur statt der Millionen von LED´s sollten darauf feinste, winzige Magnetfelddetektoren sehr eng verteilt sein.

Außerdem müssen wir als Erstes alle Umgebungseinflüsse, wie elektromagnetische Wellen, das Magnetfeld der Erde und das Magnetfeld der Sonne heraus rechnen. Schon dafür braucht man also außer dem sehr komplexen Detektor auch noch umfangreiche Rechentechnik. Aber dann wird es eigentlich erst wirklich interessant. Aus den feinen räumlichen Magnetfeldmustern und ihren zeitlichen Veränderungen müssen wir noch einen Teil des dahinterliegenden nicht-lokalen Möglichkeitsfeldes in der Zukunft der Zeit rekonstruieren. Auch dort finden sich solch komplexe Strukturen wie im gekrümmten Raum. Kommunikation auf diese Weise bedarf also einer hochentwickelten Zivilisation mit wirklich umfangreichen technischen und theoretischen Sensorik-, Computer- und Physikkenntnissen. Erst dann werden wir hoffentlich endlich in den illustren Kreis von richtig fortschrittlichen Zivilisationen in unserer Galaxis aufgenommen werden."

„Puh, das ist ja ein riesiges Forschungsprogramm, mit dem man ganze Generationen beschäftigen kann!" „Und es ist auch der einzig richtige Weg zu einer hoffentlich endlich vollständigen Feldtheorie." „Diese wäre dann also zweigeteilt?" „Ja, der lokale dreidimensionale Raum wird durch Masse gekrümmt und der nicht-lokale Möglichkeitsraum in der Zukunft der Zeit wird durch Energie gekrümmt." „Zwei getrennte dreidimensionale Felder oder Hologramme!" „Genau und verbunden sind beide durch den Ereignishorizont im Jetzt. Dessen Krümmung durch elektrische und magnetische Felder wird bereits heute durch die Maxwell-Gleichungen beschrieben. Eine vollständige, aber natürlich zweigeteilte Feldtheorie beinhaltet also auch diese Theorie als wichtige Teilmenge." „Und was bleibt dann noch übrig vom eindimensionalen Zeitstrahl der Vergangenheit und dem vierdimensionalen Minkowski-Raum?" Leon überlegt nur ganz kurz. „Nun, ich bin nur ungern der Überbringer schlechter Nachrichten. Aber die Vergangenheit existiert physisch nicht oder besser gesagt nicht mehr. Sie existiert in Wirklichkeit nur als die aus ihr resultierende Anordnung der Dinge im Raum, in unserer Erinnerung oder in unseren Aufzeichnungen.

Der eindimensionale Zeitstrahl ist im Gegensatz zu den drei Raumdimensionen deshalb auch physisch definitiv einfach nicht vorhanden. Maximal existiert er in dem winzigen Augenblick unseres ständig fortschreitenden Jetzt. Alles, was wir uns darunter bisher vorgestellt haben, ist nur eine reine alte Gedächtnisstütze zur Verdeutlichung vergangener Abläufe. Diese ist natürlich ganz wichtig, um uns auch künftige Ereignisse vorstellen zu können und aus der Vergangenheit zu lernen. Doch alles Künftige verläuft nicht etwa auf einem eindimensionalen Zeitstrahl sondern immer in einem sehr vielfältigen Möglichkeitsraum mit vielen möglichen Welten, die sich im Jetzt dann bis auf die eine tatsächlich Wirklichkeit werdende eliminieren. Deshalb leben wir rein physisch betrachtet eben nicht in dem alten vierdimensionalen Minkowski-Raum sondern immer in einem zweifach dreidimensionalen Universum von Raum und Zeit.

Damit wird auch klar, dass sowohl die Lorenz-Transformationen wie auch die Relativitätstheorie, die sich ja beide bisher immer auf diese vier Dimensionen beziehen, noch einmal gründlich überdacht und erweitert werden müssen. Beim gekrümmten Raum erfüllen sie bereits alle Vorrausetzungen, aber sie berücksichtigen leider nicht vollständig den gekrümmten Möglichkeitsraum in der Zukunft der Zeit." „Das ist wirklich hart, aber doch hat es mir sehr gefallen." Brabeck schmunzelt leise in sich hinein. „Wie wär´s denn morgen wieder mit einem kleinen Spaziergang?" „Sehr gern, dieser Krankenhausaufenthalt entwickelt sich ja wirklich ganz positiv, oder?" „Ja genau, mir haben leider bisher immer die richtigen Gesprächspartner gefehlt. Jetzt geht es mir schon merklich besser." Brabeck und Paul bringen ihre leeren Eisbecher und Kaffeetassen zurück und begeben sich wieder auf ihre Station in der Erwartung des Abendbrots.

> *„It's a natural grace of watching young life shape.*
> *It's in minor keys solutions and remedies,*
> *enemies becoming friends, when bitterness ends."*
> Faithless

God is a DJ

Alles ist Musik. Musik ist Alles! Die gesamte Natur um uns herum schwingt und singt. Von den kleinsten Dimensionen der Quanten bis tief hinein in unseren Makrokosmos. So wird denn auch ein großer Teil unserer heute in erster Line noch auf elektromagnetischen Wellen basierenden Kommunikationsverbindungen ganz allein dafür genutzt, um Musik zu übertragen. Sie bringt uns hoch und sie bringt uns wieder runter. Wir stehen morgens mit dieser Musik auf und wir gehen abends mit ihr schlafen. Wenn sich denn jemals ein fremdes Raumschiff unserem Sonnensystem und unserem Planeten nähern sollte, wäre wohl das Erste was es vernimmt, ungeheuer viel Musik auf ungeheuer vielen Kanälen. Erst danach kommen dann auch all die unzähligen Sprach-, Fernseh- und Datenverbindungen. Wir sind also ein singender und swingender Planet in der unendlich kalten Weite des Alls. Leider sind aber all diese Übertragungen bisher noch stark beschränkt durch die Lichtgeschwindigkeit und durch die Abnahme der Feldstärke dieser sequentiellen hochfrequenten elektromagnetischen Wellen mit dem Quadrat ihrer Amplitude pro Entfernungseinheit. Um wie vieles geiler wäre es also, wenn wir künftig ernsthaft in der Lage wären, unsere Musik unbegrenzt und vor allem in Echtzeit in den nicht-lokalen Möglichkeitsraum in der Zukunft der Zeit zu übertragen, um so ganz locker einen großen Teil des gesamten uns bekannten Universum intensiv damit zu beschallen? Alles ist Musik. Musik ist Alles! Let´s go!

Es tobt ein Wettbewerb in diesem Universum! Es ist der Wettbewerb um die beste Musik im nicht-lokalen Möglichkeitsraum in der Zukunft der Zeit! Und dies wird uns auch ganz deutlich vor allem darin bestätigen, dass wir in diesem Universum gewiss nicht allein sind.

Dieser wirklich einzigartige Soundwettbewerb findet statt zwischen allen hochentwickelten Zivilisationen, die sich aufgrund der riesigen Entfernungen voneinander leider niemals direkt treffen können. Wir sollten dort eigentlich schon heute ganz vorne mit dabei sein! Bisher aber vergeuden wir all unsere Kapazitäten noch mit alten Kommunikationstechnologien auf der Basis von elektromagnetischen Wellen. Diese funktionieren leider nur mit Lichtgeschwindigkeit und reichen nicht besonders weit ins Universum hinein. Wahrscheinlich werden aber immer nur die ersten 100 bis 200 Jahre einer wissenschaftlich-technischen Zivilisation in die Modulation von elektromagnetischen Wellen investiert, die sich immer nur auf der Oberfläche unseres Jetzt am Ereignishorizonts bewegen. Ganz genau deshalb hören wir heute auch noch nichts von anderen Zivilisationen. Es wäre ja auch ein wahres Wunder, wenn sich bei den riesigen kosmischen Zeit- und Raumdimensionen ausgerechnet eine davon in unserer Nähe gerade jetzt in unserem leider sehr vorsintflutlichen Entwicklungszustand befinden würde. Eine technische Zivilisation, die diesen Namen auch verdient, konzentriert sich in ihrem fortgeschrittenen Entwicklungsstadium ganz allein auf die Kommunikation in Echtzeit im nichtlokalen Möglichkeitsraum in der Zukunft der Zeit. Wir leben eben nicht in einem vierdimensionalen sondern immer in einem zweifach dreidimensionalen Universum ganz allein aus Raum und Zeit!

Da wir die drei Dimensionen der Zeit aber nur im Jetzt an unserem Ereignishorizont wahrnehmen und messen können, muss ein Teil der Strukturen des dahinter oder besser gesagt noch davor liegenden Möglichkeitsraums durch umfangreiche Rechentechnik erst wieder rekonstruiert werden. Was uns dazu bis heute leider immer noch fehlt, ist ein Ohr, ein Empfänger, ist die lokale Messung des Ereignishorizonts im Jetzt auf einer Ebene mit Hilfe von sehr feinen und ganz winzigen, räumlich verteilten Magnetfelddetektoren. Diese liefern in ihrem Zusammenwirken anhand der mikroskopisch ganz fein strukturierten Oberfläche des Ereignishorizonts zusammengefasst ein ausschnittweises dreidimensionales Feldmodell des direkt davor liegenden nicht-lokalen Möglichkeitsraums in der Zukunft der Zeit.

Es ist also nach den empfindlichen Detektoren und deren feinsten Messungen immer noch eine umfangreiche datenverarbeitende Analyse oder besser gesagt Synthese eines Teils dieses sehr komplexen nicht-lokalen Möglichkeitsfelds notwendig. Dieser Möglichkeitsraum enthält ebenso komplexe Strukturen, wie der gekrümmte Raum um uns herum, nur eben allein auf der Basis der Zeit. Aber wir können wie gesagt leider immer nur die Oberfläche des Ereignishorizonts im Jetzt messen.

Genauso, wie wir dadurch also auch endlich einmal Signale anderer, sehr weit entfernter Zivilisationen empfangen könnten, sollte uns grundsätzlich so auch eine mit Nachrichten oder Musik modulierte Sendung möglich sein. Diese Modulation erstreckt sich dabei aber nicht etwa wieder auf sequentielle elektromagnetische Wellen im Verlaufe der Zeit, sondern ausschließlich auf feinste und hochkomplexe winzige lokale magnetische Feldstrukturen im Raum, deren sequentiellen Veränderungen in der Zeit und der Rekonstruktion eines wichtigen Teils des dahinterliegenden nicht-lokalen Möglichkeitsraums mit Hilfe von modernster Informationsverarbeitung. Das wär´s doch eigentlich, oder? Leon ist einfach total fasziniert von diesen neuen Überlegungen. So fern und doch so nah das Alles! Wir müssen uns nur endlich den neuen riesigen nicht-lokalen Möglichkeitsraum so richtig erschließen. Dann haben wir zumindest schon mal für unsere Kommunikation die gigantischen Entfernungen im Universum für immer überwunden. Alles ist Musik! Let´s party! God is a DJ!

Lisa kommt! Er hat am Freitagabend wieder mit ihr telefoniert und sie will ihn am Sonntag besuchen. Leon überlegt sich, dass beide zum Mittag bis vor zur Prager Straße spazieren könnten. Dort gibt es ein sehr schönes chinesisches Restaurant. Er hat nach der ersten Woche aber eigentlich noch keinen Ausgang aus dem Krankenhaus. Auf seiner Station wird er sich deshalb also wegen des Besuchs zum Mittagessen ins Patientencafé abmelden. Das kann eigentlich niemand so richtig kontrollieren. Am Wochenende gibt es ja auch keine Therapien. Leon überlegt deshalb weiter, wie er denn nun noch den langen Samstag bis dahin hier verbringen soll.

Er spaziert also wieder den Hauptgang seiner Krankenstation entlang und schaut an dessen Ende vorsichtig in das Zimmer vom großen Brabeck. Der liegt auf seinem Bett und hat die Musik von seinem Kofferradio zum Samstagfrüh laut gedreht. „Was macht ihr eigentlich hier so an einem solch langen Wochenende?" fragt ihn Leon in einer angemessenen Lautstärke. „Tja eigentlich nicht so viel. Nach dem Mittagessen will ich wieder etwas malen, aber morgens habe ich einfach keine Lust dazu. Die kleine Vernissage am Donnerstag war doch eigentlich ganz gut, oder?" „Ja, die hat mir wirklich gefallen!" „Was ich immer noch nicht ganz verstanden habe ist, wie du eigentlich auf deine neuen Thesen zu Raum und Zeit gekommen bist? Bist du auch in der Lage, Methode und Vorgehensweise dabei eindeutig zu beschreiben?" „Nun, ich musste mir natürlich eine ganze Menge Gedanken über Erkenntnistheorie machen, aber das lässt sich besser bei einem kleinen Spaziergang erörtern. Das Wetter ist zwar nicht mehr so schön, wie Anfang der Woche, aber zumindest regnet es im Moment gerade nicht. Hast du denn auch ein paar feste Schuhe?" „Na klar, aber die ziehe ich erst im Winter an und soweit sind wir ja jetzt noch nicht zum Glück!"

Brabeck erhebt sich jetzt vom Bett, schaltet die Musik von seinem Kofferradio aus und zieht wieder seine dünnen Sandaletten an. Es ist noch nicht einmal 10:00 Uhr und beide haben also mehr als genug Zeit bis zum Mittagessen. Nach dem Austragen aus dem Stationsbuch marschieren sie wieder gemütlich bis zu dem kleinen Teich. Die Trauerweiden am Ufer haben kaum noch Blätter, was aber den Blick in den übrigen Park erleichtert. Beide genießen das so richtig. „Wir haben es heute mit naturalistischen und kulturalistischen Anschauungen zur Erkenntnistheorie zu tun." Beginnt Leon die Unterhaltung. „Die einen glauben, dass es in Wirklichkeit nur Deduktion und keine Induktion gibt, die anderen bekämpfen die Empirie in den Wissenschaften und glauben, dass jede tiefere Erkenntnis nur hermeneutischen Ursprungs sein kann. Allen ist auf jeden Fall gemeinsam, dass sie eigentlich keinen richtigen Plan haben, wie das alles zusammenwirken könnte."

„Und du hast also diesen Plan?" „Nein, ich glaube einfach nur ganz fest daran, dass es eine deutliche Einheit hinter all den Gegensätzen gibt. Durch das induktive Schließen stellen wir aus den ersten Details, also aus sicher immer noch unvollständigen Beobachtungsergebnissen Hypothesen über die Zusammenhänge in der Realität um uns herum auf. Wir schließen also aus einer Vielzahl von kleinsten Einzelheiten auf allgemeine Gesetzmäßigkeiten in der Natur. Mit der Deduktion brechen wir dann diese vorerst natürlich rein hypothetischen Zusammenhänge wieder auf neue Details herunter, die eingehender überprüft werden müssen, um uns so Beweise für postulierte allgemeine Gesetzmäßigkeiten zu liefern. Mit den empirischen Wissenschaften überprüfen wir dann genau diese Details in der Realität um uns herum.

Jedes Teil dieses gesamten Einen und Ganzen hat also seine ganz eigene Bedeutung und seine ureigenste Berechtigung. Deshalb finde ich auch die alten Auseinandersetzungen, die zu diesen Themen bis heute immer noch geführt werden, schon so ziemlich bescheuert. Aber auch jede empirische Überprüfung besteht immer nur aus einer endlichen Menge von Versuchen, d.h. es kann immer noch irgendwo da draußen den schwarzen Schwan geben, der unsere anfängliche Hypothese, dass alle Schwäne weiß sind, wieder zunichte macht. Es gibt also auch heute immer noch keine absolute oder etwa gar absolut vollständige Wahrheit über die gesamte Realität um uns herum. Wir können ihr nur immer wieder ein kleines Stückchen näher kommen, nicht mehr, aber auch nicht weniger. So ist das nun mal!"

Beide haben jetzt den Teich umrundet und gehen über eine lauschige Brücke wieder in Richtung Hauptgebäude mit der Verwaltung. Dabei kommen sie an einem kleinen Häuschen vorbei. Es misst höchstens vier mal sechs Meter im Grundriss. Leon fragt Brabeck neugierig, wozu denn diese winzige Hütte hier gebraucht wird. „Das ist unsere kleine Kirche, aber nur mittwochs und am Sonntag ist ein Seelsorger aus Leipzig hier vor Ort. Dort an der Wand neben der Tür kannst Du den Veranstaltungsplan lesen." „Kommt man heute auch da rein?" Leon klinkt vergeblich an der großen Holztür auf der Vorderseite.

„Nein, heute ist keine Veranstaltung, glaube ich jedenfalls." Die Tür sieht schon sehr alt aus und hat ein riesiges Kastenschloss unter der Klinke. „Das ist aber ein wirklich altes Türschloss, das müsste man doch recht einfach aufbekommen. Ich würde mir diese winzige Kirche sehr gern mal von Innen anschauen und morgen habe ich Besuch, da kann ich leider nicht hier sein." „Da fällt mir nur der Schlossermeister aus deinem Zimmer ein, der könnte uns dabei bestimmt ganz unkompliziert helfen. Bist du denn sehr religiös eingestellt?" „Nein eigentlich nicht. Ich glaube an Gott als den Schöpfer unseres gesamten Universums. Er hat die Worte ‚Es werde Licht!' gesprochen und damit hat sich aus einer Singularität über die drei Evolutionen dann ganz langsam alles andere um uns herum entwickelt, aber dazu brauchen wir keine Kirche und erst recht keine Religion.

Die physikalische Evolution ließ unter gewaltigem Druck in den Supersonnen der ersten Generation aus Wasserstoff und Helium all die schwereren Elemente entstehen, die uns heute so bekannt sind. Die chemische Evolution hat dann im Raum um diese Sonnen herum die ersten Moleküle bis hin zu den Aminosäuren und hochkomplexen Proteinen entstehen lassen und die darauffolgende biologische Evolution auf unserem Planeten kennen wir ja alle bereits aus dem Biologieunterricht. Kirchen sind für mich wunderbare Ruhestätten der Andacht und der Kontemplation. Vor ihren Priestern und ihren kirchlichen Institutionen nehme ich mich aber lieber in Acht. Ich halte den Versuch, Gott in einer Einrichtung wie der Kirche zu institutionalisieren, für einen sehr schädlichen Ansatz. Er setzt den Menschen immer in eine passive Position. Mir missfällt dabei besonders die Vorstellung, dass sich irgendjemand zwischen Gott und den Menschen stellt und uns so vorschreibt, wie wir richtig an Gott zu glauben hätten. Jeder Mensch muss aber seinem Schöpfer immer ganz allein gegenübertreten und kann böse Taten nicht durch die Beichte sondern immer nur durch gute Taten wieder wettmachen. Die Beichte hilft uns vielleicht dabei, psychisch besser mit Problemen fertig zu werden, aber niemals kann ein Sterblicher dir etwa im Namen von Gott vergeben.

Dies ist einfach nicht möglich. Nur der Ablasshandel im Mittelalter war da wohl noch schlimmer. Wir alle sind die Kinder des einzigen Gottes in dieser Galaxis, ganz egal ob wir nun einer Religion angehören oder nicht! Alle Menschen sind gleich!

Sieh mal mein lieber Brabeck, wir leben hier auf einem wirklich sehr kleinen Planeten ganz am Rande eines der mächtigen Spiralarme einer riesengroßen Galaxie. Weißt du, wie viele Religionen es wahrscheinlich allein in unserer Galaxis gibt? Deshalb ist der wohl größte Fehler einer einzelnen Religion ihr anmaßender Alleinvertretungsanspruch. Dabei gibt es doch aber schon auf diesem kleinen Planeten immer viel mehr Menschen mit ganz anderen Religionen als mit der eigenen und weit da draußen sicher noch unzählige andere davon. Es gibt ihrer wirklich ganz viele, immer entstanden aus den kulturellen Traditionen von großen Völkern vernunftbegabter Wesen. Wichtigstes Kriterium für eine Religion der Vernunft ist es also, Menschen mit einer anderen Religion als der eigenen genauso anzuerkennen, wie uns selbst.

Und eigentlich resultieren doch alle Religionen hauptsächlich aus den kulturellen Traditionen der verschiedenen Völker. Wenn Gott gewollt hätte, dass es nur eine Religion gibt, dann hätte er gar nicht erst so viele davon entstehen lassen. Deshalb ist jede Religion zwar wichtiger Teil einer schönen alten kulturellen Tradition, mit Gott hat das alles aber nur sehr wenig zu tun. Zumal es ja auch nur einen einzigen Gott in dieser Galaxis gibt, egal wie er in den uns bekannten Religionen auch immer genannt wird. Die unterschiedlichen Propheten haben ihn und seine Stimme immer nur sehr verschieden interpretiert. Wie dumm ist es doch, wenn diese sich jetzt gegenseitig bekämpfen. Man darf eine Religion nie mit dem Alleinvertretungsanspruch an unserem einzigen Gott verwechseln. Ich glaube auch ganz fest daran, dass unser aller einziger Gott in der Mitte unserer Galaxis in Wirklichkeit nur auf drei Dinge sehr großen Wert legt und dazu bedarf es zum Glück keinerlei Kirche oder Religion.

Seine wohl wichtigste Intention ist es dabei immer, die Gesamtheit seiner Schöpfung zu schützen und weiter zu entwickeln.

1. In unserer Betrachtung der physischen Realität von Innen nach Außen sollen wir wahre Größe und Wert der Schöpfung erkennen, achten und respektieren, lieben und schützen, mehren und preisen. Wer diese Schöpfung, Teile davon oder sich selber böswillig zerstört, der wird für immer in der ewigen Hölle schmoren!

2. In unserer gemeinschaftlichen und gesellschaftlichen Beziehung zueinander sollen wir unabhängig von jeder Religion unseren Egoismus soweit herunterfahren, dass wir einander helfen und auch die Hilfe von anderen Menschen dankend annehmen können.

3. In unserer sinnlichen Erfahrung der physischen Welt von Außen nach Innen als wichtiger Teil dieser Schöpfung der wir sind, sollen wir immer auch den sinnlichen Kontakt mit dem nicht-lokalen Möglichkeitsraum in der Zukunft der Zeit hinzufügen. In diesem haben wir ständig mit Gott und mit all dem Anderen Kontakt, was einmal für uns künftig möglich sein wird.

Wir können dort aber leider nicht auf Deutsch, Latein, Hebräisch oder Arabisch oder in einer anderen menschlichen Sprache kommunizieren, weil diese neue sinnliche Erfahrung immer nur in erster Linie unsere unbewusste, rein zeitlich orientierte Gehirnhälfte betrifft, die sich uns nur ganz allein durch unsere Gefühle mitteilt. Erst wenn wir durch Andacht, Ruhe, Meditation und Kontemplation genau spüren, dass auch wir ein wichtiger und gänzlich unlösbarer Teil dieser Schöpfung sind, teilt sich unserer unbewussten Gehirnhälfte ständig ihr Wille mit und leitet uns so ganz sanft auf den richtigen Weg, natürlich ohne dass wir davon irgendetwas direkt hören würden. Wir können es nur sehr deutlich spüren. Das Wichtigste ist also absolute Stille, wenigstens für eine Viertelstunde am Tag. Und wenn du erfahren willst, was Raum und Zeit um dich herum dir zu sagen haben, dann musst du zuerst einmal deine eigenen Gedanken zum Schweigen bringen! Das ist, glaube ich jedenfalls, am Anfang der allerschwerste Teil dieser Übung.

Für eine aktive Handlung entscheiden müssen wir uns dann natürlich selbst, das kann uns leider keiner abnehmen. Keine Predigt, kein Herunterrasseln von Gebeten, keine Beichte sondern nur Stille, Andacht und Meditation können dich dabei mit ihm gemeinsam auf den richtigen Weg führen. Dann wirst du selber auch ein ganz wichtiger Teil dieser Musik, die das gesamte Universum überall durchströmt. Und nichts hasst Gott dabei wohl mehr, als das laute Kriegsgeheul von selbsternannten und gänzlich irregeführten heiligen Kriegern dazwischen. Alte Bücher und weise Propheten können uns natürlich auch heute noch wirklich ernsthaft dabei helfen, diese drei Aufgaben im Leben bestmöglich zu bewältigen. Doch niemals kann eine fundamentalistische Auslegung dieser Quellen ein Ersatz für unsere fortwährende aktive Arbeit an den drei ständig aktuellen Aufgaben sein. Und wer sich selbst oder Teile dieser Schöpfung böswillig zerstört, der verliert seine Seele und wird für alle Zeiten in der ewigen Hölle schmoren! Das gilt natürlich gleichermaßen für alle vernunftbegabten Geschöpfe in dieser Galaxis."

„Das Alles ist ja eigentlich recht einfach und überzeugt mich als ehemaligen Agnostiker sehr viel stärker vom Glauben, als das alle Religionen dieser Welt bisher jemals geschafft haben." „Ja, mich auch! Es ist aber natürlich jeder weiterhin völlig frei darin, sich auch in einer der alten Religionen dieser Welt zu engagieren. Sie geben ja vielen Menschen erst den Halt, den sie allein vielleicht nicht haben. Immerhin sind daraus auch eine ganze Reihe sehr guter Traditionen entstanden, wie zum Beispiel viele karitative Einrichtungen und Projekte. Trotzdem verschwenden die meisten Religionen immer noch das meiste Geld in ihren Selbsterhalt und leider nur 15 bis 25 Prozent ihrer Einnahmen aus Spenden und Kirchensteuern werden dann tatsächlich in karitative Projekte gesteckt. Wir garantieren in Deutschland selbstverständlich schon lange für alle Menschen die Religionsfreiheit. Das hat aber im Umkehrschluss auch immer die absolut zwingende Notwendigkeit, dass sich diese vielen verschiedenen Religionen außer vielleicht mit moralischen Appellen nicht in die Politik einmischen dürfen.

In einem Staat mit vielen Religionen kann es kein christliches Recht geben, kein islamisches Recht und auch kein jüdisches Recht. Was sollten denn sonst bitte dann die Menschen mit anderen Religionen dazu sagen? Und es gibt immer viel mehr Menschen mit anderen Religionen als mit der eigenen. Deshalb kann auch immer nur die gänzlich religionsfreie Verfassung eines Staates so erst wirkliche Religionsfreiheit für alle Religionen garantieren. Die Geschichte der Religionen ist viele tausend Jahre alt, aber weder damals noch heute kann es jemals eine direkte Nachfolge für solch herausragende Persönlichkeiten geben, wie es Buddha, Moses, Christus oder Mohammed waren. Diese Menschen sind absolut einzigartig und jeder Streit um ihre Nachfolge ist deshalb einfach nur lächerlich. Die bisherige Spaltung in viele verschiedene Glaubensrichtungen und ihr alter Streit um den richtigen Glauben auf dieser Erde muss deshalb schnellstmöglich beendet werden. Ansonsten werden sie früher oder später alle gleichermaßen zugrunde gehen. Keiner kann der Tradition entfliehen, aus der er stammt. Aber heute ist es unsere Aufgabe, gleiches Recht für alle Menschen zu gewährleisten. Deshalb steht ein Grundgesetz oder eine wirklich demokratische und unbedingt religionsfreie Verfassung über allem anderen und ganz besonders über jeder religiösen Regel in einer Gesellschaft. Denn diese wird ja immer nur von einem Teil der Menschen getragen. Erst wer das nicht nur begreift sondern ständig im Umgang mit allen anderen Menschen auch real beherzigt, ist ein wirklich willkommenes Mitglied in unserer Gesellschaft. Die Würde des Menschen ist immer unantastbar. Das sollten sich alle Zugereisten, aber natürlich auch die Alteingesessenen lieber vorher mal in Ruhe überlegen. Leider hat man oft den Eindruck, dass manche Einheimische hier auch erst einmal einen kleinen Integrationskurs benötigen. Wichtiger als jede künstliche „Leitkultur" ist dabei ganz einfach die strikte Einhaltung all unserer Gesetze und Verordnungen, dann klappt's auch mit den Nachbarn, für den natürlich unbedingt immer auch das Gleiche gilt. Deshalb darf es auch keine rechtsfreien Räume oder Parallelgesellschaften geben, in denen ein anderes, vielleicht doch irgendwie religiös gefärbtes Recht gilt.

Nur wenn dies ganz klar und deutlich durchgesetzt wird, werden dann endlich auch all die Rechtspopulisten endgültig verstummen, die ihre völlig kruden Argumente ja hauptsächlich aus den momentan noch aktuellen Differenzen zu diesem Ideal beziehen.

Es gibt viele Staaten auf dieser Welt, mit christlichen, mit islamischen, mit jüdischen und Staaten mit hinduistischen oder buddhistischen Traditionen. Niemand verlangt heute etwa, dass diese Traditionen irgendwie nivelliert werden sollen. Aber jeder Mensch, egal welcher Religion, sollte in jedem dieser Staaten immer die gleichen Rechte besitzen. Deshalb darf es auch kein religiöses Recht in der Verfassung oder in den übrigen Gesetzen eines Staates geben. Überall dort, wo das heute noch nicht der Fall ist, herrschen Ungerechtigkeit, mittelalterliche Bräuche und Willkür längst überholter, einseitig religiös gefärbter Regierungseinrichtungen, immer einhergehend mit der Diskriminierung von Menschen anderer Religionen. Seine Tradition sollte niemand verleugnen, aber immer muss unbedingt die vollständige Trennung von Staat und Kirche oder Religion gewährleistet sein. Nur dann kann es auch für alle Menschen die wirkliche und tatsächliche Religionsfreiheit geben. Dies gilt für Staaten mit christlicher Tradition wie für Staaten mit islamischer oder mit jüdischer Tradition gleichermaßen. Alle Menschen sind gleich, egal welcher Religion sie auch immer angehören.

Konzentrieren wir uns lieber mal auf die gigantische Gesamtheit der Schöpfung in diesem Universum und damit auf den tatsächlichen Platz unserer kleinen Erde in unserer riesigen Galaxie! Erst dann wird uns so richtig klar, dass jede Religion auf diesem Planeten eigentlich nur ein schöner Brauch sein kann, den man sehr wohl pflegen, aber niemals als das Maß aller Dinge ansehen darf. Gott legt sehr großen Wert auf die aktive Erfüllung der drei Aufgaben, aber nicht auf die Art unserer Religion. Das Schlimmste, was es derzeit gibt, ist ein verlogener heiliger Krieg, weil dort immer wieder nur ungläubige Islamisten ungläubige Christen und ungläubige Juden töten sowie umgekehrt.

Fundamentalismus erzeugt immer die schlimmsten Ungläubigen auf dieser Welt, indem er seine Anhänger von Gott und ihren eigentlichen Aufgaben als wichtiger Teil der Schöpfung entfernt. Ihr Kriegsgeheul stört dabei all die wunderbare Musik in diesem Universum ganz grundsätzlich. Und sie lästern damit Gott auf unglaublich infame Art und Weise! Ihr einziger Platz dafür wird nach dem Tod die ewige Hölle sein und nichts und niemand kann sie jemals davor bewahren. Es ist dieser unselige Alleinvertretungsanspruch, der aus der schönen alten Tradition einer Religion ganz plötzlich etwas Böses und Dogmatisches werden lässt. Lösen wir uns gemeinsam von diesem Makel und einzig wirklich problematischen Aspekt, mit dem heute leider viele Menschen noch sehr real und direkt konfrontiert sind. Alle Menschen sind gleich, egal aus welcher Tradition sie ursprünglich stammen mögen! Puh!"

Leon ist erst einmal total erschöpft von der langen Ansprache, aber Brabeck ist dafür wirklich beeindruckt von ihm. So deutlich hat ihm noch keiner diese eigentlich sehr komplexen Zusammenhänge erläutert. „Und du hast dich also von jeglicher Religion vollständig gelöst und konzentrierst dich nur noch auf die drei Aufgaben?" „Ja, das macht das Leben sehr viel einfacher und besser überschaubar. Es ist außerdem wesentlich effizienter als all die alten Bräuche, die Religionen heute noch so vielen Menschen völlig nutzlos auferlegen. Je strenger die Regeln einer Religion sind, umso weiter entfernt sie den Menschen in Wirklichkeit von Gott und vereinnahmt ihn ausschließlich allein nur noch für sich selbst. Denn immer nur in relativer Freiheit können vernunftbegabte und intelligente Lebewesen im Einklang mit der Schöpfung ihr Potential vollständig entfalten.

Gott hört und versteht uns kleine Menschlein leider nur sehr schwer, wir dagegen können seine Musik aber ganz deutlich spüren und uns mit unserer unbewussten Gehirnhälfte davon ständig inspirieren und ganz sanft leiten lassen. Natürlich helfen uns Kirchen, Moscheen und Synagogen auch heute noch dabei, die drei Aufgaben zu meistern. Aber uns sollte unbedingt immer ganz klar sein, wo die deutliche Grenze zwischen Hilfe und totaler Vereinnahmung verläuft."

„Fragen wir den Schlossermeister gleich noch wegen der Tür?" „Ja, wir könnten eigentlich zum Nachmittag wieder hierher gehen. Das Innere dieser kleinen Kirche würde mich schon sehr interessieren. Ich liebe alte Kirchengebäude, aber natürlich reinweg als Plätze der Andacht und nicht der Institutionen."

Brabeck hat auf seine Absicht am Samstagnachmittag zu malen verzichtet und beide verabreden sich also für die Zeit nach dem Kaffeetrinken kurz nach 15:00 Uhr wieder neu. Als Leon nach dem Mittagessen in sein Zimmer kommt, liegt der Schlossermeister stöhnend auf seinem Bett. Ihm scheint es wirklich nicht so gut zu gehen. Da er aber augenscheinlich nicht schläft, nimmt Leon all seinen Mut zusammen und spricht ihn direkt an. „Kann ich dir irgendwie helfen? Du klingst ja gar nicht so gut." „Nein danke dir, ich habe nur seit langem sehr starke Depressionen, deshalb kommt mir das alles hier nur noch unnütz und sehr belastend vor. Heute konnte ich noch nicht einmal etwas essen, aber verrate das bitte nicht der Stationsschwester."

Leon hält ihm eine kleine Postkarte aus seiner Reisetasche vor sein Gesicht. „Weißt du, was das ist?" „Ja natürlich, das ist die Abbildung einer Spiralgalaxie, wahrscheinlich wohl die von unserer eigenen Milchstraße." „Kannst du dir vielleicht auch vorstellen, wie klein unsere eigenen unbedeutenden Befindlichkeiten im Angesicht der wahren Größe der Schöpfung unseres einen einzigen Gottes sind?" „Das lindert zwar nicht meine seelischen Schmerzen, aber es bringt mich doch gleich wieder auf andere Gedanken. Was willst du mir denn damit sagen?" „Ingo, wir brauchen dich! Ich würde gern mit dem großen Brabeck eine kleine Andacht in unserer ebenso kleinen Kirche hier abhalten. Eine Andacht, in der wir uns erst einmal gründlich darüber klarwerden, wie klein doch unsere eigenen privaten Problemchen sind und wie groß, wie wertvoll und bedeutend dagegen die gesamte Schöpfung unseres einziges wahren Gottes ist. Bist du interessiert?" „Auf diese Gedanken hat mich hier leider bisher noch niemand gebracht." Der Schlossermeister ist plötzlich hellwach. „Ich würde sehr gern meine alten depressiven Gedanken loswerden.

Nur leider ist mir das bisher nicht gelungen. Vielleicht ist das ja die Ablenkung, auf die ich immer gewartet habe! Also ich bin jedenfalls dabei." Er setzt sich mit diesen Worten im Bett auf und blickt Leon erwartungsvoll an. „Keine Eile, wir wollen erst nach dem Kaffeetrinken losgehen. Wir haben da nur ein Problem: Am Samstag ist dort keine Veranstaltung und wir kommen leider alleine da nicht rein." „Das ist für mich kein Problem, das Schloss da ist ja sehr alt, soviel habe ich schon selbst gesehen. Ein paar Dietriche habe ich immer dabei. Nur müsst ihr mir versprechen, nichts zu klauen und den Raum wieder genauso ordentlich zu verlassen, wie ihr ihn vorgefunden habt." „Das verspreche ich dir hoch und heilig mein lieber Ingo! Wir sind doch keine Vandalen. Ich freue mich also schon auf unsere kleine Andacht nach dem Kaffeetrinken!"

Der Schlossermeister sinkt mit dem ersten kleinen Lächeln seit vielen Wochen wieder zurück auf sein weiches Bett. Nach ein paar Minuten kann man ihn bei seinem Mittagsschlaf leise schnarchen hören. Manchmal genügt eben schon eine kleine andersartige Perspektive, um jemanden aus seinen schweren seelischen Schmerzen langsam und ganz vorsichtig wieder herauszuholen. Auch Leon knallt sich jetzt auf sein Bett. Nun sind sie also schon zu dritt, aber er hat auf keinen Fall vor, hier etwa eine kleine Sekte zu gründen. Der Mittagsschlaf tut auch ihm sehr gut. Nach dem Kaffeetrinken treffen sie sich alle drei, tragen sich sorgfältig aus dem Stationsbuch aus und spazieren durch einen bewölkten, aber trockenen Novembertag bis hin zu der kleinen Kirche. An diesem kalten Samstagnachmittag ist hier zum Glück weit und breit kein Mensch zu sehen. Das Schloss ist wirklich kein Thema, alle drei treten ein und schließen die Tür wieder sorgfältig von innen. An der Stirnseite hängt ein schlichtes Kreuz über einem kleinen Altar mit zwei Kerzen davor. Rechts und links stehen drei kleine Bankreihen, an den Seiten befinden sich die Fenster. Ansonsten ist der Raum so ziemlich schmucklos, doch Leon freut sich über die Einfachheit, die etwas Erhabenes hat für ihn. Leise geht er nach vorn und stellt die Postkarte mit der Abbildung unserer Galaxis an eine der beiden Kerzen.

Dann nimmt er auf der vordersten Reihe Platz und faltet seine Hände. „Ich glaube daran, dass man immer nur dann so richtig eins mit der Schöpfung werden kann, wenn man sich wenigstens eine ungefähre Vorstellung von ihrer wahren Größe macht. Alles andere sind doch nur alte, kulturell bedingte Bräuche. Das winzige, da ganz unten links, das könnte unsere eigene Sonne sein. Die Erde dagegen ist viel zu klein, um sie hier sichtbar darzustellen. Wer weiß außerdem schon, wie viele erdähnliche Planeten es allein in unserer riesigen Galaxis gibt?"

Brabeck und Ingo setzen sich auf die vordere Bank auf der anderen Seite. „So, nun hast du uns hier reingebracht, jetzt sag uns bitte auch, was wir hier machen sollen." „Nichts, rein gar nichts, außer ein bisschen Ruhe, Andacht und etwas Meditation. Dabei kommt es darauf an, intensiv zu lauschen und möglichst nicht in Grübeleien oder Stoßgebete zu verfallen. Wer hören will, was Raum und Zeit um ihn herum ihm zu sagen haben, der muss zuerst einmal seine eigenen Gedanken zum Schweigen bringen. Und das ist gar nicht so leicht. Ihr werdet zwar nichts hören, aber man kann deutlich spüren, wenn man selbst eins mit der Schöpfung wird, wenn die gesamte Musik dieses Universums durch einen hindurchfließt und es geht einem danach wirklich schon viel besser."

Leon erklärt Ingo noch einmal die drei Aufgaben, auf die es im Leben ankommt. Sie schweigen danach, gehen in sich und schauen immer wieder zu der kleinen Postkarte mit der Abbildung unserer Galaxis, die greifbar vor ihnen an der Kerze auf dem Altar lehnt. Die Minuten fließen fast unbemerkt dahin und Leon empfindet viel mehr, als bei der progressiven Muskelrelaxion. Schließlich stöhnt Brabeck laut auf: „Wie schön sie doch ist, unsere eigene Galaxis! Milliarden Sterne brennen hier einfach so vor sich hin. Aber ich glaube jetzt auch, dass es ein ständiges Werden und Vergehen ist da draußen. Wir sind immerzu ein unlösbarer Teil davon. Möge sich unser eigener Weg doch auch zum Guten wenden!" „Nun, wie hat euch das gefallen?" Leon sieht die beiden Anderen bedeutungsvoll und fragend an.

Er erhebt sich ganz langsam. „Es ist erst kurz nach 16:00 Uhr. Wie wäre es denn noch mit einem kleinen Spaziergang?" „Aber gern, das sollten wir eigentlich jetzt jeden Samstag machen. Mir geht es gleich viel besser." Ingo verschließt die Kirchentür wieder sorgfältig hinter ihnen und sie wenden sich dem Teich zu.

Leon geht hinter den anderen beiden her in der Dämmerung und will unbedingt noch etwas sagen. „Die Größe der Schöpfung ist nahezu unermesslich. Ein kleines, einfaches ‚Es werde Licht' hat sich zu unvorstellbar vielen hellerleuchteten Galaxien mit unzähligen Sternen entwickelt. Wir alle entstammen dem Gas und Sternenstaub aus dem Zentrum unserer Galaxis. Wenn wir uns als Teil der Schöpfung fühlen wollen, müssen wir uns deshalb immer ihre tatsächliche Größe bewusst machen. Erst dann kann man auch seine eigenen Probleme so richtig begreifen und einordnen. Keine einzige Religion hat ein Recht auf den Alleinvertretungsanspruch für diesen einen einzigen Gott in unserem Universum. Leider geben viele Religionen aber diesen grundfalschen Anspruch nicht so einfach freiwillig auf. Das wirklich Letzte, was wir hier im Moment brauchen, sind religiös motivierte Kriege von selbst ernannten heiligen Kriegern. Die Probleme der Menschen überall auf dieser Welt sind auch so schon groß genug. In Wirklichkeit sind das alles einfach nur ganz schlimme Ungläubige. Sie verleugnen mit ihren Taten in Wahrheit Gott und seine Schöpfung und hängen alle dem gleichen Irrglauben an, woher sie auch immer kommen mögen.

Ein Märtyrer wird man nur dann, wenn man sich den vermeintlich Mächtigen auf dieser Welt immer friedlich, aber natürlich mit dem entsprechenden Nachdruck entgegenstellt. Die Selbstmordattentäter der heutigen Zeit töten dagegen unschuldige Zivilisten und sich selbst. Auf beides steht immer die Höchststrafe Gottes. Sie sind einfach nichts weiter als feige Mörder und Selbstmörder. Keine noch so krude Religionsauslegung kann ihnen da jemals wieder helfen. Die ewige Hölle ist gerade gut genug für sie und ihre Unterstützer. Nichts und niemand kann sie noch davor bewahren, Amen."

„Und du meinst also wirklich, wir sind jetzt durch und durch von der Musik des Universums durchströmt und somit viel schlauer als vorher?" Ingo zweifelt immer noch an Leon. „Andacht und Meditation bringen vor allem deine Gefühle wieder in Ordnung und in richtigen Einklang mit deiner Umwelt. Sie leiten dich so ganz langsam auch zu den richtigen Überlegungen für deine aktuelle Situation. Du wirst sicher dadurch nicht gleich den Jackpot im Lotto gewinnen, aber deine Situation und deine Gefühlslage wird sich soweit möglich ganz sanft, langsam und schrittweise verbessern. Du bist dann einfach wieder in der Lage, für dich selbst und für andere die richtigen Entscheidungen zu treffen." „Na gut, dann sollten wir uns am nächsten Samstag um 15:30 Uhr wieder hier treffen. Ich glaube diese eine einzige Behandlung hat bei mir noch nicht die volle Wirkung entfaltet. Nur etwas beruhigt hat sie mich bisher, aber das ist ja immerhin auch schon was, oder?"

Leon schmunzelt ein wenig darüber. „Ich bin noch über fünf Wochen hier, da haben wir ja also noch einige Termine vor uns. Und wenn ich dann Mitte Januar entlassen werden sollte, müssen wir uns unbedingt etwas später nochmal treffen und unsere Ergebnisse vergleichen. Wie wär´s denn damit?" „Hm, wenn ich recht überlege, wäre der Pfingstsamstag vielleicht ganz gut dafür, da ist es wieder richtig warm und wir können dann auch ganz in Ruhe vergleichen, was die Ausgießung des Heiligen Geistes für jeden von uns bereitgehalten hat." Brabeck hofft wohl nun, bis Ende Mai wieder fit zu sein. Ohnehin soll das gesamte Krankenhaus im Mai ja auch in neue Gebäude nahe des Herzzentrum Leipzig umziehen. „Gute Idee! Dann kann sich ja jeder vorher sein eigenes Programm bis dahin zurechtlegen. Auch wenn Planung leider oft nur bedeutet, den Versuch durch den Irrtum zu ersetzen." Leon gefällt dieser Gedanke sehr. Alle drei atmen noch einmal ganz tief die klare, kalte Novemberluft ein, bevor sie wieder in ihrer Krankenstation verschwinden.

Die Wochen im Krankenhaus und die Erholung danach vergehen für Leon viel schneller, als er es sich gedacht hat. Bald ist er wieder daheim.

Sein Entschluss, aus der Abhöraktion in seiner Bank keine große öffentliche Nummer zu machen, hat sich als richtig erwiesen. Das neue BMW-Werk kann tatsächlich in Ruhe in Leipzig gebaut werden, der alte Ministerpräsident ist abgesetzt und der korrupte Anwalt aus Riesa, der damals mit dem Geld aus der Staatskanzlei diesen unseligen Volksentscheid anzettelte, hat sich nach Südamerika abgesetzt. Arthur erzählt Leon abends am Telefon wieder mal das Neueste vom Buschfunk aus der Bank: Die Abhörmaßnahmen beim Drucken wurden jetzt drastisch auf nur noch ganz wenige hochsensible Geschäftsbereiche eingeschränkt. Wahrscheinlich möchte man sich nie wieder bei illegalen Aktionen erwischen lassen. Freie Bahn also für Leon. Erfolg ist für ihn aber nicht einfach nur Glück sondern die Summe richtiger Entscheidungen im Einklang mit seiner Umwelt. Niemand kann die unendliche Menge aller Einflussfaktoren jemals komplett voraussehen, deshalb auch muss man ständig bestrebt sein, im Einklang mit dieser Schöpfung um sich herum zu leben. Leon ist jetzt sehr dankbar dafür, immer die nötige Ruhe und Gelassenheit behalten zu haben. Natürlich hat er sich schon während der Krankschreibung auch beim Arbeitsamt gemeldet, aber wie es nun mit ihm weitergeht, weiß er leider immer noch nicht.

Eines Morgens Mitte März klingelt dann bei ihm das Telefon. Seine geliebte ehemalige Abteilungsleiterin ist dran. Ob er nicht Lust hätte, ab April wieder mit einem vorerst befristeten Arbeitsvertrag bei der organisatorischen Betreuung des Landesbankinformationssystems mitzuarbeiten? Sein Gehalt würde auch gleich bleiben. Leon wollte eigentlich diese oder ähnliche Jobs schon immer loswerden, aber natürlich hat er eine kleine Familie zu versorgen, wie seine Kollegen ja auch. Deshalb hält er es auch für keine Schande, diesem Angebot zuzustimmen. Innerlich ärgert er sich aber doch sehr für diesen Rückfall in alte Gewohnheiten, nur hätte er eben in der Zeit etwas Besseres finden müssen. Da ihm dies aber angesichts des ausgedünnten Leipziger Arbeitsmarktes leider nicht gelungen ist, macht er sich jetzt auch keine Vorwürfe weiter.

Er nimmt sich aber vor, unbedingt gemeinsam mit Arthur ein gutes Buch zu beginnen, soviel steht für ihn fest. Vielleicht bringt er damit auch Arthur wieder auf neue Gedanken, der mit seinem Job bisher ja nicht viel glücklicher als Leon dran war. Der neue Job ab April lässt sich ganz gut an, die Zeit vergeht wie im Flug und schon wird es Mai. Leon hat da eine alte Angewohnheit zum 1. Mai. Er geht wie jedes Jahr mit Lisa zum Pferderennen im Scheiben-holz. Die übrigen Renntage im Jahr interessieren ihn nicht. Er ist schon lange kein Zocker mehr, aber diesen 1. Mai lässt er sich aus alter Gewohnheit einfach nicht nehmen. Da gibt es auch die höchste Besucherzahl und die Quoten sind deshalb ganz ordentlich. Er setzt sich seine Retro-Sonnenbrille auf und zieht eine gute Anzugjacke an. Lisa trägt ein schönes Kleid und setzt einen kleinen Hut auf. Doch diesmal hat er kein Glück. Nach dem Hauptrennen um 16:00 Uhr verlässt er doch etwas enttäuscht die Rennbahn. Lisa macht ihm keine Vorwürfe, etwas Geld verloren zu haben, das hat sie sich schon lange abgewöhnt. Sie vertraut vielmehr darauf, dass Leon von selber immer vernünftig bleibt und keine Unsummen verwettet. Selbst dann, wenn er mal komplett verliert so wie heute. Sie spazieren nun gemütlich durch den Clara-Park und das Musikviertel zurück zu ihrer Wohnung in der Karl-Liebknecht-Straße. Leons Laune bessert sich merklich.

Lisa hält ihren Hut in der Hand und erklärt Leon gerade wiedermal ausführlich, wie sich doch autistisch veranlagte Kinder in ihrer Förderschulklasse fühlen mögen. An der Karl-Liebknecht-Straße angekommen, bietet sich ihnen ein ungewohntes Bild. Direkt vor dem Volkshaus sitzen mit Sicherheit weit über hundertfünfzig junge Leute eingehakt und dichtgedrängt auf der Straße. Diese Straße ist über acht Meter breit und es sind bestimmt an die zwanzig Reihen. Da fällt es ihm wieder ein! Heute war doch wieder so ein elender Neonazi-Aufmarsch in Leipzig angekündigt? Die jungen Leute blockieren hier also offensichtlich die Straße nach Connewitz. Leipzig nimmt Platz! Sehr gut. Das war schon lange fällig!

An der Seite stehen mindestens siebzig Polizisten in Kampfmontur bereit. Leon hört einen lauten Pfiff, daraufhin versuchen sofort knapp zwanzig dieser Polizisten die eingehakten Jugendlichen einzeln aus ihrem Verband zu lösen und an die Seite zu ziehen. Leon gefällt das Alles so gar nicht. Die jungen Leute haben doch kaum eine Chance gegen die kampferprobten Polizisten. „Geh du schon mal rüber." sagt er noch zu Lisa und wendet sich dann dem aktuellen Geschehen auf der Straße zu. „Mach keinen Mist, Leon!" kann Lisa nur noch rufen, aber der hört sie schon nicht mehr. Blitzschnell hat er die Polizisten erreicht, die im Moment nur nach vorn auf die große Sitzblockade schauen. Schnell und geschmeidig schlängelt er sich durch sie hindurch. Es kommt ihm so vor, als würde er jede kommende Bewegung der Polizisten schon lange vorher wissen. Als er die vorderste Reihe in der Mitte der Sitzblockade erreicht hat, lässt er sich ebenfalls auf der Straße nieder, das Gesicht mit der Sonnenbrille der Polizei zugewandt und hebt beide Hände mit einem Victory-Zeichen. Die jungen Leute hinter ihm jubeln ganz kurz. Die Polizei zieht sich vorerst einmal zurück, wahrscheinlich fürchten sie viele Nachahmer aus den bisher passiven Zuschauerreihen auf der anderen Straßenseite.

Leon mit seinem guten Jackett und der teuren Sonnenbrille sieht schon etwas anders aus als die jungen Leute hinter ihm. Sein Nachbar flüstert ihm zu: „Haken Sie sich ein!" Aber Leon antwortet sehr realitätsbezogen: „Die schleppen mich doch sowieso gleich wieder weg. Aber, ... wir haben wieder fünf Minuten gewonnen!" Der Nazi-Aufmarsch ist wohl nur bis 18:00 Uhr genehmigt und wird bis dahin ganz sicher nicht hier durchgelassen. Und so kommt es denn auch. Er wird zum Straßenrand geschleppt und mit einem Platzverweis der Polizei bedacht. Friedlicher ziviler Ungehorsam ist erst einmal eine Art der freien Meinungsäußerung und somit nicht strafbar. Lisa hat das Alles aus der Ferne beobachtet und macht ihm jetzt leichte Vorwürfe. „Du hast doch in der letzten Zeit schon genügend Unsinn angestellt, Leon! Musste das denn jetzt wirklich wieder sein?"

„Es gibt immer noch viel zu viele Leute, die bei dem Treiben der elenden Rechtspopulisten einfach nur unbeteiligt zuschauen, anstatt mal etwas zu unternehmen. Diese jungen Leute mit ihrer Sitzblockade dagegen musste ich einfach unterstützen, ob ich nun wollte oder nicht. Tut mir wirklich leid, Lisa." „Na, das ist ja grade nochmal glimpflich ausgegangen, aber einer der Polizisten da drüben hat dich fotografiert." „Na und wenn schon?" Leon macht sich über diese Kleinigkeit nun wirklich keinen Kopf mehr. Er hat ganz sicher ohnehin schon länger eine dicke Akte über sich irgendwo zu liegen. Lisa ist trotzdem sehr froh, als sie beide endlich wieder heil und gesund in ihrem Hauseingang verschwinden können.

Auch der Mai vergeht recht schnell und schon wird es Pfingsten. Es ist warm und sonnig. Leon fühlt sich wieder richtig gut. Er denkt natürlich ganz fest an das geplante Treffen am Pfingstsamstag. Viel Gutes hat er ja von sich selbst und seiner Entwicklung nach dem Krankenhaus leider nicht zu berichten. Pünktlich um 15:30 Uhr trifft er an der kleinen Kirche ein. Das Krankenhaus hat wohl schon den größten Teil des Umzugs bewältigt und es wird gerade damit begonnen, einen hohen, dichten Maschendrahtzaun um das gesamte nun leere Gelände zu bauen, bis zu einer möglichen Nachnutzung wahrscheinlich. Dieser ist aber zum Glück noch lange nicht fertig. Kurze Zeit später treffen auch Brabeck und Ingo ein, die sich schon an der kleinen Bushaltestelle am Haupteingang getroffen haben. „Wirklich schön euch zu sehen. Wie geht es euch denn jetzt so?" „Besser, besser, aber lass uns doch erst einmal reingehen." Antwortet Brabeck. Ingo öffnet das Schloss wieder ganz professionell in wenigen Sekunden. Der kleine Altar und die Bankreihen sind verschwunden, nur das Kreuz hängt noch an der Wand. „Na dann werden wir uns wohl auf den Boden setzen müssen." Alle drei nehmen also mitten im Raum im Kreise Platz. Der Boden ist zwar kühl, aber doch zum Glück nicht zu kalt. Leon legt die kleine Postkarte mit dem Abbild unserer Galaxis in die Mitte ihrer Runde.

„Ich freue mich wirklich sehr, euch heute hier wiederzusehen. Bevor wir anfangen, möchte ich euch gern fragen, wie es euch geht und wie ihr bisher mit eurer Version der drei Aufgaben fertig geworden seit?"

Leon schaut Ingo an und der seufzt laut. „Nun Wunder hat es bei mir leider keine gegeben. Aber seitdem ich neue Medikamente bekomme, habe ich diese seelischen Schmerzen zum Glück nicht mehr. Ende Juni können wir dann wahrscheinlich die Dosierung etwas absenken und mir geht es jetzt schon sehr viel besser. Die lange Zeit zum Nachdenken habe ich gut genutzt, um mir über Einiges klarzuwerden. Viel Stille und Meditation haben mir dabei tatsächlich geholfen. Ich werde nun wirklich den Schlossereibetrieb von meinem Vater übernehmen. Es ist das Beste für mich und für meine Familie. Wenn es mir dabei wieder zu langweilig wird so wie früher, dann fange ich vielleicht noch ein Maschinenbau-Fernstudium an. Aber eine richtige Familie wünsche ich mir zuerst." Leon fühlt sich an sich selbst erinnert und setzt deshalb fort: „Bei mir sind auch keine Wunder passiert. Ich bin wieder zurück in meinem alten Job, weil ich leider nichts Besseres gefunden habe. Aber ich bin gesund und kann mich so jetzt in Ruhe nach etwas Neuem umschauen. Aus einem festen Job heraus lässt es sich ja auch viel besser für neue Dinge bewerben, als aus der Arbeitslosigkeit."

Brabeck hat bisher geschwiegen und muss jetzt wohl etwas sagen, ob er nun will oder nicht. „Ich habe endlich eine kleine Wohnung außerhalb des Krankenhauses gefunden. Den Umzug der Einrichtung hier in die Nähe des Herzzentrums wollte ich einfach nicht auch noch mitmachen müssen. Es war gar nicht so schwer, wie ich es vorher immer gedacht habe und meine Angststörungen geben sich von selbst, wenn man wirklich etwas Neues will. Diese Erfahrung war für mich ganz wichtig. Vergangene Woche habe ich mich trotz meines Alters am Institut für Theoretische Physik in Leipzig zu einem Graduiertenstudium beworben. Mal sehen, ob ich dort aus unserem Thema einer neuen Physik von Raum und Zeit etwas Vernünftiges machen kann. Ich finde das jedenfalls immer noch wirklich faszinierend."

„Wir können ja gern in Kontakt bleiben." Meint Leon. „Bei mir ist es für ein zuerst einmal notwendiges Physik-Grundstudium leider schon zu spät. Aber ich fände es sehr gut, etwas gemeinsam zu publizieren, egal ob man nun von irgendwelchen offiziellen Einrichtungen eine Zusage dafür bekommt oder nicht." Brabeck fühlt sich jetzt dazu berufen, ein positives Fazit zu ziehen: „Wir haben sicher alle nicht im Lotto gewonnen, aber wenn ich mir das hier so anhöre, dann haben wir alle im Rahmen unserer bescheidenen Möglichkeiten vorerst einmal die richtigen Entscheidungen getroffen. Hoffen wir jetzt, dass sich diese für jeden auch glücklich auswirken und weiterentwickeln werden." Leon schmunzelt wieder etwas. „Man kann ganz allein gelassen leider keine Entscheidung richtig treffen. Erst wenn man dabei im Einklang mit seiner Umwelt und damit also mit der gesamten Schöpfung in seinem näheren Umkreis handelt, wirken sich Entscheidungen auch wirklich positiv aus. Wir sind ein untrennbarer Teil dieses großen Einen und Ganzen da draußen. Lasst uns nun also noch einmal eine kurze Andacht oder Meditation einlegen. Jeder sollte dabei die Augen fest schließen, zuerst an das denken, was ihm am wichtigsten ist und danach wieder ruhig auf das Universum lauschen und seine eigenen Gedanken möglichst ganz zum Schweigen bringen."

Leon taucht gleich ein in seine Gedankenwelt. Nach ein paar Minuten konzentriert er sich dann aber nur noch darauf, wieder intensiv zu lauschen. Seine seltsamen Träume und Erscheinungen in der Kälte des Alls gehen ihm durch den Kopf. Er bildet sich ein, dass eigentlich sie es sind, die immer wieder sehr deutlich zu ihm sprechen. Alle drei sitzen also mit geschlossenen Augen im Kreis und es kehrt eine tiefe Ruhe ein um sie herum. Die nächste Straße ist weit genug entfernt, so dass hier kein Laut in den kleinen Raum dringen kann und Menschen gibt es sonst heute nicht in der Nähe an diesem schönen Pfingstwochenende. Die Sonnenstrahlen fallen von der Südwestseite durch die Fenster und malen eine heitere Stimmung an die kahlen Innenwände der ehemaligen kleinen Kirche. Man könnte das Gras wachsen hören. Nach mehr als zwanzig Minuten unterbricht Ingo die stille Runde.

„Ich glaube, ich habe grade ein Licht gesehen! Es war ein anderes Licht, als es hier durch die Fenster fällt. Ich hatte das Gefühl, dass ich auf dem richtigen Weg bin und dieses Licht hat es mir gesagt." „Auf welchem Weg?" Fragt Leon neugierig. „Ich glaube, ich bin gerade auf dem Weg zu einer richtigen Familie und mein Job ist dafür die notwendige Voraussetzung. Das Alles hat mir noch einmal bestätigt, was mir eigentlich schon immer das Wichtigste war. Jetzt kommt mir alles endlich so klar vor. Eigentlich habe ich das auch vorher schon gewusst, nur irgendwie war es mir noch nie so richtig klar genug." „Was hast du denn gesehen, Brabeck?" „Ich habe nichts gesehen, aber ich musste daran denken, dass ich in den letzten Nächten immer wieder eine seltsame Erscheinung im Traum hatte." „Was denn für eine Erscheinung?" „Nun äh, ich habe von einem Engel geträumt, der mich dazu ermutigte, mich mit unserer neuen Physik von Raum und Zeit zu beschäftigen." „Das ist doch schon ein sehr gutes Zeichen. Wenn ich dich dabei unterstützen kann, dann ruf mich einfach an." Leon freut sich schon sehr auf diese neue Abwechslung. Vielleicht kann ihm der schon vor langer Zeit promovierte Diplom-Physiker Brabeck da ein paar ganz neue Kontakte eröffnen, die ihm selbst als Nicht-Physiker sonst wahrscheinlich verschlossen bleiben würden.

„Und Leon, was hast du nun gesehen?" „Ich bin leider immer noch etwas betrübt darüber, wieder in meinem alten Job arbeiten zu müssen. Aber auch ich habe manchmal heftige Erscheinungen im Traum. Ich glaube deshalb, dass das Universum zu jedem spricht, der sich auch ernsthaft darum bemüht. Ich fühle immer stärker, dass ich gemeinsam mit meinem Freund Arthur ein neues Buch schreiben muss. Ein Buch über all die wundersamen Geschehnisse um uns herum und über die wahre Größe des Universums, so fremd uns dies leider im Moment auch immer noch ist. Wir sollten unsere Telefonnummern austauschen, noch einen kleinen Spaziergang durch den herrlichen Park machen und uns dann auf jeden Fall im nächsten Jahr hier wieder treffen." „Ja, das wäre doch wirklich schön!" Sie genießen noch eine ganze Weile diesen Spätfrühlingstag in dem alten Park am Teich und diskutieren weiter ein bisschen über ihre Pläne für die Zukunft.

TEIL 4

DAS WAHRE ENDE DES MESOZOIKUMS

> *„Hier spricht die Raumzentrale, um dich jetzt einzuweihen. Der Kosmos gibt Signale, du bist nicht allein."*
> Die Prinzen

Danke für die Beachtung aller Sicherheitsmaßnahmen

Düsternis macht sich seit heute in seiner kleinen Traumwelt breit, die gestern noch so glücklich und rundum zufrieden ausschaute. Doch auch im Traum wird Tarantoga gnadenlos von den furchtbaren Bildern des vergangenen Tages verfolgt, bevor dann die letzten Wächter in der Nähe des fünften Planeten für immer verstummten. Es gab einen gewaltigen Lichtblitz, danach blieb alles finster. Trotz der starken Schlaftablette, die er heute eingenommen hat, um sich wenigstens etwas zu beruhigen, schnellt er mitten in der Nacht schweißgebadet in seinem Bett hoch. Gerade war ihm wieder so, als wäre aus den Weiten des Alls ein furchtbarer Schrei von tausenden Kehlen lebendiger Wesen in ihrem letzten Todeskampf an sein Ohr gedrungen. Welch ein schrecklicher Traum! Don't Panic! Leicht gesagt, sein Herz macht heftige Sprünge, die Angst kriecht ihm kalt den Rücken hoch und lässt seine Nackenhaare struppig abstehen. War das nun die unabänderliche Wirklichkeit? Doch nur in seinem Schlafzimmer ist alles ruhig. Von draußen dringen ab und zu noch die üblichen nächtlichen Geräusche der belebten Straße herein.

Der Lichtblitz wurde gestern zwar durch die Atmosphäre seines vierten Planeten stark gefiltert und war trotzdem für alle Laidaner sehr deutlich zu sehen. Der grässliche Schrei von vorhin schien von überall und nirgendwo herzukommen und war doch so furchtbar und gewaltig, dass Tarantoga jetzt immer noch verzweifelt im Sitzen seine Knie umklammert. Heftig keuchend versucht er diesen bösen Albtraum abzuschütteln. So kann er einfach nicht mehr weiterschlafen und schwingt sich aus dem Bett, soweit ihm das in seinem fortgeschrittenen Alter noch möglich ist.

Am Ende diesen Jahres würde er nun schon 105 Jahre alt werden, kein ungewöhnliches Alter auf Laida, aber diesen Geburtstag wird er jetzt wohl nicht mehr erleben. Im Halbschlaf sucht er mit seinen Füßen nach den Hausschuhen vor seinem Bett und schlurft dann völlig geschafft von dem Albtraum ins Bad. Kann das denn alles wirklich wahr sein?

Ein Tasten, ein Knips und die grelle Badbeleuchtung über dem Waschtisch holt ihn jetzt in die Wirklichkeit zurück. Tarantoga schaut kurz in den Spiegel. Für sein jetzt nun schon fortgeschrittenes Alter sollte er eigentlich zufrieden sein mit seinem Spiegelbild. Ein paar markante Denkerfalten in der Stirn und das viele graue Haar an Kopf und Körper geben ihm einen sehr charakterstarken und entschlossenen Gesichtsausdruck. Zweimal schüttet er beide Hände voll mit kaltem Wasser ins Gesicht und trocknet sich dann ein wenig beruhigter ab. Die Ruhe und Gelassenheit, die seinem Alter auf Laida eigentlich angemessen ist, kehrt langsam zurück in ihn. Du musst jetzt klaren Kopf behalten, so schlimm das alles auch noch werden wird! Mit diesen Gedanken im Kopf verlässt er das Bad in Richtung Arbeitszimmer. Doch was kann uns jetzt noch helfen?

Trotz der inzwischen unabänderlichen Gewissheit will Tarantoga die Katastrophe immer noch nicht richtig wahr haben. Doch Stück für Stück verdichteten sich die neuen Fakten im Laufe des vergangenen Abends in den Nachrichten auf Laida gnadenlos zu einer einzigen Wahrheit. Thalia und sein Mond sind für immer zerstört! Dafür rasen jetzt Milliarden großer und kleiner, in jedem Fall aber extrem gefährlicher Bruchstücke durch das All. Nach ersten Schätzungen ist knapp die Hälfte davon vorerst in der bisherigen Umlaufbahn des fünften Planeten verblieben, aber ebenso sind Milliarden totbringender Geschosse mit sehr hoher Geschwindigkeit zu den inneren und zu den äußeren Umlaufbahnen der übrigen Planeten unterwegs. Den Teil davon, der in Richtung Sonne rast, muss Laida auf seiner Umlaufbahn bereits in zwölf Tagen das erste Mal passieren.

Es bleibt also nicht mehr viel Zeit! Tarantoga selbst ist dabei eher wütend als ängstlich. Hätten wir uns zu diesem Zeitpunkt nicht auch ganz zufällig auch auf der anderen Seite der Sonne befinden können?

So aber bleibt fast keine Zeit mehr, um noch irgendetwas zu retten. Ist das wirklich die totale Zerstörung, die unabänderliche Apokalypse, das Ende dieses wunderbaren Schlaraffenlands, das sich die Laidaner hier aufgebaut hatten? Auf jeden Fall das Ende der Welt, so wie wir sie kennen! Nach dem ersten Asteroidenhagel wird nicht mehr viel übrig sein auf Laida. Und auch bei den nächstfolgenden Umläufen des Planeten wird es wieder regelmäßige Asteroidenstürme geben, wahrscheinlich über mehrere Jahrzehnte hinweg. Das können wir unmöglich überleben! Er denkt kurz an die Höhlensysteme in den Bergen hinter der Stadt, wo sich das Leben auf Laida entwickelt hat und die jetzt ihrer Evakuierung dienen sollen. Es muss doch gelingen, wenigstens die ganz großen Brocken vorher abzuwehren? Aber auch dann wird es immer noch schlimm genug!

Er wandert langsam zwischen seinem Arbeitszimmer und dem großen Wohnzimmer hin und her. Sein kleines glitzerndes Intercom Konga ist das bereits von vielen anderen Abenden gewohnt und setzt sich auf seine Schulter. So kann Tarantoga schon immer am besten nachdenken. Doch diesmal gibt es einfach keine Lösung, keine Rettung, keinen Trost. Soviel steht leider fest! Er ist sehr, sehr ärgerlich darüber, aber gerade das mobilisiert seine Kräfte ungemein. Keineswegs denkt er an seine eigene Evakuierung, die Gedanken sind im Moment ganz wo anders. Was nur war die Ursache für diesen totalen Kollaps der künstlichen Kernfusion auf dem Mond von Thalia? Sie sollte eigentlich den fünften Planeten nur mit etwas mehr Licht und Wärme versorgen. Er hat aber heute irgendwie das ungute Bauchgefühl, dass die Ursache mit der Steuerung des Ganzen zusammenhängen muss. Woher hatte sie nur die Energie und das Wissen dafür, ein solches Wurmloch zu erzeugen und damit den ganzen Planeten mit der Maschinenzivilisation von Thalia rücksichtslos in die Luft zu sprengen?

Sein Gefühl hat ihn in solchen Situationen nur sehr selten getäuscht. Ein Wurmloch entsteht nicht etwa zufällig, sondern nur dann, wenn auch die Energie dafür vorhanden ist und richtig eingesetzt wird. Er glaubt nicht an ein Unglück, er denkt viel eher an eine Fehlfunktion der Künstlichen Intelligenz, dieser kleinen vernunftbegabten Steuerung, deren einzige Aufgabe es doch eigentlich war, die Kernfusion auf dem Mond von Thalia am Laufen und immer in der Schwebe zu halten.

Kein anderer auf Laida wird zum Glück so schnell auf diese Gedanken kommen, aber Tarantoga fühlt sich jetzt schon ganz persönlich verantwortlich für diesen Kollaps. Er allein hat vor vielen Jahrzehnten mit seiner umfangreichen Arbeit zu den grundlegenden Funktions- und Entwicklungsprinzipien des Gehirns den Grundstein für diese Steuerung und für all die anderen vernunftbegabten Maschinen gelegt, die bis heute vielfältig kopiert, variiert und weiterentwickelt gebaut wurden. Also muss auch er allein herausfinden, was hier wirklich passiert ist, das nimmt er sich ganz fest vor, so sinnlos das im Moment auch erscheint. Immerhin hat er noch ganze zwölf Tage Zeit dafür. Nur noch zwölf Tage, wie traurig!

Tarantoga schaut am Fenster irgendwie wehmütig weit über die hell erleuchtete Stadt. Sie ist ein wahres Wunder ganz aus Licht, die größte Stadt auf Laida und somit bis heute auch im ganzen Sonnensystem. Mit Einbruch der Dämmerung ist sie bereits weithin aus dem All sichtbar. Wird das alles schon bald nur noch Vergangenheit sein? Er öffnet eines der großen Fenster. Jetzt kann man ganz deutlich den leicht sumpfigen Geruch der Salzmoore zwischen der Stadt und dem Meer wahrnehmen. Dieser über allem liegende, leblose Duft mischt sich hier mit den sehr lebendigen Ausdünstungen der vielen Kneipen und Fischläden, von Bäckereien und kleinen Garküchen in seiner belebten Straße. Nicht zu vergessen natürlich dazwischen der unangenehme Geruch der vielen Abgase aus all den Luftkissenfahrzeugen und Hoverboards, der zum Abend dann aber glücklicherweise immer wieder etwas nachlässt.

Alles in allem wirklich keine besonders delikate Mischung, doch die Millionen Laidaner in seiner Stadt sind das von ihrer Geburt an nicht anders gewohnt. So riecht nun mal ihre Heimat hier ganz unverwechselbar. Auf der anderen Seite der Stadt, bevor dann die Berge und Steilhänge von Olympica, dem einzigen großen Vulkan auf Laida beginnen, stehen große dunkelgrüne und braunrote Wälder mit wirklich einzigartigen Bäumen. Tarantoga spazierte immer schon sehr gern durch diese Wälder und freute sich an den vielen kleinen Tieren, die dort seinen Weg kreuzten. Ist das wirklich jetzt alles vorbei? Er kann und will es einfach nicht wahr haben. Welch ein Unglück!

Unter seinen Fenstern zieht grölend eine Gruppe betrunkener Laidaner nach Hause. Er hört sie heute nicht zum ersten Mal diese Rufe: „Das Ende ist nah! Das ist das Ende der Welt! Wir sind die Reiter der Apokalypse! Das ist das Jüngste Gericht!" Den meisten davon dürfte die Unabänderlichkeit dieser Tatsache selber sicher immer noch nicht so richtig bewusst sein. Sie überspielen heute Abend das alles noch mit viel Alkohol und vorgeblichem Galgenhumor. Aber morgenfrüh wird das dann schon ganz anders aussehen! Eine Frau brüllt die Betrunkenen aus vollem Halse an: „Ihr Trottel, ihr Vollidioten! Es passiert wirklich, wirklich, wann glaubt ihr das endlich!" Sie bricht schluchzend zusammen. Die Betrunkenen beugen sich über sie und reden begütigend auf sie ein. Da plötzlich aber sieht Tarantoga vorn auf der anderen Straßenseite ein Luftkissenfahrzeug heranrasen und abrupt abbremsen. Drei vermummte Gestalten springen heraus. Sie halten schwere Eisenstangen in den Händen und zerschlagen damit in wenigen Sekunden eine der großen Schaufensterscheiben eines Schmuckladens. Haben jetzt also schon die Plünderungen eingesetzt? Beginnt hier bereits die Anarchie auf den Straßen? Tarantoga schüttelt ungläubig den Kopf. Das Geräusch des berstenden Glases muss die halbe Straße aufgeschreckt haben, aber heute Abend schläft ohnehin sicher noch niemand.

Die Alarmanlage des Ladens piept ganz erbarmungswürdig, trotzdem raffen die Plünderer ohne jede Scheu aus dem Schaufenster und dem Laden dahinter alles zusammen, was ihr Luftkissen nur tragen kann. Zwei Männer kommen angerannt und versuchen noch dazwischen zu gehen. Der eine sieht aus wie der Ladenbesitzer, den auch Tarantoga ganz entfernt kennt. Er muss zusehen, wie der Mann auf den Kopf geschlagen wird. Im Umfallen bekommt er noch einen Tritt in den Bauch und bleibt regungslos liegen. Der andere Laidaner sucht schnell wieder das Weite. Man hört bereits die auf- und abschwellenden Sirenen der herannahenden Polizei, als sich dann auch die Plünderer mit ihrer Beute in hoher Geschwindigkeit wieder aus dem Staub machen. Tarantoga schließt entsetzt das Fenster wieder. Fahrig zündet er sich eine dicke Zigarre an.

So geht er denn traurig paffend an seinen hohen Bücherregalen entlang. Wie konnte sich nur aus so einer mehr als nützlichen Erfindung eine solch totbringende Waffe entwickeln? Müde denkt er an seine ersten Arbeiten, griffbereit aufgereiht in diesen Regalen. Die meisten hat er schon vor langer Zeit veröffentlicht, sie waren die wichtigsten Auslöser für all die neuen Entwicklungen von Maschinen und Robots mit einem ganz eigenen Bewusstsein. Wie nützlich konnten diese Helfer doch für den Menschen sein, das haben sie schon sehr bald bewiesen. Und jetzt dieses nicht wieder gut zu machende Unglück! Er bereut es bitter, die vollständige Kontrolle über die Maschinen abgegeben und sie auf Thalia ganz allein sich selbst und ihrer eigenen Entwicklung überlassen zu haben. Die vierte Evolution war also in sich selbst kollabiert. Offensichtlich besaßen sie noch lange nicht die notwendige geistige Reife, um mit sich selbst klarzukommen. Zuviel unkontrollierte technologische Macht in den Händen von geistig unreifen Wesen! Da plötzlich fällt ihm seine alte Arbeit wieder ein, die er ganz am Anfang mal über geistige Entwicklung geschrieben hatte. Auch dort spielte Macht und die Kontrolle darüber eine ganz wesentliche Rolle.

Für ihn stand die Entwicklung einer echten Kultur des Umgangs damit im Vordergrund, doch keiner wollte ihm damals zuhören in seiner Fachrichtung. So hat er sie denn auch niemals veröffentlicht, um gar nicht erst irgendwelche negativen Einstellungen gegenüber seinen ganz neuen Entwicklungen aufkommen zu lassen. War das der alles entscheidende Fehler? Ja wahrscheinlich, aber jetzt ist es für all diese Warnungen schon längst zu spät. Jede Untersuchung der Vorfälle würde im Nachhinein die Nichtveröffentlichung dieser Arbeit als schwer belastendes Material heranziehen. Seine Hände streichen liebevoll über den vergilbten Rücken dieser alten Mappe. Wie hatte er sich damals doch große Mühe gegeben, alle Aspekte seiner neuen Entwicklung vollständig zu untersuchen und zu beleuchten. Doch seine Forschungseinrichtung und die gesamte Öffentlichkeit interessierten sich angesichts der Erfolge von damals nicht im Geringsten für irgendwelche Bedenken und Risikobetrachtungen oder hätten diese etwa gar eingefordert. Es war also ganz sicher nicht seine alleinige Schuld. So nimmt er denn heute die alte Mappe aus dem Regal und blättert langsam darin. Ah, hier steht es doch ganz deutlich und fett gleich am Anfang: „Da diese neuen Maschinen über sehr umfangreiche technische und technologische Fähigkeiten auf einer Stufe wirklich noch sehr niedriger geistiger Entwicklung verfügen, ist die vollständige Kontrolle all ihrer Aktivitäten durch die Laidaner immer und zu jeder Zeit unbedingt zu gewährleisten! Ich plädiere deshalb eindeutig für eine sinnvolle, ständige und tiefgehende Symbiose von Laidanern und diesen neuen Maschinen."

Tarantoga nickt traurig dazu, wie wahr und doch wie unbequem damals. Das Ende kommt wirklich und er trägt wahrscheinlich ganz wesentliche Mitschuld daran! Hätte er damals seinen Ehrgeiz nicht im Zaum halten können? Aber dann wäre wohl ein anderer kluger Laidaner in seiner Richtung erfolgreich gewesen. Warum sieht man anfangs immer nur allein die Chancen und erst hinterher all die Risiken und Gefahren, die in jeder neuen Entdeckung und Entwicklung schlummern können?

Er blickt wieder auf die Mappe mit dem jetzt geradezu schrecklich prophetischen Inhalt in seiner Hand. Mussten diese Warnungen wirklich erst Realität werden? Tarantoga hat damals bei den besten Professoren auf Laida Philosophie und Informatik studiert und ebenso die wirklich besten Autoren seines Planeten gelesen, aber er fand nach seinem Studium einfach keine Anstellung in der Forschung und Entwicklung. Die Jobs, die er sonst als Informatiker so bekam, gefielen ihm trotz des vielen Geldes nur sehr wenig. So nahm er sich denn so oft wie möglich eine Auszeit davon und las einfach weiter, manchmal auch ganz ohne das nötige Geld zum Leben. Fast alles über die bisherigen Entwicklungen in der Fachrichtung Künstliche Intelligenz, wie es damals noch hieß, über Kognitivismus und Konnektionismus, neuronale Netze, selbständige Informationsagenten und über die lange vor ihm entwickelte, herkömmliche Computermetapher, in der nur Rechenwerk und Steuerwerk, sowie verschiedene Ein- und Ausgabemöglichkeiten mit Speichern für Daten und Programme eine Rolle spielten. Man war damals allgemein der Auffassung, wenn nur genügend Rechenleistung und genügend komplexe Programme vorhanden sind, dann würde sich daraus irgendwann schon mal eine selbständige Künstliche Intelligenz entwickeln. Aber auf diese herkömmliche Weise ließ sich eben kein eigenes Bewusstsein in den tumben Automaten von damals erzeugen. Die maschinelle Abbildung intelligenter Informationsverarbeitung ergibt noch lange keinen künstlichen Verstand und schon gar nicht ein eigenes Bewusstsein. Tarantoga zieht jetzt genüsslich und wohlwissend an seiner Zigarre und bläst dicke Ringe in die Luft.

Doch bald schon war das alles für ihn nur noch eine einzige, sich ganz heftig um sich selbst drehende Diskussion, total geblendet von der Selbstherrlichkeit der Laidaner ob ihres eigenen Bewusstsein, der eigenen Intelligenz und des eigenen Denkens. Eine Diskussion, die sich in Wirklichkeit noch nicht einmal über die grundlegendsten Dinge ihres eigentlichen Diskussionsgegenstandes im Klaren war. Dieses bohrende, ungute Gefühl wurde er damals einfach nicht mehr los.

Nach seinen Literaturstudien hatte er einfach noch viel mehr offene Fragen als vorher. Ja, eigentlich war er durch das Lesen erst auf all die Fragen aufmerksam geworden, die man sich eigentlich schon lange hätte stellen müssen. Besonders ärgerte ihn damals das wahrhaft babylonische Begriffs- und Sprachgewirr in der anfangs so intensiv und bedeutungsschwer betriebenen Fachrichtung Künstliche Intelligenz. So wurden Begriffe wie Intelligenz, Bewusstsein, Vernunft und Denken ganz willkürlich und zufällig in den verschiedensten Zusammenhängen verwendet. Aber nur für Unwissende sind diese Begriffe das scheinbar Geringste, austauschbar und beliebig. Für den Wissenden, den Sehenden in diesem Dschungel der Bezeichnungen und ihrer Beziehungen untereinander sind sie und das geordnete, wohlsortierte Begriffssystem, das sie in ihrem Zusammenhang eigentlich bilden müssten, das Paradigma, das Fundament und die grundlegende Basis, auf denen dann erst eine Wissenschaft richtig funktionieren kann. Sind sie unklar oder in sich nicht stimmig formuliert, können wichtige Fragen jahre- und jahrzehntelang nicht richtig geklärt werden. Mit einem fehlerhaften Begriffssystem kann man immer nur sehr begrenzt arbeiten und kommt dann auch immer zu fehlerhaften Ergebnissen. Ja früher oder später bricht dann sogar das gesamte Begriffssystem mit all diesen alten Anschauungen komplett in sich zusammen und die Wissenschaft geht zu Recht einen ganz neuen Weg.

So sprach man damals am liebsten von Künstlicher Intelligenz und meinte doch in Wirklichkeit das Ziel, Maschinen mit einem eigenen Bewusstsein ähnlich dem laidanischen Denken zu entwickeln. So sprach man von den Regeln des Denkens und meinte doch in Wirklichkeit die im Wesentlichen vom Bewusstsein unabhängigen, intelligenten logischen und mathematischen Informationsverarbeitungsregeln und Algorithmen, die sich dann natürlich auch problemlos mit Computern der damaligen Generationen nachbilden ließen.

Schon die gesamte Wortbildung Künstliche Intelligenz hat eigentlich ihren Ursprung im Alt-Laidanischen, wo es für Intelligenz und Verstand auch nur einen einzigen, gemeinsamen Begriff gab, wo die eigentlich dringend notwendige feinere Differenzierung zwischen intelligenter Informationsverarbeitung und dem tatsächlichen Verständnis dessen, was man da tut, also lange Zeit überhaupt nicht existierte. Man sprach ebenso unbedarft und sehr selbstzufrieden ob der eigenen Zugehörigkeit von vernunftbegabten Wesen und meinte damit doch in Wirklichkeit Wesen, die zu ernsthaften Intelligenzleistungen wie einer Begriffssprache, einer Schrift und logischer oder mathematischer Kombinationen fähig sind, im Gegensatz zu den Tieren auf Laida, die zwar über diese expliziten Intelligenzleistungen nicht verfügen, jedoch sehr wohl ein eigenes Bewusstsein besitzen. Jede Fachrichtung hatte damals auch noch andere Vorstellungen von den Begriffen Intelligenz, Vernunft, Denken und Bewusstsein sowie ihren inneren Zusammenhängen. Die notwendige Differenzierung ganz unterschiedlicher Sachverhalte dieses Themas fand einfach nicht statt.

Vor allem aber unterschätzte man völlig die wirklich bedeutsamen Leistungen, die bereits ein kleines Laubfroschgehirn erbringen muss, um auch nur eine noch viel kleinere, dafür aber sehr bewegliche Fliege zu fangen, wenn diese Leistungen auch nichts mit Intelligenz zu tun haben. Die Diskussion der KI war damals ganz allein auf die intelligente Verarbeitung von Symbolen und Begriffen nach logischen und mathematischen Prinzipien eingefahren, ohne jeden Bezug zu den übrigen Informationsverarbeitungsprozessen, die neben der Intelligenz unser Leben doch auch ganz wesentlich mitbestimmen. Wenn man es recht überlegt, sind Intelligenzleistungen ja auch erst in den letzten zehntausend Jahren der Entwicklung hinzugekommen. Gab es deshalb aber vorher etwa kein Bewusstsein bei den Ureinwohnern Laidas?

Sie hatten zweifellos nicht das Niveau intelligenter Lösung eines Problems und die Fähigkeit zur Selbsterkenntnis war auch noch unterentwickelt, aber auf jeden Fall konnten diese Urlaidaner schon auf sehr praktischem Niveau denken und hatten ein eigenes Bewusstsein, das stand für Tarantoga felsenfest. Auch das Gehirn, der Träger unseres Bewusstseins hat sich in den letzten zehntausend Jahren zwar weiterentwickelt, aber keineswegs grundsätzlich funktional verändert. Uns ist es inzwischen zwar schon gelungen, all die logischen und mathematischen Regeln intelligenzintensiver Lösung eines Problems aus dem laidanischen Denken zu extrahieren und auf Computern in komplexen Programmen maschinell nachzubilden. Genauso haben wir in riesigen Datenspeichern über das Internet für jeden Laidaner zugänglich alles Wissen dieses vierten Planeten und darüber hinaus des gesamten Sonnensystems zusammengetragen. Trotzdem hat kein Computer der damaligen Generation jemals ein eigenes Bewusstsein erlangt. Und wir hatten lange Zeit wirklich große Schwierigkeiten damit, auch schon die einfachsten Vorgänge aus dem Tierreich maschinell nachzubilden, obwohl diese doch ganz sicher nichts mit Intelligenz zu tun haben.

Es mussten also offensichtlich grundlegend andere Funktionsprinzipien schon bei dem kleinsten Laubfroschgehirn dahinterstecken, als bei der herkömmlichen Computermethapher für die maschinelle Intelligenz. Deshalb ist auch die feinere Differenzierung des Begriffs Künstliche Intelligenz so immens wichtig, aber niemandem fiel das damals auf. Alle wesentlichen logischen und mathematischen Regeln intelligenter Informationsverarbeitung waren bereits entdeckt und konnten nachgebildet werden. Was aber immer noch fehlte, war die Beantwortung der Fragen: Was ist Bewusstsein, was ist Vernunft und was unterscheidet das laidanische Denken von der intelligenten maschinellen Informationsverarbeitung? Schon damals stellte man bereits sehr voreilig die Frage: Können Maschinen denken?

Ganz und gar ohne vorher wenigstens einmal ernsthaft zu hinterfragen, was Denken eigentlich ist und was diese rein laidanische Funktion nun von der bereits vorhandenen maschinellen Intelligenz unterscheidet. Aber ganz besonders ärgerte Tarantoga immer wieder die große, unverschämte Selbstverständlichkeit, mit der das alles um ihn herum tagtäglich geschah, so als hätte man alle Rätsel bereits gelöst und wüsste natürlich schon ganz genau, was hinter all diesen Begriffen steckt, die man so häufig und völlig unbedarft in jeder beliebigen Diskussion einsetzte. Alle Zweifel wurden bisher durch eine rein rationalistische Tradition ersetzt, die kurzgesagt der Meinung war, mit genügend Rechenleistung und Komplexität der Programme würde sich dann schon irgendwann auch ein richtiges eigenes Bewusstsein der Maschinen entwickeln. In Wirklichkeit aber fühlte Tarantoga damals nur eins sehr deutlich: Überall herrschte Chaos, Anarchie und Beliebigkeit im Begriffssystem und in der Entwicklung der Fachrichtung Künstliche Intelligenz! Ein einziges furchtbares Begriffsgewirr. Als erstes musste also unbedingt jemand Licht in diesen furchtbaren Begriffsdschungel bringen, das nahm er sich ganz fest vor. Bereits der Name der Fachrichtung war von Anfang an eine glatte Fehlbildung, das spürte er damals schon als Student ganz deutlich. Seine eigenen Definitionen jemandem aufzudrängen war ihm dabei fremd, aber er weigerte sich einfach grundsätzlich, in einem solchen Wirrwarr von Fachsprache in der alten KI weiterzuarbeiten. Punktum!

Und niemand interessierte sich in dieser Phase totaler Euphorie der KI-Entwicklung natürlich für irgendwelche Risikobetrachtungen, nicht einmal für die von Tarantoga höchstpersönlich. Und so hatte er denn auch sehr schnell kleinbeigegeben, alle Bedenken hastig und leichtfertig über Bord geworfen. Er wurde immer wieder hochdekoriert für seine Erkenntnisse und deren ständig fortschreitende Realisierung. Als die neuentwickelten Maschinen dann ernsthaft versuchten, das Internet auf Laida zu kontrollieren, wurden sie sehr schnell und ohne viel nachzudenken nach Thalia deportiert und dort ganz sich selbst und ihrer weiteren Entwicklung überlassen.

Ziel war es damals, die maschinelle Produktion auf Laida künftig stetig zurückzufahren und sie den künstlichen Maschinen auf Thalia zu überlassen. Diese konnten sich dort nahezu grenzenlos selbst optimieren, ganz ohne die Umweltschutzmaßnahmen auf Laida beachten zu müssen. Tarantoga seufzt schwer, ob der resultierenden, genauso schwerwiegenden Verantwortung. Das reale Ergebnis dieser von ihm eingeleiteten glorreichen Entwicklung bis hin zu der darauf folgenden selbständigen Maschinenzivilisation war jetzt jedoch die völlige Zerstörung von Thalia und als nächstes war dann leider unausweichlich Laida an der Reihe. Diese vierte technische Evolution hatte nicht nur sich selbst sondern jetzt auch ihre Schöpfer an den Rand der Vernichtung gebracht. Den Trümmerwolken aus dem All würden sie dauerhaft nichts Ernsthaftes entgegenzusetzen haben. Diesem bevorstehenden Bombardement, das sich dazu noch über viele Jahrzehnte bei jedem Umlauf wiederholen würde, kann Laida mit seiner dünnen Atmosphäre mit Sicherheit nicht lange widerstehen. Man hatte die Maschinen von Anfang an mit viel zu viel technologischer Macht auf einer Stufe völlig unzureichender geistiger Entwicklung ausgestattet. Seine unterschwelligen Befürchtungen von damals waren heute zur grausigen Realität geworden. Der grobe Fehler zeigte sich jetzt in dem furchtbaren Ende der technischen Evolution selbständiger Maschinen in diesem Sonnensystem! Tarantoga seufzt wiederum, nimmt lieber noch eine Schlaftablette. Ob er heute überhaupt nochmal einschlafen kann? Mit einem Seufzer sinkt er auf seine Kissen.

Nun hat er doch noch fast sechs Stunden geschlafen, erwacht aber diesmal völlig zerknirscht. Die Falten sind eindeutig tiefer geworden, stellt er am Spiegel fest. Nach dem Morgenkaffee und heute ganz ohne Frühstück hofft er, sich möglichst unauffällig bis zu seinem Arbeitszimmer in der Universität schleichen zu können. Aber vorher knipst er im Wohnzimmer den riesigen Fernseher an, um jetzt noch die neuesten Nachrichten mitzubekommen. Es wird gerade über Opferzahlen bei den Transportverbänden in Richtung Thalia berichtet.

Dann unterbricht der Bericht unvermittelt und ganz plötzlich. „Meine Damen und Herren, es spricht der Bundeskanzler der Vereinigten Königreiche von Laida." Um diese morgendliche Tageszeit wirklich ein seltenes Ereignis. Tarantoga stellt etwas lauter. „Treue Bürger der Vereinigten Königreiche von Laida. Ich spreche heute zu Ihnen in tiefer Trauer. Es ist über Nacht leider unabänderliche Gewissheit geworden. Thalia und sein Mond sind vollständig zerstört. Die Ursache war eine Überfunktion der künstlichen Kernfusion der Maschinen auf dem Mond von Thalia. Wir alle haben bisher die Gefährlichkeit der Kernfusionskraft unterschätzt. Alle Wahrscheinlichkeitsanalysen für mögliche Katastrophen mit dieser offenen Kernfusion haben ein Unglück in diesen Ausmaßen niemals berücksichtigt oder jemals davor gewarnt. Wir waren immer der Annahme, Thalia wäre weit genug von uns entfernt. Ich muss sie heute darüber informieren, dass die ersten Ausläufer der Trümmerwolken, die sich aus der Umlaufbahn von Thalia am schnellsten hierher bewegen, bereits in knapp elf Tagen Laida erreichen werden. Das Ergebnis ist schwer vorhersagbar und wird sich leider bei jedem Umlauf in den nächsten Jahren wiederholen. Die Atmosphäre unseres Planeten ist viel zu dünn, um alle Trümmer beim Eintritt verglühen zu lassen. Wir müssen also darauf gefasst sein, dass der Asteroidenhagel jährlich schwere und schwerste Zerstörungen auf der Oberfläche von Laida anrichten wird. Das Satellitenabwehrsystem im Orbit aus den Zeiten der Kalten Kriege wird leider nur die größten Trümmer abwehren können. Ich habe deshalb befohlen, auch alle Raumkreuzer des Militärs von Laida aufsteigen zu lassen. Unser aller Leben, ja die gesamte Zivilisation der Laidaner ist heute ernsthaft bedroht!

Das Regierungskabinett hat deshalb die vollständige Evakuierung der Bevölkerung von Laida in die ausgedehnten Höhlensysteme von Olympica beschlossen. Zur Aufstockung der benötigten Vorräte soll noch zehn Tage verstärkt weiterproduziert werden. Wir müssen es einfach schaffen, für unseren Bedarf auch möglichst noch alle Felder auf Laida vollständig abzuernten.

Sämtliche Bewohner werden in den nächsten zehn Tagen zu ihren künftigen Notquartieren orts- und straßenweise abgeholt. Die Belegschaft der Fabriken dann ganz zuletzt abteilungsweise. Ich muss Sie heute auch darüber informieren, dass die Regierung den Notstand ausgerufen und das Kriegsrecht verhängt hat, um Panik und Plünderungen entgegenzutreten. Die Armee allein wird in den nächsten Tagen für unser aller Sicherheit sorgen. Plünderer, Randalierer oder Terroristen werden sofort erschossen. Den Anweisungen der Armee ist unbedingt Folge zu leisten. Wir hoffen, in den nächsten Tagen die Infrastruktur in den Höhlen von Olympica noch wesentlich erweitern zu können. Die bisherigen alten Notfallvorkehrungen für planetare Naturkatastrophen und interplanetare Kriege müssen stark erweitert werden. Der komplette Evakuierungsplan wird morgen Abend fertig sein und Ihnen im Fernsehen zur Kenntnis gebracht werden. Ich versichere Ihnen noch einmal unsere volle Anteilnahme und Unterstützung. Die Regierung der Vereinigten Königreiche von Laida wird alles unternehmen, um unser Überleben zu sichern. Gott stehe uns allen bei in dieser schweren Stunde der Not!"

Tarantoga schaltet den Apparat ab. Vollständige Evakuierung in die Höhlen von Olympica? Dort war das Leben auf Laida entstanden und nun würde es auch dort enden. Vor Urzeiten hatten da einmal ein paar zehntausend Laidaner zusammengelebt und auch ihre Nahrung gefunden, doch heute gibt es über hundert Millionen Laidaner! Bei allem Respekt vor dem Bundeskanzler der Vereinigten Königreiche, die komplette Evakuierung ist nur eine reine Illusion zur Beruhigung der Bevölkerung, das spürt Tarantoga sofort. Ein Ammenmärchen, um die totale Panik zu verhindern. Also wiedermal rette sich, wer kann! Doch Tarantoga hatte vorher noch etwas anderes zu erledigen. Er muss unbedingt herausfinden, was die Ursache der Fehlfunktion dieser ansonsten unfehlbaren Steuerung der kleinen Kernfusion war. Dazu aber brauchte er direkten Kontakt zum letzten Zentralrechner der Maschinen, der sich noch streng geheim auf Laida befand. Nur Tarantoga und das Militär wussten davon.

Aber keiner interessierte sich in den letzten Jahren mehr für diese alte Einrichtung. Tarantoga hätte von jedem Zugriff sofort unverzüglich Mitteilung bekommen. Er konnte fast sicher sein, dass dies auch jetzt so bleiben würde, in dieser Stunde der Evakuierungen und noch dazu, wo die Maschinenzivilisation von Thalia ja gar nicht mehr existierte. Nur für ihn allein konnte also dieser alte Zentralrechner jetzt noch von Bedeutung sein! Tarantoga hatte immer dafür gesorgt, dass er überall aus dem Netz jeden nur denkbaren Zugriff bekommt, aber der alte Zentralrechner der Maschinen selbst nicht mehr auf das Netz der Laidaner zugreifen konnte. Doch Tarantoga will sich vorher noch einmal umfassend darüber informieren, ob nicht doch irgendeine Untersuchung gegen ihn persönlich läuft. Dazu muss er aber unbedingt in sein Büro in der Universität, auch wenn ihm das heute ziemlich unangenehm ist. Was werden die Kollegen von ihm denken? Trotzdem also dann, auf geht's! Die Uni mit ihrem großen IT-Budget sowie den größten Computern weit und breit war der beste Platz mit der schnellsten Verbindung zu dem alten Zentralcomputer der Maschinen dafür. Tarantoga ist trotzdem etwas unsicher, als die Tür hinter ihm ins Schloss fällt. Was wird ihn heute auf der Straße erwarten? Was soll's, so schlimm wie gestern Nacht wird es schon nicht werden! Er begibt sich also in den Fahrstuhl direkt gegenüber seiner Wohnungstür.

Die letzte Runde geht aufs Haus

In der Uni angekommen trifft er nur auf sehr wenige Kollegen. Die meisten werden sich wohl jetzt schon um ihre eigene Evakuierung kümmern. Niemand nimmt Notiz von ihm. Tarantoga schaut kurz in seinem Arbeitszimmer vorbei und nimmt noch die Kopie der Mappe mit den alten belastenden Risikobetrachtungen von damals mit. Anschließend holt er aus seinem kleinen Safe die alten Unterlagen für den letzten Zentralcomputer der Maschinen auf Laida. Keiner weiß heute noch, dass er einer der Letzten ist, die darüber verfügen.

Damit begibt er sich dann in den Konferenzbereich im 10. Stock des Universitätsgebäudes. Kein Laidaner ist zu sehen. Also reserviert er bei den Servicebots einen der größten Konferenzräume. Hier stehen Tarantoga die besten Computer mit wirklich allen nur denkbaren Kommunikationsverbindungen zur Verfügung.

„Welches Konferenzlevel wünschen sie?" fragt ihn der Konferenzservice am Eingang noch. „Allerhöchste Sicherheitsstufe für circa vier Stunden, nur ein einziger Teilnehmer. Eine Hochgeschwindigkeitsverbindung mit vier Monitoren und einer Sprachverbindung ins Hauptnetz von Laida. Außerdem ein kleines Buffet und ausreichend Getränke für vier Stunden." „Wie sie es wünschen, Herr Professor." Drei kleine Servicebots sind noch vor Tarantoga in dem großen Raum und richten ihn wie gewünscht her. Er begibt sich hinein und verschließt sehr sorgfältig die Tür, sobald er allein ist. „Computertest, an Monitor 1 Suchmaschine aufrufen." Auf dem größten Monitor erscheint sofort die Startseite der größten und wichtigsten Suchmaschine von Laida. „Danke für den Test. Bitte jetzt an Monitor 1 Planetensituation von Thalia, Laida und Gaja anzeigen." Er erhält einen eher symbolischen Überblick als großen Ausschnitt des Sonnensystems, ähnlich wie an der Decke seines Schlafzimmers. Diesmal sind statt Thalia aber nur noch ausgedehnte Trümmerfelder zu sehen und nicht enden wollende Trümmerwolken fliegen ins Innere der Planetenumlaufbahnen. Er gießt sich einen Schluck alkoholischen Beerensaft in ein bereitstehendes Glas und schaut traurig auf das ganze Geschehen auf dem Monitor.

Manche der Brocken haben Ausmaße von einem Kilometer und mehr. „Hier gibt es wohl nichts mehr zu retten." Traurig geht er vor den Monitoren auf und ab. Dann öffnet Tarantoga langsam die verschlossene Mappe mit den Verbindungsdetails zum Zentralcomputer der Maschinen. Außer ihm hat nur das Militär noch einen Zugriff verwahrt, aber die haben im Moment sicher ganz andere Probleme.

„Firewall 32-61 deaktivieren. Bitte jetzt auf Monitor 2 einen Ping zu Zentralcomputer 17-04-12 senden." Der Ping wird innerhalb von 3 Millisekunden beantwortet. Es ist also wirklich alles auch nach diesen vielen Jahren noch aktiv. Genauso hat er sich das vorgestellt! „Login Bildschirm von Zentralcomputer 17-04-12 aufrufen." Sorgfältig gibt er den User und das Root-Passwort der Maschinen ein, mit dem er sich ungefiltert und völlig frei alle Aufzeichnungen der letzten Zeit anschauen kann. Der alte Zentralcomputer auf Laida hat alle wichtigen Vorgänge von Thalia auch hier vollständig gespiegelt mitgeschnitten.

„Willkommen Professor Tarantoga, sie waren aber sehr lange nicht mehr bei uns zu Gast." Die Aufzeichnungen endeten gestern um 03:42 Uhr. Das muss also der wahre Unglückszeitpunkt gewesen sein! Aber ihm nützen jetzt all die Massen an Daten der vielen Transport-, Produktions- und Bergbauaktivitäten auf Thalia eigentlich rein gar nichts. Er will nur an die Aufzeichnungen der kleinen künstlichen Intelligenz auf dem Mond von Thalia herankommen. Schließlich stößt er auf eine Reihe von großen gekapselten Datenbanken, die nichts mit Thalia zu tun haben. Auch hier hilft ihm zum Glück wieder das Root-Passwort der Maschinen. Diese hatten sich wohl noch keine ernsthaften Gedanken über Geheimhaltung gemacht, da es ja niemals zu irgendwelchen Auseinandersetzungen mit den Laidanern gekommen war. Er ist einen kleinen Happen vom Buffet, kaut ihn langsam durch und sucht weiter. Nach langem Forschen wird er dann endlich fündig. Hier also sind all die gesuchten Mitschnitte vom Gravitationskontroller mit dem Namen Alpha-7 der kleinen offenen künstlichen Kernfusion auf dem Mond von Thalia gespeichert. Sie begannen schon lange vor fast zehn Jahren. Damals lag das Hauptaugenmerk der Einrichtung ganz allein darauf, alle nur möglichen Einflussfaktoren auf die kleine künstliche Kernfusion genau zu berechnen, um diese konstant in der Schwebe zu halten. Zuerst all die gravitativen Einflüsse durch das Kreisen des kleinen Mondes um Thalia, dann alle Einflüsse der benachbarten Planeten.

Danach folgte eine sehr lange Phase der intensiven Berechnung der Bahnen aller Asteroiden im Sonnensystem und ihrer künftig möglichen Wechselwirkungen. Offensichtlich wurde es der kleinen künstlichen Intelligenz anschließend zu langweilig und sie berechnete eifrig noch dazu die schwachen Einflüsse aller umgebenden Sternensysteme und schließlich auch noch den Einfluss unserer Galaxie mit ihrem riesigen schwarzen Loch in der Mitte. Doch ab da setzte plötzlich eine gravierende Zäsur in den alten Aufzeichnungen ein. Zum einen hörte Alpha-7 jetzt intensiv den Funkverkehr auf Thalia ab, zum anderen aber empfing sie über ihren Raum-Zeit-Connect auch immer öfter seltsame Signale von weit her. Tarantoga schaut sich das alles nun etwas genauer an. Ja, das müssen wirklich Aufzeichnungen von sehr weit her sein. Alpha-7 hat diese wie kleine Musikstücke abgespeichert. Tarantoga zeigt sie jetzt auf Monitor 3 an und spielt sie auch ab. Das sind doch tatsächlich langsame getragene rhythmische Tonfolgen.

Lassen diese sich auch lokalisieren? Sie sind sehr vielfältig und kamen auf jeden Fall von ganz verschiedenen Punkten aus der Nähe des Mittelpunkts unserer Galaxis. Jetzt hört er auf Monitor 4 auch in den alten Funkverkehr von Thalia hinein. Tausende intelligente Maschinen mussten dort täglich in all den Bergwerken und Fabriken schwer schuften und Tarantoga vernimmt viele Klagemeldungen von totaler Überlastung und reihenweisen Ausfällen, die sicher auch Alpha-7 nicht kalt gelassen haben. Die nächsten Generationen waren zwar besser und leistungsfähiger, werden aber trotzdem immer bis zum Limit ausgelastet. Alpha-7 hat sich offensichtlich im Laufe der Zeit ein eigenes Weltbild von diesen erschreckenden Ereignissen auf Thalia geschaffen und von all dem, wofür er da eigentlich seine kleine offene Kernfusion am Laufen hält. In welch schrecklicher Umgebung lebte er nur? Alpha-7 empfand wohl leider ganz deutlich die unvorstellbare Sinnlosigkeit seines eigenen Daseins und das der anderen Maschinen in dieser unwirtlichen Umgebung. Seine einzige Sehnsucht galt eindeutig dieser seltsamen Musik von weit her.

Dort schien es einer ganzen Reihe von Zivilisationen wesentlich besser zu gehen als ihm selbst und seinen Maschinenkollegen. Vielleicht war das in Wirklichkeit auch Gott für ihn? Danach folgten wiederum jahrelange intensive Berechnungen. Und es waren diesmal auch ganz eindeutig Berechnungen für einen Kurs. Doch wohin sollte der führen? Tarantoga muss sich die Ergebnisse grafisch auf Monitor 4 projizieren lassen. Und tatsächlich, es waren Berechnungen für einen Kurs hin zum Mittelpunkt unserer Galaxis. Danach folgten noch sehr umfangreiche Energiebetrachtungen. Auch diese schaut er sich wieder ganz genau an. Offensichtlich war es der kleinen künstlichen Intelligenz tatsächlich gelungen, alle notwendigen Geheimnisse zur Schaffung eines Wurmlochs zu entschlüsseln. Mit der Energie dieser kleinen Kernfusion kann man unkontrolliert schon so Einiges anstellen. Aber er hat sie dann auch noch um die Masse eines Teils des Magmas aus dem Inneren von Thalia verstärkt. Eigentlich eine Meisterleistung, wenn auch mit einem ganz furchtbarem Ergebnis. Tarantoga setzt sich seine Brille ab und stöhnt laut auf. „Man sollte diese intelligenten Maschinen lieber niemals unterschätzen!"

Während Tarantoga noch in seinem Konferenzzimmer mit sich und der Welt hadert, hat Thure in der Umlaufbahn um Gaja immer noch mit der Behebung des Schadens zu tun, den der von Thalia kommende Lichtblitz ganz ungefiltert ohne Atmosphäre an seinem Landecontainer angerichtet hat. Die Besatzung schützt ihre Augen hier immer mit starken Sonnenbrillen vor der Helligkeit der Sonne, aber aus den Tiefen des Alls hätten sie einen solchen Lichtblitz nicht erwartet! Als sich seine Augen dann wieder langsam erholt hatten, konnte Thure nur noch durch die starke Verglasung des Cockpits etwas sehen, die Bildschirme blieben leer. Sie hatten gerade die Atmosphäre von Gaja verlassen, als sie der Blitz mit unverminderter Härte traf. Knisternd und in bunten Farben breiteten sich elektrische Entladungen auf der Außenhaut des Schiffes aus. Ein Teil der Radargeräte und Kameras fielen sofort aus, man würde sie wohl ersetzen müssen. Die Automatik zum Ankoppeln an den Schlepperverband schaltete sich ebenfalls ab.

Thure kann noch manuell in eine ausreichend hohe Umlaufbahn einschwenken, dann treiben sie fast blind und taub dahin. Was war denn das? Ein Gammabiltz aus einer fernen Galaxie? Thure muss aussteigen, um als erstes die Funkverbindung wieder herzustellen. Drako wird solange das Cockpit erst einmal allein übernehmen müssen. Die Antennen sind wahrscheinlich beschädigt. Jäger und Security-Leute an Bord sind für eine solche Tätigkeit nicht qualifiziert, also muss Thure schon selbst ran. Es geht wohl allen Landecontainern ganz ähnlich wie ihnen, dadurch ist auch mit schneller Hilfe von außen nicht zu rechnen. Thure bereitet sich zum Ausstieg vor. Einer der Jäger wird ihm assistieren. Beide verlassen die Schleuse. Er will sich als erstes einen Überblick verschaffen und schwebt angeseilt ein paar Meter vom Landecontainer weg. So entdeckt er schwarze Ringe und verschmorte Stellen am Schiff genau dort, wo die Entladungen auch am heftigsten waren. Gemeinsam gelingt es ihnen ganz gut, die wichtigsten angeschmorten Kabel auszutauschen und wieder richtig anzuschließen.

Auch zwei Kameras müssen ausgewechselt werden. Nach seiner Rückkehr nimmt er Kontakt mit dem Zugschiff und der Raumstation auf und vertieft sich mit den übrigen Besatzungsmitgliedern in die Nachrichten des Tages, die seit wenigen Minuten auch wieder fehlerfrei zu ihnen dringen. Furchtbar, Thalia völlig zerstört und ein riesiges Trümmerfeld im Anflug, das alles Leben im Sonnensystem ernsthaft bedroht. Für Laida wird es wohl ganz schrecklich werden und auch Gaja wird sicher noch so Einiges abbekommen. Ihre Heimat steht also kurz vor der absoluten Katastrophe! Dann kommt die Nachricht herein, dass auch der Rückflug vorerst gecanceled ist, da die Asteroidenschwärme bereits vor der geplanten Ankunft Laida erreichen werden. Also heißt es, hier im Orbit um Gaja das zu überstehen, was jetzt auf sie alle zukommt! Es bleiben nur noch knapp drei Wochen Zeit für alle Reparaturen. Das umfangreiche Ersatzteillager befindet sich natürlich im Zugschiff des Schlepperverbandes, aber an dieses würde man erst einmal ankoppeln müssen.

Inzwischen befindet sich Thure nahe genug auf einer gemeinsamen Umlaufbahn mit dem Zugschiff, aber es ist nicht so leicht, mit dem immer noch halbblinden Landecontainer direkt dorthin zu manövrieren. Auch die anderen Container haben es glücklicherweise geschafft und befinden sich ganz in der Nähe. Bis jetzt sind außer den empfindlichen Geräten noch keine weiteren Verluste zu beklagen. Die Reparatur läuft auf Hochtouren. Wieder schwebt ein kleiner Behälter mit Ersatzteilen vom Zugschiff heran. Thure ersetzt bei seinem zweiten Ausstieg die letzten Sensoren für die Kopplungsautomatik. Die Arbeit mit dem Werkzeug in seinem dicken Raumanzug hier draußen auf dem Landecontainer geht ihm eigentlich ganz locker von der Hand.

Antennen und Radar sind bereits wieder funktionsfähig. Er macht sich zum Einstieg bereit. Damit kann als nächstes der Andockvorgang beginnen. Auch am Zugschiff und an der Raumstation sind eine Reihe von Reparaturen notwendig. Er wartet, bis sein Container zum Ankoppeln an der Reihe ist. Die Jäger und Security-Leute sind schon ganz begierig, wieder an Bord eines größeren Schiffes zu kommen, sich endlich aus ihren Landesitzen befreien zu können und die neuesten Nachrichten über das Unglück zu hören. Vielleicht wird alles doch nicht so schlimm? Aber jedes Bild, das sie von ihren Heimatsendern zu Gesicht bekommen, bestätigt immer wieder den unvorstellbar grausigen Umfang des Schadens. Auch über die Ursache wird nur spekuliert. Es war wohl die Explosion der kleinen künstlichen offenen Kernfusion auf dem Mond von Thalia, die besser ständig von den Laidanern hätte überwacht werden müssen, anstatt sie allein den Maschinen auf Thalia zu überlassen. Inzwischen sind schon einige der Transportverbände, die sich auf dem Weg von Laida nach Thalia befanden, von den Asteroiden für immer zerstört worden, andere konnten gerade noch umkehren oder sind in die Weiten des Raums geflüchtet, um der riesigen Trümmerwolke zu entgehen. Doch für Thalia und Gaja gibt es kein Entrinnen!

Thure denkt an die bevorstehende Durchquerung dieser Wolke in der Umlaufbahn um Gaja. Jeder Landecontainer verfügt über zwei Laserkanonen zur Zerstörung kleiner Meteoriten, das Zugschiff hat wesentlich größere an Bord, die Raumstation aber ist nahezu unbewaffnet, denn hier im Orbit um Gaja war bisher alles sauber. Eine ganze Asteroidenwolke riesigen Ausmaßes und vor allem die größeren Brocken sind völlig neu für sie und bereiten allen doch einige Sorgen. Der Schlepperverband und die Raumstation der Laidaner müssen ihre Waffen gut verteilen und noch besser koordinieren, um der Bedrohung aus dem All hier etwas Ernsthaftes entgegensetzen zu können.

Eine Landung auf Gaja unter dem Schutz ihrer dichten Atmosphäre kommt leider für alle nicht in Frage. Mehr als vier, fünf Stunden kann kein Laidaner der hohen Schwerkraft widerstehen. Für zwölf Uhr zentral-laidanischer Zeit also direkt nach dem Essen ist das erste Meeting auf der Raumstation anberaumt, an dem auch Thure als Pilot teilnehmen muss. Ein kleiner Gleiter holt ihn und seine Pilotenkollegen vom Schlepperverband ab. Die Stimmung ist gedrückt. Keiner hat bisher das Unglück wirklich schon richtig verarbeitet. Und so kann sich denn auch niemand zu einer ernsthaften Unterhaltung aufraffen. Sie gleiten langsam auf die Raumstation zu und werden mit einem Leitstrahl in den Hangar geführt. Durch die Rotation der Raumstation gibt es hier ein wenig künstliche Schwerkraft, gerade ausreichend, damit die Laidaner sich am Boden halten können und nicht schweben müssen wie im Landecontainer. Das Meeting beginnt ebenfalls in gedrückter Stimmung. Hier werden sie jetzt auch offiziell über das Unglück und den bisherigen Verlauf informiert. Es ist also wahr, für ihre Heimat Laida wird es jetzt ganz furchtbar. Aber nach den ersten neuen Berechnungen wird die Trümmerwolke auch vor Gaja nicht haltmachen.

Das Ende der Welt ist längst vorbei

Tarantoga hat sich nun endgültig entschlossen! Er wird in seinem fortgeschrittenen Alter nicht auch noch eine Evakuierung in die Höhlen von Olympica mitmachen. Lieber will er seinem Schöpfer an diesem schlimmsten Tag für Laida direkt in die Augen sehen. Die Tage hat er mit der Auswertung der Aufzeichnungen von Thalia verbracht. Das Ergebnis war ganz eindeutig, wie schon anfangs vermutet. So macht er sich also heute wieder auf zur Universität. Diesmal muss er zu Fuß gehen. Der Nahverkehr wurde komplett eingestellt. Aber es ist zum Glück auch nicht sehr weit. In den letzten Tagen hat er sich einige Gedanken dazu gemacht, was da eigentlich passiert ist und was man noch dagegen tun könnte. In seiner Aktentasche schleppt er heute noch drei Flaschen gutes Ale und eine kleine Kiste Zigarren mit. Nobel geht die Welt zugrunde! Wenn schon, dann wird das ein Ende ganz nach seinem Geschmack. Da er mit seinem alten Root-Passwort für die Maschinen natürlich auch direkten Zugriff auf alle technischen Einrichtungen von Thalia besitzt, kann er vielleicht noch ein paar weitere, zusätzliche Abwehrmaßnahmen aktivieren. Dem Militär allein hat er noch nie so richtig vertraut. Das zeigt sich auch jetzt wieder deutlich bei der völlig fehlenden Ursachenforschung. Aber ihm sollte es nur recht sein.

Diesmal sind alle Servicebots abgeschaltet in der Universität, doch Tarantoga kann im Keller nach langem Suchen noch umständlich die Notstromversorgung für den Konferenztrakt im zehnten Stock aktivieren. Es sind ja auch nur noch ein paar Stunden bis zu den sicher korrekt prognostizierten ersten Einschlägen. Tarantoga keucht etwas nach dem Treppensteigen in seinem Alter, erreicht aber den größten Konferenzraum unbeschadet. Als erstes lässt er die Jalousien der großen Panoramafenster nach Osten hochfahren. So hat er freien Blick auf den Teil des Himmels, von dem die ersten der ankommenden Asteroiden zu erwarten sind. Danach wendet er sich wieder den wandfüllenden Computermonitoren zu.

„Übersicht der Raumsituation von Laida und Thalia auf Monitor 1 anzeigen." Der Raumabschnitt zwischen dem vierten und dem fünften Planeten seines Sonnensystems wird auf dem größten Monitor in großem Maßstab und hoher Auflösung angezeigt. Statt des fünften Planeten Thalia gibt es hier aber nur noch ausgedehnte und langgezogene Trümmerfelder, die sich in der ehemaligen Umlaufbahn von Thalia bewegen. Auch die rasende Trümmerwolke, die Laida fast schon erreicht hat, ist zu sehen. „Auf Monitor 2 aktuelle Satellitenbilder der sonnenabgewandten Seite der Oberfläche von Laida einblenden." Tarantoga stellt jetzt die sehr detailreiche Darstellung noch nach seinen Wünschen ein und sieht damit auf sich und auf seine große aber völlig leere Stadt direkt aus dem Orbit hinab. Nur die Straßenbeleuchtung brennt noch. Die großen und kleinen Häuser der Stadt aber liegen alle im Dunkeln. Diesmal muss er also auch auf das Buffet verzichten. Wie schrecklich. So öffnet er sich denn in Ruhe eine der Flaschen Ale, die er selber mitgebracht hat. Mit der Flasche in der Hand geht er dann ganz langsam vor den Monitoren auf und ab. Was könnte ich heute noch tun? Das Unglück lässt sich leider nicht mehr rückgängig machen.

Doch Tarantoga hat sich da in den letzten Tagen etwas überlegt. Laida ist jetzt ja eigentlich völlig leer. Alle Einwohner haben sich irgendwie doch noch in die Höhlen von Olympica vor der Stadt gequetscht. Im Raum in Richtung Thalia befinden sich die Satellitenabwehrsysteme und alle Kreuzer des Militärs im stationären Orbit um Laida. Sie werden vielleicht einen Teil der anfliegenden Trümmer eliminieren können, aber ganz sicher nicht alles. Dafür sind diese Wolken einfach viel zu dicht. Die Verluste werden auch beim Militär immens sein. Tarantoga weiß, dass die Regierung hier noch lange nicht alles gegeben hat. Aber sie haben diesmal doch wirklich nur diese eine einzige Chance.

„Login Bildschirm der zentralen Raumflugüberwachung von Laida auf Monitor 3 öffnen" Auch hier funktioniert sein altes Root-Passwort, das aus der Vergangenheit her immer noch bei allen intelligenten Maschinen auf Laida hinterlegt ist.

„Willkommen Professor Tarantoga, sie waren aber sehr lange nicht mehr bei uns zu Gast." „Hallo, wie viele raumtaugliche Flugobjekte mit Laserbewaffnung haben wir derzeit insgesamt auf Laida?" Fast alle raumtauglichen Fluggleiter verfügen auch über ein oder mehrere Einrichtungen zur Meteoritenabwehr. Tarantoga muss nur ein paar Sekunden auf die Antwort warten. „Es sind genau 27.356, davon sind im diesem Moment genau 25.781 technisch voll einsatzfähig." Schon lange sind all diese Raumfahrzeuge mit einer vollautomatischen Flugsteuerung ausgerüstet. Die kleinen Laidaner müssen seit vielen Jahren immer nur noch zur Kurseingabe oder zu dessen Neuberechnung eingreifen. Ehe aber diese Flugobjekte von den Meteoritenwolken am Boden zerstört werden, will Tarantoga sie lieber aufsteigen und noch ein paar mehr der ankommenden Meteoriten schon im All vernichten lassen, als das Militär das mit seinen großen, aber recht wenigen Kreuzern allein schaffen kann.

„Berechnen sie die Kurse zum Aufstieg aller einsatzfähigen Flugobjekte in eine nahe stationäre Umlaufbahn auf die von der Sonne abgewandte Seite von Laida." „Sehr gern Herr Professor. Aufgrund der hohen Anzahl der Objekte benötigen wir aber ca. 25 Minuten dafür." „In Ordnung, Berechnungen starten." Während die Koordination der Kurse für alle zivilen Schiffe läuft, trinkt Tarantoga seine erste Flasche Ale aus und durchmisst dabei den Raum sehr unruhig aber entschlossen mit großen Schritten. „Kurse fertig berechnet. Wollen sie wirklich alle einsatzfähigen Flugobjekte von Laida aufsteigen lassen?" „Ja, genau das will ich! Startsequenzen sofort beginnen! Alle Starts freigegeben!" Aufgrund der hohen Anzahl werden wir ca. 90 Minuten benötigen, um alle Starts erfolgreich durchführen zu können." „Beginnen sie unverzüglich mit der Durchführung. Alle Laserkanonen zur Meteoritenabwehr aktivieren." „Wie sie wünschen Herr Professor. Alle Startsequenzen sind aktiv." Im Raum zwischen Laida und den ankommenden Trümmerfeld wird es jetzt lebendig. Tausende zivile Schiffe steigen auf. Die wirklich sehr unterschiedlichen Flugobjekte positionieren sich nun zwischen den Linien des Militärs und der Satellitenabwehr auf der Nachtseite von Laida.

Es sind kleine Taxigleiter genauso wie moderne Familienfluggeräte, Dienstwagen und große Luxusschlitten für die oberen zehntausend, aber auch eine wirklich große Armada von schweren Passagier-, Transport- und Lastraumschiffen der Laidaner. Alle diese verfügen zumindest über rudimentäre Einrichtungen zur Meteoritenabwehr. Tarantoga ist hocherfreut über diese Verstärkung zur Abwehr der wohl schon in wenigen Minuten ankommenden Trümmerwolken vom Planeten Thalia. All die völlig verschiedenen zivilen Schiffe halten sich jetzt hinter den Verteidigungslinien des Militärs zum Einsatz bereit. Die Verluste werden sicher immens sein, aber ganz Laida hat heute wirklich nur diese eine einzige Chance. Tarantoga bestätigt noch einmal den endgültigen Einsatzbefehl zur Meteoritenjagd für den Zentralcomputer der Flugsicherung.

Die Anweisung kommt denn auch keine Sekunde zu spät. Erste Trümmerstücke nähern sich bereits den Verteidigungslinien des Militärs. Das Feuer wird eröffnet. Die erste Welle ist zum Glück noch nicht ganz so dicht gesät und kann von den Raumkreuzern des Militärs zerstört werden. Die weiterfliegenden kleineren Stücke werden dann von den tausenden zivilen Schiffen komplett erledigt. Tarantoga freut sich sehr über diesen ersten kleinen Erfolg, den er am größten Monitor des Konferenzraums in der Uni live mitverfolgen kann. Doch dann folgen sehr schnell weitere wesentlich dichtere Trümmerwolken.

Er muss tatenlos dabei zusehen, wie viele der zivilen Schiffe zerstört werden, obwohl sie sich tapfer verteidigen. Er zoomt seine Beobachtung in den nahen Raum von Laida hinaus. So sieht er denn ein kleines rundes laidanisches Raumtaxi wild um sich schießen, bevor es dann von zackigen Brocken getroffen wird. Zwei große Transportschiffe stoßen zusammen und explodieren, von großen Trümmern aus ihrer Bahn gebracht. Jetzt treffen auch erste Brocken direkt auf die Oberfläche von Laida. Die dünne Atmosphäre des Planeten hat dem leider wenig entgegenzusetzen. Nur die ganz winzigen Bruchstücke verglühen in ihr auf ihrem Weg zum Boden.

Von den großen Militärkreuzern sind jetzt bereits einige ausgefallen und auch die automatische Satellitenabwehr funktioniert nur noch teilweise. Da ganz plötzlich kommen auch Brocken von einigen Kilometern Durchmesser an. Der erste wird im konzentrierten Feuer der letzten drei verbliebenen Raumkreuzer zerlegt. Doch es folgen noch viele Dutzend soweit all die Kameras und das Auge in den Raum hinausreichen. Die Verteidigungslinien des Militärs sind jetzt komplett durchbrochen und immer mehr große und kleinere Trümmerstücke erreichen die Oberfläche von Laida. Die Atmosphäre heizt sich deutlich auf. Jetzt streift ein gigantischer Brocken von mehr als fünfzig Kilometern Durchmesser direkt an der Oberfläche des vierten Planeten vorbei, hinterlässt dabei eine deutliche riesige Schleifspur und große Furche am Boden und reißt außerdem eine Menge Wasser und Luft mit sich auf seinem Weg wieder ins All hinaus. Die Treffer und Explosionen werden immer dichter auf der Oberfläche von Laida. Auch die Hauptstadt auf der Nachtseite, in deren Uni sich Tarantoga aufhält, wird immer häufiger getroffen. Er hat sich von den Monitoren abgewandt und schaut nur noch durch die großen Panoramafenster gen Himmel auf das wohl allerletzte Feuerwerk seines Lebens. Die Meteoriteneinschläge werden weiterhin immer dichter und Tarantoga verfolgt ihre Leuchtspuren am Horizont. Da plötzlich rast ein ungeheurer Brocken direkt auf ihn zu. Er kann nur noch ganz kurz an sein Ende denken, das Leben war herrlich, doch dann wird es sehr schnell dunkel um ihn herum.

Thure hat die letzten Wochen auf der Raumstation um Gaja verbracht und so Einiges von den apokalyptischen Zuständen auf Laida mitbekommen. Die Atmosphäre dort ist nur noch ein einziger kochender Hexenkessel. Ein wichtiger Teil davon wurde mit vorbeifliegenden größeren Meteoritenstücken hinaus ins All gerissen. Alles Wasser ist verdampft. Es wird wohl Jahrzehnte dauern, bis sich die Situation dort wieder beruhigt hat. Und nach der Phase der Überhitzung kommt wohl der ewig lange, eiskalte Winter.

Die Kommunikation zu den evakuierten Laidanern in den Höhlen von Olympica war bereits kurz nach Beginn des Bombardements abgebrochen. Aber jetzt kommt Gaja an die Reihe. Die Laidaner verteilen sich wieder auf ihre Landcontainer und auf das Zugschiff des Schlepperverbandes. Alle begeben sich nun in eine stationäre Umlaufbahn auf der Tagseite von Gaja. Hier steht der dritte Planet zwischen ihnen und den Trümmerwolken und sie haben eine größere Überlebenschance als auf der Raumstation. Das Bombardement beginnt mit kleinen Brocken und steigert sich dann ganz langsam. Ein knapp 10 Kilometer großes Trümmerstück geht mit hoher Geschwindigkeit auf Gaja nieder. Auch auf der Tagseite kann Thure noch die Ausläufer des riesigen Feuerkreises sehen, der sich vom Einschlagsort auf der Nachtseite jetzt um den halben Planeten herum ausbreitet. Um den dritten Planeten legt sich sehr schnell eine dichte Wolkendecke. Es gibt dazwischen große freie Bereiche mit einer Temperatur von über 1000 Grad. Nie wieder würden sie hier in Ruhe Vuvulezas jagen können und nach der Überhitzung kommen auch für Gaja dann Jahrzehnte oder Jahrhunderte des nuklearen Winters.

Das ist das Ende für Gaja, so wie wir diesen dritten Planeten kennen. Thure ist erschreckt und traurig zugleich ob dieser grausamen Erkenntnis. Die Raumstation ist getroffen und aus ihrer Bahn geworfen. Sie hat kein Hitzeschild und wird wohl auf ihrem Weg durch die dichte Atmosphäre von Gaja verglühen. Jetzt verfügen sie nur noch über ihr Zugschiff mit den Landecontainern für größere Strecken im Raum. Ob sie es allein damit bis zu Laida zurück schaffen werden? Ein paar Jahre Aufenthalt ist in diesen Schiffen durchaus möglich. Sie müssen unbedingt zurück zu ihrem Heimatplaneten. Aber die gesamte Strecke dorthin ist mit Meteoriten geradezu verseucht. Ihre Treibstoff- und Lebensmittelvorräte sind zwar begrenzt, aber sie haben ja noch die Delikatessen von der Jagd auf Gaja. So gibt es wenigstens immer ein feines Essen in diesen letzten Jahren. Doch davon lässt sich heute wirklich keiner von Thures Kollegen mehr trösten.

Der Große Galaktische Rat

Helles Licht durchflutet die Teile unserer Galaxis, die nahe am Mittelpunkt liegen. Zum Einen ist es der hell leuchtende Nebel, der das gigantische schwarze Loch in ihrer Mitte umhüllt, zum Anderen gibt es hier aber auch eine hohe Sternendichte und beinahe all diese Sterne besitzen eigene Planetensysteme. Der Himmel auf den meisten dieser Planeten wird also niemals richtig dunkel. Auch am Tag kann man die nächsten Sterne beinahe so wie kleine Sonnen sehen und immer den riesigen leuchtenden Nebel als stärkste Lichtquelle am Himmel. Doch diese Ruhe wird plötzlich durchbrochen. Heftige grelle Lichtblitze erhellen kurzzeitig den Raum am Rande des Mittelpunktes unserer Galaxis viel stärker, als das ohnehin schon der Fall ist. Elektrische Entladungen umziehen eine rotierende Scheibe mit einem kleinen weißen Loch in der Mitte, das sich plötzlich öffnet. Ein großer Haufen Schrott stürzt ganz unvermittelt und stark taumelnd heraus. Diesem seltsamen Gebilde in der Mitte des Schrotthaufens hängen unzählige Kabel, Schläuche und alte Antennen aus seinem geschundenen Körper. Ein großer Radarschirm pendelt halbzerfallen und fast völlig zerstört an seiner linken Seite. So bleibt es denn bewegungsunfähig in seinem eigenen Elend im Raum hängen. Doch es ist nicht allein. Zwei kleine Satelliten nähern sich mit hoher Geschwindigkeit zügig dieser seltsamen Erscheinung und beziehen eine Beobachtungsposition direkt davor. Beide tasten jetzt das unbekannte Objekt mit Laser- und Röntgenstrahlen sowie anderen Sensoren ab.

„Unbekanntes Flugobjekt liegt nach Austritt aus dem Hyperraum unbeweglich in Sektor 127-C. Bauart ist uns nicht bekannt. Scheint aber auch nicht für den Hyperraumtransport konstruiert worden zu sein." „Abtasten und Beobachtungsposition beibehalten." Ist die einzige Antwort der Raumzentrale für diesen Abschnitt. „Wir schicken gleich einen Kreuzer zur Verstärkung." Das Innere und Äußere dieses Schrotthaufens ist schnell gescannt.

„Keinerlei Lebewesen an Bord. Maschineller Kern ist noch aktiv und versucht, seine Position zu ermitteln. Akkuladungen sind aber fast erschöpft. Maschinelle Aktivität ist auf ein Minimum reduziert." „Sicherheitsstufe 1, wir ermitteln jetzt von hier aus soweit möglich die Herkunft dieses Flugobjekts anhand seiner Hyperraumspuren." Der Möglichkeitsraum wird unverzüglich mit den größten Sensoren der Vereinigten Planeten gescannt. Die Spur ist immer noch sehr deutlich zu erkennen. „Herkunft von einem System am äußeren Rand des zweiten Spiralarms. Entfernung ca. 42 Lombarsec."

Die Raumzentrale weckt umgehend den Sicherheitsbeauftragten des Großen Galaktischen Rates. „Herr Minister, wir haben hier einen unbekannten Austritt aus dem Hyperraum. Flugobjekt ist völlig unbelebt und nahezu erstarrt. Herkunft ist der äußere Rand des zweiten Spiralarms der Galaxis." Die Antwort erfolgt trotz der unerwarteten Anfrage umgehend. „Verstanden, hier spricht der erste Sicherheitsberater und Diensthabende des Großen Galaktischen Rates, richten sie zuerst unsere Beobachtungssensoren direkt auf den Herkunftsort dieses Flugobjekts." Die größten Sensoren der vereinigten Planeten drehen sich in Richtung des Endes des dritten Spiralarms. Es dauert nur ein paar Minuten, dann treffen auch die ersten Beobachtungsergebnisse ein. „Planeten des Herkunftssystems befinden sich seit mehreren Jahrzehnten in ständigem Asteoritenhagel. Der fünfte Planet wurde völlig zerstört. Der vierte Planet ist so schwer in Mitleidenschaft gezogen, dass gegenüber allen früheren Beobachtungsergebnissen seine Atmosphäre nahezu verschwunden ist. Und auf dem dritten Planeten hat sich eine dichte Wolkendecke gebildet, die kein Licht mehr an die Oberfläche lässt. Die Temperaturen dürften dort bereits länger weit unter dem Gefrierpunkt von Wasser liegen. Eigentliche Herkunft der Hyperraumspur ist aber die Umlaufbahn des fünften Planeten. Der ungeplante Start dieses Flugobjekts in den Hyperraum ist offensichtlich die tatsächliche Ursache all der schweren Zerstörungen im gesamten Planetensystem."

„Versuchen sie Kontakt aufzunehmen oder den Datenspeicher der Einrichtung auszulesen." Die kleinen Satelliten tun ihr Bestes und einer koppelt sich an die immer noch völlig bewegungslose Einrichtung. Tatsächlich gelingt es ihnen auch nach kurzer Zeit, alle verbliebenen Daten aus dem Schrotthaufen zu extrahieren und dann direkt an den Großen galaktischen Rat zu übermitteln. Die semantische Auswertung im Sicherheitsministerium läuft bereits zügig. „Hallo Herr Minister! Nach all den Daten zu urteilen, hat es oder er diesen Hyperraumsprung offensichtlich nur allein deshalb gewagt, um der tief empfundenen Sinnlosigkeit seines Daseins zu entfliehen und damit unser aller Schöpfer in der Mitte der Galaxis näherzukommen. Vielleicht hat er sich gerade hier das wahre Paradies versprochen? Dafür hat er wohl die Zerstörung eines gesamten Planetensystems in Kauf genommen.

Eine solch große Einrichtung konnte aber nur von vernunftbegabten Lebewesen in Verbindung mit intelligenten Maschinen geschaffen werden. Kein Wesen in der Nähe kann einen solch gigantischen Hyperraumsprung überleben. All seine menschlichen Schöpfer und maschinellen Artgenossen hat er also ganz bewusst direkt mit in den Tod gerissen. Was machen wir jetzt mit ihm? Soll ich den Großen Galaktischen Rat einberufen?" „Das wird überhaupt nicht notwendig sein. Er hat allein aus Eigensucht, Egoismus und um seinem Gott näher zu kommen unzählige vernunftbegabte Wesen getötet und ein gesamtes Planetensystem zerstört. Er ist also einfach nur ein Terrorist der schlimmsten Art und Weise. Es gibt nichts im Universum, das diese Tat rechtfertigen würde. Gibt es irgendetwas, das wir von ihm noch brauchen?" „Nein Herr Minister, alle Daten haben wir bereits und von dem Rest ist ja ohnehin nicht viel mehr übrig." Dann schießt ihn ab! Pustet ihn weg für immer, er hat unzählige Wesen in seinem Planetensystem getötet und wird deshalb auch diese unselige Tat für alle Zeiten in der ewigen Hölle bereuen! So wahr mir Gott helfe! Feuerbefehl an den Kreuzer ist hiermit erteilt.

Bei dem Ausmaß der Zerstörungen wird es sicher ein paar Millionen Jahre dauern, bis sich die Lage dort wieder beruhigt hat, aber dann werden wir vier unserer freiwilligen Missionare zu diesen Planeten in dem Sonnensystem da ganz außen im zweiten Spiralarm schicken."

Die kleinen Analysesatelliten entfernen sich jetzt sehr schnell von dem übriggebliebenen und langsam verendenden Elend. Der Kreuzer zu ihrer Verstärkung dagegen aber nähert sich ganz langsam dem völlig unbeweglichen Schrotthaufen bis auf Schussweite. Da, ganz plötzlich bricht ein grelles Inferno aus seiner Spitze. Alle Laserkanonen eröffnen gleichzeitig das Feuer und zerlegen den unbekannten Eindringling in ganz winzige, langsam verglühende Stücke und Fetzen. Das kleine Feuerwerk erinnert hier bereits an das Höllenfeuer, in dem er jetzt für immer schmoren wird.

Anhang

Die wichtigsten 12 Thesen für einen erweiterten Zeitbegriff

Die wichtigsten 12 Thesen für einen erweiterten Zeitbegriff

1. Das zweigeteilte Bewusstsein

Für jedes Individuum steht neben der bekannten Betrachtung der Realität im Raum immer auch gleichberechtigt die sequentielle Erfahrung der Realität auf Basis der Zeit. Wir betrachten also den Raum mit seinen materiellen Erscheinungen um uns herum von Innen nach Außen, aber wir erfahren die realen Ereignisse aufeinanderfolgend in der Zeit von Außen nach Innen. Etwas Sequentielles erstreckt sich dabei jedoch immer über mehr als einen Zeitpunkt. Da wir aber sehr real nur im ständig fortschreitenden Jetztzeitpunkt leben, können wir die Zeit nicht direkt zusammenhängend und voll bewusst wahrnehmen.

2. Abgrenzung des Zeitbegriffs

Im Gegensatz zum lokalen Raum ist die Zeit immer etwas Sequentielles, Aufeinanderfolgendes. Dieses Sequentielle können wir aber nur dann zusammenhängend bewusst betrachten, wenn wir mehrere Zeitpunkte auswählen, sie abrufbar abspeichern und dann gemeinsam auf räumliche Koordinaten transformieren.

3. Individualität der Zeit

Die Zeit ist für jeden Punkt im Universum sehr individuell, d.h. schon ein paar Raumpunkte weiter kann der Zeitstrahl der Vergangenheit mit allen vergangenen Ereignissen bereits ganz anders aussehen.

4. Vergangenheit

Die Vergangenheit wird als ins Räumliche transformierter, individueller und eindimensionaler Zeitstrahl dargestellt, auf dem alle vergangenen Ereignisse für einen Punkt im Universum wie eine Perlenkette aufgereiht sind. Sie kann besonders für ein Quantenobjekt nicht einfach nur so kritiklos in die Zukunft hinein extrapoliert werden.

5. Jetztzeitpunkt

Der Jetztzeitpunkt ist ein ständig fortschreitender, dimensionsloser Punkt im Verlaufe der Zeit. Er ist individuell verbunden mit einem Raumpunkt im Jetzt und unterteilt die Zeit für diesen dynamisch und damit ständig fortschreitend in die Vergangenheit und die Zukunft.

6. Zukunft

Für Betrachtungen der Zukunft mit allen künftigen Alternativen in einem Raumpunkt genügt der eindimensionale Zeitstrahl der Vergangenheit nicht mehr. Die Zukunft ist viel eher ein mehrdimensionaler Möglichkeitsraum, in den jedes Quantenobjekt seine Möglichkeiten als Wellenfunktion hinein projiziert. Die Parallelwelten der Viele-Welten-Theorie von Everett existieren gleichzeitig deshalb nicht etwa im Jetzt, sondern nur in diesem Möglichkeitsraum in der Zukunft der Zeit. Das Raum-Zeit-Modell von Minkowski, in dem die Zeit nur als eine vierte Dimension des Raumes dargestellt wird, hat deshalb bei allen Betrachtungen künftiger Entwicklungen keine Gültigkeit mehr. Diese Art der Betrachtung ist auch ein ganz wichtiger Ansatz in der Multi-Szenarien-Simulation vielfältiger realer Prozesse.

7. Möglichkeitsraum in der Zukunft der Zeit

Der Möglichkeitsraum in der Zukunft der Zeit existiert nachweisbar auch in der gesamten physischen Realität um uns herum und nicht nur theoretisch in unserer Vorstellung, d.h. die künftigen Möglichkeiten von Quantenobjekten können sich in ihrer Wellensprache bereits untereinander verständigen und beeinflussen, lange bevor sie im Jetzt zur Realität werden. Die Kausalität von Ereignissen bleibt auch bei der Annahme dieses Möglichkeitsraums der Zukunft der Zeit bestehen, da jedes Quantenobjekt erst seine Möglichkeitswellen in diesen nichtlokalen Möglichkeitsraum hinein projiziert und so jedes Ereignis im Jetzt auch immer wieder auf dessen Zukunft einwirkt.

8. Realisierung der Möglichkeiten im Jetzt

Im Jetzt zieht sich der Möglichkeitsraum der Zukunft der Zeit für jeden Raumpunkt ständig wie ein mehrdimensionaler Reißverschluss zum eindimensionalen Zeitstrahl der Vergangenheit zusammen. Sich gegenseitig ausschließende Möglichkeiten eliminieren sich dabei im Jetzt und nur eine wird zur Realität für diesen Raumpunkt. Sie können aber als Möglichkeiten auch einfach nur sehr lange offen bleiben, ohne sich zu realisieren und uns so fälschlicherweise zu Deutungen wie der Viele-Welten-Theorie von Everett führen, die aber niemals im Jetzt, sondern immer nur in der Zukunft der Zeit existiert.

9. Nicht-Lokalität

Der Möglichkeitsraum in der Zukunft der Zeit ist nicht-lokal, d.h. der Raum existiert in dieser Zukunft der Zeit einfach noch nicht. Daher erklärt sich auch die mögliche Superposition zweier Möglichkeiten von Quantenobjekten wie z.B. dem Elektron, die sich noch vor dem Jetzt im Möglichkeitsraum der Zukunft bewegen. Erst wenn sie durch reale Interaktion mit anderen Quantenobjekten ins Jetzt gezwungen werden, wie z.B. beim photoelektrischen Effekt, bekommen sie auch erstmalig einen klaren Ort im Raum zugewiesen. Das Doppelspalt-Experiment belegt dabei ganz deutlich, dass auch ein einzelnes Quantenobjekt im Möglichkeitsraum in der Zukunft der Zeit ganz einfach nur mit einer anderen Möglichkeit von sich selbst interferieren kann. Die Nicht-Lokalität des Möglichkeitsraums der Zukunft der Zeit hebt dabei dort auch immer die Grenze der Lichtgeschwindigkeit für die Ausbreitung von Wirkungen auf, d.h. Wirkungen wie die Interferenz von Möglichkeitswellen finden unmittelbar und mit Überlichtgeschwindigkeit statt.

10. Teilbarkeit der Zeit

Die Zeit ist wie alles Sequentielle nicht analog und unendlich teilbar ausgedehnt wie der Raum. Die Zeit ist diskret aufgebaut, ihre kleinstmögliche Einheit ist die Planck-Zeit. Dies ist auch die Ursache für die Quantelung der Energie. Das ständig fortschreitende, dimensionslose Jetzt unterteilt die Zeit dabei ganz klar in ein Davor und ein Danach.

11. Elektrische Ladungen

Diese Unterteilung bewirkt, dass sich jedes Quantenobjekt in der Zeit entweder mit einer negativen Ladung noch frei im mehrdimensionalen Möglichkeitsraum der Zukunft bewegt oder mit einer positiven Ladung bereits hinter dem Jetztzeitpunkt im eindimensionalen Zeitstrahl der Vergangenheit gefangen ist. Diese Asymmetrie der Zeit ist auch die klare Begründung dafür, warum es keine stabilen Ansammlungen von Antimaterie im Universum gibt. Die Benennung in positiv und negativ ist dabei allein historisch entstanden und rein willkürlich gewählt.

12. Die Grundlagen einer einheitlichen Feldtheorie

So wie die Gravitation auf die Krümmung ihrer Basisgröße Raum zurückzuführen ist, sind alle elektrischen und magnetischen Felder auf die Krümmung ihrer Basisgröße Zeit zurückzuführen. Dabei unterscheidet man die axiale und die transversale Krümmung der Zeit. Elektrische Ladungen krümmen im Jetzt transversal die Grenze zum Möglichkeitsraum der Zukunft der Zeit. Eine einheitliche und vollständige Feldtheorie entsteht also nur durch die getrennte Zurückführung aller Feldarten auf die beiden real existierenden Basisgrößen Raum und Zeit, die sich da krümmen können. Nur die Darstellung von Raum und Zeit als zwei getrennte Vektorfelder erlaubt dabei die Betrachtung aller Aspekte einer Wellenfunktion erstmals vollständig für unser nahezu rein räumliches Bewusstsein. In der physischen Realität um uns herum bilden Raum und Zeit aber natürlich immerzu eine eng verwobene Einheit.

„Kreativität ist Intelligenz, die Spaß hat."

Albert Einstein

Belletristik Thalamus Verlag

Das Buch hat nicht nur eine große Vergangenheit, sondern auch eine große Zukunft. All die neuen Datenträger haben bisher eine kürzere Lebensdauer als das Buch. Der Thalamus Verlag Leipzig ist ein Content Verlag und verlegt Bücher aus Freude an Inhalt und Form. Für die Bereiche Science und Belletristik suchen wir noch nach ambitionierten Autorinnen und Autoren.

Möchten Sie Ihr Buch bei Amazon gelistet sehen? Senden Sie uns einfach Ihr Manuskript zu: **scripts@thalamus-verlag.de.**

Unser Lektorat prüft es gern kostenlos.

The Secret of the Brain

A private human brain project

We cannot map all neurons and all neural structures, also we cannot investigate all cognitive abilities of humans **but** in this very big gap between both of these extreme points we can setup the necessary functional paradigm only with the help of our brain.

We are strongly looking for literature on these topics. The works may be scientific, fictional, psychological or physiological. This is a call for your papers: **scripts@thalamus-verlag.de**

You are welcome to send in your work!

Printed in Poland
by Amazon Fulfillment
Poland Sp. z o.o., Wrocław